高职高专"十三五"公共基础课系列规划教材

大学计算机应用基础

主 编　赵程鹏　谢晖晖　李 伟

西安交通大学出版社
XI'AN JIAOTONG UNIVERSITY PRESS

国 家 一 级 出 版 社
全国百佳图书出版单位

内 容 提 要

　　本着"工学结合"的原则，我们在编写本教材的过程中以任务为载体，突出学生实践能力的培养，充分体现了"以教师为主导、以学生为主体"的教学理念，满足知识理论实践一体化课程教学需要，将人才培养的核心素质和能力渗透到课程中，使学生在完成本课程的学习后，掌握基本的信息技术，提升办公自动化的应用能力，能够参加计算机应用等级考试"一级MS Office"认证。

　　本书内容新颖、重点突出、通俗易懂、实用性强。全书共包括九个项目，结合当下最新操作系统win10、办公软件Microsoft office 2013和互联网相关新技术及信息进行编写，每个项目里包含相对应的任务及知识点。

　　同时，本书还有配套的《大学计算机应用基础实训指导与习题》，书中提供了大量实验项目、习题和计算机等级考试模拟试题。

　　本书不仅可以作为本科院校、高职高专院校和各类技工学校公共计算机基础课教材，也可作为计算机应用水平考试及计算机从业人员和爱好者的自学教程。

前 言
Foreword

"大学计算机应用基础"课程是高校各专业学生的必修基础课,具有很强的实用性和实践性。IT技术、计算机技术的日新月异,对高职院校计算机基础教学和实训的内容和方法提出了很多新的要求。

根据高等职业教育的人才培养目标,参照教育部考试中心最新发布的《全国计算机等级考试大纲》要求,结合大学计算机基础教学实际情况和当前办公自动化应用对计算机技能的基本要求,我们编写了这本《大学计算机应用基础》。同时,我们将近年来移动互联网技术的一些基础知识和技能融入教学体系,力求做到知识体系与能力目标相兼顾、应用性与实用性相结合,满足社会对高素质应用型技能人才的需求。

本着"工学结合"的原则,我们在编写过程中以任务为载体,突出学生实践能力的培养,充分体现了"以教师为主导、以学生为主体"的教学理念,满足理论知识和实践一体化的课程教学需要,将人才培养的核心素质和能力,如思想品德、人文素养、解决问题能力、信息处理能力、创新能力、合作能力、自学能力等渗透到课程中,使学生在完成本课程的学习后,能掌握基本的信息技术,提升办公自动化的应用能力,能够参加计算机应用等级考试"一级MS Office"认证。

全书共包括九个项目,结合当下最新操作系统Win10、办公软件Microsoft office 2013和互联网相关新技术及信息进行编写,每个项目里包含相对应的任务及知识点。同时,本书还配套有《大学计算机应用基础实训指导与习题》,书中提供了大量实验项目、习题和计算机等级考试模拟试题。

本书项目一由曾涛、黄翔编写,项目二由车开森、李伟编写,项目三由陈芳、安雪编写,项目四由何红、廖玲莉编写,项目五由赵程鹏、黄艳兰编写,项目六由黄翔、孙震源编写,项目七由谢晖晖、李祖睿编写,项目八由黄翔、谭国飞编写,项目九由金松、何红编写。

本书内容新颖、重点突出、通俗易懂、实用性强,不仅可以作为高校和技工类院校公共计算机基础课教材,也可作为计算机应用水平考试及计算机从业人员和爱好者的自学教程。

在编写过程中,由于时间仓促、水平有限,书中难免有不妥之处,敬请广大读者批评指正。

编 者
2018 年 1 月

前言

Foreword

目 录
Contents

项目一

计算机基础知识

学习目标

1. 了解计算机的发展
2. 掌握计算机的组成
3. 能陈述电子计算机经历的发展阶段
4. 能详细介绍计算机的组成
5. 能合理选购和配置个人计算机
6. 能简要陈述计算机程序的执行过程

任务一　认识计算机

一、计算机概述

(一)计算机的概念

电子计算机(computer)是一种高效的信息处理工具,它具有运算、逻辑判断和记忆等功能,是一种能够按照指令对各种数据和信息进行自动化加工处理的电子设备。计算机是人类历史上最伟大的发明之一,它将人类从工业时代带入了信息时代。如今计算机已广泛应用于各行各业,成为人们的好助手。计算机的特点可以从下述方面描述。

1.运算能力

计算机内部有个承担运算的部件叫作运算器,它是由一些数据逻辑电路构成的。计算机运算速度快,每秒钟能进行几十亿次乃至数万亿次加减运算。如计算机控制导航,要求运算速度比飞机飞得要快;气象预报要分析大量资料,运算速度必须跟上天气变化,否则就推动预报的意义。

2.计算精度

数字式电子计算机用离散的数字信号形式模拟自然界的连续物理量,无疑存在一个精度问题。一般的计算机均能达到15位有效数字,通过一定的手段可以实现任何精度要求。如历史上一位数学家花了15年时间计算圆周率才算到7071位,而现在的计算机几个小时就可以计算到10万位。

3.记忆能力

在计算机中有一个承担记忆功能的部件称为存储器。计算机存储器的容量可以做得很大,它能存储大量数据,还能记住这些数据的程序。

4. 逻辑判断能力

逻辑判断能力就是因果关系分析能力。分析命题是否成立,以便制定出相应对策。计算机的逻辑判断能力是通过程序实现的,可以让它作各种复杂的推理。

5. 自动执行程序的能力

计算机是自动化的电子装置,在工作过程中不需要人工干预就能自动执行存放在存储器中的程序。程序是人经过仔细规划事先安排好了的,一旦设计好并将程序输入计算机,向计算机发出命令,它便成为人的替身,不知疲倦地工作,如机器人、自动化机床和无人驾驶飞机等。

(二)计算机的发展

1. 计算机的诞生

英国科学家艾兰·图灵于 1936 年提出了现代计算机的理论模型。这个模型由处理器、读写头和存储带组成,由处理器控制读写头在存储带上左右移动写入或读出符号,该模型对现代数字计算机的一般结构、可实现性和局限性产生了很大的影响。后来美籍匈牙利科学家冯·诺依曼提出使用二进制将计算指令和数据事先存放在存储器中,由处理部件完成计算、存储、通信等工作,并对所有计算进行集中的顺序控制,重复"寻址"→"取指令"→"翻译指令"→"执行指令"的运行过程。这种模式确立了现代计算机的基本结构。

1946 年 2 月 15 日,美国物理学家莫奇利(Mauchly)和他的学生埃克特(Echert)在宾夕法尼亚大学研制出了世界上第一台全自动电子数值积分计算机,命名为 ENIAC(electronic numerical integrator and calculator),ENIAC 使用了 18800 个电子管,占地 170 平方米,重约 30 吨,功率达 150 千瓦,每秒运算 5000 次。虽然它与当今计算机相比很落后,但是 ENIAC 却标志着人类从此进入了电子计算机时代。

2. 计算机的发展过程

计算机诞生至今 70 多年来,由于构成其基本部件的电子器件发生了几次重大的变化,计算机技术得到突飞猛进的发展。人们按计算机所采用主要电子器件的变化,将计算机的发展历史划分为以下几个时代。

(1)第一代计算机(1946—1957 年)。

第一代计算机主要采用电子管作为计算机的基本逻辑部件,具有体积大、笨重、耗电量多、可靠性差、速度慢、维护困难等特点;在软件方面,第一代计算机主要使用机器语言来进行程序的开发设计(20 世纪 50 年代中期开始使用汇编语言)。这一代计算机主要用于科学计算领域,其中具有代表意义的机器有 ENIAC、EDVAC、EDSAC、UNIVAC 等。

(2)第二代计算机(1958—1964 年)。

第二代计算机电子元件采用半导体晶体管,计算速度和可靠性都有了大幅度的提高。人们开始使用计算机高级语言(如 Fortran 语言、COBOL 语言等)。计算机的应用范围开始扩大,由科学计算领域扩展到数据处理、事务处理及自动控制领域。在这一时期,典型产品有 IBM1400 和 IBM1600 等。

(3)第三代计算机(1965—1970 年)。

第三代计算机的电子元件主要采用中、小规模的集成电路,计算机的体积、质量进一步减小,运算速度和可行性进一步提高。特别是在软件方面,操作系统的出现使计算机的功能越来越强。此时,计算机的应用又扩展到文字处理、企业管理、交通管理、情报检索等领域。这一时期具有代表意义的机器有 Honeywell6000 系列和 IBM360 系列等。BASIC 语言作为一种简单易学的高级语言开始被广泛使用。

(4)第四代计算机(1970 年至今)。

第四代计算机是采用大规模集成电路和超大规模集成电路制造的计算机。软件技术获得飞速发展,并行处理技术、多机系统、数据库系统、分布式系统和网络等都更加成熟,并开始了智能模拟研究等。

在第四代计算机的发展过程中,仅以 Intel 公司为微型机研制的微处理器(CPU)而论,它就经历了 4004、8080、8086、80286、80386、80486、Pentium、Pentium Pro、Pentium Ⅱ、Pentium Ⅲ、Pentium Ⅳ 和酷睿等若干代。

3.计算机的发展方向

随着超大规模集成电路技术的不断发展和计算机应用的不断扩展,世界上许多国家正在研究新一代的计算机系统。未来的计算机将向巨型化、微型化、网络化和智能化方向发展。

(1)巨型化。

巨型化是指发展高速度、大存储量和强功能的巨型计算机。这是为了满足天文、气象、原子、核反应等尖端科学的需要,也是为了使计算机具有类似人脑的学习、推理等复杂功能。

(2)微型化。

超大规模集成电路技术的发展使计算机的体积越来越小,功耗越来越低,性能越来越强,随着微处理器的不断发展,计算机已经应用到仪表和家电等电子产品中。

(3)网络化。

通过通信线路将分布在不同地点的计算机连接成一个规模大、功能强的网络系统,可以方便地进行信息的收集、传递和计算机软硬件资源的共享。目前互联网的发展已经渗透到了社会的各个领域。

(4)智能化。

智能化是指发展具有人类智能的计算机。智能计算机是能够模拟人的感觉、行为和思维的计算机。智能计算机也称作新一代计算机,目前许多国家都为这种更高性能的计算机进行了大量的投入。

(三)计算机的分类

1.按处理方式分类

按处理方式不同,计算机分为模拟式计算机、数字式计算机以及数字模拟混合式计算机。模拟式计算机主要用于处理模拟信息,如工业控制中的温度和压力等。模拟计算机的运算部件是一些电子电路,其运算速度快,但精度不高,使用也不够方便。数字式计算机采用二进制运算,其特点是解题精度高,便于存储信息,是通用性很强的计算工具,既能胜任科学计算和数字处理,也能进行过程控制和 CAD/CAM 等工作。混合式计算机取数字、模拟式计算机之长,既能高速运算,又便于存储信息,但这类计算机造价昂贵,现在人们所使用的大都属于数字计算机。

2.按功能分类

按功能划分,计算机一般可分为专用计算机和通用计算机。专用计算机功能单一、可靠性高、结构简单、适应性差,但在特定用途下最有效、最经济、最快速,是其他计算机无法替代的,如军事系统、银行系统专用计算机。通用计算机功能齐全、适应性强,目前人们所使用的大多是通用计算机。

3.按规模分类

按照计算机规模并参考其运算速度、输入输出能力和存储能力等因素,通常将计算机分为巨型机、大型机、中型机、小型机和微型机等。

巨型机运算速度快、存储量大、结构复杂、价格昂贵,主要用于尖端科学研究领域,如IBM390系列、银河机等。

大型机的规模次于巨型机,有比较完善的指令系统和丰富的外部设备,主要用于计算机网络和大型计算机中心,如 IBM 4300。

中型机的规模小于大型机,但大于小型机。

小型机较大型机成本较低,维护也较容易。小型机用途广泛,既可用于科学计算和数据处理,也可用于生产过程自动控制、数据采集及分析处理等。

微型机由微处理器、半导体存储器和输入输出接口等芯片组成,它比小型机体积更小、价格更低、灵活性更好、可靠性更高、使用更加方便。目前许多微型机的性能已超过以前的大、中型机。

4.按其工作模式分类

(1)服务器。

服务器是一种可供网络用户共享的高性能的计算机,服务器一般具有大容量的存储设备和丰富的外部设备,其中运行网络操作系统要求较高的运行速度,为此很多服务器都配置了多个CPU。服务器上的资源可供网络用户共享。

(2)工作站。

工作站是高档微型机,它的独到之处就是易于联网,配有大容量主存、大屏幕显示器,特别适合于 CAD/CAM 和办公自动化。

(四)计算机的应用领域

计算机具有高速度运算、逻辑判断、大容量存储和快速存取等特性,在现代人类社会的各种活动领域,它都已成为越来越重要的工具。

计算机的应用范围相当广泛,涉及科学研究、军事技术、信息管理、工农业生产、文化教育等各个方面,可概括为以下方面。

1.科学计算(数值计算)

科学计算是计算机最重要的应用之一,如工程设计、地震预测、气象预报、火箭和卫星发射等都需要由计算机承担庞大复杂的计算任务。

2.数据处理(信息管理)

当前计算机应用最为广泛的是数据处理。人们用计算机收集、记录数据,经过加工产生新的信息形式。

3.过程控制(实时控制)

计算机是生产自动化的基本技术工具,它对生产自动化的影响有两个方面:一是在自动控制理论上,现代控制理论处理复杂的多变量控制问题,其数学工具是矩阵方程和向量空间,必须使用计算机求解;二是在自动控制系统的组织上,由数字计算机和模拟计算机组成的控制器,是自动控制系统的大脑。计算机按照设计者预先规定的目标和计算程序以及反馈装置提供的信息指挥执行机构动作。在综合自动化系统中,计算机赋予自动控制系统越来越大的智能性。

4.计算机通信

现代通信技术与计算机技术相结合构成联机系统和计算机网络,这是微型机具有广阔前途的一个应用领域。计算机网络的建立不仅解决了一个地区、一个国家中计算机之间的通信和网络内各种资源的共享,还可以促进和发展国际上的通信和各种数据的传输与处理。

5.计算机辅助工程

计算机辅助设计(CAD),即利用计算机高速处理、大容量存储和图形处理的功能而使辅助设计人员进行产品设计的技术。计算机辅助设计技术已广泛应用于电路设计、机械设计、土木建筑设计以及服装设计等各个方面。

计算机辅助制造(CAM),即在机器制造业中利用计算机及各种数控机床和设备,自动完成离散产品的加工、装配、检测和包装等制造过程的技术。

计算机辅助教学(CAI),即学生通过与计算机系统之间的对话实现教学的技术。

其他计算机辅助系统,如利用计算机辅助产品测试的计算机辅助测试(CAT),利用计算机对学生的教学、训练和对教学事务进行管理的计算机辅助教育(CAE),利用计算机对文字、图像等信息进行处理、编辑、排版的计算机辅助出版系统(CAP)等。

6.人工智能

人工智能是利用计算机模拟人类某些智能行为(如感知、思维、推理、学习等)的理论和技术。它是在计算机科学、控制论等基础上发展起来的边缘学科,包括专家系统、机器翻译、自然语言理解等。

7.多媒体技术

多媒体计技术是应用计算机技术将文字、图像、图形和声音等信息以数字化的方式进行综合处理,从而使计算机具有表现、处理、存储各种媒体信息的能力。多媒体技术的关键是数据压缩技术。

8.电子商务

电子商务(E-Business)是指利用计算机和网络进行的商务活动,具体地说是指综合利用LAN(局域网)、Intranet(企业内部网)和 Internet 进行商品与服务交易、金融汇兑、网络广告或提供娱乐节目等商业活动。交易的双方可以是企业与企业之间(B to B),也可以是企业与消费者之间(B to C)。电子商务是一种比传统商务更好的商务方式,它旨在通过网络完成核心业务、改善售后服务、缩短周转周期,从有限的资源中获得更大的收益,从而达到销售商品的目的,同时向人们提供新的商业机会、市场需求以及各种挑战。

9.信息高速公路

1993 年 9 月,美国政府推出了一项引起全世界瞩目的高科技系统工程——国家信息基础设施(national information infrastructure,NII),俗称"信息高速公路",实质上就是高速信息电子网络。这项跨世纪的高科技信息基础工程的目标是用光纤和相应的软件及网络技术,把所有的企业、机关、学校、医院、图书馆以及普通家庭连接起来,使人们拥有更好的信息环境,做到无论何时、何地都能以最好的方式与自己想联系的对象进行信息交流。

二、计算机系统的组成

一个完整的计算机系统包括计算机硬件系统和计算机软件系统两大部分,如图 1-1 所示。

```
                         ┌ CPU
                 ┌ 主机 ┤
                 │      └ 内存
         硬件系统 ┤
                 │      ┌ 输入设备:键盘、鼠标、扫描仪等
                 └ 外部设备 ┤ 输出设备:显示器、打印机等
计算机系统 ┤           └ 外存:硬盘、移动硬盘、光盘、U盘等
         │           ┌ 操作系统:Windows、Unix、Linux
         │      ┌ 系统软件 ┤ 语言处理程序:C、Pascal、VC等
         软件系统 ┤        └ 数据库管理系统
                 └ 应用软件:定制软件、应用软件、通用软件
```

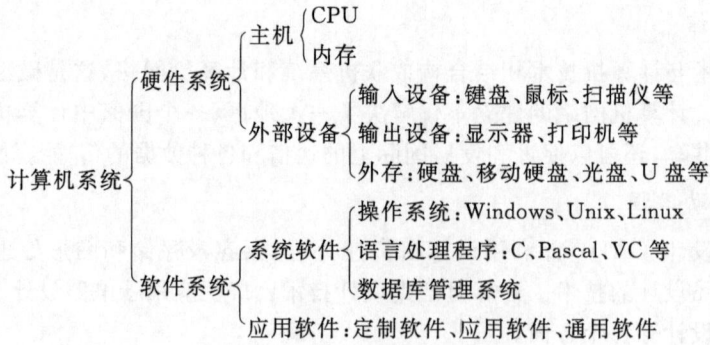

图 1-1 计算机系统的组成

计算机硬件(hardware)系统是指构成计算机的各种物理装置,是看得见、摸得着的物理实体,它包括计算机系统中的一切电子、机械、光电等设备,是计算机工作的物质基础。计算机软件(software)系统是指为运行、维护、管理、应用计算机所编制的所有程序和数据的集合。通常把不装备任何软件的计算机称为裸机,裸机向外部世界提供的只是机器指令,只有安装了必要的软件后用户才能较方便地使用计算机。

(一)计算机硬件系统

计算机硬件系统一般由运算器、控制器、存储器、输入设备和输出设备五大部分组成,如图1-2所示,图中实线为数据流(各种原始数据、中间结果等),虚线为控制流(各种控制指令)。输入输出设备用于输入原始数据和输出处理后的结果。存储器用于存储程序和数据。运算器用于执行指定的运算。控制器负责从存储器中取出指令,对指令进行分析、判断,确定指令的类型并对指令进行译码,然后向其他部件发出控制信号以指挥计算机各部件协同工作,控制计算机一步一步地完成各种操作。

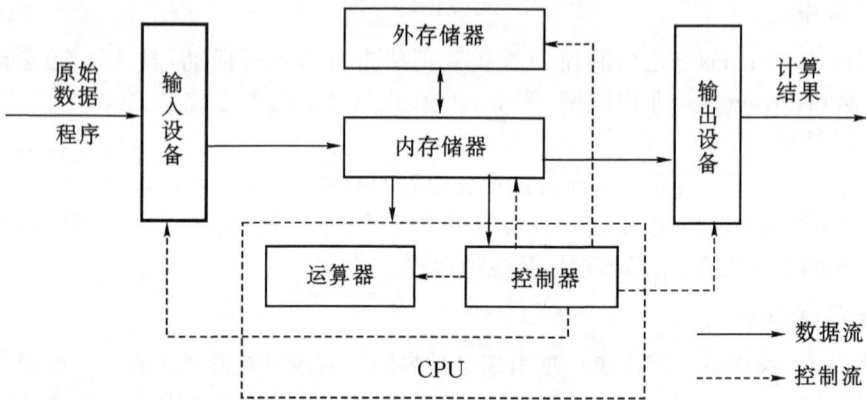

图 1-2 计算机硬件系统

1.运算器

运算器是对数据进行加工处理的部件,通常由算术逻辑部件 ALU(arithmetic logic unit)和一系列寄存器组成。它的功能是在控制器的控制下对内存或外存中的数据进行算术运算(加、减、乘、除)和逻辑运算(与、或、非、比较、移位)。

2.控制器

控制器是计算机的神经中枢和指挥中心,在它的控制下整个计算机才能有条不紊地工作。控制器的功能是依次从存储器中取出指令、翻译指令、分析指令,并向其他部件发出控制信号以指挥计算机各部件协同工作。

运算器和控制器通常被合成在一块集成电路的芯片上,称为中央处理器(central processing unit,CPU)。

3.存储器

存储器用来存储程序和数据,是计算机中各种信息的存储和交流中心。存储器通常分为内存储器和外存储器。

内存储器简称内存,又称主存储器,主要用于存放计算机运行期间所需要的程序和数据。用户通过输入设备输入的程序和数据首先要被送入内存,运算器处理的数据和控制器执行的指令来自内存,运算的中间结果和最终结果也保存在内存中,输出设备输出的信息还是来自内存。内存的存取速度较快,容量相对较小。因内存具有存储信息和与其他主要部件交流信息的功能,故内存的大小及性能的优劣直接影响计算机的运行速度。

外存储器简称外存,又称辅助存储器,用于存储需要长期保存的信息,这些信息往往以文件的形式存在。外存中的数据 CPU 不能直接访问,要被送入内存后才能被使用,计算机通过内存、外存之间不断的信息交换来使用外存中的信息。与内存相比,外存容量大、速度慢。外存主要有硬盘、移动硬盘、光盘、U 盘等。

4.输入设备和输出设备

输入/输出(I/O)设备是计算机系统与外界进行信息交流的工具,其作用分别是将信息输入计算机和从计算机输出。

输入设备将信息输入计算机,并将原始信息转化为计算机能识别的二进制代码存放在内存中。常用的输入设备有键盘、鼠标、扫描仪、触摸屏、数字化仪、麦克风、数码相机、光笔、磁卡读入机、条形码阅读机等。

输出设备的功能是将计算机的处理结果转换为人们所能接受的形式并输出。常用的输出设备有显示器、打印机、绘图仪、影像输出系统和语音输出系统等。

通常把控制器、运算器和主存储器一起称为主机,而其余的输入输出设备、外存储器等称为外部设备。

(二)计算机软件系统

软件是指程序、程序运行所需要的数据,以及开发、使用和维护这些程序所需要的文档的集合。计算机软件极为丰富,要对软件进行恰当的分类是相当困难的。一种通常的分类方法是将软件分为系统软件和应用软件两大类。实际上,系统软件和应用软件的界限并不十分明显,有些软件既可以认为是系统软件,也可以认为是应用软件,如数据库管理系统。

1.系统软件

系统软件是指控制计算机的运行、管理计算机的各种资源,并为应用软件提供支持和服务的一类软件。在系统软件的支持下,用户才能运行各种应用软件。系统软件通常包括操作系统、语言处理程序和各种实用程序。

(1)操作系统(operating system,OS)。

为了使计算机系统的所有软件和硬件资源协调一致、有条不紊地工作,就必须有一个软件来进行统一的管理和调度,这种软件就是操作系统。操作系统的主要功能是管理和控制计算机系统的所有资源(包括硬件和软件)。

一般而言,引入操作系统有两个目的:①从用户的角度来看,操作系统将裸机改造成一台功能更强,服务质量更高,使用更加灵活方便、安全可靠的虚拟机,以使用户无需了解许多有关硬件和软件的细节就能使用计算机,从而提高用户的工作效率;②为了合理地使用系统内包含的各种软、硬件资源,提高整个系统的使用效率和经济效益。

操作系统的出现是计算机软件发展史上的一个重大转折,也是计算机系统的一个重大转折。

操作系统是最基本的系统软件,是现代计算机必配的软件。操作系统的性能很大程度上直接决定了整个计算机系统的性能。

常用的操作系统有 Windows、UNIX、Linux、OS/2、Novell Netware 等。

(2)实用程序。

实用程序完成一些与管理计算机系统资源及文件有关的任务。通常情况下,计算机能够正常地运行,但有时也会发生各种类型的问题,如硬盘损坏、病毒的感染、运行速度下降等。预防和解决这些问题是一些实用程序的功能之一。另外,有些实用程序是为了用户能更容易、更方便地使用计算机,如压缩磁盘上的文件,以提高文件在 Internet 上的传输速度。当今的操作系统都包含一些实用程序,如 Windows 中的备份、磁盘清理、磁盘碎片整理程序等,软件开发商也提供了一些独立的实用程序,如 Norton System Works 等。

实用程序有许多,最基本的有以下五种。

①诊断程序。它能够识别并且改正计算机系统存在的问题。例如 Windows XP 中控制面板上"系统"图标所表示的程序列出了安装在系统中的所有设备的详细情况,如果某个设备安装不正确,它就会指出这个问题。还有 ScanDisk 能够彻底检查磁盘,查找磁盘上存在的存储错误,并进行自动修复。

②反病毒程序。病毒是一种人为设计的以破坏磁盘上的文件为目的的程序。反病毒程序可以查找并删除计算机上的病毒。因为每一天都有病毒产生,所以反病毒程序必须不断地更新才能保持杀毒效力,如国产的金山毒霸、KV3000 反病毒程序等。

③卸载程序。即从硬盘上安全和完全地删除一个没有用的程序和相关的文件,如 Windows XP 中控制面板上"添加/删除程序"图标所表示的程序等。

④备份程序。即把硬盘上的文件复制到其他存储设备上,以便原文件丢失或损坏后能够恢复,如 Windows XP 中的备份程序等。

⑤文件压缩程序。即压缩磁盘上的文件,减小文件的长度,以便文件能更有效地在 Internet 上传输,如 ARJ、WinZip 等。

(3)程序设计语言与语言处理程序。

①程序设计语言。人们要利用计算机解决实际问题,一般首先要编制程序,程序设计语言就是用户用来编写程序的语言,它是人们与计算机之间交换信息的工具,实际上也是人们指挥计算机工作的工具。

程序设计语言是软件系统的重要组成部分,一般可分为机器语言、汇编语言和高级语言三类。

机器语言是第一代计算机语言,它是由 0、1 代码组成的,能被机器直接理解、执行的指令集合。这种语言编程质量高、所占空间小、执行速度快,是机器唯一能够执行的语言,但机器语言不易学习和修改,且不同类型的机器其机器语言不同,只适合专业人员使用。现在已经没有人用机器语言直接编程了。

汇编语言采用一定的助记符来代替机器语言中的指令和数据,又称为符号语言。汇编语言一定程度上克服了机器语言难读、难改的缺点,同时保持了编程质量高、占存储空间少、执行速度快的优点,故在程序设计中,对实时性要求较高的地方(如过程控制等)仍经常采用汇编语言。该语言也依赖于机器,不同的计算机一般也有着不同的汇编语言。

机器语言和汇编语言都是面向机器的语言,一般称为低级语言。汇编语言再向自然语言方向靠近,就发展到了高级语言阶段。用高级语言编写的程序易学、易读、易修改,通用性好,不依赖于机器。但机器不能对其编制的程序直接运行,必须经过语言处理程序的翻译,才可以被机器接受。高级语言的种类繁多,如面向过程的 FORTRAN、PASCAL、C 等,面向对象的 C++、Java、Visual Basic 等。

②语言处理程序。对于用某种程序设计语言编写的程序,通常要经过编辑处理、语言处理、装配链接处理后,才能够在计算机上运行。

汇编程序是将用汇编语言编写的程序(源程序)翻译成机器语言程序(目标程序),这一翻译过程称为汇编。汇编程序功能如图 1-3 所示。

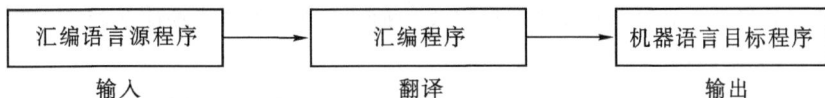

| 汇编语言源程序 | → | 汇编程序 | → | 机器语言目标程序 |
| 输入 | | 翻译 | | 输出 |

图 1-3 高级语言开发程序过程示意图

编译程序是将用高级语言编写的程序(源程序)翻译成机器语言程序(目标程序),这个翻译过程称为编译。

解释程序是边扫描、边翻译、边执行的翻译程序,解释过程不产生目标程序。

(4)数据库管理系统。

为了有效地利用大量的数据并妥善地保存和管理这些数据,20 世纪 60 年代末产生了数据库系统(data base system,DBS)。数据库系统主要由数据库(data base,DB)、数据库管理系统(data base management system,DBMS)组成,当然还包括硬件和用户。

数据库是按一定的方式组织起来的数据的集合,它具有数据冗余度小、可共享等特点。

数据库管理系统的作用就是管理数据库。一般具有建立数据库以及编辑、修改、增删数据库内容等数据维护功能;对数据的检索、排序、统计等使用数据库的功能;友好的交互式输入输出能力;使用方便、高效的数据库编程语言;允许多用户同时访问数据库;提供数据独立性、完整性、安全性的保障。比较常用的数据库管理系统有 FoxPro、Oracle、Access 等。

2.应用软件

应用软件是用户为了解决实际问题而编制的各种程序,如各种工程计算、模拟过程、辅助设计和管理程序、文字处理和各种图形处理软件等。

常用的应用软件有各种 CAD 软件、MIS 软件、文字处理软件、IE 浏览器等。

(三)计算机的基本原理

1.冯·诺依曼计算机

人类进入计算机时代是以 ENIAC 的诞生作为起始的,但是对后来的计算机在体系结构和工作原理具有重大影响的是在同一时期由美籍匈牙利数学家冯·诺依曼和他的同事们研制的EDVAC计算机。EDVAC采用了"程序存储"的概念，以此概念为基础的各类计算机统称为冯·诺依曼计算机。可以这样说，迄今为止所出现的计算机全部是冯·诺依曼计算机。

冯·诺依曼计算机具有如下特点：①计算机由五个部分组成：运算器、控制器、存储器、输入设备和输出设备；②程序和数据以同等地位存放在存储器中，并按地址寻访；③程序和数据以二进制表示。

计算机经过几十年的发展，虽然在性能、运算速度、工作方式、应用领域等方面都发生了巨大的变化，但是基本结构没有改变，都是冯·诺依曼计算机。

2. 计算机的基本工作原理

计算机开机后，CPU首先执行固化在只读存储器（ROM）中的一小部分操作系统程序，这部分程序称为基本输入输出系统（BIOS），它启动操作系统的装载过程，先把一部分操作系统从磁盘中读入内存，然后再由读入的这部分操作系统装载其他操作系统程序。装载操作系统的过程称为自举或引导。操作系统被装载到内存后，计算机才能接收用户的命令，并执行其他的程序，直到用户关机。

至此，有一个问题必须要回答，就是程序是如何执行的，知道了程序的执行过程，也就基本上了解了计算机的工作原理。

程序是由一系列命令所组成的有序集合，计算机执行程序就是执行这一系列指令。

3. 指令和程序的概念

指令就是让计算机完成某个操作所发出的命令，即计算机完成某个操作的依据。一条指令通常由两个部分组成，即操作码和操作数。操作码指明该指令要完成的操作，如加、减、乘、除等。操作数是指参加运算的数或者数所在的单元地址。一台计算机的所有指令的集合称为该计算机的指令系统。

使用者根据解决某一问题的步骤，选用一条条指令进行有序的排列，计算机执行了这一指令序列，便可完成预定的任务，这一指令序列就称为程序。显然程序中的每一条指令必须是所用计算机的指令系统中的指令，因此指令系统是提供给使用者编制程序的基本依据。指令系统反映了计算机的基本功能，不同的计算机其指令系统也不相同。

4. 计算机执行指令的过程

计算机执行指令一般分为两个阶段。首先将要执行的指令从内存中取出送入CPU，然后由CPU对指令进行分析译码，判断该指令要完成的操作，向各部件发出完成该操作的控制信号，完成该指令的功能。当一条指令执行完后就处理下一条指令。一般将第一阶段称为取指周期，第二阶段称为执行周期。

5. 程序的执行过程

计算机在运行时CPU从内存读出一条指令到CPU内执行，这一指令执行完后，再从内存中读出下一条指令到CPU内执行。CPU不断地取指令、执行指令，这就是程序的执行过程。

总之，计算机的工作就是执行程序，即自动连续地执行一系列指令，而程序开发人员的工作就是编制程序。一条指令的功能虽然有限，但是精心编制下的一系列指令组成的程序可完成的任务是无限多的。

任务二　表示信息与存储信息

一、字符在计算机中的表示

计算机中的信息都是用二进制编码表示的。用以表示字符的二进制编码称为字符编码。计算机中,对非数值的文字和其他符号进行处理时,要对文字和符号进行数字化处理,即用二进制编码来表示文字和符号。字符编码就是规定用怎样的二进制编码来表示文字和符号。字符编码是一个涉及世界范围内有关信息的表示、交换、处理、存储的基本问题,因此都是以国家标准或国际标准的形式颁布施行的,如位数不等的二进制码、BCD 码(extended binary coded decimal interchange code)、ASCII 码、汉字编码。

在输入过程中,系统自动将用户输入的各种数据按编码的类型转换成相应的二进制形式存入计算机存储单元中;在输出过程中,再由系统自动将二进制编码数据转换成用户可以识别的数据格式输出给用户。

(一)ASCII 码

ASCII(American standard code for information interchange)码是美国标准信息交换码,被国际标准化组织(ISO)指定为国际标准。ASCII 码有 7 位码和 8 位码两种版本。国际通用的 7 位 ASCII 码称为 IS0—646 标准,用 7 位二进制数 $b_6 b_5 b_4 b_3 b_2 b_1 b_0$ 表示一个字符的编码,其编码范围从 0000000B—1111111B,共有 $2^7 = 128$ 个不同的编码值,相应可以表示 128 个不同字符的编码。7 位 ASCII 码表如表 1-1 所示,表中对大小写英文字母、阿拉伯数字、标点符号及控制符等特殊符号规定了编码,共 128 个字符。表中每个字符都对应一个数值,称为该字符的 ASCII 码值。例如数字"0"的 ASCII 码值为 0110000B(或 48D 或 30H),字母"A"的码值为 1000001B(或 65D 或 41H),"a"的码值为 1100001B(或 97D 或 6IH)等。这 128 个编码中,有 34 个是控制符的编码(00H—20H 和 7FH)和 94 个字符编码(21H—7EH)。计算机内部用一个字节(8 个二进制位)存放一个 7 位 ASCII 码,最高位 b_7 置 0,标准 ASCII 码字符集如表1-1所示。

表 1-1　标准 ASCII 码字符集

$B_3 B_2 B_1 B_0$ ＼ $B_6 B_5 B_4$	000	001	010	011	100	101	110	111
0000	NUL	DLE	SP	0	@	P	`	p
0001	SOH	DC1	!	1	A	Q	a	q
0010	STX	DC2	"	2	B	R	b	r
0011	ETX	DC3	#	3	C	S	c	s
0100	EOT	DC4	$	4	D	T	d	t
0101	ENQ	NAK	%	5	E	U	e	u
0110	ACK	SYN	&	6	F	V	f	v
0111	BEL	ETB	'	7	G	W	g	w
1000	BS	CAN	(	8	H	X	h	x
1001	HT	EM	)	9	I	Y	i	y
1010	LF	SUB	*	:	J	Z	j	z

续表 1-1

$B_3 B_2 B_1 B_0$ ＼ $B_6 B_5 B_4$	000	001	010	011	100	101	110	111
1011	VT	ESC	+	;	K	[	k	{
1100	FF	FS	,	<	L	\	l	|
1101	CR	GS	—	=	M	]	m	}
1110	SO	RS	.	>	N	^	n	~
1111	SI	US	/	?	O	—	o	DEL

注:SP 代表空格字符

扩展的 ASCII 码使用 8 个二进制位表示一个字符的编码,可表示 28～256 个不同字符的编码。

(二)汉字编码

ASCII 码只给出了英文字母、数字和标点符号的编码。为了用计算机处理汉字,同样也需要对汉字进行编码。从汉字编码的角度看,计算机对汉字信息的处理过程实际上是各种汉字编码间的转换过程。这些编码主要包括汉字输入码、汉字内码、汉字字形码、汉字地址码及汉字信息交换码等。它们的名称可能不统一,但它们表示的含义和具有的职能是明确的。下面分别对这些编码进行介绍。

1.国标码(汉字信息交换码)

汉字信息交换码是用于汉字信息处理系统之间或者与通信系统进行信息交换的汉字代码,简称交换码,也叫国标码。它是为使系统、设备之间交换信息时能采用统一的形式而制定的。我国 1981 年颁布了国家标准《信息交换用汉字编码字符集——基本集》,代号为 GB 2312-80,即国标码。

国标码与 ASCII 码属同一制式,可以认为它是扩充的 ASCII 码。这 7 位 ASCII 码可以表示 128 个信息,其中字符代码有 94 个。

国标码以 94 个字符代码为基础,其中任何两个代码组成一个汉字交换码,即由两个字节表示一个汉字字符。第一个字节称为"区",第二个字节称为"位"。这样该字符集共有 94 个区,每个区有 94 个位,最多可以组成 94×94 字=8836 字。

在国标码表中,共收录了一、二级汉字和图形符号 7445 个。其中图形符号 682 个,分布在 1—15 区;一级汉字(常用汉字)3755 个,按汉语拼音字母顺序排列,分布在 16-55 区;二级汉字(不常用汉字)3008 个,按偏旁部首排列,分布在 56-87 区;88 区以后为空白区,以待扩展。

国标码本身也是一种汉字输入码,由区号和位号共 4 位十进制数组成,通常称为区位码输入法。在区位码中,两位区号在高位,两位位号在低位。区位码可以唯一确定一个汉字或字符,反之任何一个汉字或字符都对应唯一的区位码。

区位码的最大特点是没有重码,虽然不是一种常用的输入方式,但对于其他输入方法难以找到的汉字,区位码很容易得到,但需要一张区位码表与之对应。

2.机内码

机内码是指在计算机中表示一个汉字的编码。正是由于机内码的存在,输入汉字时就允许用户根据自己的习惯使用不同的汉字输入码,如拼音法、五笔字型、自然码、区位码,进入系统后再统一转换成机内码存储。国标码也属于一种机器内部编码,其主要用途是将不同的系统使用的不同编码统一转换成国标码,使不同系统之间的汉字信息相互交换。

机内码一般都采用变形的国标码,是国标码的另一种表示形式,即将每个字节的最高位置1。这种形式避免了国标码与 ASCII 码的二义性,通过最高位来区别是 ASCII 码字符还是汉字字符。

3.汉字输入码(外码)

汉字输入码是为了将汉字通过键盘输入计算机而设计的代码。汉字输入编码方案很多,其表示形式大多用字母、数字或符号。输入码的长度也不同,多数为 4 个字节。

4.汉字字形码

汉字字形码是指汉字字库中存储的汉字字形的数字化信息。目前,汉字信息处理系统中产生汉字字形的方式大多是数字式的,即以点阵的方式形成汉字,因此汉字字形码主要是指汉字字形点阵的代码。

将汉字的字形分解为点阵,如同用一块窗纱蒙在一个汉字上一样,有笔画的网眼规定为1,无笔画的网眼规定为0,整块窗纱上的 0、1 数码就表示该汉字的字形点阵。

汉字的字形点阵有 16×16 点阵、24×24 点阵、32×32 点阵等。点阵分解越细,字形质量越好,但所需存储量也越大。一位二进制可以表示点阵中一个点的信息,如 16×16 点阵的字形码需要 32B(16 ×16÷8B=32B),而 24×24 点阵的字形码需要 72B(24×24÷8B =72B)。

二、常用计数单位与换算

(一)计算机中用到的信息单位

计算机中用到的信息单位主要有位、字节、字等。

1.位

在计算机内部,无论是存储过程、处理过程、传输过程,还是用户数据、各种指令,使用的全都是由 0、1 组成的二进制数。把二进制数中的每一数位称为一个位,记作一个位(bit,binary digit 的缩写,简写为 b,简称比特)。位是计算机存储数据的最小单位。

2.字节

字节(byte)简记为 B。一个字节由 8 位二进制数组成:1byte =8bit(lB=8b)。由 0、1 两个数组成的一个 8 位二进制数,从 00000000、00000001、00000010 一直到 11111111,共计有 2^8 =256 种变化,也就是说一个字节最多可以有 256 个值。字节这个单位非常小,就像质量单位中的克(g)。为了描述大量数据,定义了 KB(千字节)、MB(兆字节)、GB(吉字节)、TB(太字节)、PB(拍字节)的概念。它们遵循如下的规律,即后者是前者的 2^{10} 倍:

1 KB $=2^{10}$ B =1024 B

1 MB $=2^{10}$ KB $=2^{20}$ B =1024 × 1024 B

1 GB= 2^{10} MB = 2^{30} B =1024×1024×1024B

1 TB= 2^{10} GB = 2^{40} B =1024×1024×1024×1024B

1 PB= 2^{10} TB = 2^{50} B =1024×1024×1024×1024×1024B

3.字

一个字(word)通常由一个字节或若干个字节组成。字是计算机运算器进行一次基本运算所能处理的数据位数,字的长度就是字长,字长的单位是位。不同的计算机可能具有不同的字长,字长表示的长度通常是一个字节的整数倍,是计算机运行速度的指标。

对速度而言,字长越大,计算机在相同时间内传送和处理的信息就越多,速度就越快;对内存储器而言,字长越大,计算机可以有更大的寻址空间,因此可以有更大的内部存储器;对指令而言,字长越大,计算机系统支持的指令数量就越多,功能也就越强。微型计算机在发展过程中,经过了 8 位机、16 位机、32 位机、64 位机的历程。

(二)数的进制

1.常用的进制

(1)十进制数。

十进制数有 0~9 共 10 个数码,其计数特点以及进位原则是"逢十进一"。十进制的基数是 10,位权为 10^k(K 为整数)。一个十进制数可以写成以 10 为基数、按位权展开的形式。

例 1-1　把十进制数 123.45 按位权展开。

解　$(123.45)_{10} = 1 \times 10^2 + 2 \times 10^1 + 3 \times 10^0 + 4 \times 10^{-1} + 5 \times 10^{-2}$

(2)二进制数。

二进制数只有 0 和 1 两个数码,它的计数特点及进位原则是"逢二进一"。二进制的基数为 2,位权为 2^K(K 为整数)。一个二进制数可以写成以 2 为基数、按位权展开的形式。

例 1-2　把二进制数 1011 按位权展开。

解　$(1011)_2 = 1 \times 2^3 + 0 \times 2^2 + 1 \times 2^1 + 1 \times 2^0$

(3)八进制数。

八进制数中有 0~7 共 8 个数码,其计数特点及进位原则是"逢八进一"。八进制的基数为 8,位权为 8^K(K 为整数)。一个八进制数可以写成以 8 为基数、按位权展开的形式。

例 1-3　把八进制数 1234 按位权展开。

解　$(1234)_8 = 1 \times 8^3 + 2 \times 8^2 + 3 \times 8^1 + 4 \times 8^0$

(4)十六进制数。

十六进制数有 0~9 及 A、B、C、D、E、F 共 16 个数码,其中 A—F 分别表示十进制数的 10—15。十六进制计数特点及进位原则是"逢十六进一"。十六进制的基数为 16,位权为 16^K(K 为整数)。

例 1-4　把十六进制数 A1234 按位权展开。

解　$(A1234)_{16} = A \times 16^4 + 1 \times 16^3 + 2 \times 16^2 + 3 \times 16^1 + 4 \times 16^0$

2.进位规则

逢 R 进一。例如,二进制数逢二进一,十六进制数逢十六进一。

不同的进位计数制所用的数字个数是不同的。利用表 1-2 可以较方便地对不同数制的数进行转换。

表 1-2　几种计数制对应表

十进制	二进制	八进制	十六进制	十进制	二进制	八进制	十六进制
0	0000	0	0	8	1000	10	8
1	0001	1	1	9	1101	11	9
2	0010	2	2	10	1010	12	A
3	0011	3	3	11	1011	13	B
4	0100	4	4	12	1100	14	C
5	0101	5	5	13	1101	15	D
6	0110	6	6	14	1110	16	E
7	0111	7	7	15	1111	17	F

三、各种数制间的转换

八进制数可用括号加下标 8 来表示,如 $(56)_8$、$(234)_8$ 等,以示区别。

十六进制数可以用相同的方法来表示,如 $(4D2)_{16}$、$(A42F)_{16}$ 等。

由于十进制数的英文是"decimal",所以可在数字后加上英文"d"或"D"来表示。例如:

$$(128)_{10} = 128d = 128D$$

二进制数的英文是"binary",可以在二进制数后加上"B"或"b"来表示。例如:

$$(11000)_2 = 11000b = 11000B$$

同样,十六进制数可以在数字后加上"H"或"h"来表示,八进制数可以在数字后加上"O"或"o"来表示。例如:

$$(3DF)_{16} = 3DFH = 3DFh, (312)_8 = 312O = 312o$$

(一)二进制、八进制、十六进制与十进制的互换

1. 二进制数转换成十进制数

二进制数转换成十进制数的方法是"按权展开相加",即利用下式进行:

$$(a_n a_{n-1} \cdots a_1 a_0 a_{-1} a_{-2} \cdots a_{-m}) \times 2 = \sum a_i \times 2$$

例如:
$$(10110)_2 = 1 \times 2^4 + 0 \times 2^3 + 1 \times 2^2 + 1 \times 2^1 + 0 \times 2^0$$
$$= 16 + 0 + 4 + 2 + 0$$
$$= (22)_{10}$$

又如:
$$(110.1011)_2 = 1 \times 2^2 + 1 \times 2^1 + 0 \times 2^0 + 1 \times 2^{-1} + 0 \times 2^{-2} + 1 \times 2^{-3} + 1 \times 2^{-4}$$
$$= 4 + 2 + 0 + 0.5 + 0 + 0.125 + 0.0625$$
$$= (6.6875)_{10}$$

2. 十进制数转换成二进制数

十进制数转换成二进制数的方法分为整数部分和小数部分来进行,整数部分采用除 2 取余法转换,小数部分采用乘 2 取整法转换。

用除 2 取余法对整数部分转换的口诀是"除 2 取余,逆序排列",即将十进制整数逐次除以 2,把余数记下来按先得到的余数排在后面,直到该十进制整数为 0 时止,就得到了相应的二进制整数。例如 29,可按如下方法转换得 $(29)_{10} = (11101)_2$

3. 八进制数转换成十进制数

八进制数转换成十进制数采用按权相加法,即把八进制数每位上的权数与该位上的数码相乘,然后求和即得要转换的十进制数。

例如:$(2374)_8 = 2 \times 8^3 + 3 \times 8^2 + 7 \times 8^1 + 4 \times 8^0 = (1276)_{10}$

4. 十进制数转换成八进制数

十进制数转换成八进制数的方法是:整数部分转换采用"除 8 取余法",小数部分转换采用"乘 8 取整法"。

5. 十六进制数转换成十进制数

十六进制数转换成十进制数采用按权相加法,即把十六进制数每位上的权数与该位上的数码相乘,然后求和即得要转换的十进制数。

例如:$(2A03)_{16} = 2 \times 16^3 + 10 \times 16^2 + 0 \times 16^1 + 3 \times 16^0 = (10755)_{10}$

6. 十进制数转换成十六进制数

将十进制数转换成十六进制数的方法是:整数部分转换采用"除 16 取余法",小数部分转换采用"乘 16 取整法"。

(二)非十进制数之间的相互转换

1. 二进制数转换为八进制数

因为 $2^3=8$,所以三位二进制数对应一位八进制数。

转换方法为"三位合一位",即将二进制数以小数点为中心分别向两边分组,整数部分向左,小数部分向右,每 3 位为一组,如果不够整组,就在两边补 0,然后将每组二进制数分别转换成八进制数。

例 1-5 将二进制数 011010110001.111001 转换成八进制数。

解 $(11010110001.111001)_2 = (\underline{001}\ \underline{010}\ \underline{110}\ \underline{001}.\underline{111}\ \underline{001})_2$

$$\qquad\qquad\qquad 3\quad 2\quad 6\quad 1\quad 7\quad 1$$

$$= (3261.71)_8$$

因此,$(11010110001.111001)_2 = (3261.71)_8$

2. 八进制数转换为二进制数

这个过程是上述过程的逆过程,转换方法是将一位八进制数表示成三位二进制数。

例如,将八进制数 $(456.231)_8$ 转换成二进制数。

4	5	6.2	3	1
100	101	110.010	011	001

即 $(456.231)_8 = (100101110.010011001)_2$

3. 二进制数转换为十六进制数

因为 $2^4=16$,所以四位二进制数对应一位十六进制数。

转换方法是"四位合一位",即将二进制数以小数点为中心分别向两边分组,整数部分向左,小数部分向右,每 4 位为一组,如果不够整组,就在两边补 0,然后将每组二进制数分别转换成十六进制数。

例 1-6 将二进制数 011010110001.111001 转换成十六进制数。

解 $(11010110001.111001)_2 = (\underline{0010}\ \underline{1011}\ \underline{0001}.\underline{1110}\ \underline{0100})_2$

$$\qquad\qquad\qquad 6\quad B\quad 1\quad E\quad 8$$

$$= (6B1.E8)_{16}$$

因此,$(11010110001.111001)_2 = (6B1.E8)_{16}$

4. 十六进制数转换为二进制数

这个过程是上述过程的逆过程,转换方法是将一位十六进制数表示成四位二进制。

例如,将十六进制数 $(2AF4.2D)_{16}$ 转换成相应的二进制数。

2	A	F	4.2	D
0010	1010	1111	0100.0010	1101

即:$(2AF4.2D)_{16} = (10101011110100.00101101)_2$

5.八进制数与十六进制数之间的转换

八进制数与十六进制数之间的转换方法是将八进制或十六进制先转换成二进制,再由二进制转换成相应的十六进制或八进制。

任务三　购买微型计算机

一、了解微型计算机的分类

1.单片机

将微处理器(CPU)、一定容量的存储器以及 I/O 接口电路等集成在一个芯片上,就构成了单片机。

2.单板机

将微处理器、存储器、I/O 接口电路安装在一块印刷电路板上即成为单板机。

3.个人计算机(personal computer, PC)

供单个用户使用的微机一般称为 PC,是目前使用最多的一种微机。

4.便携式微机

便携式微机大体包括笔记本计算机和个人数字助理(PDA)等。

二、微型计算机的性能指标

1.字长

字长是指微机能直接处理的二进制信息的位数。字长越长,微机的运算速度就越快,运算精度就越高,内存容量就越大,微机的性能就越强(支持的指令多)。

2.内存容量

内存容量是指微机内存储器的容量,它表示内存储器所能容纳信息的字节数。内存容量越大,它所能存储的数据和运行的程序就越多,程序运行的速度就越高,微机的信息处理能力就越强,所以内存容量是微机的一个重要性能指标。

3.存取周期

存取周期是指对存储器进行一次完整的存取(即读/写)操作所需的时间,即存储器进行连续存取操作所允许的最短时间间隔。存取周期越短,则存取速度越快。存取周期的大小影响微机运算速度的快慢。

4.主频

主频是指微机 CPU 的时钟频率,单位是 MHz(兆赫兹)。主频的大小在很大程度上决定了微机运算速度的快慢,主频越高,微机的运算速度就越快。

5.运算速度

运算速度是指微机每秒钟能执行多少条指令,其单位为 MIPS(百万条指令/秒)。由于执行不同的指令所需的时间不同,因此运算速度有不同的计算方法。

三、认识微型计算机的常用硬件设备

一台完整的电子计算机系统由硬件系统和软件系统两大部分组成。

所谓硬件系统就是能看得见、摸得着的计算机器件的总称,如主机、电源、存储器、键盘、显示器、打印机等物理实体。各个器件按一定的方式组织起来就形成了一个完整的计算机硬件系统。

(一)中央处理器(CPU)

微型计算机的中央处理器(central processing unit,CPU)习惯上称为微处理器(Microprocessor),它是微型计算机的核心,由运算器和控制器组成。计算机的一切工作都是受 CPU 控制的,其中运算器主要完成各种算术运算(如加、减、乘、除)和逻辑运算(如逻辑加、逻辑乘和逻辑非运算);控制器负责读取各种指令,并对指令进行分析及进行相应的控制。

CPU 是体现微机性能的核心部件,人们常以它来判定微机的档次。CPU 作为整个微机系统的核心,往往是各种档次微机的代名词。CPU 的主要技术指标和测试数据可以反映出 CPU 的性能。下面简单介绍一些 CPU 主要的性能指标。

1. 主频

主频是 CPU 内核运行的时钟频率。主频的高低直接影响 CPU 的运算速度。一般来说,主频越高,CPU 的速度越快。

2. 前端总线(FSB)频率

前端总线也就是通常所说的 CPU 总线。前端总线的频率(即外频)直接影响 CPU 与内存之间的数据交换速度。

3. CPU 内核工作电压

CPU 内核工作电压越低,表示 CPU 制造工艺越先进,也表示 CPU 运行时耗电功率越小。

4. 地址线宽度

地址线宽度决定了 CPU 可以访问的物理地址空间。对于 486 以上型号的微机系统,地址线的宽度为 32 位,最多可以直接访问 4096MB 的物理空间。

5. 数据总线宽度

数据总线宽度决定了 CPU 与二级高速缓存、内存以及输入/输出设备之间的一次数据传输的宽度,386 型号和 486 型号的数据总线宽度为 32 位(bit),Pentium 以上 CPU 的数据总线宽度为 64 位。

(二)主板

主板也称"母版"或"主机板",是主机的核心。打开机箱,可以看到在机箱底部有一个长方形的电路板,它就是计算机的主板。

主板上布满了各种电子元件、插槽、接口等,主要部件如下。

1. CPU 插座及插槽

目前市场上的 CPU 接口形式只有 LGA 插座和 Socket 座两种。

主板上有些部件发热量大,所以 CPU、显示卡都安装有散热片或散热风扇。为了系统的稳定,主板上又添置了一片芯片,用于 CPU 及系统的温度监测,以免其过热而被烧毁。

2. 芯片组

芯片组是主板的核心组成部分,它将大量复杂的电子元器件集成在一片或两片芯片上。如

果是两片芯片,按照芯片在主板上的排列位置,通常分为北桥芯片和南桥芯片。靠近 CPU 的一块为北桥芯片,另一块为南桥芯片。北桥芯片提供对 CPU 的类型、主频、内存类型和最大容量、PCI/PCI-E 插槽和 ECC 纠错的支持。南桥芯片则提供对 KBC(键盘控制器)、RTE(实时时钟控制器)、USB(通用串行总线)、SATA 数据传输方式和 ACPI(高级能源管理)的支持。

自从 Intel 放弃了双芯片组的设计之后,当前主板多采用单芯片设计,原本属于主板职权范围内的功能被转移到了处理器上。最明显的一点就是内存控制器,这个模块一直是主板芯片组中北桥的工作,但是现在的处理器均已内置了内存控制器,导致主板芯片组的设计大幅简化。

芯片组是主板上(除 CPU 外)尺寸最大的芯片,一般采用表面封装(PQFP)形式安装在主板上,或采用引脚网状陈列(PGA)封装形式插入到主板上的插槽中,有的芯片上还覆盖着一块散热片。

3. 内存插槽

内存插槽是指主板上用来安装内存条的插槽。主板所支持的内存种类和容量都由内存插槽来决定的。内存插槽通常成对出现,最少有 2 个,最多为 8 个,通常是根据主板的板型结构和价格决定。

4. 总线扩展槽

总线是构成计算机系统的桥梁,是各个部件之间进行数据传输的公共通道,在主板上占用面积最大的部件是总线扩展插槽,它们用于扩展 PC 机的功能,也称为 I/O 插槽。总线扩展槽是总线的延伸,在它上面可以插入任意的标准选件,如显卡、声卡、网卡。总线扩展槽可分为 PCI 扩展槽和 PCI-E 扩展槽。主板上还有一些插槽,如 BIOS 芯片、CMOS 芯片电池座、SATA 接口插座、键盘、鼠标插座、外部设备接口。

(三)内存

内存是计算机中重要的部件之一,它是外存与 CPU 进行沟通的桥梁。计算机中所有程序的运行都是在内存中进行的,因此内存的性能对计算机的影响非常大。

内存(memory)也被称为内存储器,是由内存芯片、电路板等部分组成的。其作用是用于暂时存放 CPU 中的运算数据,以及与硬盘等外部存储器交换的数据。只要计算机在运行中,CPU 就会把需要运算的数据调到内存中进行运算,当运算完成后 CPU 再将结果传送出来,内存的运行也决定了计算机的稳定运行。

Cache 即高速缓冲存储器,它是位于 CPU 和普通内存之间规模较小但速度很快的一种起缓冲作用的存储器。Cache 由于采用与 CPU 相同的制作工艺,因此速度比普通内存快得多,但价格也较高。普通内存的读写速度远低于 CPU 的速度,这使得 CPU 在访问主存时不得不插入等待周期,从而影响了整机的效率。有了 Cache 之后就可以把 CPU 要用的数据调入 Cache 中。当 CPU 要读取一个数据时,它首先在 Cache 中找,如果找到了,就把这个数据读入 CPU 中;如果找不到所需的数据,则从主存中读出这个数据并送到 CPU,并且把整个数据块从主存调入 Cache 中。这样以后的若干访问都可以通过 Cache 来完成。如果调度算法做得好,Cache 的命中率就可以很高。

(四)外存储器

外存储器用于存放当前不需要立即使用的信息,包括系统软件、用户程序及数据等。它既是输入设备,又是输出设备,是内存的后备和补充。

PC 机常见的外存储器一般有硬盘存储器、光盘存储器和 USB 闪存存储器等。

1. 硬盘存储器

硬盘存储器(hard disk device)简称硬盘。硬盘是由涂有磁性材料的合金圆盘组成,是微机系统的主要外存储器。硬盘按盘径大小可分为 3.5 英寸、2.5 英寸、1.8 英寸等。目前大多数微机上使用的是 3.5 英寸硬盘。

硬盘的一个重要性能指标是存取速度。影响存取速度的因素有平均寻道时间、数据传输率、盘片的旋转速度和缓冲存储器容量等。一般来说,转速越高的硬盘,寻道的时间越短,而且数据传输率也越高。一个硬盘一般由多个盘片组成,盘片的每一面都有一个读写磁头。硬盘在使用时,要将盘片格式化成若干个磁道(称为柱面),每个磁道再划分为若干个扇区。

硬盘的存储容量计算公式为:

$$存储容量 = 磁头数 \times 扇区数 \times 每扇区字节数(512B)$$

目前 PC 机常见硬盘的存储容量为 500GB 或 1000GB。转速对硬盘的性能有着很大的影响,硬盘的转速一般有 5400 转/分钟、7200 转/分钟。

硬盘使用时,应注意三点:①净化硬盘使用环境,温度保持在 10℃～40℃,湿度为 20%～80%,要防止干燥产生静电,还要灰尘少、无振动、电源稳定;②数据和文件要经常备份,防止硬盘一旦出现故障或感染病毒而必须对硬盘进行格式化时造成重大损失;③避免频繁开、关机器,防止电容充电放电时产生高电压击穿器件。

5. 光盘存储器

光盘存储器的设备主要包括光盘和光盘驱动器(简称光驱)。

光盘(optical disk)是一种利用激光技术存储信息的装置,是多媒体数据的重要载体,它具有容量大、易保存、读取速度快、可靠性高、价格低、携带方便等特点。光盘通常是聚碳酸酯基片上覆盖以极薄的铝膜而成,薄膜层之外还有一层起保护作用的塑料层,基片的尺寸通常是直径 120mm 或 80mm,厚 1mm。

目前用于计算机系统的光盘有四类:只读型光盘(CD-ROM)、一次写入型光盘(CD-R)、可擦写型光盘(CD-RW)、DVD 光盘。

只读光盘是一种小型光盘只读存储器。其特点是只能写一次,而且是在制造时由厂家用冲压设备把信息写入。写好后的信息将永久保存在光盘上,用户只能读取,不能修改和写入。只读光盘最大的特点是存储容量大,一张只读光盘的容量为 650MB 左右。

一次写入型光盘是可写入光盘,用户可将自己的数据写入到一次写入型光盘中,但只能写入一次,一旦写入后,一次写入型光盘就变成只读光盘。

可擦写型光盘可重复写入数据。

DVD 光盘是数字视频光盘(digital video disc)或数字通用光盘(digital versatile disc)的缩写。DVD 光盘的尺寸与只读光盘一样,分为两种:一种是常用的 12cm 光盘,另一种是很少见的 8cm 光盘。单面的 DVD 光盘只有 0.6mm 厚,比 CD 光盘薄了一半,其容量却有 4.7GB。单面 DVD 光盘的介质还可以分为两层,这样 DVD 容量就扩大到了 8.5GB,再把两光盘黏合在一起,就变成了双面双层 17GB 的 DVD 光盘了。

蓝光光碟(blu-ray disc,BD)是 DVD 之后的下一代光盘格式之一,用以存储高品质的影音以及高容量的数据存储。蓝光光碟的命名是由于其采用波长 405 纳米(nm)的蓝色激光光束来进行读写操作(DVD 采用 650 纳米波长的红光读写器,CD 则采用 780 纳米波长的红光读写器)。一个单层的蓝光光碟的容量为 25GB 或是 27GB,足够录制一个长达 4 小时的高解析影片。

3. USB 闪存存储器

USB 闪存存储器(flash RAM)也称 U 盘或闪存,它使用浮动栅晶体管作为基本存储单元实现非易失存储,不需要特殊设备和方式即可实现实时擦写。

闪存是一种新型的移动存储设备,它的优点主要有以下方面:

(1)无需驱动器和额外电源,只需从 USB 接口总线取电,可热插拔,真正即插即用。

(2)通用性高,读写速度快,容量大。

(3)抗震防潮,耐高低温,带有保护开关,防病毒,安全可靠。

(4)体积小,轻巧精致,时尚美观,易于携带。

(五)打印机

打印机是计算机最常用的输出设备。打印机的种类很多,按工作原理可分为针式打印机、喷墨打印机、激光打印机和热敏打印机,如图 1-4 所示。

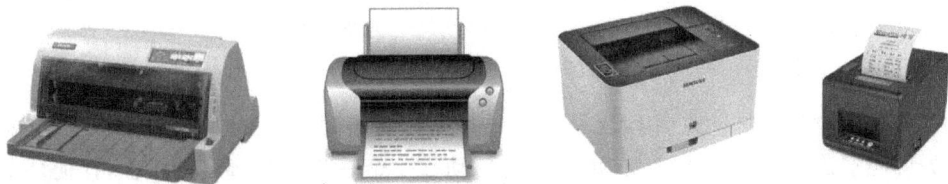

图 1-4 打印机

1.针式打印机

针式打印机打印的字符和图形是以点阵的形式构成的。它的打印头由若干根打印针和驱动电磁铁组成。打印是通过相应的针头接触色带击打纸面来完成的,通常用来打印需要复写的票据。针式打印机的主要特点是价格便宜、使用方便,但打印速度较慢、噪声大。

2.喷墨打印机

喷墨打印机是直接将墨水喷到纸上来实现打印的。喷墨打印机价格低廉,打印效果好,较受用户欢迎,但喷墨打印机使用的纸张要求高,墨盒消耗较快。

3.激光打印机

激光打印机是激光技术和电子照相技术的复合产物。激光打印机的技术来源于复印机,但复印机的光源是灯光,而激光打印机的光源是激光。由于激光光束能聚集成很细的光点,因此激光打印机能输出分辨率很高且色彩很好的图形。

激光打印机正以速度快、分辨率高、无噪声等优势进入计算机外设市场,但价格稍高。

4.热敏打印机

热敏打印机的工作原理是打印头上安装有半导体加热元件,打印头加热并接触热敏打印纸后就可以打印出需要的图案,其原理与热敏式传真机类似。图像是通过加热,在膜中产生化学反应而生成的。

任务四 计算机基本故障的检测及排除方法

一、计算机故障排除的基本原则

1.先调查,后熟悉

无论是对自己的电脑还是别人的电脑进行维修时,首先要弄清故障发生时电脑的使用状况及以前的维修状况,还应清楚其电脑的软、硬件配置及已使用年限等,做到有的放矢。

2.先机外,后机内

对于出现主机或显示器不亮等故障的电脑,应先检查机箱及显示器的外部件,特别是机外的一些开关、旋钮是否调整,外部的引线、插座有无断路、短路现象等。当确认机外部件正常时,再打开机箱或显示器进行检查。

3.先机械,后电气

对于光驱及打印机等外设而言,先检查其有无机械故障再检查其有无电气故障是检修电脑的一般原则。例如 CD 光驱不读盘,应当先分清是机械原因引起的,还是由电气毛病造成的。只有确定各部位转动机构及光头无故障后,才能进行电气方面的检查。

4.先软件,后硬件

先排除软件故障再排除硬件问题是电脑维修中的重要原则。例如 Windows 系统软件的损坏或丢失可能造成死机故障的产生,因为系统启动是一个一步一个脚印的过程,任何环节都不能出现错误,如果存在损坏的执行文件或驱动程序,系统就会僵死在那里。硬件设备的设置问题如BIOS,驱动程序的是否完善与系统的兼容性等也有可能引发电脑硬件死机故障的产生。我们在维修时应遵循先软件、后硬件的原则。

5.先清洁,后检修

在检查机箱内部配件时,应先着重检查机内是否清洁,如果发现机内各元件、引线、走线及金手指之间有尘土、污物、蜘蛛网或多余焊锡、焊油等,应先加以清除,再进行检修,这样既可减少自然故障,又可取得事半功倍的效果。实践表明,许多故障都是由于脏污引起的,一经清洁故障往往会自动消失。

6.先电源,后机器

电源是机器及配件的心脏,如果电源不正常,就不能保证其他部分的正常工作,也就无从检查别的故障。根据经验,电源部分的故障率在机中占的比例最高,许多故障往往就是由电源引起的,所以先检修电源常能收到事半功倍的效果。

7.先通病,后特殊

根据电脑故障的共同特点,先排除带有普遍性和规律性的常见故障,然后再去检查特殊的故障,以便逐步缩小故障范围,由面到点,缩短修理时间。

8.先外围,后内部

在检查电脑或配件的重要元器件时,不要急于对其内部动手或更换重要配件,而应检查其外围电路,在确认外围电路正常时,再考虑更换配件或重要元器件。若不问青红皂白,一味更换配件或重要元器件,只能造成不必要的损失。从维修实践可知,配件或重要元器件外围电路或机械的故障远高于其内部电路。

二、常见的软件故障及排除方法

常见的软件故障有丢失文件、文件版本不匹配、内存冲突、内存耗尽等。

1.丢失文件

要检测一个丢失的启动文件,可以在启动 PC 的时候观察屏幕,丢失的文件会显示一个"不能找到某个设备文件"的信息和该文件的文件名、位置,用户会被要求按键继续启动进程。丢失的文件可能被保存在一个单独的文件夹中,或是在被几个出品厂家相同的应用程序共享的文件夹中。例如,文件夹"\SYMANTEC"就被 Norton Utilities、Norton Antivirus 和其他一些 Symantec 出品的软件共享,而对某些文件夹来说,其中的文件被所有的程序共享。最好搜索原来的光盘,重新安装被损坏的程序。

2. 文件版本不匹配

绝大多数的用户都会不时地向系统中安装各种不同的软件,包括 Windows 的各种补丁,或者升级系统。这其中的每一步操作都需要向系统拷贝新文件或者更换现存的文件。这时就可能出现新软件不能与现存软件兼容的问题。因为在安装新软件和 Windows 升级的时候,拷贝到系统中的大多是 DLL 文件,而 DLL 不能与现存软件"合作"。在安装新软件之前,先备份"C:\Windows\System"文件夹的内容,可以将 DLL 错误出现的几率降低,既然大多数 DLL 错误发生的原因在此,保证 DLL 运行安全是必要的。而绝大多数新软件在安装时也会观察现存的 DLL,如果需要置换新的,会给出提示,一般可以保留新版,标明文件名,以免出现问题。

3. 非法操作

非法操作会让很多用户觉得迷惑,其实软件才是真凶,每当有非法操作信息出现,相关的程序和文件都会和错误类型显示在一起。用户可以通过错误信息列出的程序和文件来研究错误起因,因为错误信息并不直接指出实际原因,如果给出的是"未知"信息,可能数据文件已经损坏,应该检查是否有备份或者厂家是否有文件修补工具。

4. 蓝屏错误信息

要确定出现蓝屏的原因需要仔细检查错误信息,很多蓝屏发生在安装了新软件以后,是新软件和现行的 Windows 设置发生冲突直接引起的。出现蓝屏的真正原因不容易搞清楚,最好的办法是把错误信息保留下来,然后用"blue screen"文件名和"fatal ex-ception"代码到微软的站点搜索,以便确定原因。但是即使一个特定的软件被破坏,蓝屏也不能确定引起问题的文件,如果在蓝屏上显示了多个信息,那么首先应该搜索第一条。很多蓝屏可以用改变Windows设置来解决,大多数情况下需要下载安装一个更新的驱动程序,一些蓝屏与版本有关,应该确定所使用的 Windows 版本,查看设备管理程序可以确定这些信息。

5. 资源不足

计算机在运行期间经常会产生资源不足的提示。既然有了更多的内存,是不是可以运行更多程序?大多数用户对此限制有些模糊。一些 Windows 程序需要消耗各种不同的资源组合,GDI(图形界面)集中了大量的资源,这些资源用来保存菜单按钮、面板对象、调色板等;第二个积累较多的资源则是 User(用户),用来保存菜单和窗口的信息;第三个是 System(系统资源),是一些通用的资源。在程序打开和关闭之间都会消耗资源,一些在程序打开时被占用的资源在程序关闭时可以被恢复,但并不都是这样,一些程序在运行时可能导致 GDI 和 User 资源丧失,这也就是为什么在机器运行一段时间后最好重新启动一次补充资源的原因。

防止软件故障的五个注意事项如下:

(1)在安装一个新软件之前,考察一下它与所用系统的兼容性;

(2)在安装一个新的程序之前需要保护已经存在的被共享使用的 DLL 文件,防止在安装新文件时被其他文件覆盖;

(3)在出现非法操作和蓝屏的时候仔细研究提示信息,分析原因;

（4）随时监察系统资源的占用情况；

（5）使用卸载软件删除已安装的程序。

三、常见的硬件故障及排除方法

常见的硬件故障很多，可以分为以下几类：元件及芯片故障；连线与接插件故障；部件引起的故障；硬件兼容引起的故障；跳线及设置引起的故障；电源引起的故障；各种软故障。

不管是何种硬件故障，一般均可按照如下方法进行排除。

（一）清洁法

很多的计算机故障都是由于机器内灰尘较多引起的，在维修过程中，应该先进行除尘，再进行后续的故障判断与维修。

（二）直接观察法

直接观察法就是通过眼看、耳听、手摸、鼻闻等方式检查机器比较典型或比较明显的故障，如观察机器是否有火花、异常声音、插头及插座是否松动、电缆损坏或管脚断裂、接触不良、虚焊等现象。

（三）插拔法

插拔法是通过将插件板或芯片"拔出"或"插入"来寻找故障原因的方法，采用该方法能迅速找到发生故障的部位，从而查到故障的原因，这是一种非常实用而有效的常用方法。

（四）交换法

交换法是用好插件板、好器件替换有故障疑点的插件板或器件，或者把相同的插件或器件互相交换，观察故障变化的情况，依此来帮助判断故障原因的方法。

（五）程序诊断法

只要计算机还能够进行正常的启动，采用一些专门为检查诊断机器而编制的程序来帮助查找故障的原因，这是考核机器性能的重要手段和常用的方法。

以上的前三种方法适应于所有计算机用户，第四种方法一般适应于用计算机较多的机房，而第五种方法则要求备用一些测试软件。在实际的应用中，可将以上方法应结合实际灵活运用，综合运用多种方法，才能确定并修复故障。

任务五　实践操作

1.到电子市场或网络卖场进行电脑相关配置的实际考察。

2.进行键盘和鼠标的相关练习操作。

3.将下列十进制数分别转化为二进制、八进制和十六进制数。

　　（1）456.123　　　　　　　（2）347

4.将下列二进制数分别转化为十进制、八进制和十六进制数。

　　（1）11001011　　　　　　（2）1100100.001

5.将下列十六进制数分别转化为二进制、八进制和十进制数。

　　（1）A2E　　　　　　　　（2）4D.5

项目二

Windows 10 操作系统

学习目标

1. 掌握 Windows 10 的基本概念和基本操作
2. 理解文件和文件夹的概念，掌握资源管理器的使用方法
3. 掌握 Windows 10 系统环境设置
4. 掌握安装、卸载应用程序的方法，能够熟练使用计算机、画图等常用的应用程序

任务一　Windows 10 的基本操作

一、Windows 10 简介

(一)Windows 10 的功能特色

Windows 10 是一款跨平台的操作系统，它不仅可以在台式机上运行，而且可以在笔记本电脑、手机和平板电脑上运行。它的功能特色主要体现在以下几个方面。

1. 全新的"开始"菜单

Windows 10 采用全新的"开始"菜单，左半部分是最新打开的程序列表和其他内容，在菜单右侧增加了现代风格的区域，将传统风格和现代风格有机地结合在一起，兼顾了老版本系统用户的使用习惯。图 2-1 所示即为 Windows 10 开始界面。

2. 强大的搜索功能

在 Windows 10"开始"按钮的右侧，集成了专业的搜索引擎，该搜索引擎具有本地和网络搜索功能，用户只需要输入部分关键字，引擎会非常智能地搜出本地计算机中对应的文档、应用程序以及图片，随着关键字的不断输入，搜索结果也会不断细化，如果用户不需要搜索本地计算机中的结果，不必打开浏览器，只要选择当前搜索内容下方的"word"，即可在网络中进行搜索。图 2-2 所示为搜索框。

3. OneDrive 云存储

OneDrive 是由微软公司推出的一款个人文件存储工具，也叫网盘，用户可以将文件保存在网盘中，方便在不同电脑或手机中访问。Windows 10 操作系统中集成了桌面版 OneDrive，能够方便地上传、复制、粘贴、删除文件或文件夹，尤其是拥有多台电脑或多个设备，想要同步文档、照片等常用文件将十分方便。图 2-3 所示为云存储界面。

图 2-1　全新的"开始"菜单

图 2-2　搜索框

图 2-3　云存储

4. Ribbon 管理界面

Windows 10 采用了 Ribbon 界面，不仅能够支持剪切、复制、复制来源、移动、删除、重命名，还能激活 History。在 Windows 10 中，如果用户误删除了某些文件，只需单击"历史记录"按钮，即可轻松找回误删除的文件。在 Ribbon 文件管理界面中，剪切等功能被移到窗口上方，对于操作而言，进一步简化了单击鼠标右键的操作。图 2-4 所示为 Ribbon 管理界面。

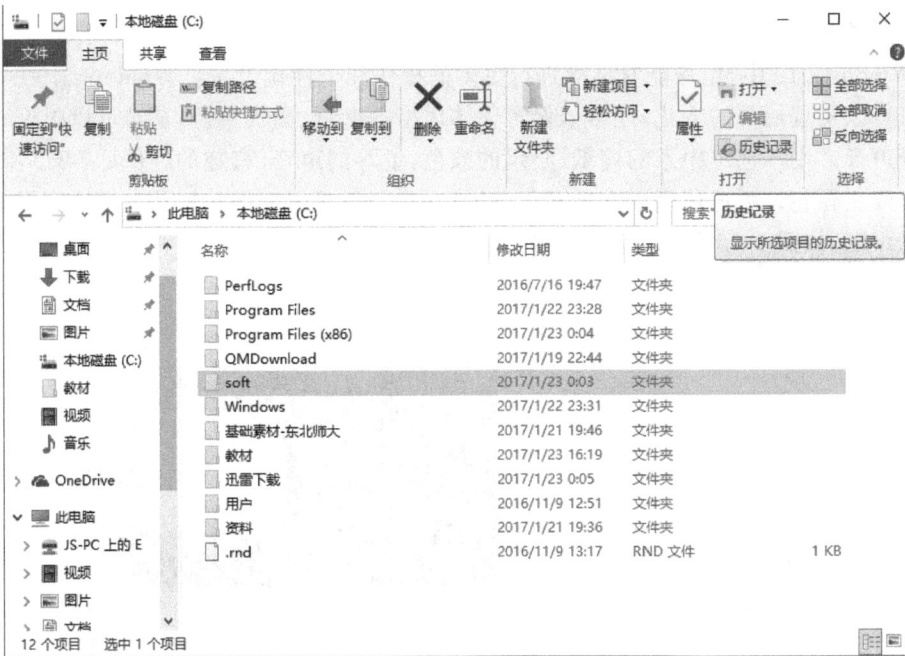

图 2-4　Ribbon 管理界面

5.全新的多重桌面功能

多重桌面是一项全新的功能,有些用户喜欢一次开启多个程序或视图窗口,但是当所有开启的程序或视图窗口都"拥挤"在同一个桌面上时,可以会影响工作效率。在 Windows 10 中,用户可以按照工作或程序类型的划分自行添加多个桌面,如图 2-5 所示。

图 2-5　多重桌面

除了上面的新功能外,Windows 10 还有许多新功能和新改进,如增加了通知中心,可以查看各应用推送的信息;增加了任务视图(TaskView),可以创建多个传统桌面环境;另外,还有平板模式、手机助手等。

6.个性化的桌面

在 Windows 10 中,用户能对桌面进行更多的操作和个性化设置。Windows 10 中的内置主题包不仅可以实现局部的变化,还可以设置整体风格的壁纸、面板色调,甚至可以根据喜好选择、定义系统声音。用户选定中意的壁纸、心仪的颜色、悦耳的声音、有趣的屏保后,可以将其保存为自己的修改主题包。用户还可以选择多张壁纸,让它们在桌面上像幻灯片一样连续播放,播放速度可自己设定,如图 2-6 所示。

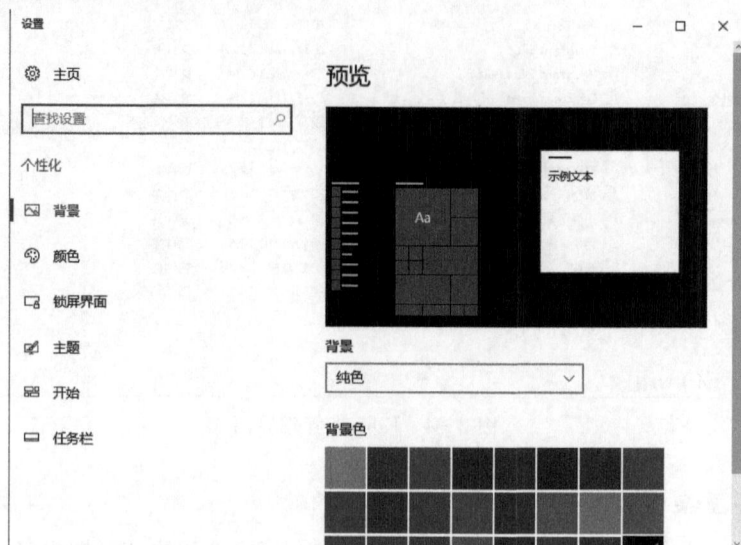

图 2-6　Windows 10 中的个性化设置

(二)Windows 10 启动与退出

1.系统启动

(1)打开主机的电源开关,Windows 10 开始启动,加载完成后,即可进入欢迎界面。

(2)Windows 10 启动后,在欢迎界面上单击鼠标或按键盘任意键,将出现用户登录界面,Windows 10 会将可用的用户以图标的方式显示在界面上。单击希望登录的用户名图标,并输入密码,再按回车键即可登录。

2.系统退出

用户操作完毕 Windows 10 系统后,可以单击桌面左下方的“开始”按钮,在弹出的“开始”菜单中单击“电源”选项,在弹出的选项菜单中单击“关机”选项,即可退出 Windows 10 操作系统,如图 2-7 所示。

在桌面环境中,按“Win+F4”组合键打开“关闭 Windows”对话框,单击“关机”按钮也可关闭计算机。

二、认识 Windows 10 桌面

桌面是用户登录到 Windows 10 系统后所看到的整个计算机屏幕界面,是用户和计算机进行交流的窗口。桌面可以存放用户经常用到的应用程序和文件夹图标,用户可以根据需要在桌面上添加各种快捷方式图标,在使用时双击该图标就能够快速启动相应的程序或打开文件。

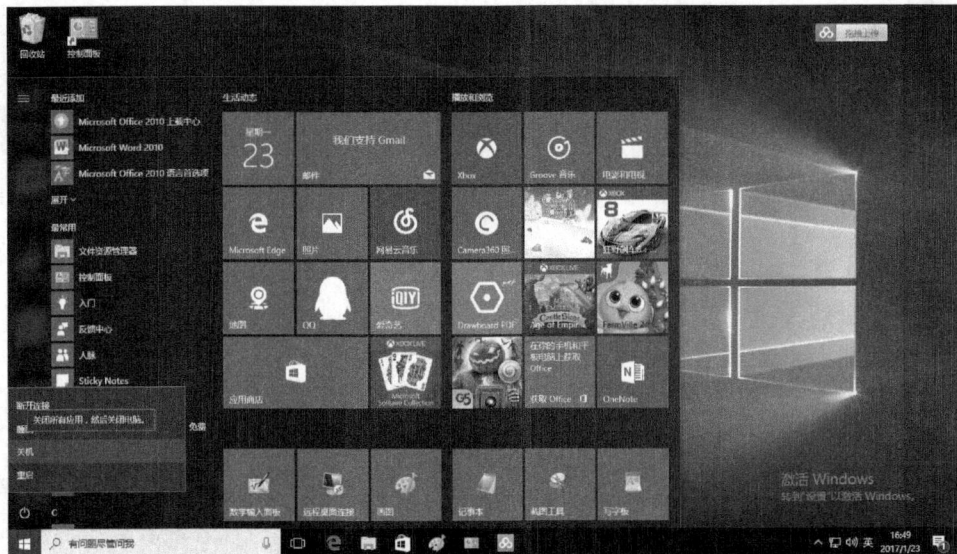

图 2-7　关闭 Windows 操作系统

(一)认识桌面图标

"桌面图标"是指在桌面上排列的小图像,包含图形、说明文字两部分。如果用户把鼠标放在图标上停留片刻,桌面上便会出现图标的说明文字或者是文件存放的路径。双击图标就可以打开相应的内容。

1. 桌面图标的组成

Windows 10 桌面上的图标包括系统图标和应用程序图标,如图 2-8 所示。

系统图标主要有"此电脑""网络""控制面板""回收站"和"用户文件夹"五大部分。双击这些图标可以打开系统文件夹,如双击桌面上"控制面板"图标可以打开 Windows 10 的"控制面板"对话框。应用程序图标是安装软件时放置在桌面的快捷方式,双击此图标可以快速启动应用程序或打开用户文件。

2. 创建桌面图标

桌面上的图标实质上就是打开各种程序和文件的快捷方式,用户可以在桌面上创建自己经常使用的程序或文件和图标。这样使用时直接双击快捷图标即可启动该项目。

右键单击应用程序图标,在弹出的快捷菜单中选择"发送到"→"桌面快捷方式"命令,即可在桌面上创建应用程序的快捷方式,如图 2-9 所示。

系统图标　　　　应用程序图标

图 2-8　桌面图标

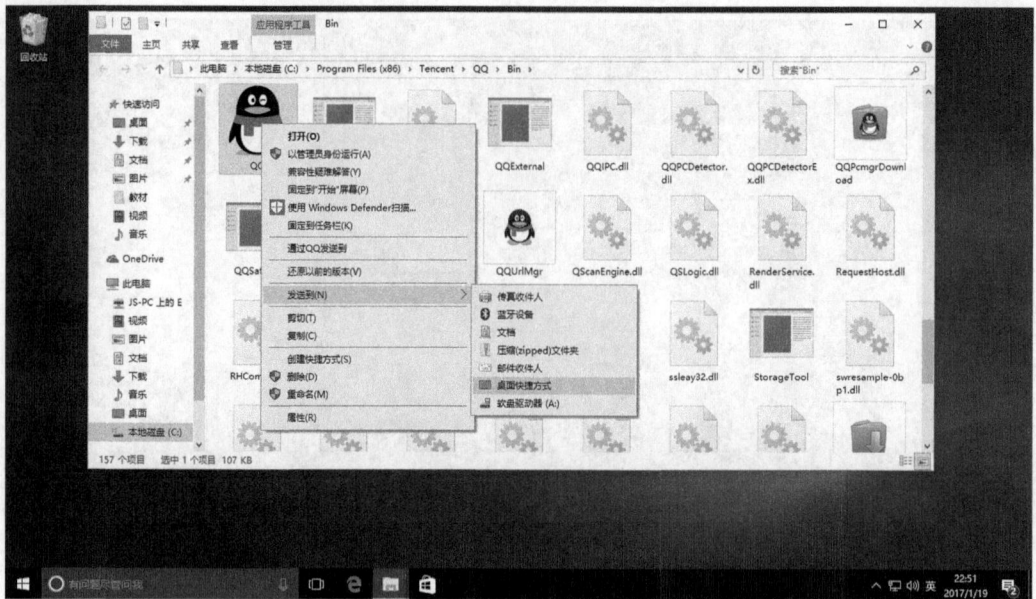

图 2-9　创建桌面快捷方式

3. 查看图标

右键单击桌面的空白处,在弹出的快捷菜单中选择"查看"命令,在子菜单中包含了多种查看方式。当用户选择子菜单中的命令后,在其左侧出现"√"标志,说明该命令已被选中;再次选择这个命令后,"√"标志消失,即表明取消了此命令,如图 2-10 所示。

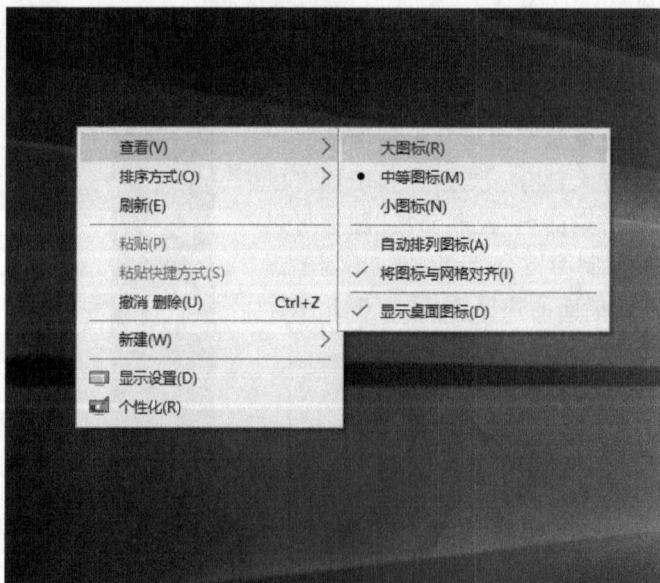

图 2-10　查看图标各个命令

(1)自动排列图标。如果用户选择了"自动排列图标"命令,在对图标进行移动时会出现一个选定标志。这时,只能在固定的位置将各图标进行位置的互换,而不能手动图标到桌面上的任意位置。

（2）将图标与网格对齐。当选择了"将图标与网格对齐"命令后,在调整图标的位置时,它们总是成行成列地排列,而不能移动到桌面上任意位置。

（3）显示桌面图标。当用户取消了"显示桌面图标"命令前的"√"标志后,桌面上将不显示任何图标。

4.排列图标

当用户在桌面上创建多个图标后,如果未进行排列,桌面会显得非常凌乱。这样既影响视觉效果,又不利于用户选择所需要的项目。执行排列图标的命令,可以使桌面显得整洁而有条理。

当要调整桌面图标的位置时,右键单击桌面的空白处,在弹出的快捷菜单中选择"排序方式"命令,出现的子菜单中包含多种排列方式,如图2-11所示。

（1）名称。图标按名称开头的字母或拼音顺序排列的方式。

（2）大小。图标按所代表文件的大小顺序排列的方式。

（3）项目类型。图标按所代表的文件类型的排列方式。

（4）修改日期。图标按所代表的文件的最后一次修改日期的排列方式。

5.图标的重命名与删除

右键单击桌面上的图标,在弹出的快捷菜单中选择"重命名"命令,如图2-12所示。当图标的文字说明位置呈反色显示时,用户可以输入新名称,然后在桌面上任意位置单击,即可完成对图标的重命名。

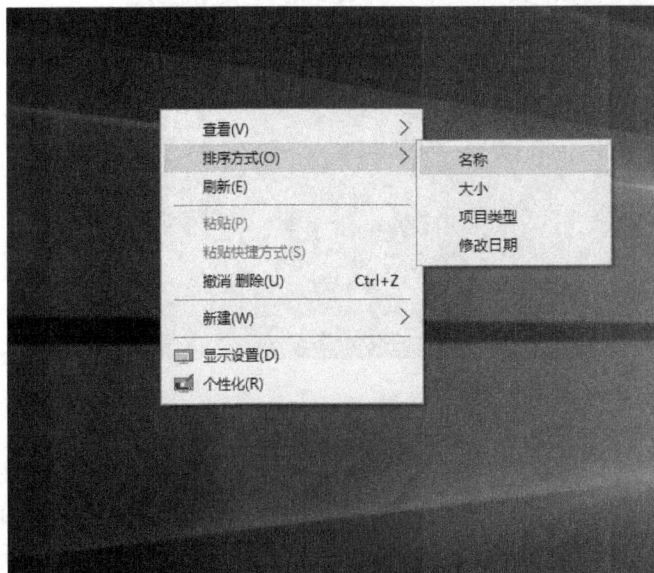

图2-11　图标的排序方式　　　　图2-12　重命名桌面上的图标

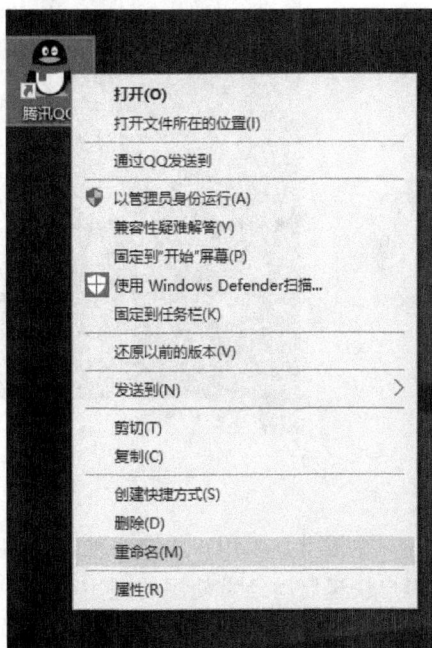

需要删除桌面上的图标时,可以右键单击该图标,在弹出的快捷菜单中选择"删除"命令,系统会弹出如图2-13所示的对话框,询问用户是否确实要删除所选内容并移入回收站。单击"是"按钮确认删除;单击"否"按钮取消操作。

图 2-13 "删除快捷方式"对话框

(二)"开始"菜单

单击屏幕左下角的"开始"按钮,可以打开 Windows 10 的"开始"菜单,如图 2-14 所示。

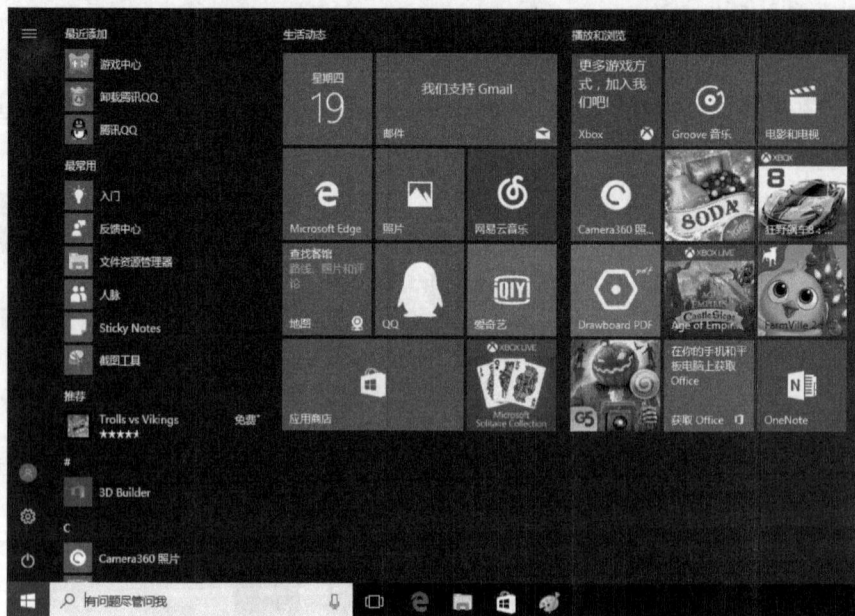

图 2-14 Windows 10"开始"菜单

左侧上方为用户账户头像,下方是"电源"按钮以及用户最近使用过的程序,这一功能可以使用户快速启动经常使用的应用程序。单击"所有程序"命令可以展开所有程序列表,便于用户启动计算机中安装的程序。右侧为"开始"屏幕,系统默认下,"开始"屏幕主要包含了生活动态及播放和浏览的主要应用。

(三)任务栏

任务栏默认设置位于桌面最下方。了解任务栏各个部分的作用并灵活运用任务栏,可以大大提高计算机的使用效率。

Windows 10 中的任务栏由"开始"菜单按钮、搜索栏、任务视图、快速启动区和通知区等几部分组成。任务栏显示了系统正在运行的程序和打开的窗口、当前时间等内容,用户通过任务栏可以完成许多操作,而且也可以对它进行一系列的设置,如图2-15所示。

图2-15　Windows 10系统的任务栏

1.搜索栏

搜索栏是任务栏中的一个文本输入框,它可以直接从计算机或互联网中搜索用户想要的信息。

单击搜索栏,不需要输入任何文字,就可以打开搜索主页,用户可以直接查看当下热门,也可以输入文字搜索相关的内容。

2.任务视图

任务视图按钮是多任务和多桌面的入口。多任务是Windows 10的一个新功能,将最多4个开启的任务窗口排列在桌面上,用户可以同时关注这4个任务窗口。多桌面为"虚拟桌面",可以将不同的任务分别安排在不同的桌面上,利用快捷键可以轻松地在桌面间来回切换。

3.快速启动区

快速启动区由一些小型的按钮组成,单击该按钮可以快速启动程序。一般情况下,它包括网上浏览工具Egde、文件资源管理器和应用商店三个图标。用户也可根据个人需要将常用的图标添加到快速启动工具栏中。

4.语言栏

在语言栏中用户可以选择各种语言输入法,单击"中"按钮可以在中文和英文之间切换,如果用户对输入法要求比较高,系统自带的语言无法满足用户需求,此时用户可以通过安装自定义输入法来提高输入效率,安装完后输入法将会出现在通知区。

对于手机和其他移动终端来说,可以通过单击"触摸键盘"按钮来打开触摸键盘。如果觉得触摸键盘对计算机来说没什么用处,也可以通过任务栏菜单将其隐藏。

5.通知区域

任务栏右侧的小三角按钮"通知"的作用是隐藏不活动的图标和显示隐藏的图标。在默认情况下,系统会自动将用户最近没有使用过的图标隐藏起来,以使任务栏的通知区域不至于很杂乱,它在隐藏图标时会出现一个小文本框提醒用户。

6.通知中心

"通知中心"按钮的作用是打开操作中心,不但可以查看系统通知,还可以查看来自不同应用程序的通知。用户不想被通知打扰,可以用右键单击通知图标,在弹出的快捷菜单中选择"打开免打扰时间"命令来关闭通知提示。

7.音量控制按钮

音量控制器是桌面上小喇叭开关的按钮"音量",单击此按钮后,弹出"音量控制"界面,用户可以通过手动上面的小滑块来调整扬声器的音量。

如果需要对声音属性进行更详细的设置,可以在任务栏中的声音图标上单击鼠标右键,在弹出的快捷菜单中选择"打开音量合成器"命令,在弹出的对话框中,用户可以对声音设备进行设置,如图2-16所示。

8.日期指示器

在任务栏的最右侧显示当前的时间。鼠标在上面停留片刻,会出现当前的日期。单击"日期指示器"将显示日期面板,如图2-17所示。选择下方的"更改日期和时间设置"选项,弹出"时间和语言"界面。选择"日期和时间"选项,用户可以根据需要调整时间和日期。

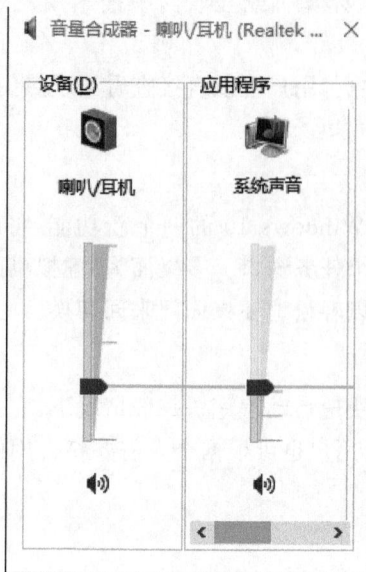

图2-16 "音量合成器"对话框

图2-17 日期面板

三、Windows 10 窗口的操作

窗口操作是Windows系统的基本特征之一,是人机对话的重要手段。因此,用户非常有必要掌握操作窗口的一些基本方法。

(一)打开窗口

在Windows操作系统中,窗口是屏幕上与一个应用程序相对应的矩形区域,它是用户与弹出该窗口的应用程序之间的可视操作界面。每当用户开始运行一个应用程序时,应用程序就创建并显示一个窗口;当用户操作该窗口中的对象时,程序会作出反应;用户通过关闭一个窗口来终止一个程序的运行;通过选择应用程序窗口来选择相应的应用程序。典型的窗口如图2-18所示。

Windows 10支持多任务程序操作,用户不仅可以打开单一窗口,也可以同时打开多个任务窗口。可以通过下面两种方式打开一个窗口:

(1)双击要打开的窗口图标,即可打开该窗口。

(2)右键单击要打开的窗口图标,在弹出的快捷菜单中选择"打开"命令即可打开窗口,如图2-19所示。

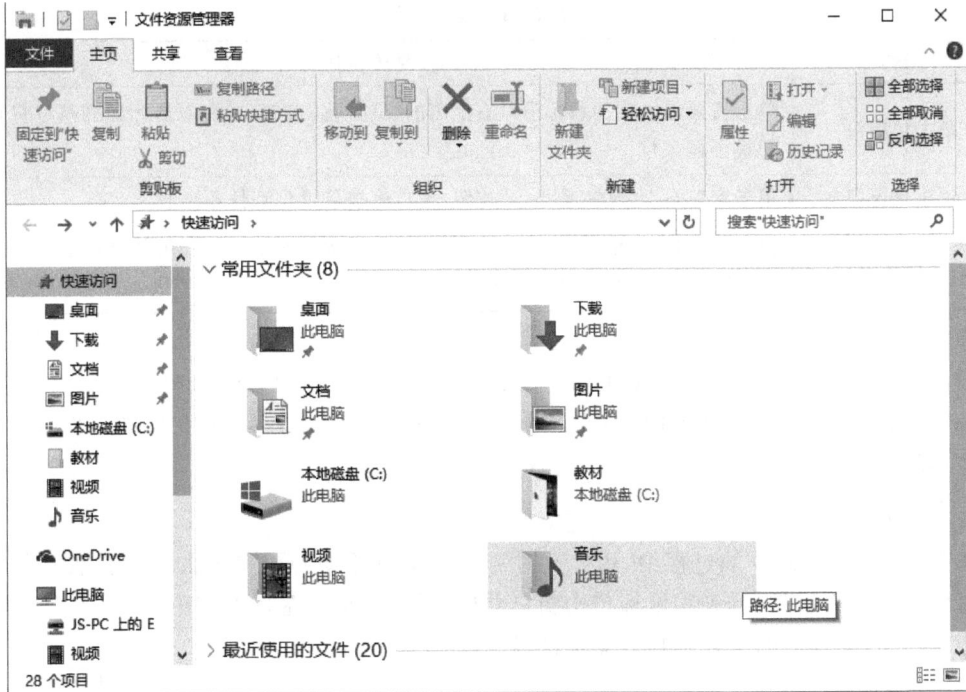

图 2－18　典型的窗口

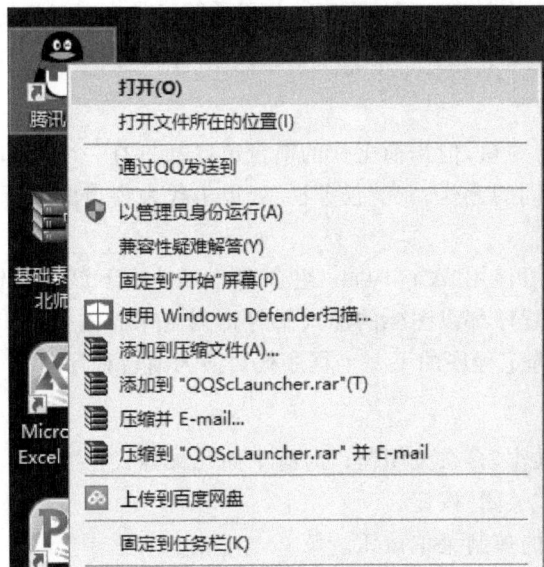

图 2－19　打开窗口

(二)最大化、最小化和还原窗口

在进行窗口操作时,有时需要将窗口变为最大化状态或最小化状态。使用鼠标实现窗口大小操作时,具体操作方法见表 2－1。

表 2-1　窗口操作

操作	具体操作
最大化窗口	单击需要最大化的目标窗口右上角的"最大化"按钮,或者双击标题栏都可将窗口切换至最大化
最小化窗口	单击窗口右上角的"最小化"按钮,窗口将被最小化到任务栏上
还原窗口	窗口最大化后,窗口右上角的最大化按钮变成"还原"按钮,用鼠标单击"还原"按钮,即可将最大化窗口还原成原始大小

用户也可以通过快捷键来完成以上操作:用"Alt+空格键"组合键来打开控制菜单;然后根据菜单中的提示,在键盘上输入相应的字母(如"最小化"输入字母 N),这种方式可以快速完成相应的操作。

(三)移动窗口

在操作 Windows 10 的过程中,用户有时需要将窗口移动到屏幕上的某个位置。使用鼠标移动窗口的操作方法为:首先用鼠标单击窗口的标题栏,并按住鼠标左键不放,然后移动鼠标,窗口会随之移动,至合适的位置后释放鼠标即可。

(四)改变窗口大小

在操作 Windows 10 时,经常需要改变窗口的大小,如缩小全屏幕的窗口而不是将窗口最小化。这时,可以移动光标至窗口的边界处,当光标变成双箭头时,按住鼠标左键不放,此时移动鼠标可以改变窗口的大小,至合适大小时松开鼠标即可。如果需要同时改变窗口的横向和纵向大小,可以移动光标至窗口的右下角,当光标变为双箭头时拖动鼠标,可以同时改变窗口横向和纵向的大小。

(五)切换窗口

虽然用户打开了多个窗口,但当前工作的前台窗口却只有一个,有时用户需要在不同窗口之间任意切换,同时进行不同的操作。在"任务栏"处单击代表窗口的图标按钮,即可将后台窗口切换为前台窗口。

要快捷地切换窗口,可使用"Alt+Tab"组合键。同时按下该组合键后,屏幕上会出现任务栏,系统当前正在打开的程序都以图标的形式平等排列出来。按住"Alt"键不放的同时,按一下"Tab"键再松开,则当前选定程序的下一个程序被切换为前台程序。

(六)关闭窗口

用户完成对窗口的操作后,在关闭窗口时有下面几种方式:
(1)在标题栏上单击"关闭"按钮。
(2)双击窗口左上角的控制菜单按钮。
(3)单击控制菜单按钮,在弹出的控制菜单中选择"关闭"命令。
(4)使用"Alt+F4"组合键。

如果用户打开的窗口是应用程序,可选择"文件"→"退出"菜单命令,同样也能关闭窗口。如果所要关闭的窗口处于最小化状态,可以右键单击任务栏中的程序图标,在弹出的快捷菜单中选择"关闭窗口"命令,如图 2-20 所示。

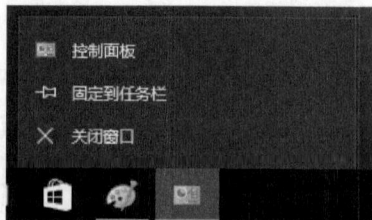

图 2-20　任务栏中选择命令

四、Windows 10 功能区基础

Windows 10 将功能区管理功能引入到系统操作中,在进行资源管理时使用 Ribbon 进行操作将非常方便,从而提高操作效率。

(一)功能区管理界面

在 Windows 10 中打开任何一个窗口,按"Alt"键或"F10"键会显示字母或数字,根据提示再按相应字母或数字键会打开对应的菜单项,如图 2-21 所示。但是单击某一个菜单栏时,显示的不再是一系列子菜单,而是一种被称为功能区的管理界面,直接单击功能区中的按钮即可进行快捷操作。同时,在管理界面的左上方会显示自定义快速访问工具栏,用户可以将常用的工具添加到快速访问工具栏中,方便以后的操作,如图 2-22 所示。

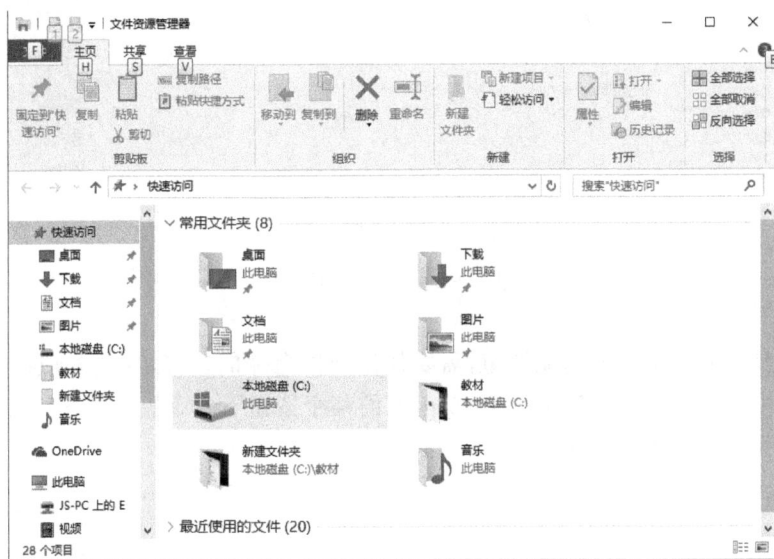

图 2-21 窗口功能区

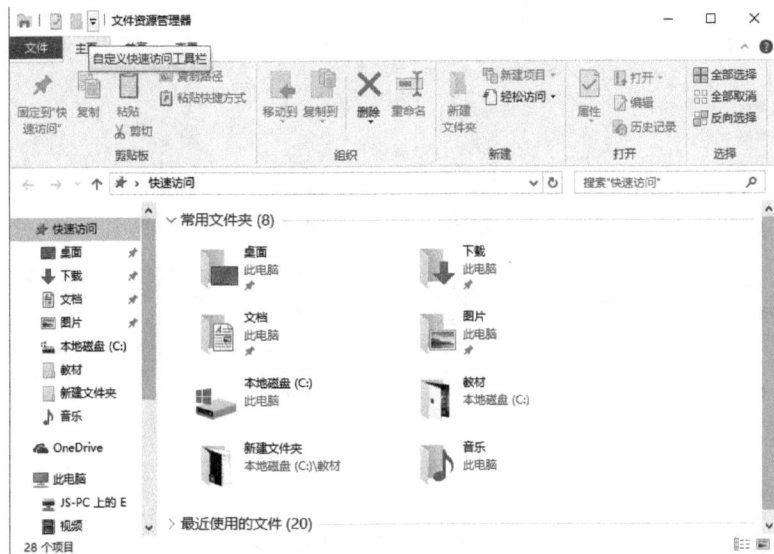

图 2-22 自定义快速访问工具栏

在功能区管理界面的右上角会显示"最小化功能区"按钮,由于功能区占据的屏幕空间较多,临时不需要功能区时,可以单击"最小化功能区"按钮来隐藏功能区。此时"最小化功能区"按钮将转变为"展开功能区"按钮,如图 2-23 所示。

图 2-23 最小化功能区

功能区一般只显示常用的功能按钮,需要其他操作命令时,可以单击相应的功能按钮,在弹出的快捷菜单中进行选择。一般情况下,功能区的某个按钮下方有黑色的三角符号,即表示单击此三角符号会弹出快捷菜单,如图 2-24 所示。

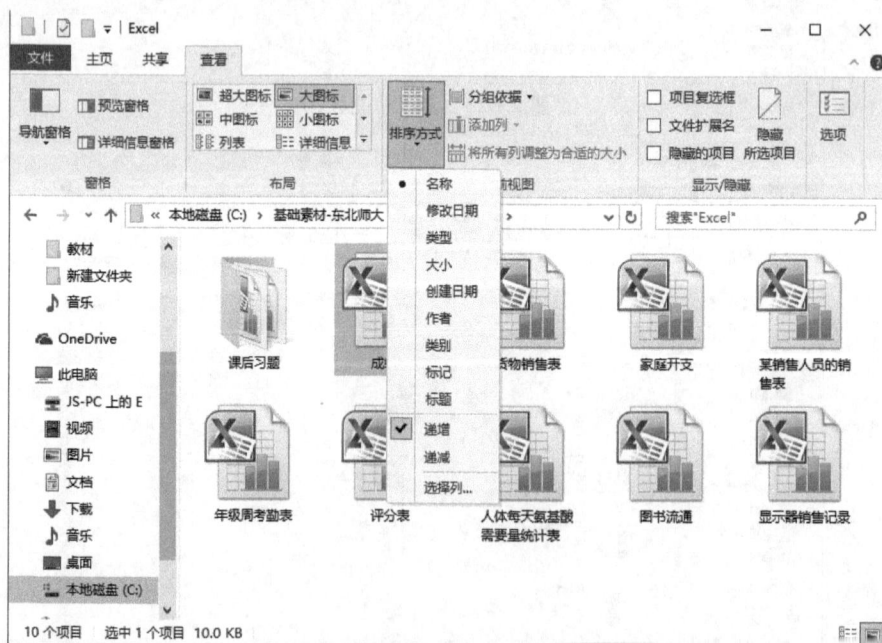

图 2-24 功能区快捷菜单

(二)使用快捷菜单

快捷菜单是用鼠标指向目标对象后单击鼠标右键时所弹出的菜单,它随着所指对象的不同而有所变化,菜单中通常包含与被单击目标有关的各种操作命令。在对目标进行操作时,又不知道从何处选择功能,这时最好使用右键快捷菜单。快捷菜单中有与被单击对象相关的命令,因此能够迅速地找到用户需要的命令,如图 2 - 25 所示。

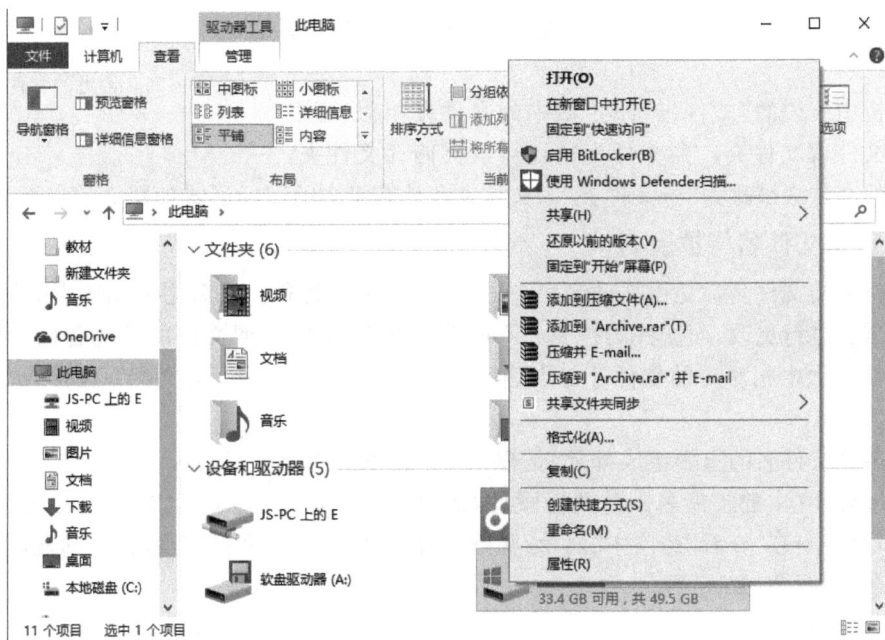

图 2 - 25   右键快捷菜单

任务二   Windows 10 资源管理器

在计算机中,所有的资料、数据都是以文件和文件夹的形式存在的。Windows 10 提供了强大的资源管理功能。本任务从文件(夹)的基础操作入手,重点讲解文件和文件夹的打开、重命名、复制、移动、创建和删除等常规操作,然后介绍资源管理器及其高级应用,最终达到熟练掌握资源管理技能的目的。

一、文件和文件夹

(一)文件管理基础

文件和文件夹是计算机中比较重要的概念之一,几乎所有的任务都要涉及文件和文件夹的操作。本节主要介绍文件与文件夹的概念、文件与文件夹的类型,了解文件与文件夹的区别,并认识文件夹窗口的组成部分。

(二)认识文件和文件夹

计算机中的文档、图片、音(视)频等资料都是以文件的形式保存在硬盘中。文件是存储信息的基本单位。文件类型在计算机中有许多种,如图片文件、音乐文件、文本文档、视频文件、可执行程序等类型。在 Windows 10 中,通常用不同图标来表示不同的文件类型。因此,可以通过不同的图标来区分文件类型。

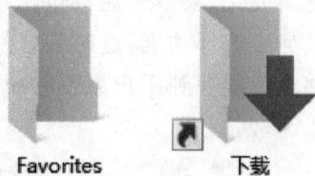

图 2-26　常见的文件夹图标

计算机中所说的"文件夹"跟生活中的文件夹相似,可以用于存放文件或文件夹。在文件夹中还可以再储存文件夹,文件夹中的文件夹被称为"子文件夹"。文件夹在计算机中的图标形式如图 2-26 所示。

(三)认识文件名与扩展名

计算机中的文件名称是由文件名和扩展名组成,文件名和扩展名之间用圆点分隔。文件名可以根据需要进行更改,而文件的扩展名不能随意更改,不同类型文件的扩展名也不相同,不同类型的文件必须由相对应的软件才能创建或打开,如扩展名为 doc 的文档只能用 Word 软件创建或打开。

扩展名是文件名的重要组成部分,是标识文件类型的重要方式。

Windows 10 中的扩展名默认是隐藏的,在 Ribbon 功能区管理模式下,查看文件的扩展名非常方便,只需要在"查看"选项中"显示/隐藏"功能区域,选中"文件扩展名"复选框,即可查看文件的扩展名,如图 2-27 所示。

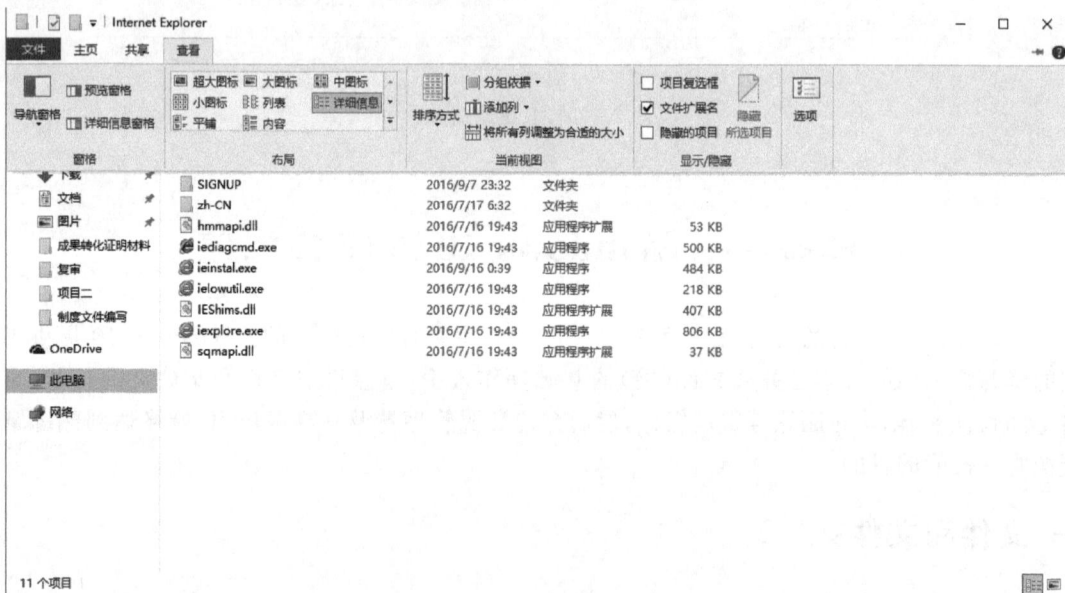

图 2-27　查看文件扩展名

(四)常见的文件类型

常见的文件类型如表 2-2 所示。

表 2-2　常见的文件类型

类型	含义
.txt	文本文件,所有具有文本编辑功能程序
.docx	Word 文档,Microsoft Word 编辑出的文档
.xlsx	Excel 文档,电子表格文档
.pptx	PowerPoint 文档,演示文稿文档
.ico	图标文件
.gif/.bmp	图形文件,支持图形显示和编辑程序
.dll	动态链接库,系统文件
.exe	可执行文件,系统文件或应用程序
.avi	媒体文件,多媒体应用程序
.rar	压缩文件,WinRAR 等压缩程序
.wav	声音文件

二、文件资源管理器

文件资源管理器是 Windows 系统提供的资源管理工具,用户可以用它查看本台计算机的所有资源,特别是通过它提供的树形文件系统结构,能更清楚、更直观地认识计算机的文件和文件夹。在"资源管理器"中还可以很方便地对文件进行各种操作,如打开、复制、移动等。

(一)启动文件资源管理器

在 Windows 10 中启动文件资源管理器有四种常用方法,具体如下:

(1)直接双击桌面上的"此电脑"图标,打开的"此电脑"界面,左侧窗格中的"查看"列表实际上就是文件资源管理器。

(2)Windows 10 桌面的左下角类似于文件夹的图标,就是"文件资源管理器"的快捷方式,单击此图标即可打开文件资源管理器界面,如图 2-28 所示。也可以用鼠标右键单击图标,在弹出的快捷菜单中单击"文件资源管理器"选项,如图 2-29 所示。

图 2-28　通过任务栏启动"文件资源管理器"(1)

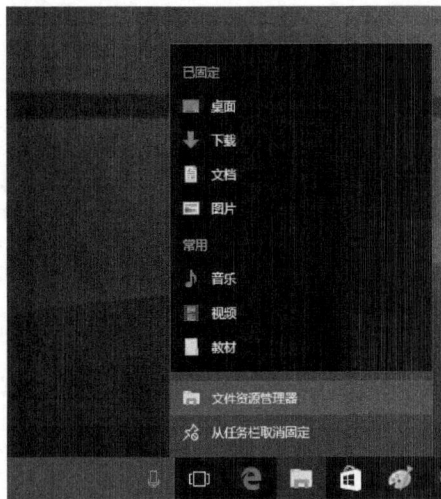

图 2-29　通过任务栏启动"文件资源管理器"(2)

（3）在桌面上用鼠标右键单击左下角的"开始"按钮，在弹出的快捷菜单中选择"文件资源管理器"选项，如图 2-30 所示。

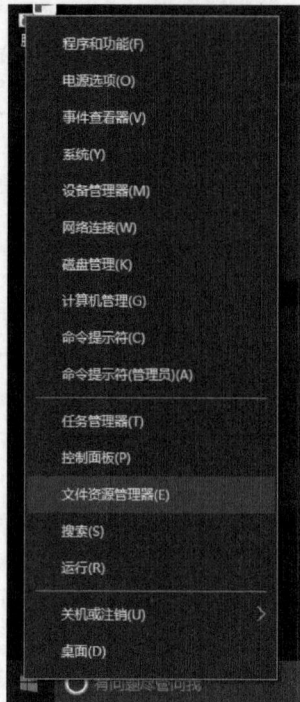

图 2-30　通过"开始"按钮打开"文件资源管理器"

（4）启动"文件资源管理器"最快捷的方法是直接按"Win＋E"组合键。

文件资源管理器启动后的窗口如图 2-31 所示，在左侧窗格中会以树形结构显示计算机中的资源（包括网络），单击某一个文件夹会显示更详细的信息，同时文件夹中的内容会显示在右侧的主窗格中。

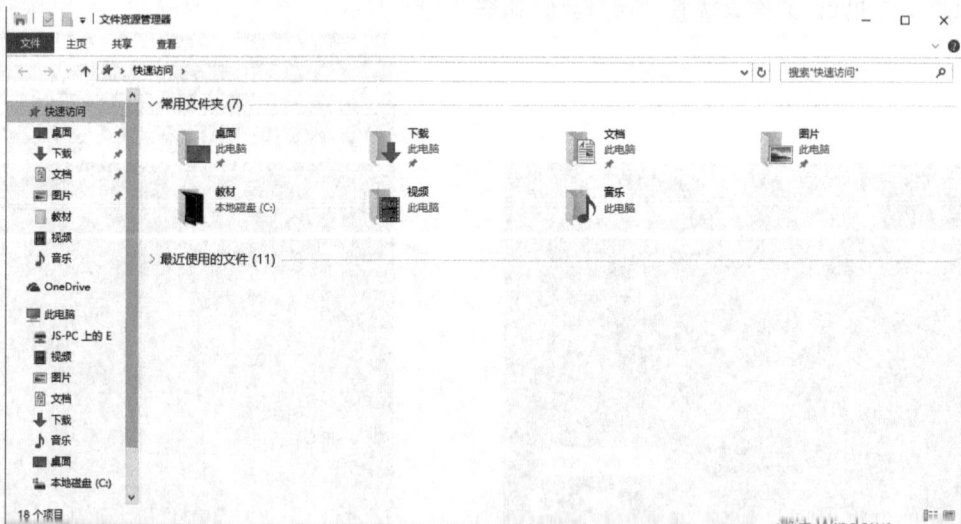

图 2-31　"文件资源管理器"窗口

在"文件资源管理器"窗口中使用鼠标拖动的方法实现文件的移动或复制是非常方便的。首先在左侧窗格中展开文件所在的目录,在右侧主窗格中选择需要移动的文件(复制时则按下"Ctrl"键),然后拖动文件至左侧窗格文件夹上方,文件夹会自动展开,找到目标文件夹后松开鼠标即可完成文件的移动(复制)操作。

(二)搜索框

计算机中的资源种类繁多、数目庞大,而"文件资源管理器"窗口的右上角内置了搜索框。此搜索框具有动态搜索功能。如果用户找不到文件的准确位置,便可以利用搜索框进行搜索。当输入关键字的一部分时,搜索就已经开始了,随着输入关键字的增多,搜索的结果会被反复筛选,直到搜索出所需要的内容,如图 2-32 所示。

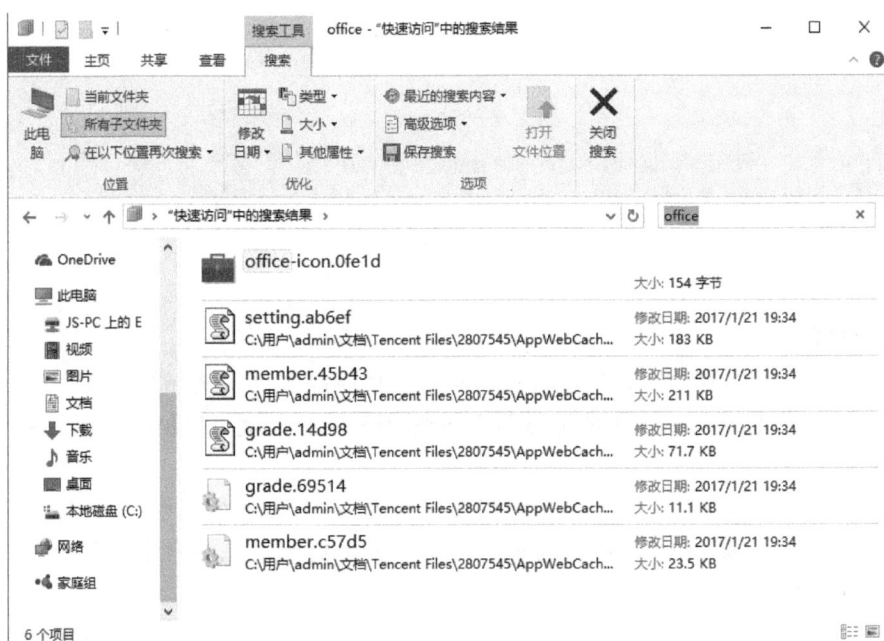

图 2-32 搜索框

无论是什么窗口,如文件资源管理器、控制面板,甚至 Windows 10 自带的很多程序中都有搜索框存在。在搜索框中输入想要搜索的关键字,系统就会将需要的内容显示出来。

(三)地址栏

地址栏是 Windows 的"文件资源管理器"窗口中的一个保留项目。通过地址栏,不仅可以知道当前打开的文件夹名称,而且可以在地址栏中输入本地硬盘的地址或者网络地址,直接打开相应内容。

在 Windows 10 中,地址栏上增加了"按钮"的概念。例如,在资源管理器中打开"E：\360Downloads"文件夹后,3 个路径都变成 3 个不同的按钮,单击相应的按钮可以在不同的文件夹中切换。

不仅如此,单击每个按钮右侧的三角标记,还可以打开一个下拉菜单,其中列出了与当前按钮对应的文件夹内保存的所有子文件夹。例如,单击"360Downloads"按钮右侧的三角标记"❥",弹出的下拉菜单会显示其中的文件,如图 2-33 所示。

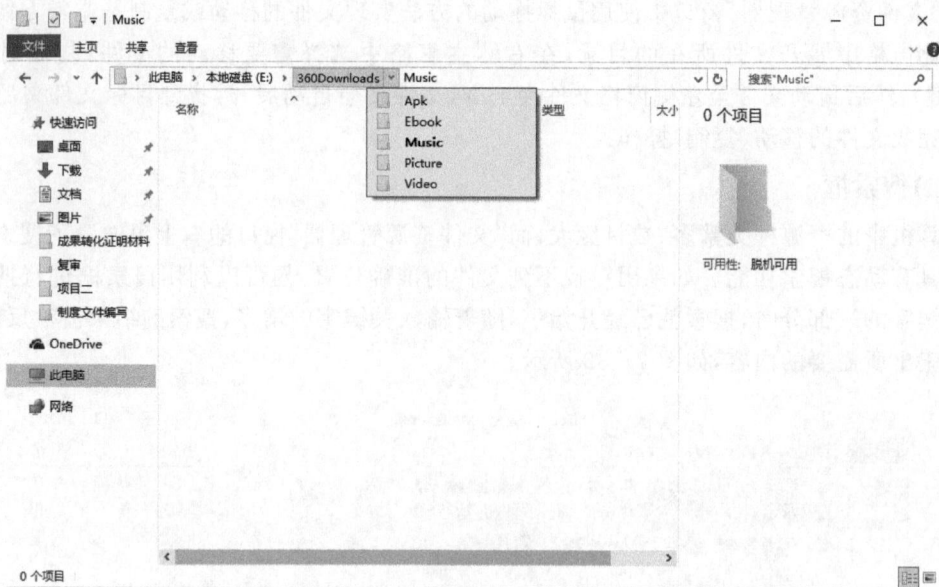

图 2-33　地址栏按钮

(四)动态图标

在 Windows 10 中,通过文件资源管理器查看文件时除了可以选择"缩略图""平铺"等不同的视图,还可以让图标在不同大小的缩略图之间平滑缩放,这样就可以根据不同的文件内容选择不同大小的缩略图。

"查看"选项中的"布局"功能区域中提供多种查看方式,如超大图标、大图标、中图标、小图标、列表、详细信息、平铺和内容等,同时窗口的右下方也提供常见的缩略图和详细信息查看按钮,如图 2-34 所示。

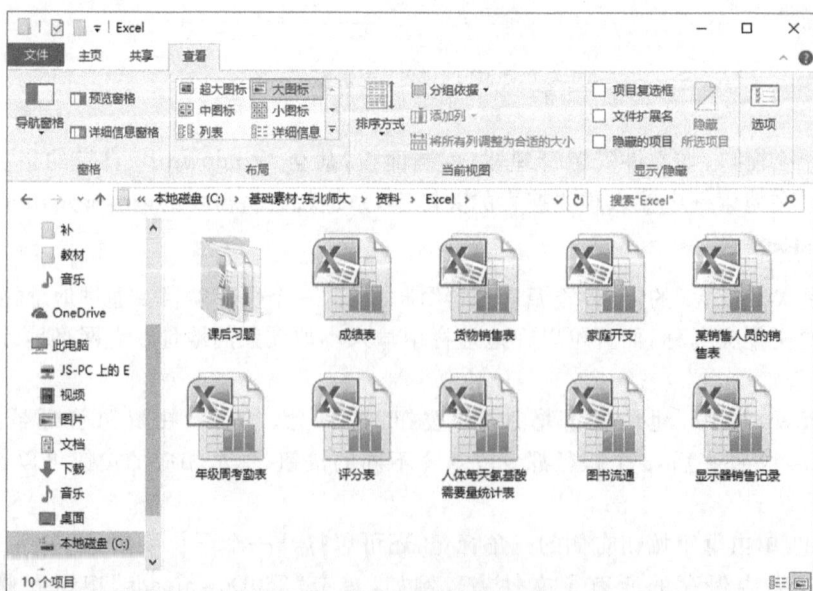

图 2-34　"布局"功能区

(五)预览窗格

资源管理器提供导航窗格、预览窗格和详细信息窗格三种查看方式。导航窗格便于查看文件的结构和定位文件的位置。对于某些类型的文件，除了可以用视图模式来查看外，还可以对文件进行预览。默认情况下，预览功能没有开启，在"窗格"功能区域中单击"预览窗格"按钮，可开启文件的预览功能，选择某一个文件时即可在资源管理器的右侧显示文件的预览效果，如图2-35所示。

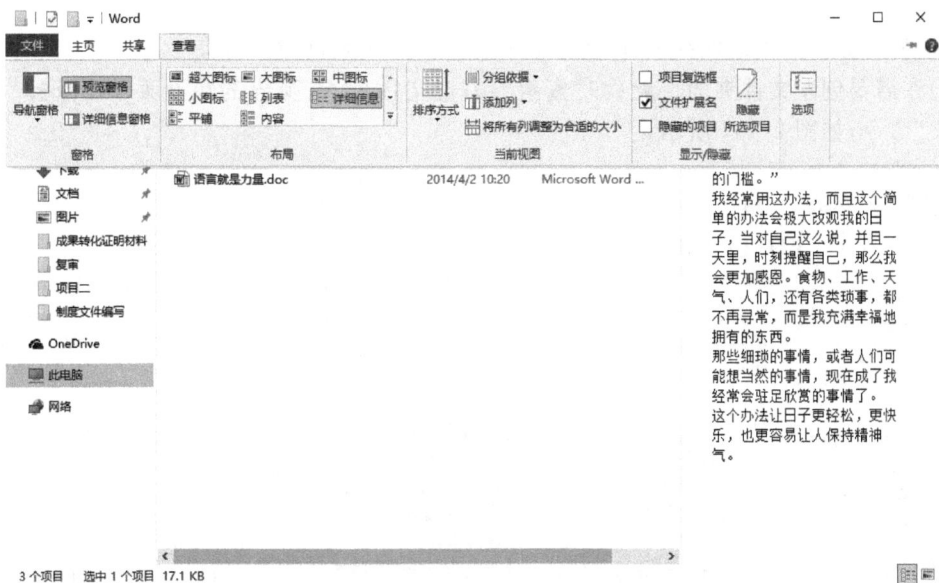

图2-35　"预览窗格"功能区

在"窗格"功能区域中单击"详细信息窗格"按钮，选中某一文件时，文件的详细信息效果会显示在资源管理器的右侧，如图2-36所示。

图2-36　"详细信息窗格"功能区

三、文件和文件夹的基本操作

文件和文件夹的基本操作主要包括复制、移动、删除和重命名文件及文件夹。本节介绍在中文 Windows 10 中常见的文件和文件夹的操作。

(一)创建文件(夹)

1.创建文件夹

为了便于分门别类地保存文件,可以在硬盘的某个位置创建文件夹。

(1)在需要创建文件夹的位置(如"资料")右击空白处,在弹出的快捷菜单中选择"新建"→"文件夹"命令,如图 2-37 所示。

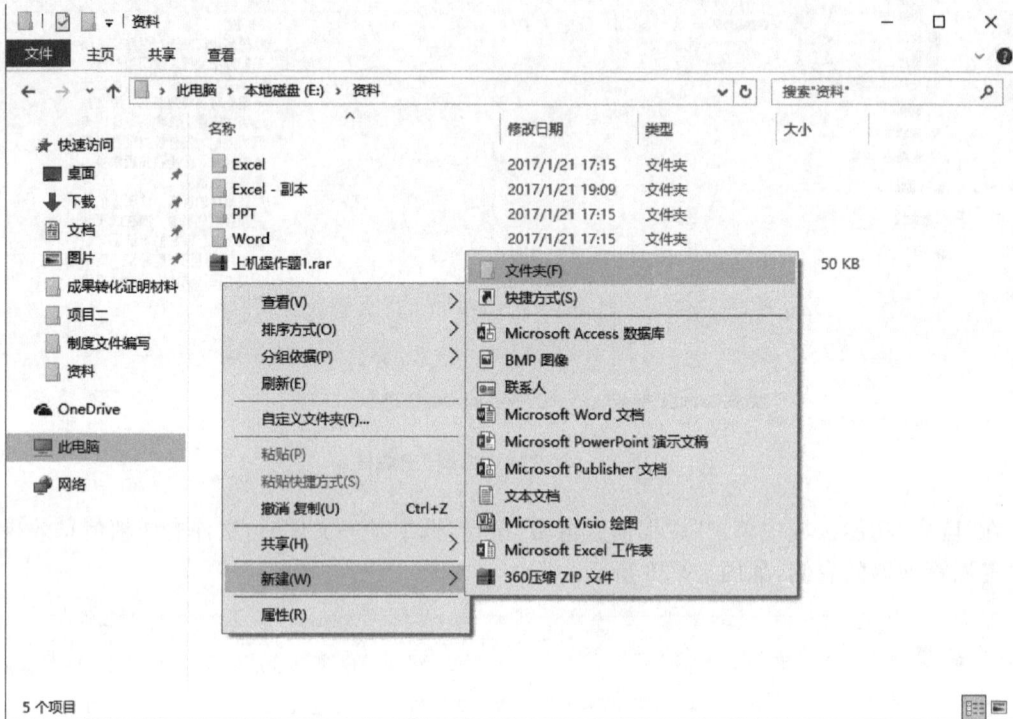

图 2-37　选择"新建"→"文件夹"命令

(2)在"资料"文件夹中,会新增一个文件夹图标,并且其文件名处于可编辑状态,可以输入文件夹名称。

(3)文件夹名称编辑好后,按回车键或单击空白处,文件夹名称即可确定。

2.创建文件

创建文件一般是通过软件进行,如通过 Microsoft Office 软件创建 Word 文档。另外,也可以在 Windows 10 系统中直接创建。创建文件的步骤如下:

(1)与创建文件夹的方法类似,在需要创建文件的位置右击空白处,在弹出的快捷菜单中选择"新建"子菜单,在展开的子菜单中选择要创建的文件类型,如"Microsoft Office Word 文档",如图 2-38 所示。

图 2-38 在展开的子菜单中选择要创建的文件类型

（2）此时会在文件夹中创建默认名称为"新建 Microsoft Office Word 文档"的文件，如图 2-39所示。输入文件的名称后按回车键即可。

图 2-39 新建 Microsoft Office Word 文档

(二)选择文件或文件夹

对文件和文件夹进行复制、移动或删除等操作,必须先选择文件或文件夹。文件和文件夹的选择主要分三种情况:选择单个文件和文件夹,选择多个连续文件或文件夹,选择多个非连续的文件或文件夹。

1.选择单个文件或文件夹

选择文件夹既可用鼠标也可用键盘。如果用鼠标选择文件夹,单击需要进行操作的文件夹即可;如果用键盘,则只需输入相对应的键。表2-3列出了用键盘选择文件夹所用的按键。

表2-3　选择文件或文件夹的键盘操作

键	功能
↑	选择所选文件夹上面的文件夹
↓	选择所选文件夹下面的文件夹
←	关闭选择的文件夹
→	打开选择的文件夹
Home	选择文件夹列表中的第一个文件夹
End	选择文件夹列表中的最后一个文件夹
字母	选择名字以该字母开始的第一个文件夹,若有必要再按这个字母,直到选择了想要的文件夹为止

2.选择多个连续文件或文件夹

连续文件是指多个文件之间没有其他任何文件。通过鼠标可以很方便地选择多个连续文件。

(1)先用鼠标单击要选择的第一个文件或文件夹。单击文件时,该文件被加亮显示,如图2-40所示。

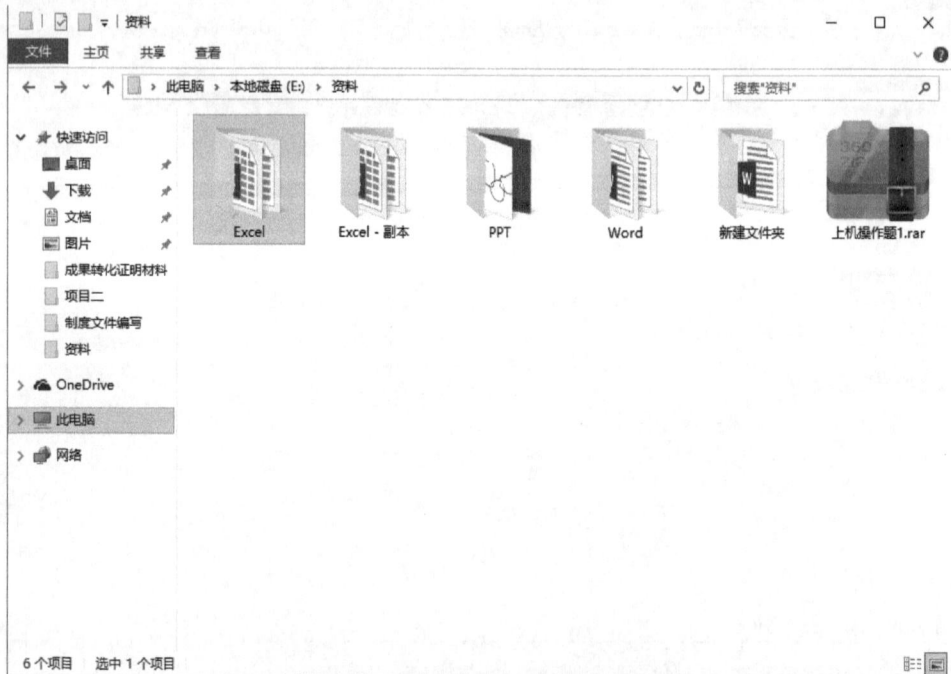

图2-40　选择的第一个文件或文件夹

（2）按住"Shift"键不放，再单击想要选择的最后一个文件或文件夹。第一个选择与最后一个选择之间的所有项目都被加亮显示，即为选中的对象，如图2-41所示。

图2-41 选择多个连续文件或文件夹

若要取消选择连续文件或文件夹，在该组之外的某个文件或文件夹或空白处单击鼠标即可。

3.选择多个非连续文件或文件夹

如果需要选择不相邻的多个文件或文件夹，可以先选择第一个文件或文件夹，然后按住"Ctrl"键不放，依次单击想要选择的文件或文件夹，如图2-42所示。单击的每一项都加亮显示，并保持加亮显示直到松开"Ctrl"键。取消选择操作时，可以松开"Ctrl"键，再单击空白处即可。

（三）复制文件（夹）

对计算机中的资源进行管理时，经常需要将文件或文件夹从一个位置复制到另一个位置。具体有以下两种操作方式：

1.使用命令复制文件或文件夹

选中需要复制的文件或文件夹，在"主页"选项中，单击"组织"功能区域中的"复制到"按钮，在弹出的下拉列表框中选择目标文件夹，如图2-43所示。

如果"复制到"下拉列表中没有需要的目标文件夹，可以通过"选择位置"，打开"复制项目"对话框。选择目标位置后，单击"复制"按钮，即可完成项目的复制，如图2-44所示。

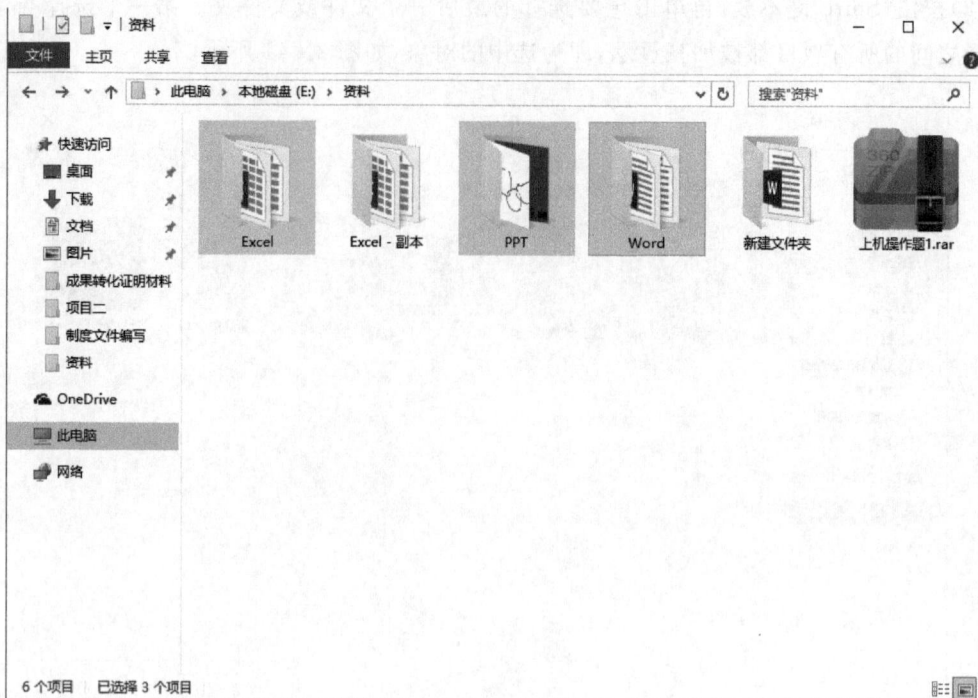

图 2-42　选择多个非连续文件或文件夹

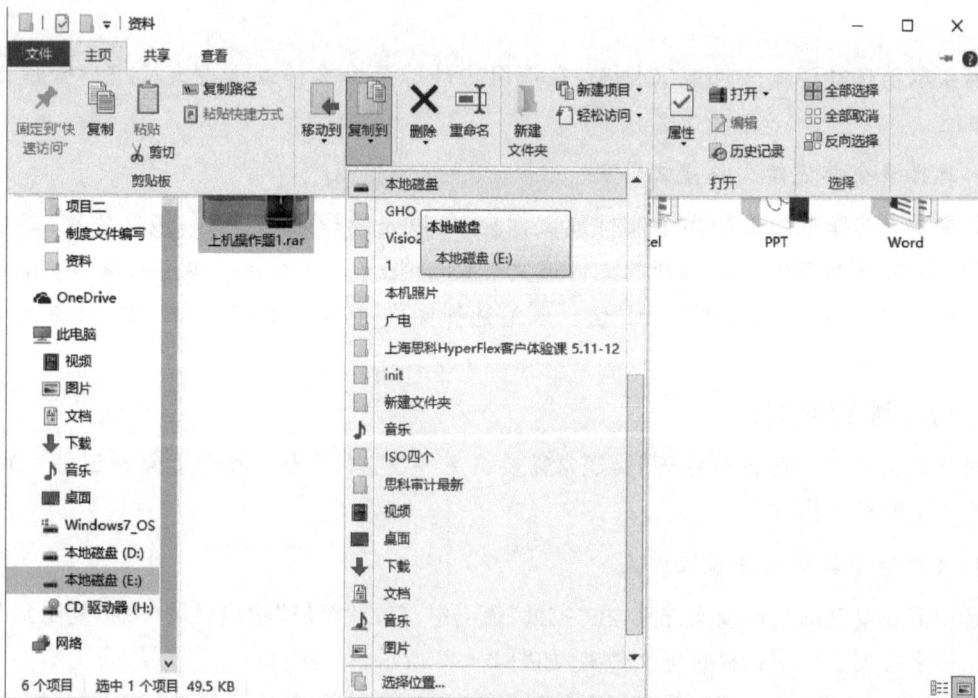

图 2-43　选中文件后再选择"主页"→"复制到"

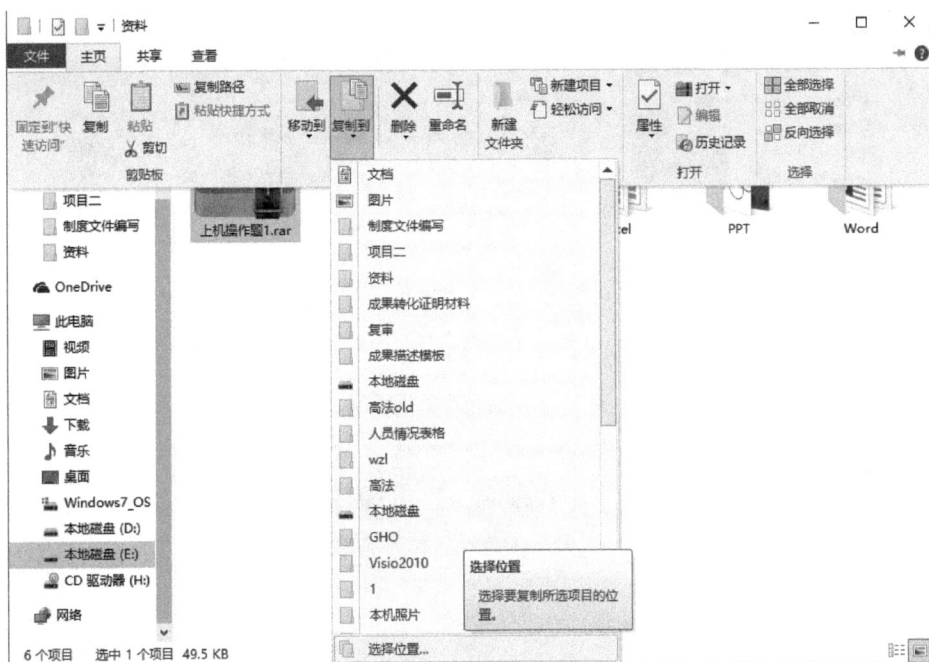

图 2 - 44 单击"选择位置"选项

2. 拖动复制文件或文件夹

除了使用传统的复制加粘贴的操作方法进行文件或文件夹的复制外，在 Windows 10 中还可以使用拖动法进行文件或文件夹的复制。选中文件后，按住"Ctrl"键不放，拖动文件到文件夹上方。如果文件较小，则很快会完成复制；如果文件较大，则显示"正在复制"对话框，如图 2 - 45 所示。

(四)移动文件(夹)

移动文件或文件夹和复制文件或文件夹的区别是：文件或文件夹移动后，原文件不在原来的位置；而复制文件或文件夹则是原文件存在，在新的

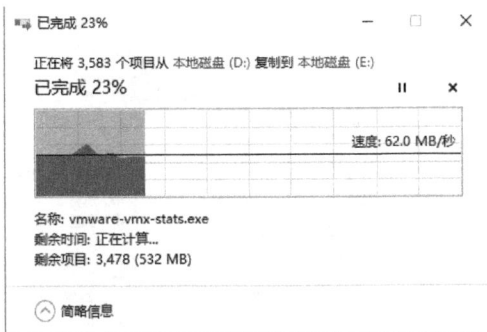

图 2 - 45 "正在复制"对话框

位置又产生一个文件副本。移动文件或文件夹同样有两种方式，具体如下：

1. 使用命令移动文件或文件夹

选中需要移动的文件或文件夹后，单击"主页"功能区域中的"移动到"按钮，在弹出的下拉菜单中选择目标文件夹，即可将项目移动到目标文件夹，如图 2 - 46 所示。

如果目标文件夹不在"移动到"按钮的下拉列表中，可以单击"选择位置"按钮，选择目标位置后，即可完成项目的移动，如图 2 - 47 所示。

图 2-46　选中文件后进行剪切

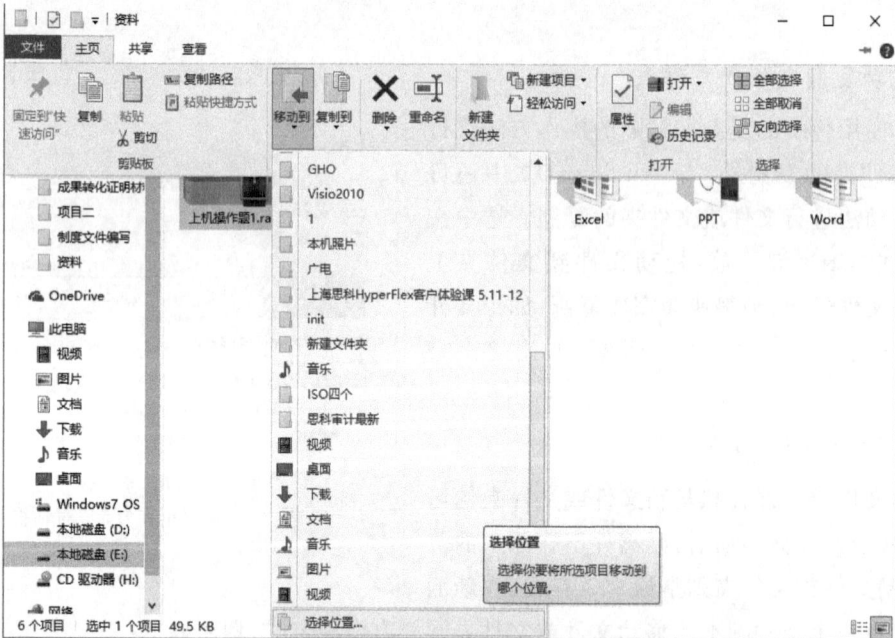

图 2-47　选择目标位置

2.拖动式移动文件或文件夹

与复制文件的操作类似,移动文件时也可以使用鼠标拖动的方法,直接拖动文件至目标文件夹即可,不需要按"Ctrl"键。

从技术上讲,文件的复制和移动是通过剪贴板进行的,剪贴板是 Windows 系统中经常使用的小程序,当执行复制(按"Ctrl+C"组合键)操作时,被选中的内容会复制到剪贴板中;当执行剪切(按"Ctrl+X"组合键)操作时,被选中的内容会移动到剪贴板中;当执行粘贴(按"Ctrl+V"组合键)操作时,被选中的内容会从剪贴板中粘贴到新文件;剪贴板内容不会自动消失,直至被新的内容所覆盖。

(五)删除文件(夹)及撤销删除文件(夹)

1.删除文件或文件夹

删除文件或文件夹是指将计算机中不需要的文件或文件夹删除,以节省磁盘空间。

要将一些文件或文件夹删除,需要用文件资源管理器找到要删除文件所在的文件夹。选中需要删除的文件,单击"主页"→"删除"按钮(见图2-48),或按键盘中的"Delete"键,可以将文件移动到回收站中。

图2-48　先选择文件再删除

删除文件时会弹出如图2-49所示的确认对话框,单击"是"按钮执行删除操作;单击"否"按钮取消删除操作。

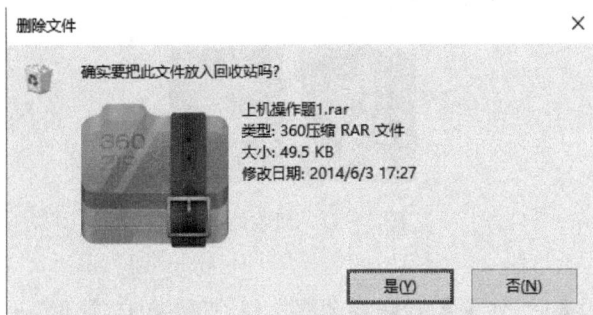

图2-49　删除确认对话框

2. 撤销删除文件或文件夹

文件或文件夹的删除并不是真正意义上的删除操作,而是将删除的文件暂时保存在"回收站"中,以便对误删除的操作进行还原。

在桌面上双击"回收站"图标,打开"回收站"对话框,可以发现被删除的文件,如果需要撤销删除的文件,可以在选择文件后,单击"管理"→"还原选定的项目"即可将文件还原到删除前的位置,如图 2-50 所示。

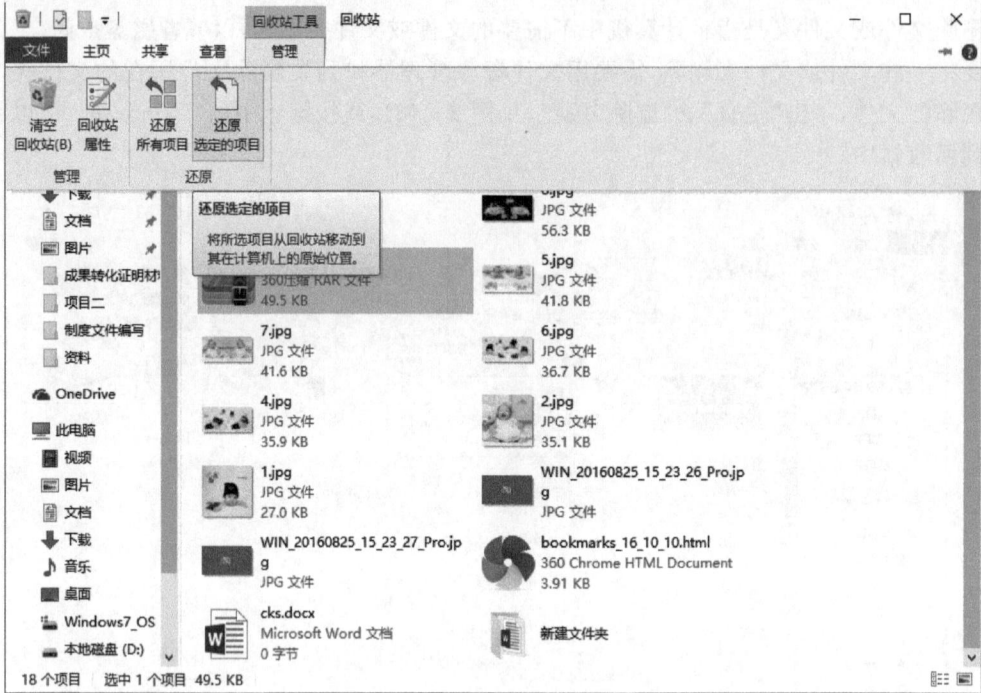

图 2-50　撤销删除文件

(六)回收站的管理

在 Windows 10 中的"回收站"为用户提供了一个安全的删除文件或文件夹的解决方案,用户从硬盘中删除文件或文件夹时,会自动放入"回收站"中,直到用户将其清空或还原到原位置。

(七)从回收站恢复文件

桌面上的"回收站"图标一般分为未清空和已清空两种状态,如图 2-51 所示。当有文件或文件夹删除到回收站中时,回收站为未清空状态。

图 2-51　回收站图标

打开"回收站"对话框后,如果需要恢复全部文件,直接单击"管理"→"还原所有项目"即可,如图 2-52 所示。

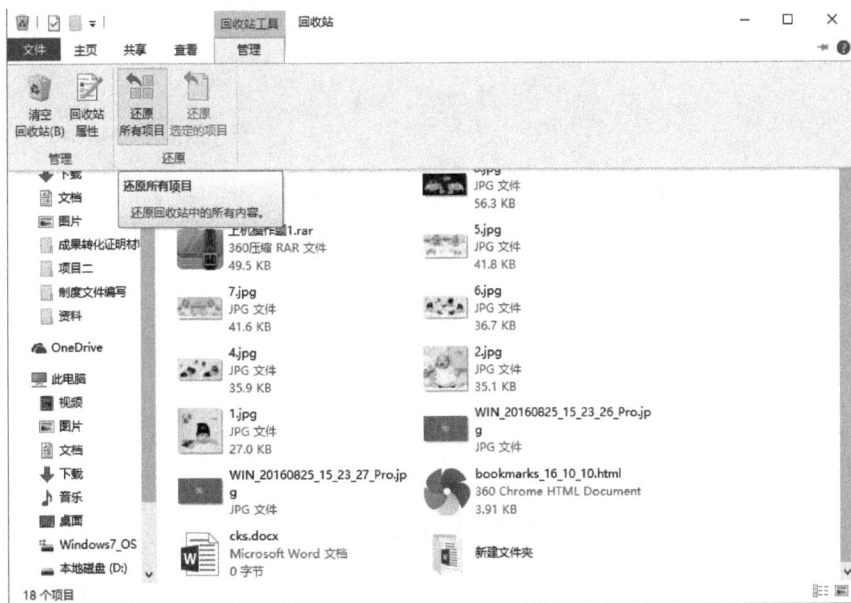

图 2-52　还原所有项目

(八)回收站及其文件的清空

在 Windows 10 系统中删除的文件,并没有从磁盘上真正清除,而是暂时保存在回收站中。若长时间不用,应对这些文件进行清理,将磁盘空间节省出来。

1.清空回收站

如果想一次性将整个回收站清空,可以执行清空回收站操作。在桌面上打开"回收站"窗口,直接在工具栏上单击"清空回收站"按钮,回收站中的内容就会被清空,所有的文件也就真正从磁盘上删除了。如果只是想将回收站内容清空,而不考虑检查是否有些文件还要暂时保留,则不必打开"回收站"。

在桌面上右击"回收站"图标,在弹出的快捷菜单中选择"清空回收站"命令即可,如图2-53所示。

弹出确认删除操作的对话框,单击"是"按钮,确认删除,如图 2-54 所示。

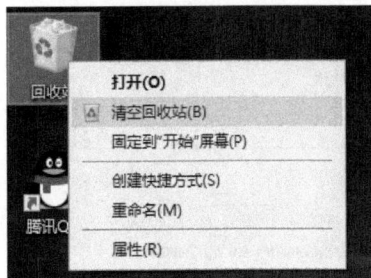

图 2-53　选择"清空回收站"

图 2-54　删除确认对话框

2.只清除指定文件

如果需要只清除回收站中的部分内容,可以选中文件后,选择"主页"→"删除"按钮即可,如图 2-55 所示。

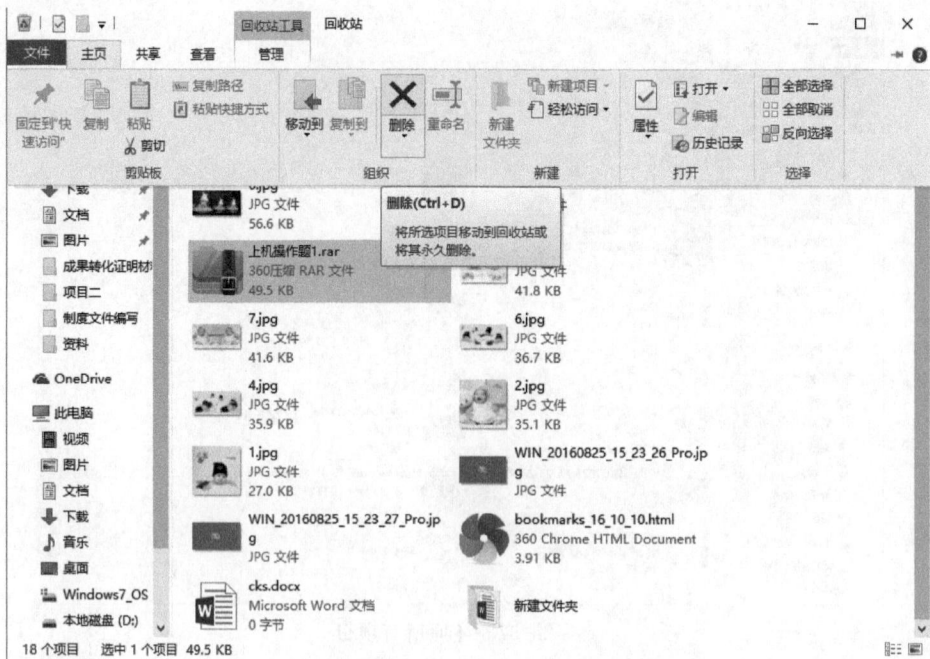

图 2-55　删除指定的文件

(九)设置回收站

回收站是各个磁盘分区中保存删除文件的汇总,用户可以配置回收站所占用的磁盘空间的大小及特性。

(1)在桌面上右击"回收站"图标,在弹出的快捷菜单中选择"属性"命令(见图 2-56),弹出"回收站属性"对话框。

(2)在打开的"回收站属性"对话框中,可以设置各个磁盘中分配给回收站的空间及回收站的特性,用户可以选中一个磁盘分区,在下面"最大值"文本框内设置用于回收站的空间大小,如图 2-57 所示。

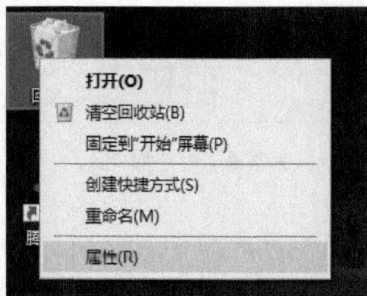

图 2-56　选择"属性"命令

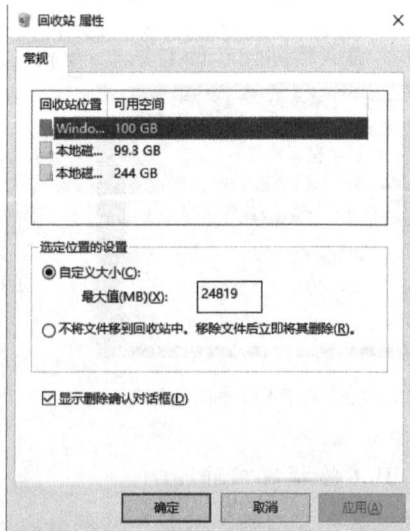

图 2-57　指定回收站的位置和大小

如果用户想在删除文件时直接将文件删除,而不移至回收站中,可以选中"不将文件移到回收站中。移除文件后立即将其删除"单选按钮。另外,如果取消选中"显示删除确认对话框"复选框,则在进行文件删除时,就不会弹出确认删除提示对话框。

四、文件资源管理器的高级应用

Windows 10 的文件资源管理器用途非常广泛,除了要掌握文件资源管理器的基础应用外,还应了解文件资源管理器的高级应用。

(一)快速访问

快速访问是 Windows 10 的"文件资源管理"器窗口中特殊的文件夹,它用来记录用户最近的访问记录,只要用户打开过某一个文件夹,Windows 10 会自动将文件夹的链接保存在下方的"常用"列表中,下一次用户可以在"快速访问"列表中找到相应的记录。用户只需右键单击某个文件夹,在弹出的快捷菜单中选择"固定到'快速访问'"命令,即可将某个文件夹的位置固定在资源管理器左侧窗格的"快速访问"列表中,如图 2-58 所示。

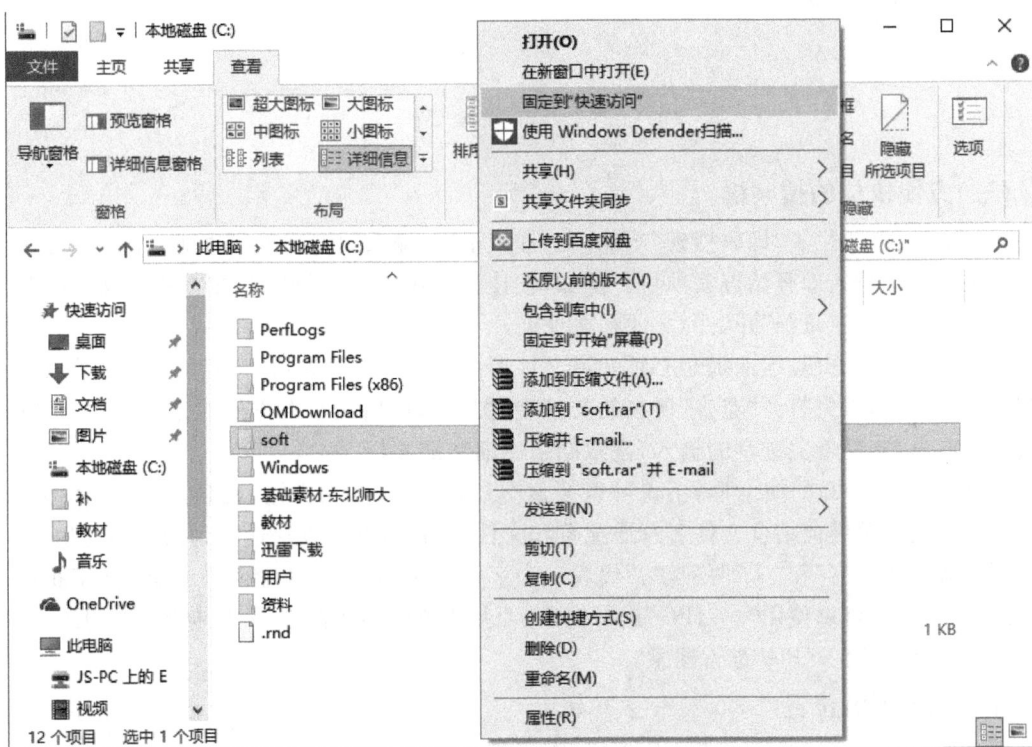

图 2-58　固定到"快速访问"

(二)对文件进行筛选

如果文件夹中的文件较多,可以按条件筛选文件的大致范围,以便进一步精确地查找。

(1)先设置文件以小图标或详细信息显示。只有进行此项设置后,才能显示筛选按钮。

(2)单击文件名右侧的三角按钮,在弹出的下拉列表中可以看到数字或字母选项,如图2-59所示。选中合适的选项即可对文件进行筛选。

在以文件名称进行筛选的同时,还可以在右侧的栏目中以日期或大小进行筛选。

图 2-59　筛选文件

(三)方便快捷的搜索框

Windows 10 提供了"即时搜索"功能,在"搜索框"中输入关键词或短语即可搜索需要的文件或文件夹。一旦输入即开始搜索项目。例如,在搜索框中输入字母"s",在文件与文件夹的列表中立刻就会出现以字母"s"开头的文件和文件夹。

这种操作虽然方便,但前提是必须知道文件所在的位置。例如,在"图片"文件夹中搜索名称为"花卉"的文件,首先打开"花卉"所在的文件夹"图片",然后在右上方的搜索框中输入"花卉",不需要按回车键,随着关键字的输入,搜索结果逐渐精准显现。

通过 Window 10 的搜索框,不仅可以搜索图片,还可以搜索文档、视频、音乐等其他计算机文件。只要搜索关键词结合文件名及通配符和文件的后缀,就可以快速找到需要的文件。

通配符主要有"?"和"＊"两种,"?"代表一个字符,"＊"代表一串字符。例如,搜索扩展名为JPG 的所有文件,可以使用"＊.JPG"进行搜索;而搜索文件名为两个字符、扩展名为 JPG 的所有文件,则可以使用"??.JPG"进行搜索。

(四)更改搜索位置

如果在一个位置不能发现要找的文件,或者希望在其他位置找到更多的搜索结果,可以对搜索项目的位置进行更改。

如果在文件夹中找不到需要的文件,资源管理器会提供更多的选项,指导用户更改搜索位置,可以在"搜索"选项卡的"位置"功能区域中设置搜索的位置。也可以在互联网中进行搜索。

如果实在记不清文件的大致位置,可以选择"此电脑"选项,对所有的硬盘分区进行搜索,但这种方式会耗费较长的时间。

Windows 10 使用"索引"来确保用户能够快速搜索到计算机中的文件或文件夹。使用索引可以快速找到特定的文件或文件夹。默认情况下,大多数常见的文件类型都会被索引,索引的位置包括库中的所有文件夹、电子邮件、脱机文件。程序文件和系统文件默认不被索引,因为这种文件是多数用户不需要搜索的。如果要让某些文件夹也包含到索引中，可以通过设置索引选项来完成。设置索引选项的具体操作步骤如下：

（1）在资源管理器的"搜索"选项卡的"选项"功能区域中，单击"高级选项"，在弹出的快捷菜单中选择"更改索引位置"命令，如图2-60所示。

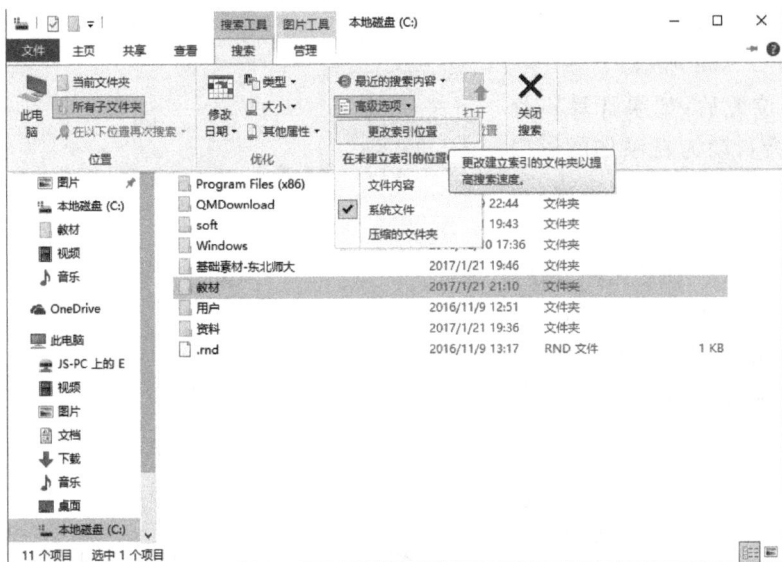

图2-60 "更改索引位置"选项

（2）打开的"索引选项"对话框，可以看到在"为这些位置建立索引"列表框中列出了已经建立索引的位置，如图2-61所示。

（3）单击"修改"按钮，打开"索引位置"对话框，如图2-62所示。

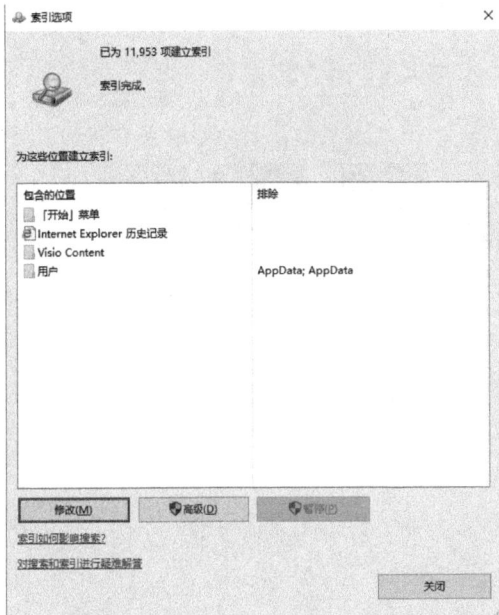

图2-61 "索引选项"对话框

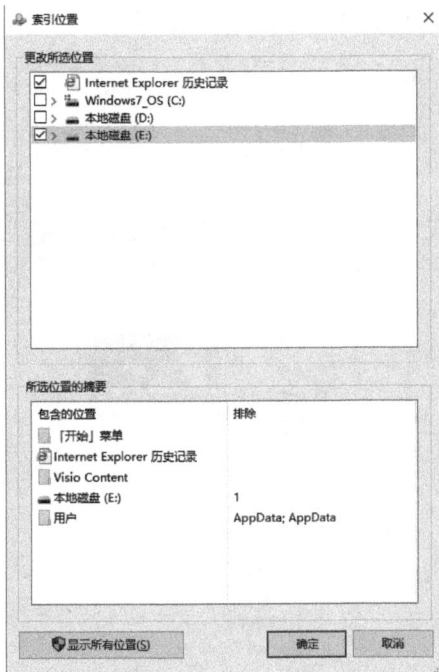

图2-62 "索引位置"对话框

(4)添加要索引的位置,如此处选中"本地磁盘(E:)",则左侧的复选框将被选中。

(5)单击"确定"按钮,将所选的位置添加到索引列表框中,此时在"索引选项"对话框中可以看到"本地磁盘(E:)"出现在"为这些位置建立索引"列表框中,如图2-63所示。

添加索引位置后,如果计算机处于空闲状态,会自动为新添加的索引位置编制索引。当索引编制完成,再次搜索文件或文件夹时,会连同新添加的位置一起搜索。利用这种方法,可以将经常需要搜索的目录添加到索引中,为以后的搜索提供方便。

(五)保存搜索结果

将搜索后的结果保存起来,可以方便日后快速查找。下面以前面所讲的"更改搜索位置"中在"此电脑"搜索到的结果为例,介绍如何保存搜索结果。

(1)单击搜索完结果窗口中的"搜索"→"保存搜索"按钮,如图2-64所示。此时会打开"另存为"对话框,用户可以选择搜索结果的保存位置和名称,如图2-65所示。

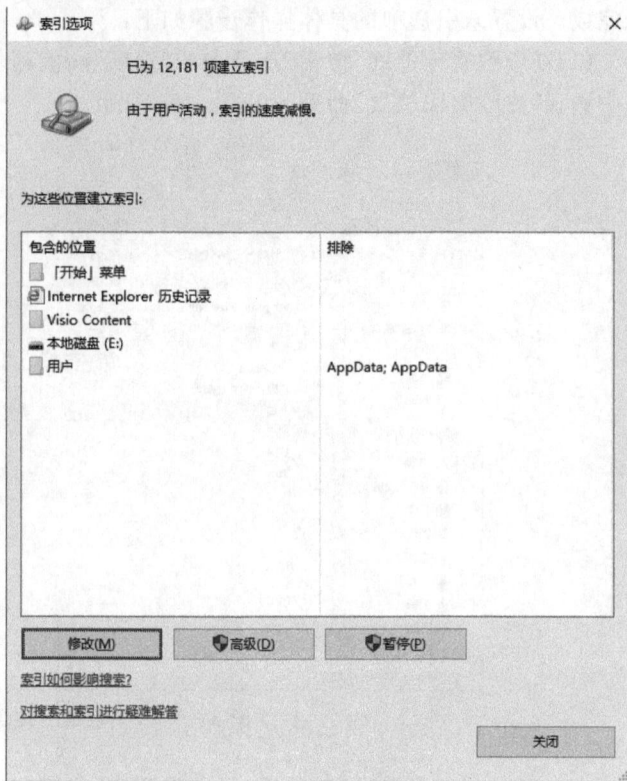

图 2-63 磁盘 E:出现在"为这些位置建立索引"列表框中

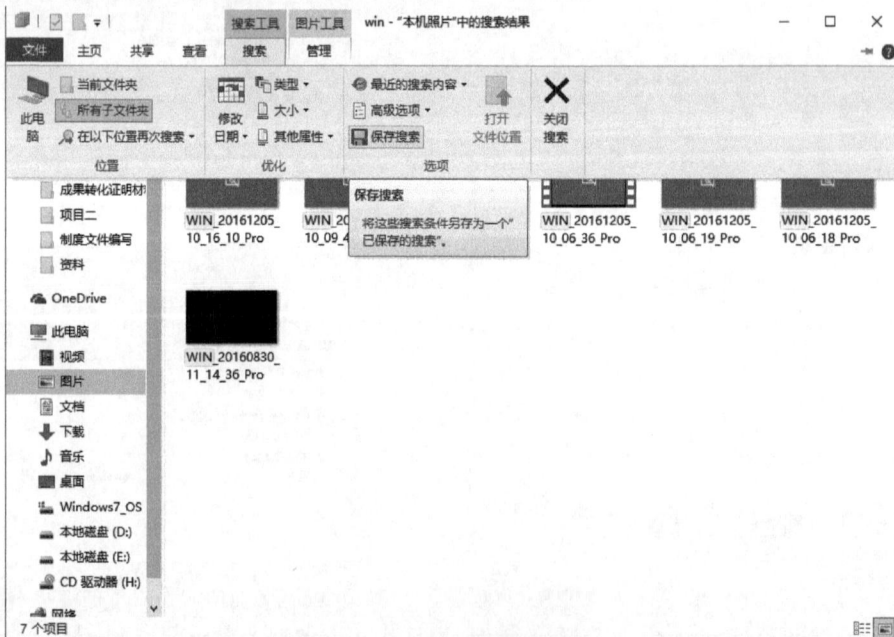

图 2-64 "保存搜索"按钮

图 2-65 保存搜索结果

（2）单击"保存"按钮，完成对该搜索结果的保存。搜索结果保存后，可以单击文件夹窗口"导航窗格"找到保存的搜索，如图 2-66 所示。这样以后需要再次搜索相同的文件时，相应快捷方式即可完成。

图 2-66 找到保存的搜索

任务三　Windows 10 系统定制

一、设置任务栏

任务栏实际上是桌面下方的一个长条形区域,左侧是一系列添加的程序图标,右侧是通知区域、输入法显示器、时间指示器,如图 2-67 所示。

图 2-67　任务栏

(一)在任务栏中固定程序图标

除了将常用的程序图标放置到桌面外,还可以将程序图标添加到任务栏中来方便启动程序。对于桌面上的应用程序图标,或开始屏幕中的应用程序图标,可以采用鼠标拖动的方法添加到任务栏中,当拖动到任务栏中的图标出现"链接"字样时,如图 2-68 所示,释放鼠标即可。任务栏中的图标也可以采用拖动的方法改变位置。

图 2-68　应用程序图标移至"任务栏"

"开始"菜单中的应用程序图标也可以采用单击鼠标右键的方法,将其固定到任务栏中,右键单击应用程序图标,在弹出的快捷菜单中选择"固定到任务栏"选项,如图 2-69 所示。

图 2-69　选择"固定到任务栏"

开始菜单中没有的应用程序图标也可以将其添加到任务栏中。方法是先找到应用程序的位置,然后右键单击应用程序图标,在弹出的快捷菜单中选择"固定到任务栏"命令,如图2-70所示。

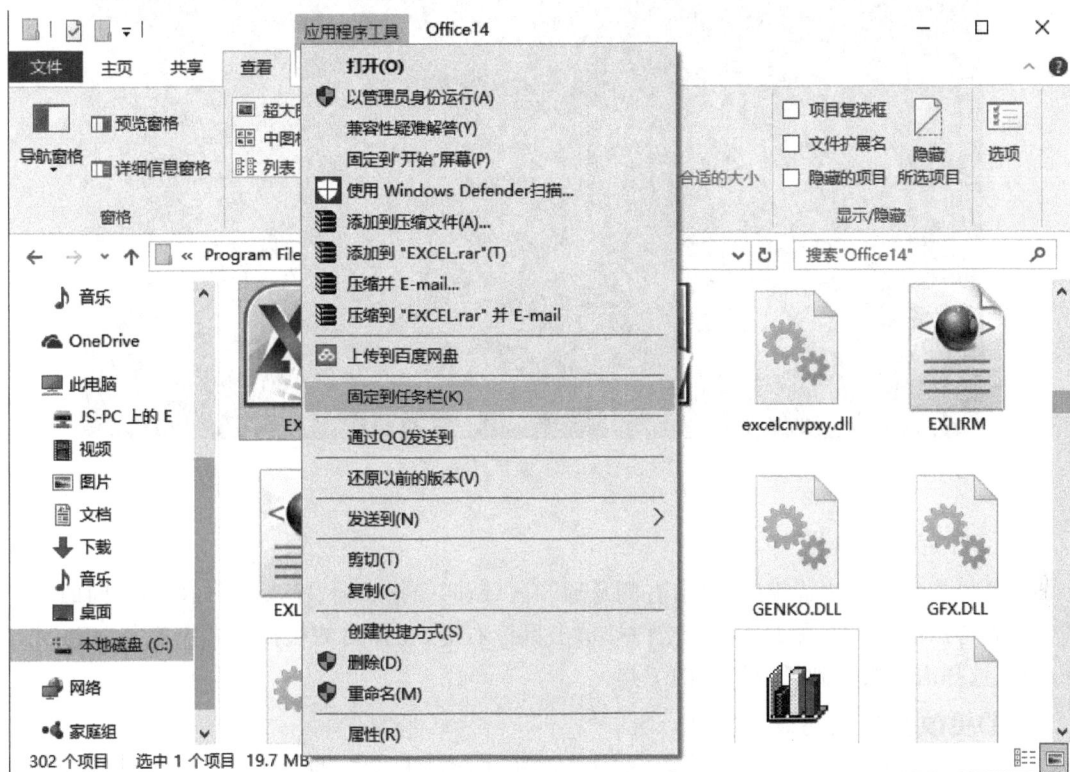

图2-70　任意位置"固定到任务栏"

采用以上方式能在任务栏添加多个应用程序图标。需要启动程序时,直接单击任务栏上的图标即可。需要删除任务栏中的图标时,右键单击任务栏中的程序图标,在弹出的快捷菜单中选择"从任务栏取消固定此程序"命令,如图2-71所示。

图2-71　从任务栏取消固定此程序

(二)锁定任务栏

任务栏默认显示在屏幕的下方,任务栏中可以创建多个图标,其位置也可以任意拖动,如果不将任务栏锁定,在操作过程中可能会无意删除任务栏中的图标、更改图标的顺序或改变任务栏的位置等。用户可以将其锁定,在任务栏的空白处单击鼠标右键,在弹出的快捷菜单中选择"锁定任务栏"命令,如图2-72所示。

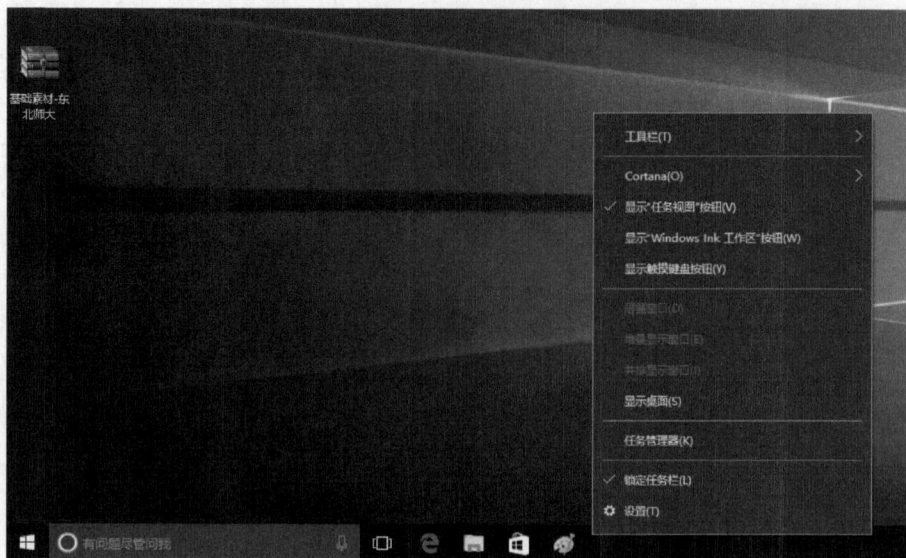

图 2-72　锁定任务栏

(三)自定义工具栏

任务栏左侧用来放置程序图标,右侧是通知区域、时间指示器、输入法指示器,中间的大范围区域放置特殊的工具。在工具栏的空白处单击鼠标右键,在弹出的快捷菜单中选择"工具栏"命令,即可选择需要放置到任务栏中的工具。

(四)更改任务栏的显示方式

在任务栏的空白处单击鼠标右键,在弹出的快捷菜单中选择"设置",打开"设置"对话框,在"任务栏"中具有多个选项,如图 2-73 所示。

"锁定任务栏":通过此项将任务栏锁定,避免误操作改变设置。

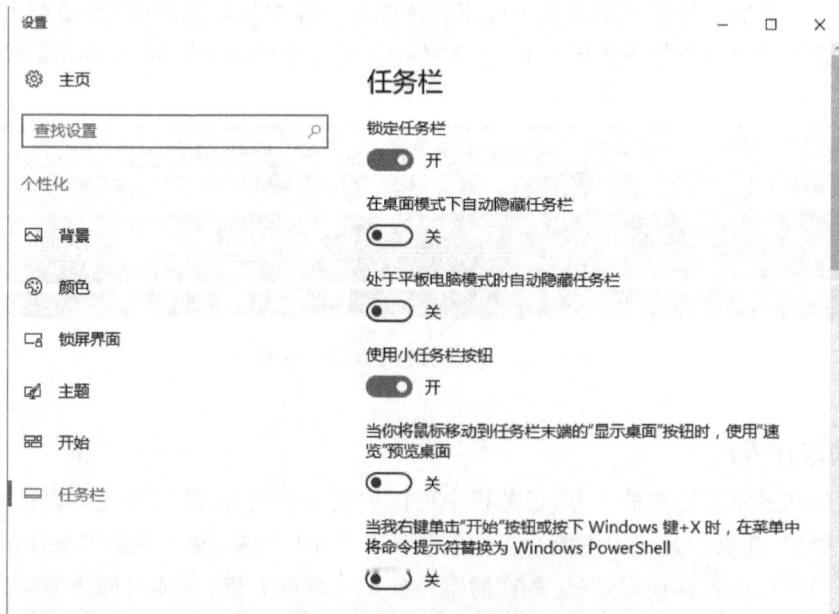

图 2-73　"任务栏"设置

"在桌面模式下自动隐藏任务栏":选中此项后,任务栏会自动隐藏,桌面的可视面积将会增大,当用鼠标指向屏幕下方时,任务栏会自动出现。

"使用小任务栏按钮":选中此项,任务栏中的程序图标以小图标显示。

"合并任务栏按钮":此列表框中有"始终隐藏标签""任务栏已满时""从不"三个选项,可以通过设置改变标签的显示方式。

(五)设置任务栏的位置

任务栏显示在屏幕的下方,用户可以根据个人操作习惯改变任务栏的位置,打开"设置"对话框,选择"任务栏"选项,在"任务栏在屏幕上的位置"列表框中可以设置任务栏在屏幕的位置,如图2-74所示。

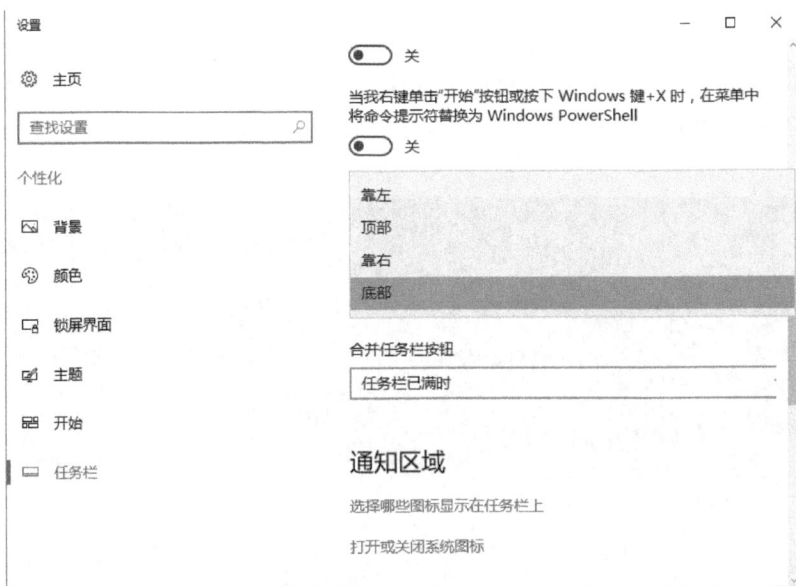

图2-74 设置"任务栏"位置

实际上,用户可以右击任务栏的空白处,在弹出的快捷菜单中取消"锁定任务栏"选项,这样可以将任务栏自由拖动到合适位置后,再将任务栏锁定即可(见图2-75)。

图2-75 "任务栏"置于屏幕右侧

(六)设置通知区域

通知区域是用来显示系统启动时加载的程序,用户可以自定义设置,显示或隐藏某些程序图标。选择"设置"→"任务栏"命令,在"通知区域"可以设置"选择哪些图标显示在任务栏上""打开或关闭系统图标"。

二、设置"开始"菜单

Windows 10 中的"开始"菜单是用户经常要面对的栏目,可以通过相关设置达到符合用户的视觉需要和使用习惯。

(一)移动"开始"菜单

在"开始"菜单中单击"所有应用"命令,则显示系统中所有的应用程序和文件夹,用户可以拖动一个 Windows 10 中的应用程序或桌面上的应用程序,从"开始"菜单的左半部分移动到右半部分,用户可以很方便地将经常使用的应用程序放到"开始"菜单的右侧(见图 2-76),便于快速打开。

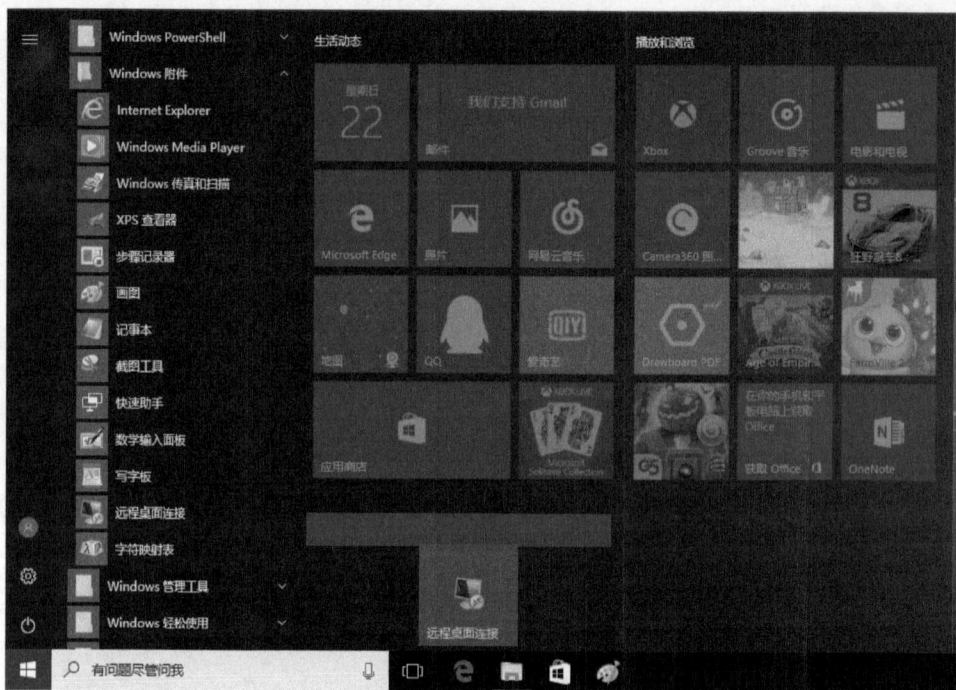

图 2-76 移动应用程序位置

将多个图标添加到"开始"菜单的右半部分,并且右键单击某个图标,在菜单中可以调整图标的大小,"开始"菜单右半部分随着图标的增减会自动调整大小,同时还可以对新加的图标进行命名。

(二)调整"开始"菜单

移动鼠标到"开始"菜单的上边框时,鼠标会变成"上下双箭头"样式,按住鼠标左键并上下拖动,可以调整"开始"菜单的高度。

"开始"菜单的背景颜色默认为黑色,但是为了满足用户多样化的个性需求,用户可以根据自己的偏好设定背景的颜色。在桌面的空白处单击鼠标右键,在弹出的快捷菜单中选择"个性化"

选项,打开"个性化"窗口后,选择左侧列表的"颜色"选项,在右侧的主窗格中单击"从我的背景自动选取一种主题色",从"主题色"列表中选择喜爱的颜色,在上方的"预览"界面中可以看到开始菜单及任务栏的颜色发生了变化,如图2-77所示。

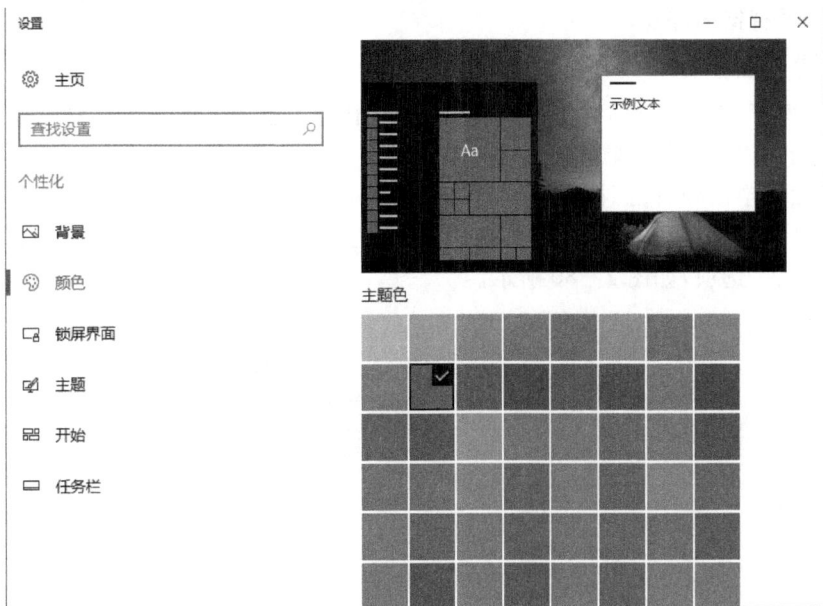

图2-77　调整"开始"菜单颜色

为了追求个性化的效果,可以先选择喜爱的背景,然后在"个性化"窗口的颜色区域开启"从我的背景自动选取一种主题色""使'开始'菜单、任务栏和操作中心透明""显示'开始'菜单、任务栏和操作中心的颜色""显示标题栏颜色""选择应用模式"选项,如图2-78所示。

图2-78　"开始"菜单设置

三、Windows 10 桌面个性设置

对于"开始"菜单和任务栏的个性化设置,都只能是修改一部分特性,而对整个桌面更有影响的是桌面背景及视窗的外观。

(一)设置桌面图标

在默认情况下,Windows 10 桌面上只有一个"回收站"图标。用户查看和管理计算机资源很不方便,可以通过以下操作步骤显示其他桌面图标。

(1)在桌面上空白处右击,在弹出的快捷菜单中选择"个性化"命令,如图 2-79 所示。

(2)在打开的"设置"窗口中,选择左侧列表的"主题"选项,单击右侧窗格"相关的设置"区域的"桌面图标设置"选项,如图 2-80 所示。

图 2-79　选择快捷菜单命令　　　　　图 2-80　"设置"窗口,选择"主题"选项

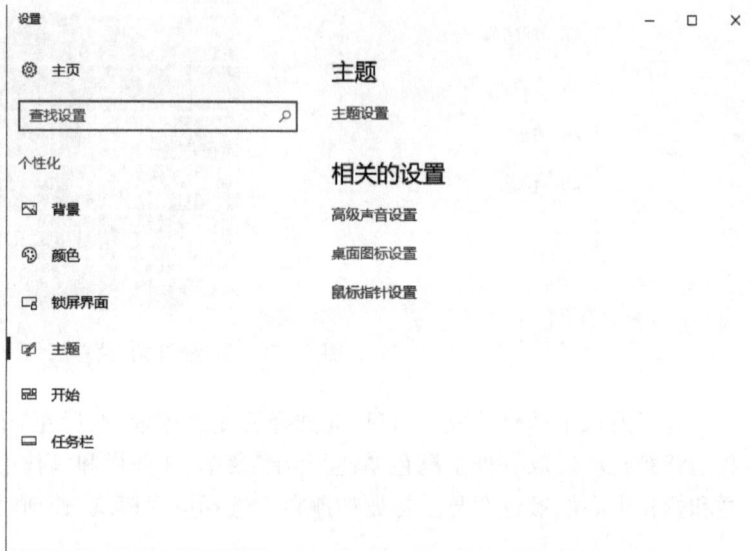

(3)在打开的"桌面图标设置"对话框的"桌面图标"区域,选中需要在桌面显示的图标,如图 2-81 所示。

(4)单击"确定"按钮即可在桌面上显示图标。

(二)更换桌面主题

长时间面对一成不变的桌面、边框显示、声音效果等用户界面中的元素,用户可能会感到枯燥、乏味。为此,Windows 10 提供了强大的桌面主题功能。桌面主题功能是将桌面壁纸、边框颜色、系统声效等组合,提供焕然一新的用户界面效果。Windows 内置了许多漂亮、个性化的 Windows 桌面主题。

(1)右击桌面的空白处,在弹出的快捷菜单中选择"个性化"命令,打开"设置"对话框。

(2)在"设置"对话框的左侧列表中选择"主题"选项,单击右侧窗格"主题"区域的"主题设置"选项,打开"个性化"对话框。"个性化"窗口分为"我的主题""Windows 默认主题"和"高对比度主题"三类。默认情况下,"我的主题"中没有任何主题,用户可以选择三个分类下的主题,更改桌面背景、颜色、声效等,如图 2-82 所示。主题切换一般在几秒钟内完成,如果要切换到"高对比度主题"分类下的主题可能会花费较长时间。

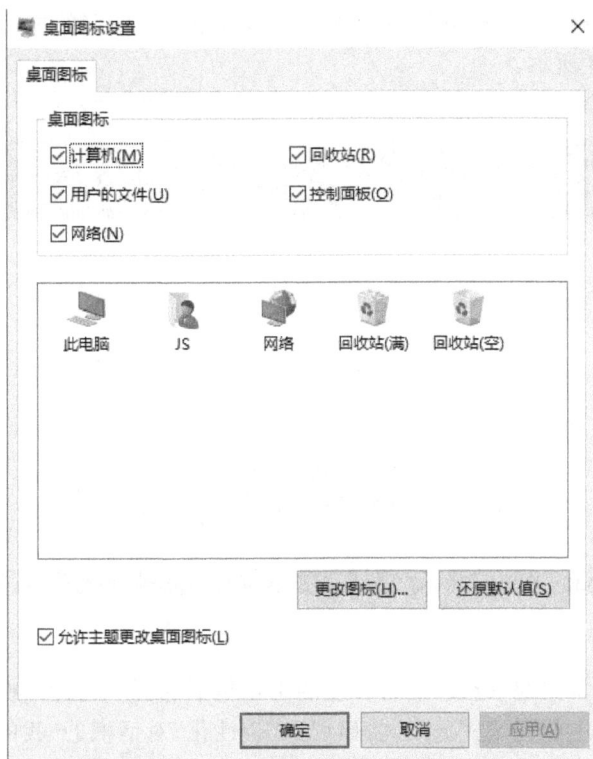

图 2-81 "桌面图标设置"对话框

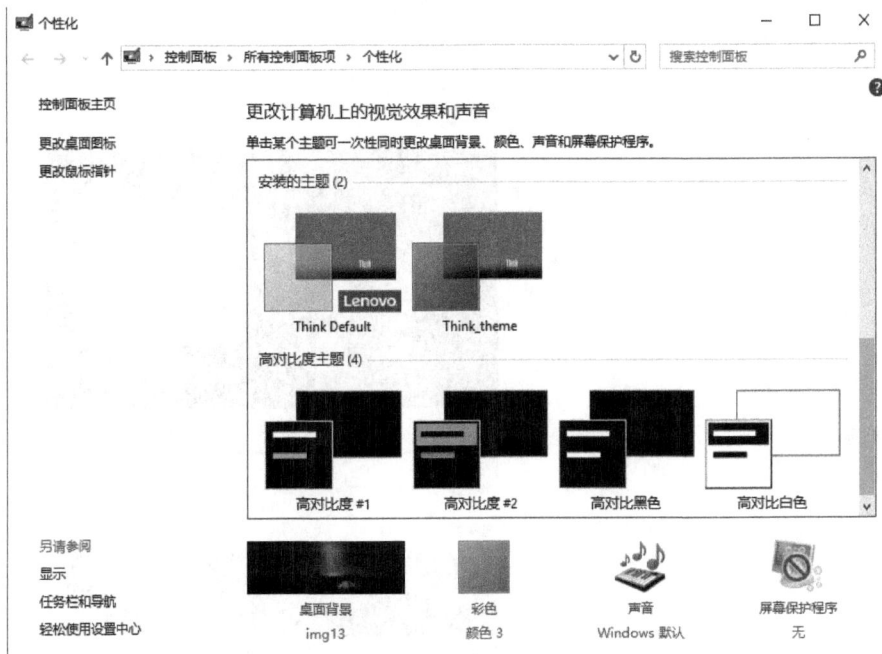

图 2-82 "个性化"窗口

Windows 10 也允许用户从网络上下载并安装精美的主题,其他用户自制的 Windows 10 主题也能安装。用户可以访问微软 Windows 10 网页,从中下载精美的主题(包括带多张桌面幻灯片式主题),如图 2-83 所示。

图 2-83　网站中的主题包

单击"联机获取更多主题"链接,会将相应的主题包下载到本地计算机,然后再双击下载后的文件,即可安装主题。主题安装完成后,将出现在"个性化"对话框的"我的主题"分类下。

(三)设置桌面背景

在 Windows 10 桌面上,除了图标以外就是桌面背景了。用户可以通过以下操作步骤设置桌面背景。

(1)在"设置"窗口左侧列表中选择"背景"选项,如图 2-84 所示。

图 2-84　"设置"窗口"背景"选项

（2）在"个性化"窗口右侧窗格中的"背景"列表框中选择"图片"选项，然后在"选择图片"区域选择需要作为背景的图片。如果没有图片，可以单击"浏览"按钮，指定计算机中的某个图片。

（3）在"选择契合度"列表框中指定图片的显示方式，其中"填充"指背景图片小于屏幕时，图片在纵向和横向都进行扩展以填充整个屏幕；"适应"指图片的大小与屏幕大小相匹配；"拉伸"类似于填充，但图片较小时，会出现严重变形；"平铺"指多张相同背景图片铺满整个屏幕；"居中"指将图片定位在屏幕的正中央。图2-85所示为"选择契合度"列表界面。

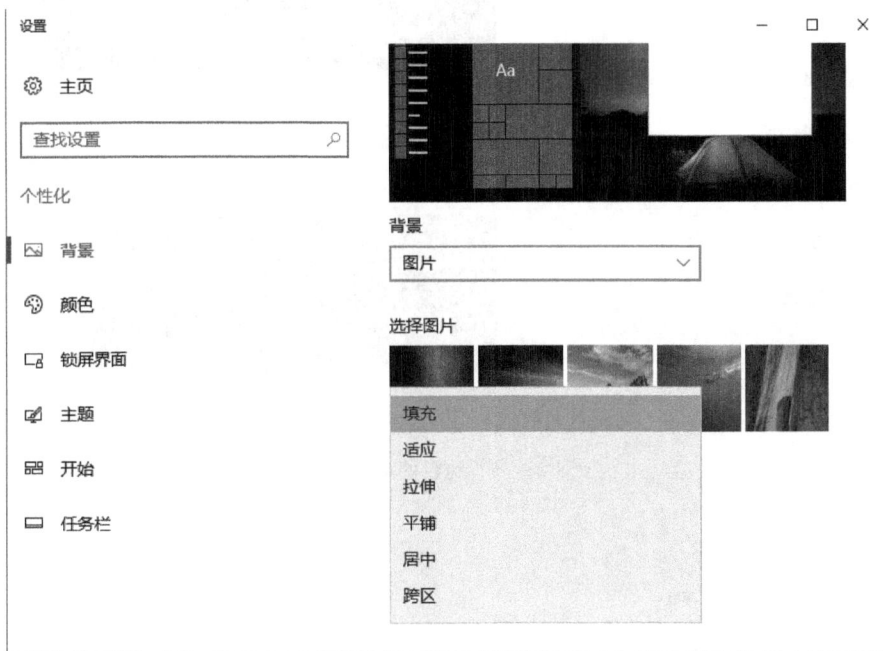

图2-85 "选择契合度"列表

如果在"背景"列表框中选择"幻灯片放映"选项，单击"浏览"按钮，指定保存多张图片的文件夹，然后在"更改图片的频率"列表框中设置图片的切换时间。此种设置方式的效果是每隔某个时间间隔，桌面图片就会发生变化。

如果不喜欢使用图片作为桌面背景，用户还可以直接设定使用某种单一的颜色作为桌面背景。在"背景"下拉列表框中选择"纯色"，在"背景色"区域选择一个颜色作为背景色，如图2-86所示。

（四）调整系统声音主题

用户不仅能够自定义窗口的边框颜色，还能够自定义 Windows 系统声音方案。并且 Windows 10 同样内置了许多声音方案供用户选择。选择"个性化"→"主题"命令，在右侧列表"相关的设置"中选择"高级声音设置"选项，可以打开"声音"对话框，如图2-87所示。

在"声音方案"下拉列表框中，单击当前的声音方案会出现内置声音方案的下拉菜单，选择适合的方案后，可以在下方的"程序事件"列表框中双击事件来试听新方案的声音效果。若用户对系统内置的声音方案不满意，可以在"程序事件"列表框中选择需要更改声音的事件，单击"浏览"按钮，选择自定义的声音文件即可。

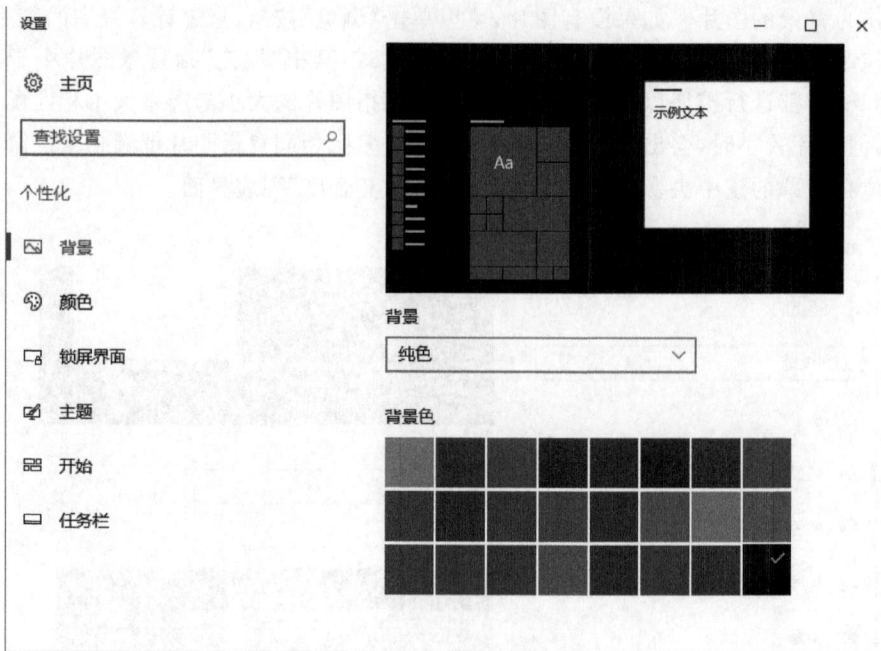

图 2-86 纯色的桌面背景

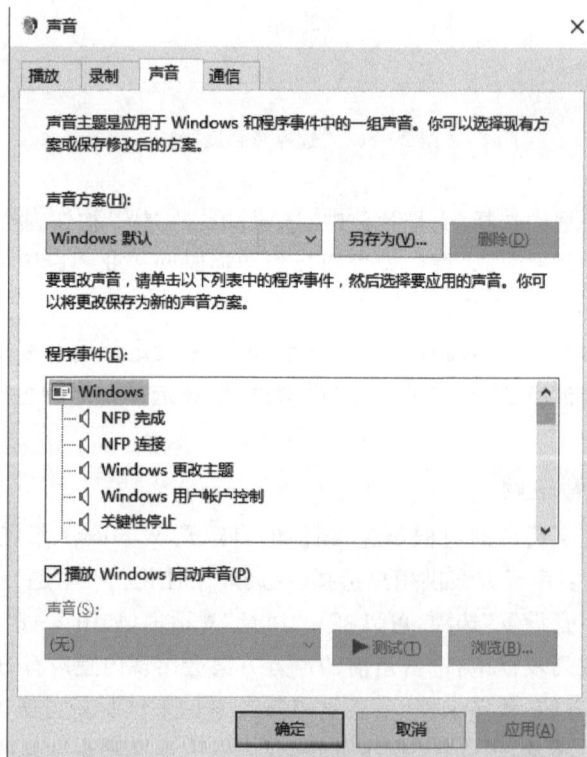

图 2-87 "声音"对话框

(五)设置屏幕保护

如果用户长时间没有操作计算机,Windows 提供的屏幕保护程序就会自动启动,以显示较暗的或者活动的画面,从而保护显示器屏幕。设置屏幕保护程序的操作步骤如下:

(1)在"设置"窗口的左侧列表中选择"锁屏界面"选项,单击右侧窗格下方的"屏幕保护程序设置",如图 2-88 所示。

图 2-88 "设置"窗口"锁屏界面"选项

(2)打开"屏幕保护程序设置"对话框,在"屏幕保护程序"下拉列表框中选择喜爱的屏幕保护程序,并单击"设置"按钮进行详细设置,如图 2-89 所示。

图 2-89 "屏幕保护程序设置"对话框

(3)在"等待"数值框中选择屏幕保护程序的启动时间,单击"确定"按钮即可完成设置。

如果用户设置了系统登录密码,此处可以选中"在恢复时显示登录屏幕"复选框。完成设置后,当退出屏幕保护程序时弹出"密码"对话框,必须输入正确的密码才能退出屏幕保护程序。

(六)设置显示分辨率

显示分辨率是指显示器上显示的像素数量,分辨率越高,显示器显示的像素就越多,屏幕区域就越大,可以显示的内容也就越多;反之,则越少。显示颜色是指显示器可以显示的颜色数量。显示的颜色数量越高,图像就越逼真;反之,图像色彩就越失真。设置显示分辨率的操作步骤如下:

(1)在桌面的空白处单击鼠标右键,在弹出的快捷菜单中选择"显示设置"命令。在"系统"窗口左侧列表中单击"显示"选项,单击右侧窗格下方的"高级显示设置"选项,如图 2-90 所示。

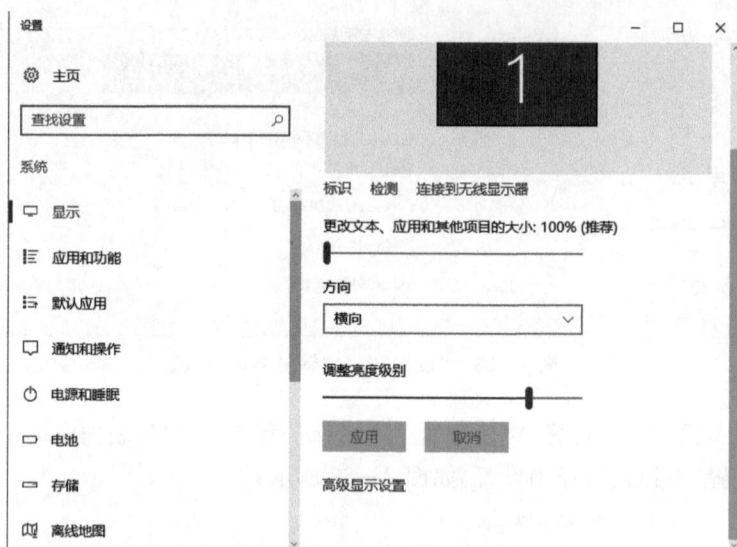

图 2-90　选择"高级显示设置"

(2)在"高级显示设置"窗口,在"自定义显示器"区域的"分辨率"列表中选择合适的分辨率即可,如图 2-91 所示。

(3)如果需要设置颜色和刷新率,可以单击"相关设置"区域中的"显示适配器属性"选项,在打开该设备的"属性"对话框的"监视器设置"区域中的"屏幕刷新频率"列表中设置屏幕刷新频率,如图 2-92 所示。

显示器的分辨率不能随意设置,液晶显示器都存在最佳分辨率。推荐的设置为:规格为43.2cm(俗称 17 寸)、48.3cm(俗称 19 寸)推荐的分辨率设置为 1280×1024;规格为 48.3cm(俗称 19 寸)宽屏推荐的分辨率的是 1440×900;规格为 50.8cm(俗称 20 寸宽屏)推荐的分辨率设置为 1920×1050 等。

另外,刷新率的设置只针对老式的 CRT 显示器,液晶显示器不需要设置。这是因为 CRT 显示器的图像是由电子枪逐行扫描屏幕上的荧光粉,每一行都是对屏幕的刷新。若刷新率低,屏幕显示闪烁就比较厉害。一般显示器的刷新率要达到 75Hz 以上,人眼才不会感到屏幕的闪烁;但是刷新率也不应过高,否则会缩短显示器的使用寿命。

图 2-91 设置"分辨率"

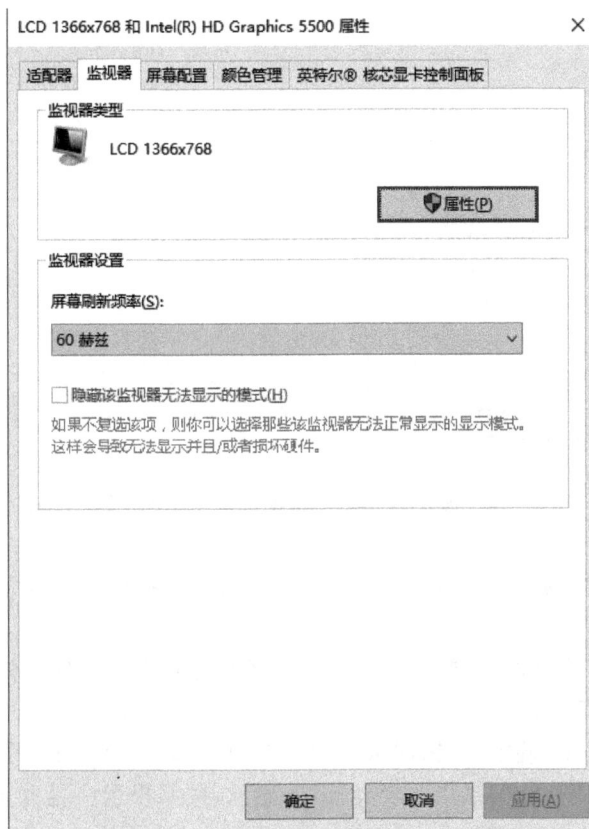

图 2-92 设置"屏幕刷新频率"

（七）调整屏幕字体大小

在高分辨率的情况下,系统文本、图标都变得非常细腻,相对的尺寸也感觉比低分辨率情况下更小,由此可能给用户带来不便。例如,现在一些笔记本计算机已经配备了规格为43.2cm(俗称 17 寸)的 LCD 屏幕,最大可支持 1920×1200 的分辨率。这种规格的液晶显示屏在最大分辨率的情况下,显示出来的字体非常细小,不易于阅读;如果设置的分辨率比标准分辨率低,则会出现显示模糊、字体不清晰的现象。在 Windows 10 中,用户可以使屏幕上的文本或其他项目以比标准更大的尺寸显示,而无需降低显示器的分辨率,这样可以保持显示器分辨率始终为最佳效果的同时,还能调整文本或其他项目的尺寸。要设置文本大小,可以按照以下步骤操作:

(1)在"高级显示设置"窗口中,单击"相关设置"区域中的"文本和其他项目大小调整的高级选项"选项,如图 2-93 所示。

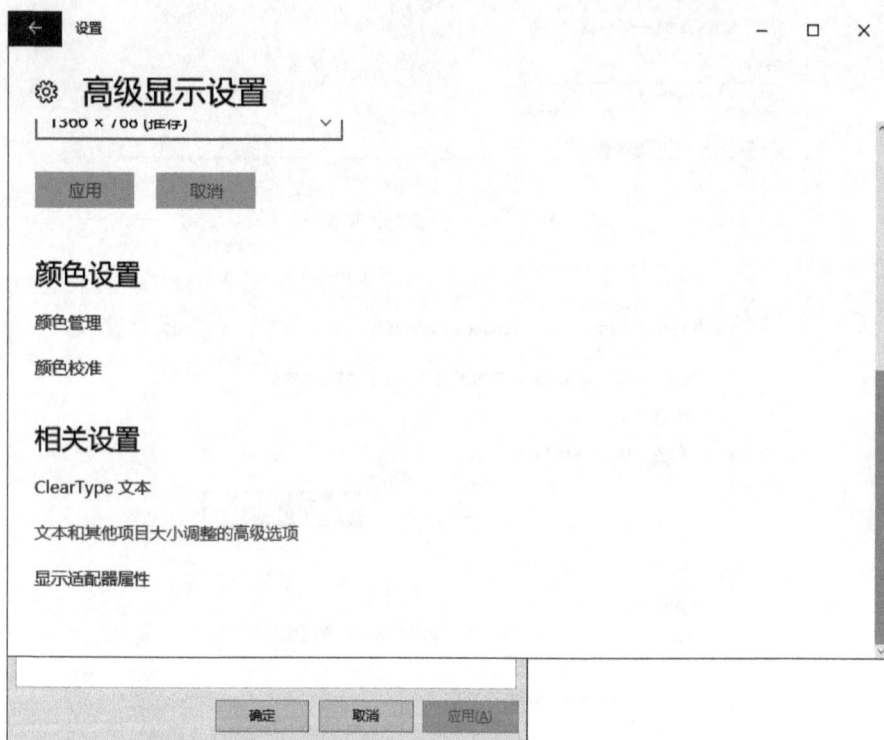

图 2-93　选择"文本和其他项目大小调整的高级选项"

(2)在打开的"显示"窗口中,单击"更改项目的大小"区域中的"设置自定义缩放级别"选项,如图 2-94 所示。

(3)在打开的"自定义大小选项"对话框中,在"缩放为正常大小的百分比"列表框中设置字体的缩放比例,如图 2-95 所示。

(4)完成设置后,单击"确定"按钮即可。在所有设置都完成后,单击"显示"窗口中的"应用"按钮,这时系统会要求用户注销来更改 Windows 显示,按照提示注销并重新登录后便会启用新的文本大小设置。

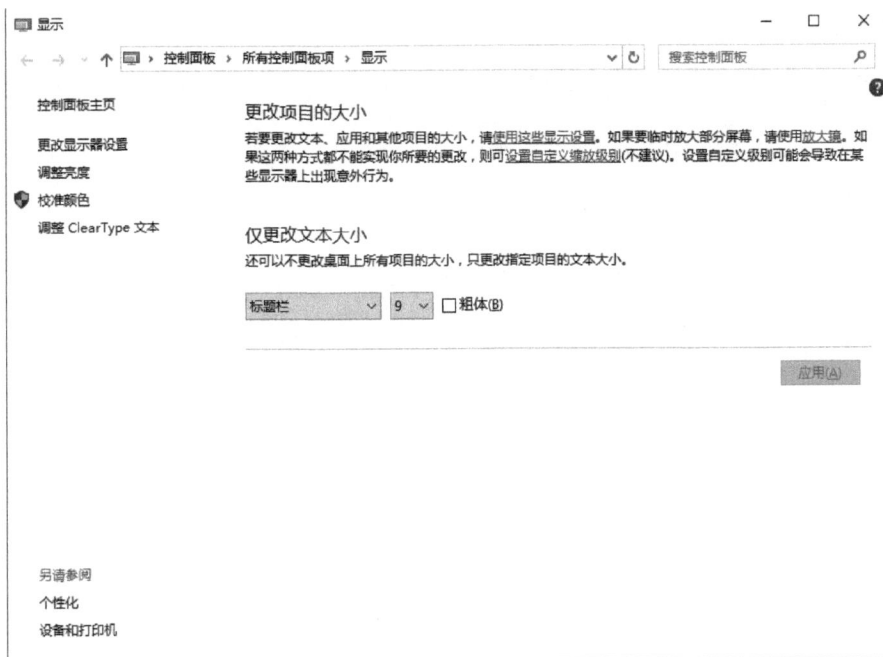

图 2 - 94　设置自定义缩放级别

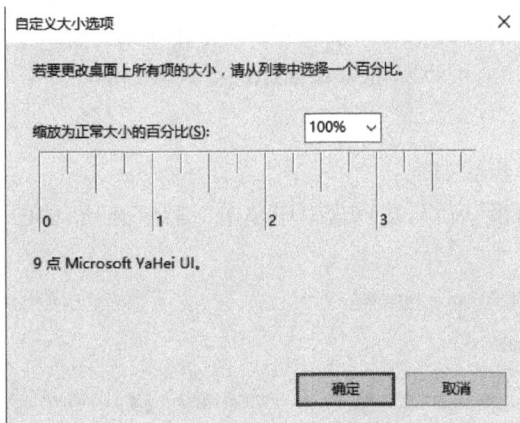

图 2 - 95　设置字体的缩放比例

（八）调整 ClearType 显示效果

ClearType 是 Windows 系统中的一种字体显示技术，使用这种技术可以在很大程度上提高 LCD 显示器字体的清晰度及平滑度。正确设置 ClearType 能够使屏幕上的文本更加细致，即使长时间阅读计算机中的文本、网页时，也不会导致眼睛疲劳或精神紧张。Windows 10 中默认开启此项功能，并应用到整个系统及 IE 浏览器中。

在安装系统时，Windows 会自动设置 ClearType 来增强计算机的显示效果，用户可以通过"ClearType 文本调谐器"来微调 ClearType 的设置，以满足不同的需求。在"高级显示设置"窗口"相关设置"区域单击"ClearType 文本调谐器"选项，打开调谐器后，用户需要按照向导完成几个步骤选择最清晰的文本（见图 2 - 96），在完成后便会启动新的 ClearType 设置。

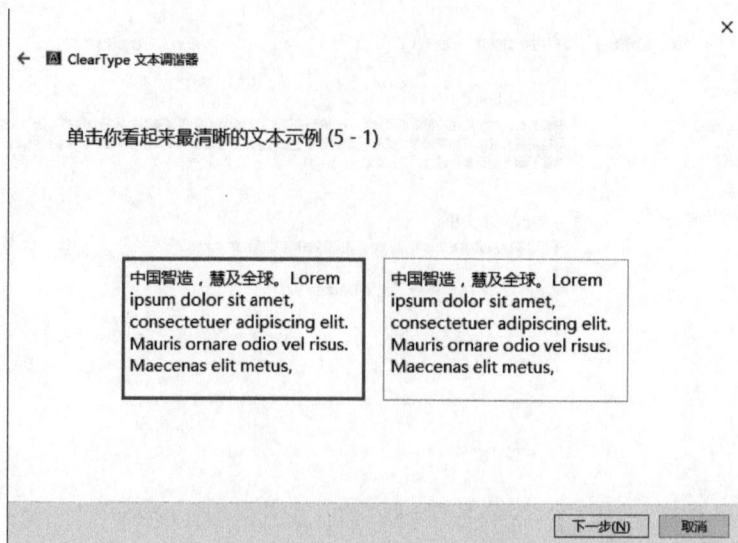

图 2 - 96　ClearType 文本调谐器

四、键盘和鼠标的设置

键盘和鼠标是最基本的计算机输入设备,几乎所有的用户操作都离不开这两种设备。当用户需要满足每个人的需求时,可以对键盘和鼠标进行调整。

(一)设置键盘属性

调整键盘属性的操作步骤如下:

(1)首先打开"控制面板"窗口,在该窗口中单击"键盘"选项,如图 2 - 97 所示。

图 2 - 97　"控制面板"窗口

（2）弹出"键盘属性"对话框，在"速度"选项卡中的"字符重复"选项栏中，拖动"重复延迟"滑块，可调整在键盘上按住一个键不松、多长时间后会再次重复这个字符；拖动"重复速度"滑块，可调整输入重复字符的速率；在"光标闪烁速度"选项栏中，拖动滑块，可调整光标的闪烁频率，如图2-98所示。用户可根据需要进行不同的调整，单击"应用"按钮，即可使所选设置生效。

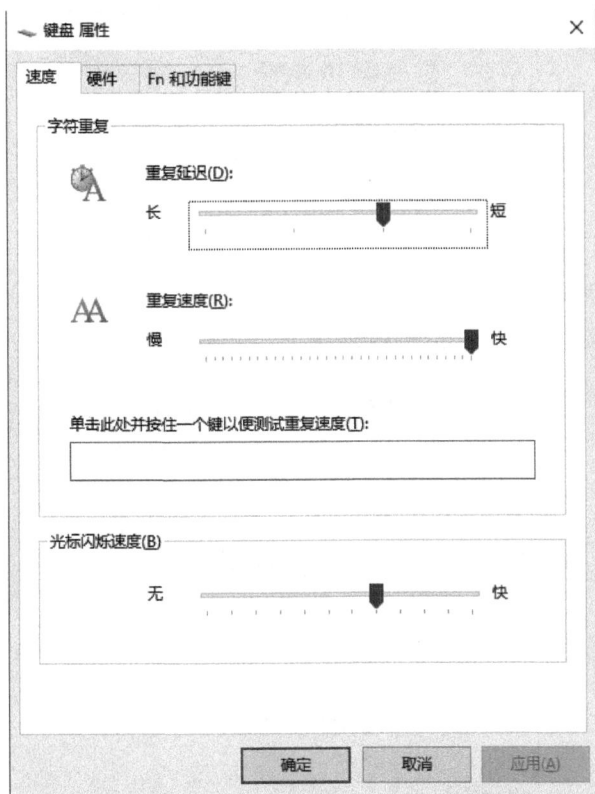

图2-98 "键盘属性"对话框

（二）设置鼠标属性

设置鼠标的属性包括鼠标的按键方式、鼠标指针方案和鼠标移动方式。

1. 设置鼠标按键方式

如果用户有左手操作的习惯，那么鼠标要摆放在面对计算机屏幕的左侧。此时，需要将鼠标左键、右键的功能互换。

（1）首先打开"控制面板"窗口，在该窗口中单击"鼠标"选项，如图2-99所示。

（2）在弹出的"鼠标属性"对话框中选择"鼠标键"选项卡，选中"切换主要和次要的按钮"复选框，如图2-100所示。此时，鼠标的左、右键功能已经互换，再单击"确定"按钮。

2. 设置鼠标指针方案

设置鼠标指针方案可以改变 Windows 10 的默认鼠标指针过于单调或者不够明显的情况。在"鼠标属性"对话框中选中"指针"选项卡，单击"方案"列表框，选择新的鼠标指针方案（见图2-101），然后单击"确定"按钮。

图 2-99 "控制面板"窗口

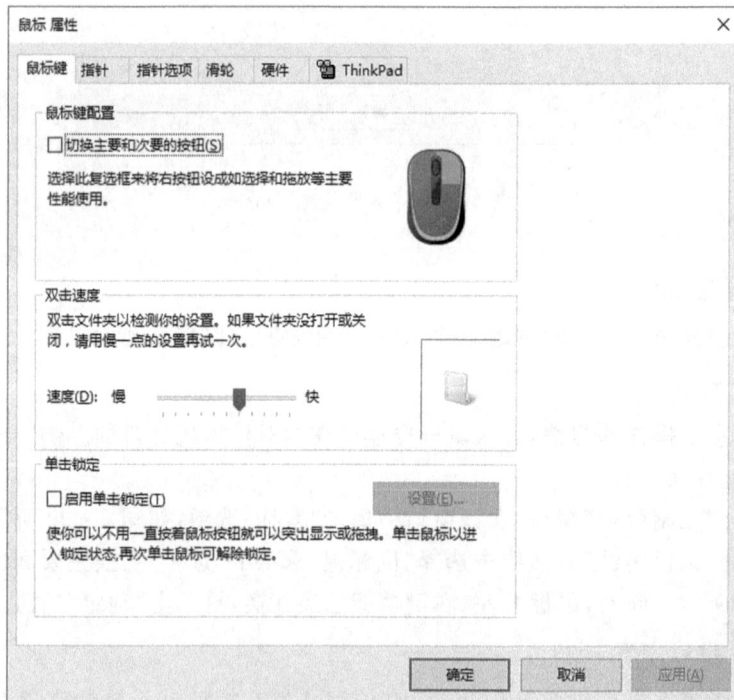

图 2-100 "鼠标属性"对话框

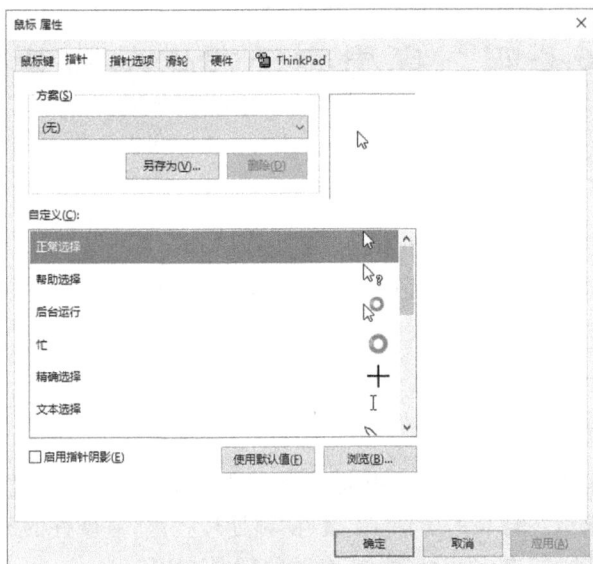

图 2-101 设置鼠标指针方案

3.设置鼠标移动方式

如果鼠标指针移动的速度太快,稍微晃动就看不见指针了。如果鼠标移动的速度太慢,又会耽误时间,所以可以对指针进行设置。在"鼠标属性"对话框中选中"指针选项"选项卡,通过拖动"移动"滑块调整鼠标指针的移动速度即可。如果选中"显示指针轨迹"复选框,鼠标指针移动就会产生残影,方便用户跟踪它的移动,如图 2-102 所示。设置完毕后,单击"确定"按钮。

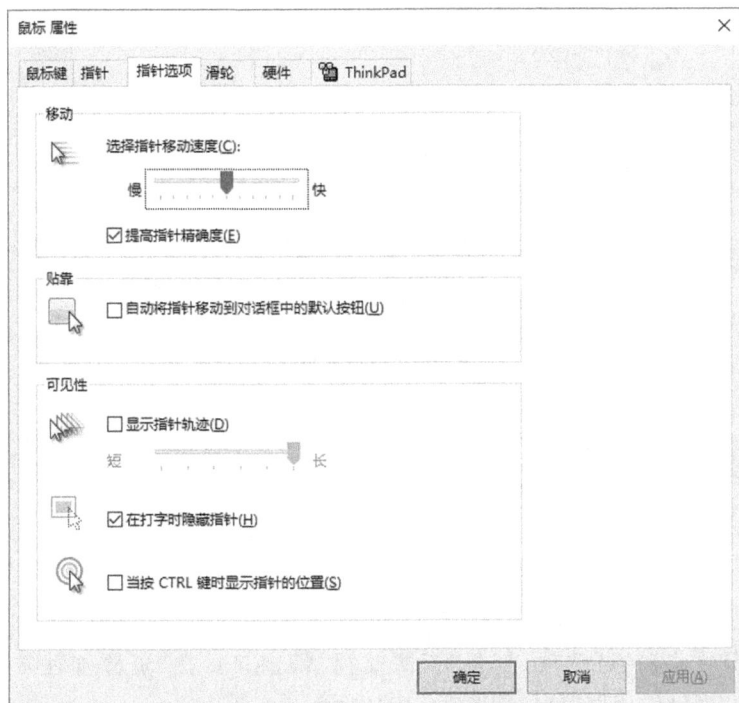

图 2-102 "指针选项"对话框

任务四　应用软件的安装与管理

一、安装应用软件

为了扩展系统的使用领域,用户必须在计算机中安装专业的应用软件。本节就来指导用户做好软件安装前的准备工作、安装过程中的注意事项及详细的安装方法。

(一)安装前的准备工作

在决定安装某个应用软件之前,应注意以下几方面问题。

1.计算机配置状况

计算机硬件对应用程序运行的影响很大,因此这是决定计算机各项性能的首要因素。例如,某些大型在线游戏要求运行较高的图像、音频、视频处理程序,对硬件的配置要求就非常苛刻。

查看当前设备性能情况有多种办法,最简便的就是在 Windows 10 桌面上的底部状态栏中单击右键,会弹出属性页面,然后在弹出窗口中选择"任务管理器",在"任务管理器"窗口中单击"性能"选项卡,可以看到 CPU、内存、磁盘和网络带宽的使用情况,CPU、内存、磁盘都用的是百分比模式,如图 2 - 103 所示。

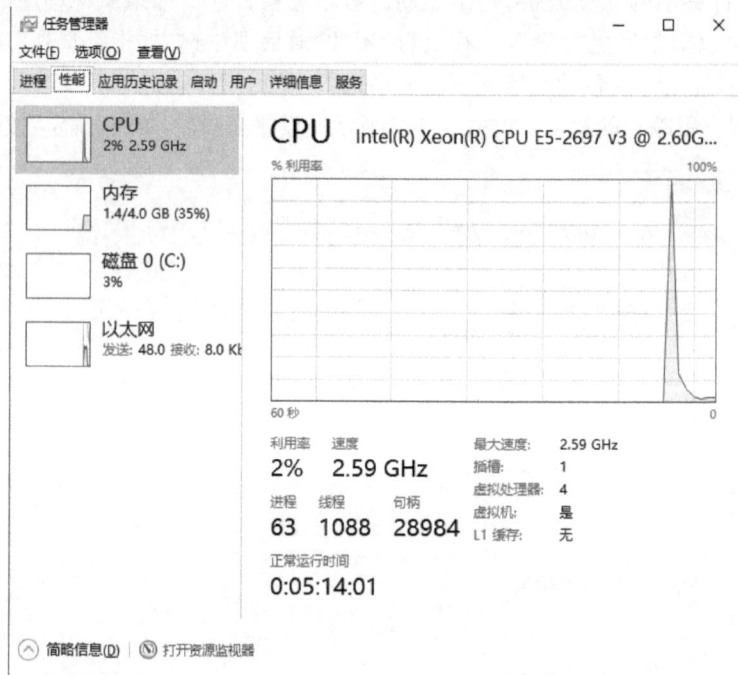

图 2 - 103　"任务管理器"窗口

单击"打开资源监视器"选项,打开"资源监视器"窗口。在"资源管理器",可以分别观察CPU、内存、磁盘、网络的使用情况,如图 2 - 104 所示。

资源监视器

文件(F)　监视器(M)　帮助(H)

概述　CPU　内存　磁盘　网络

进程　　　　　　■ 36% 已用物理内存

名称	PID	硬中断/...	提交(KB)	工作集(...	可共享(...	专用(KB)
MsMpEng.exe	1792	0	124,104	101,756	33,824	67,932
svchost.exe (NetworkService)	972	0	58,700	81,100	37,452	43,648
svchost.exe (LocalSystemN...	636	0	54,504	60,256	17,140	43,116
explorer.exe	2152	0	55,820	136,772	94,756	42,016
SearchUI.exe	4964	0	46,652	90,220	52,836	37,384
BaiduNetdisk.exe	4060	0	37,128	79,696	50,724	28,972
perfmon.exe	3040	0	26,928	43,512	18,468	25,044
ShellExperienceHost.exe	4576	0	32,276	74,000	48,980	25,020

物理内存　　　■ 1479 MB 正在使用　　　□ 2599 MB 可用

■为硬件保留的 内存 1 MB	■正在使用 1479 MB	■已修改 17 MB	■备用 2590 MB	□可用 9 MB

可用　　2599 MB
缓存　　2607 MB
总数　　4095 MB
已安装　4096 MB

视图

使用的物理内存　　100%

60 秒　　　　　　0%
内存使用　　　　100%

0%
硬中断/秒　　　100

0

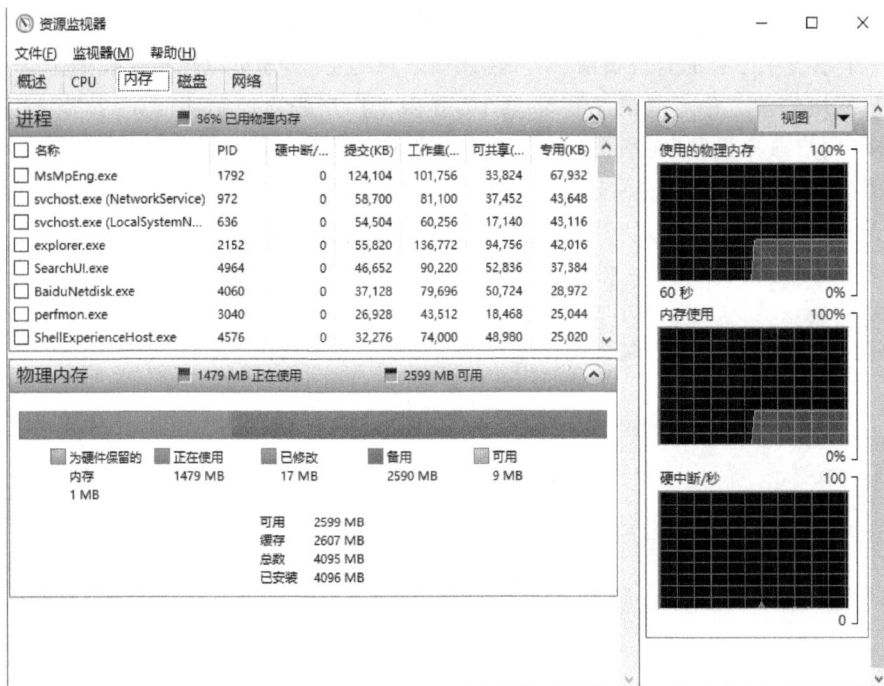

图 2-104　"资源监视器"窗口

2.应用软件的兼容性

Windows 10 是新一代操作系统,其优良的性能决定它会取代旧版本系统,而大多数应用软件都可以兼容旧版本的操作系统,而不一定兼容新一代的 Windows 10 系统,如果强行安装,会导致安装失败,或者导致安装后的应用软件不能正常运行。因此,在安装软件之前,用户应该查阅软件的说明书或官方资料,确认应用软件能够正常兼容 Windows 10。

3.其他问题

在决定安装一个应用软件之前,还需要了解该应用软件的补丁程序的相关信息以及其他用户对该软件的评价。

如果一个应用软件正式发布后才发现有安全漏洞或者功能上的缺陷,那么软件开发人员可能会为程序发布补丁程序,或者提供解决问题的办法,因此通过访问软件开发商的网站了解软件的相关信息是一个好办法。

另外,很多共享软件中捆绑其他和程序本身的功能完全不相干的第三方软件以谋取利益,甚至是"流氓软件"。因此,在安装前了解该软件的用户评价度是很有必要的,同时在安装时应当注意安装过程中的选项,决定是否安装被捆绑的软件。

(二)影响应用软件的因素

安装应用软件的过程实际上就是将某些文件复制到本地硬盘上,向系统注册表中写入一些数据,再对一些系统选项进行更改的过程,只不过在安装应用软件时,这些操作都是由应用软件的安装程序来完成的。那么在实际的安装操作中,就容易出现各种问题。

1.权限问题

默认情况下,Windows 10 启用用户账户控制功能。当使用标准账户登录 Windows 10 时,该用户就具有标准用户的权限。在安装应用软件时,系统会弹出一个对话框,要求当前登录的标准用户选择一个系统中已有的管理员账户,并输入该账户的密码,才可以执行安装操作。

当用户使用管理员账户登录 Windows 10,受限于用户账户控制功能,在安装应用软件时,如果系统弹出"用户账户控制"对话框,单击"继续"按钮即可完成安装过程。

如果因为软件的安装文件不支持这一特性而导致安装失败,可以右击安装文件,在弹出的快捷菜单中选择"以管理员身份运行"命令即可,如图 2-105 所示。

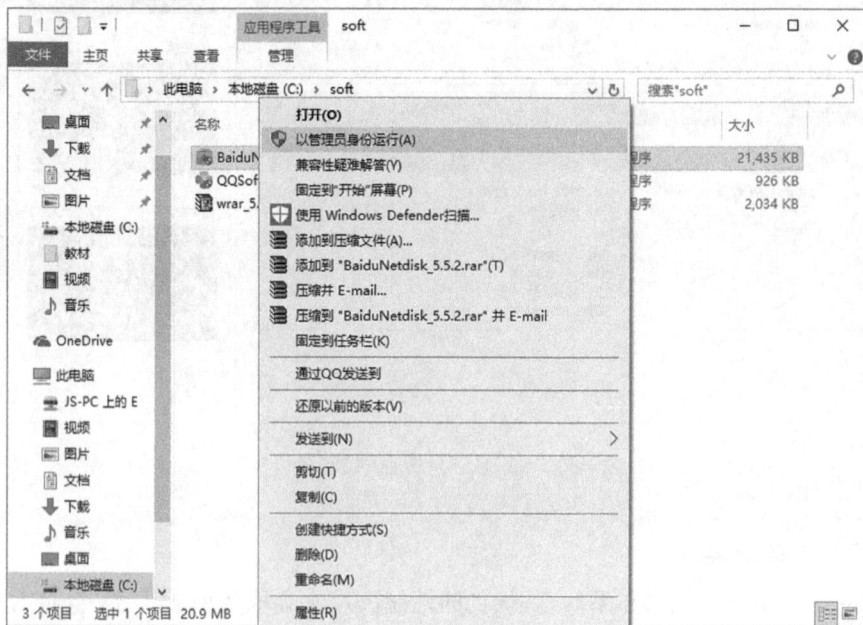

图 2-105 选择"以管理员身份运行"

2.兼容性问题

当用户试图以管理员身份运行一个第三方软件(用户为了实现某种功能需要在计算机中安装的软件)时,因为该程序没有包含有效的数字签名,因此 Windows 10 将其显示为"未能识别的程序"。同时,对话框顶部的色块是黄色的,而且带有一个盾牌图标。

提示:未能识别的程序是指没有发行者所提供用于确保该程序正是其所声明程序的有效数字签名的程序。这不一定表明有危险,因为许多旧的合法程序也缺少签名。但是,应该特别注意,并且仅当其获取自可信任的来源(如原装 CD 或发行者网站)时,可允许此程序运行。

(三)从光盘安装应用程序

如果要安装的软件在光盘上,则需要将安装光盘放入光驱中。由于系统默认具有自动播放功能,因此会自动识别光盘中的自动安装程序。下面以安装 Microsoft Office 2010 为例,介绍从光盘安装应用软件的详细过程。

(1)如果要安装的正是自动播放的程序,则直接单击"运行 SETUP.EXE"选项;如果要安装的是光盘中其他位置的安装程序,则单击"打开文件夹以查看文件"选项进行选择。此处直接运行安装程序。

(2)弹出"用户账户控制"对话框,需要用户确认或输入管理员账户的密码。此处单击"继续"

按钮。

（3）进入"输入您的产品密钥"对话框，提示输入产品密钥。输入正确的密钥后，单击"继续"按钮。

（4）进入"阅读 Microsoft 软件许可证条款"对话框，阅读条款后选中"我接受此协议的条款"复选框，再单击"继续"按钮，如图 2-106 所示。

（5）打开"选择所需的安装"对话框，选择需要的安装方法。若单击"立即安装"按钮，系统将默认把 Office 2010 的所有组件都安装在"C:\ProgramFiles\Microsoft Office"路径下，此处单击"自定义"按钮进行组件选择，如图 2-107 所示。

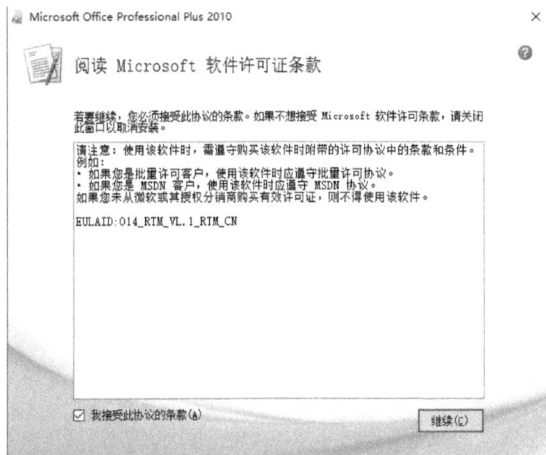

图 2-106　许可证条款

图 2-107　选择自定义组件

（6）进入安装选项设置对话框，选择安装的组件，在"安装选项"选项卡中，单击不需要安装的组件，在弹出的下拉列表框中选择"不可用"选项，如图 2-108 所示。

（7）在"文件位置"选项卡中单击"浏览"按钮，重新选择安装路径，单击"立即安装"按钮，开始正式安装，如图 2-109 所示。

图 2-108　"安装选项"对话框

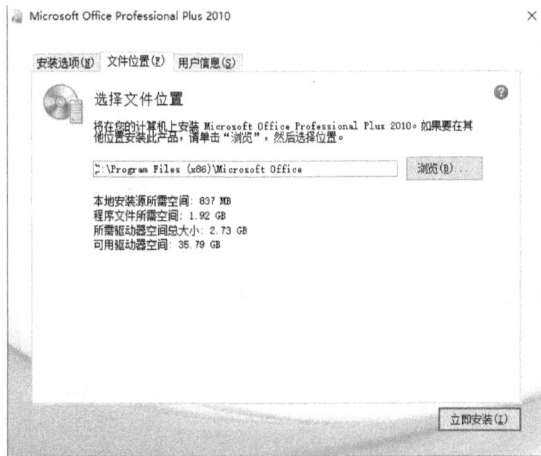

图 2-109　"选择文件位置"对话框

提示：在"用户信息"选项卡中可以设置用户个人信息，也可以忽略。

（8）打开"安装进度"对话框，显示安装 Office 2010 的进度，如图 2－110 所示，需要等待一段时间。

（9）自动安装完成后将弹出"已成功安装"对话框，提示已成功安装，单击"关闭"按钮退出安装程序。

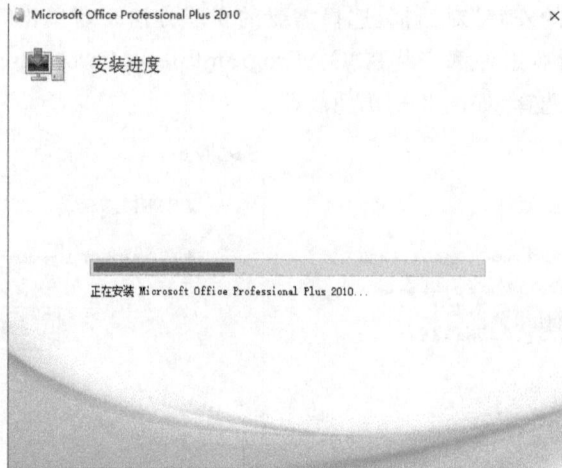

图 2－110　"安装进度"对话框

（四）从互联网上安装应用软件

如果用户手中找不到安装软件光盘，可以从网络上下载软件的安装程序。下面以安装"迅雷看看播放器"为例，介绍其具体操作步骤。

（1）若从网络下载软件的安装程序，建议从软件官方网站进行下载，如果不知道官方网址，可以通过百度等搜索引擎进行搜索。

（2）单击"官方下载"按钮，可以直接进行下载，也可以单击上方的链接打开官方网站后再单击"立即下载"按钮进行下载。

（3）弹出"另存为"对话框，用户应指定软件下载的保存位置，如图 2－111 所示。

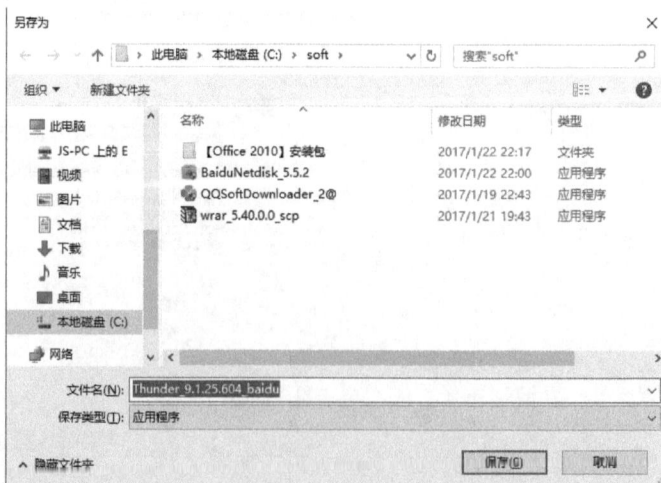

图 2－111　设置安装程序的保存位置

（4）指定保存位置后，单击"保存"按钮即可开始下载，下载完成后，即可进行安装。

如果选中"下载完成后关闭此对话框"复选框，下载完成后，该对话框会自动关闭，用户可以在保存位置直接双击下载后的文件进行安装。

从互联网上下载软件，建议使用网际快车、迅雷等专业的下载工具，因为专业工具下载的速度快且不易断线。

小型软件可以安装在系统盘中，而大型软件推荐安装在非系统盘中，所以在安装软件时一定要注意设置软件的安装目录。还应注意安装选项，不要安装不需要的捆绑软件。

二、管理应用软件

在安装好需要的应用软件后，还应进行有效管理。Windows 10 使用了和以往操作系统中完全不同的界面来显示已经安装的应用软件，并提供了在管理应用软件过程中需要的工具和选项。

（一）查看已安装的应用软件

可以通过以下操作步骤查看计算机中已经安装的软件。

（1）在"控制面板"窗口中单击"程序和功能"选项，如图 2-112 所示。

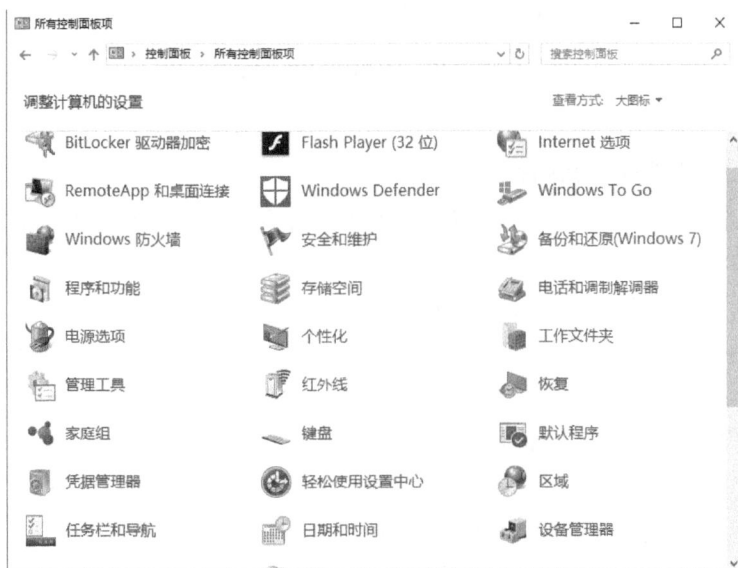

图 2-112 "控制面板"中的"程序和功能"图标

（2）打开"程序和功能"窗口后即可看到当前已经安装的软件，如图 2-113 所示。

如果需要了解软件的其他信息，可以在列的名称上单击鼠标右键，选择"其他…"命令。打开"选项详细信息"对话框，"详细信息"列表中列出了可用于描述程序的各种属性，勾选希望显示的属性名称前的复选框，再单击"确定"按钮即可。

提示：也可以通过反选的方法隐藏不需要显示的属性。还可以通过单击"上移"和"下移"按钮调整属性的显示顺序。例如，选中"上一次使用日期"复选框，将显示每个软件上一次的使用日期，就可以根据这一属性排列应用程序，单击"上一次使用日期"列名称即可查看最近使用过的应用软件。

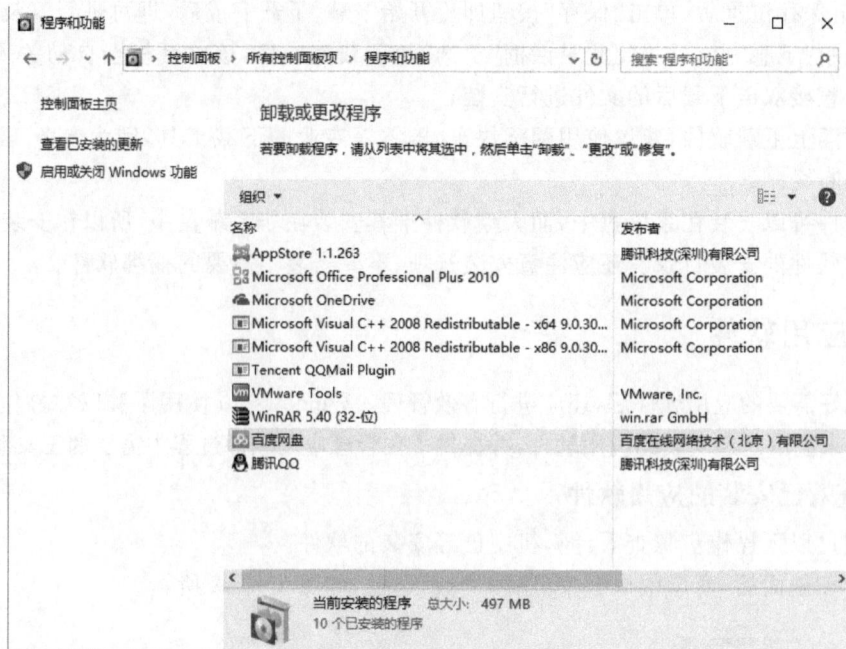

图 2-113　"程序和功能"窗口

(二)卸载已安装的应用软件

计算机中不需要某种软件,应通过以下操作步骤卸载,这样既可节省硬盘的存储空间,又可以提高系统的性能。

(1)在"程序和功能"窗口中选中需要卸载的软件,单击"卸载"按钮,如图 2-114 所示。

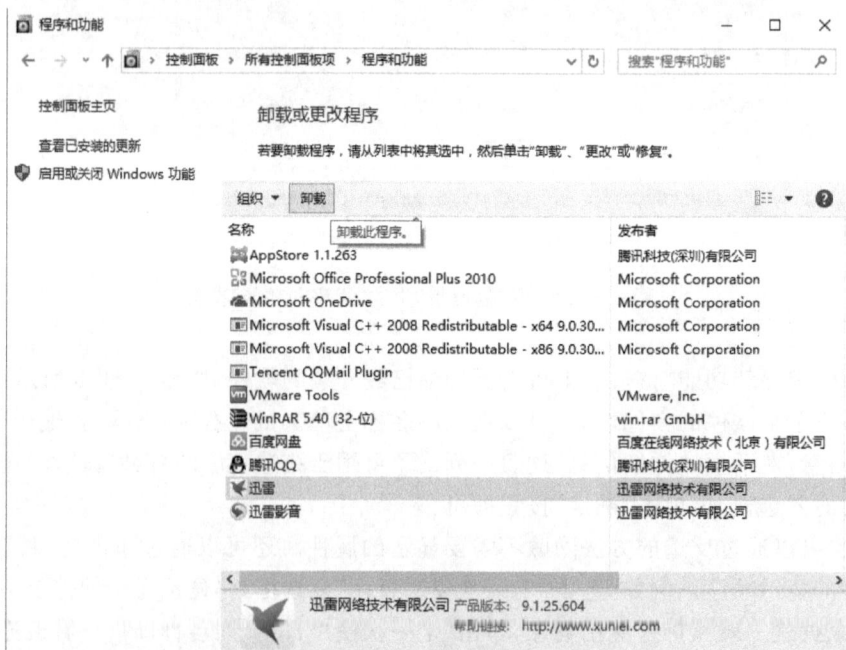

图 2-114　卸载软件

(2)弹出"卸载与修复"对话框,单击"下一步"按钮继续,如图 2-115 所示。

图 2-115　卸载确认对话框

(3)软件卸载的进程花费的时间取决于软件的大小和计算机的硬件配置。

(4)软件卸载完成后会弹出"选择卸载原因"对话框,单击"完成"按钮即可。如果想对软件的开发人员提出建议,可以选择卸载的原因,以便开发人员作出改进。

(三)卸载系统更新程序

Windows 10 中的系统更新是一种非常重要的功能。当系统发现安全隐患时,微软公司会发布补丁来加强系统安全;当系统的功能存在缺陷时,微软公司也会提供更新程序进行修复。但是,若用户安装了不正常的更新程序,可能会导致系统运行异常,甚至频繁出现蓝屏、死机等故障,因此当发现安装更新程序后系统出现异常应及时卸载更新程序。

(1)通过"控制面板"打开"程序和功能"窗口,单击左侧的"查看已安装的更新"选项,如图 2-116所示。

(2)在打开的"已安装更新"窗口中列出了 Windows Update 网站安装的所有更新程序。选中需要卸载的更新,单击"卸载"按钮,如图 2-117 所示。

(3)弹出"卸载更新"对话框,提示确认卸载更新操作,单击"是"按钮确认即可,如图2-118所示。

因为更新程序的特殊性,有些更新在安装之后是无法卸载的。而且除非确认某个更新会导致严重的系统问题,否则不建议卸载已安装的更新。发现安装某个系统更新程序导致操作异常后,应立即卸载,可以在"卸载更新"窗口显示更新的日期,最新的日期即为需要卸载的程序。

(四)保证旧版本软件正常运行

某些在旧版本系统(如 Windows XP)中能够正常运行的软件,在 Windows 10 的新系统环境中有可能不能运行。这时,可以使用程序兼容性向导更改该程序的兼容性设置。

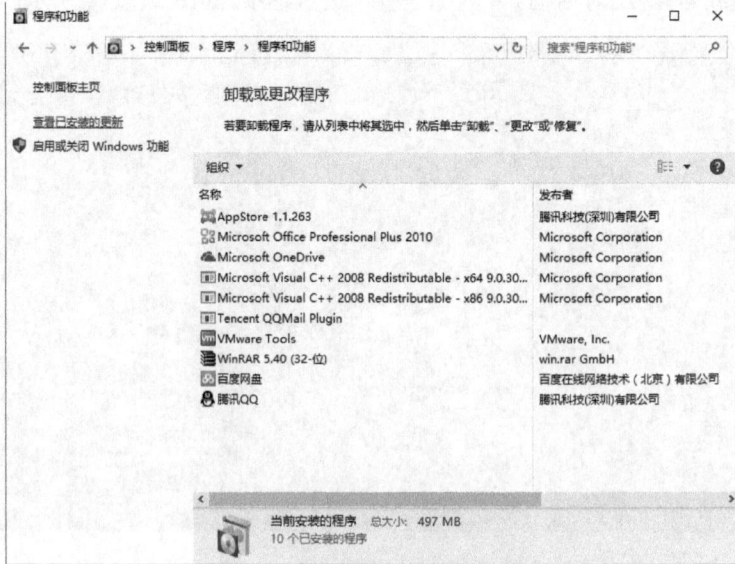

图 2-116　单击"查看已安装的更新"选项

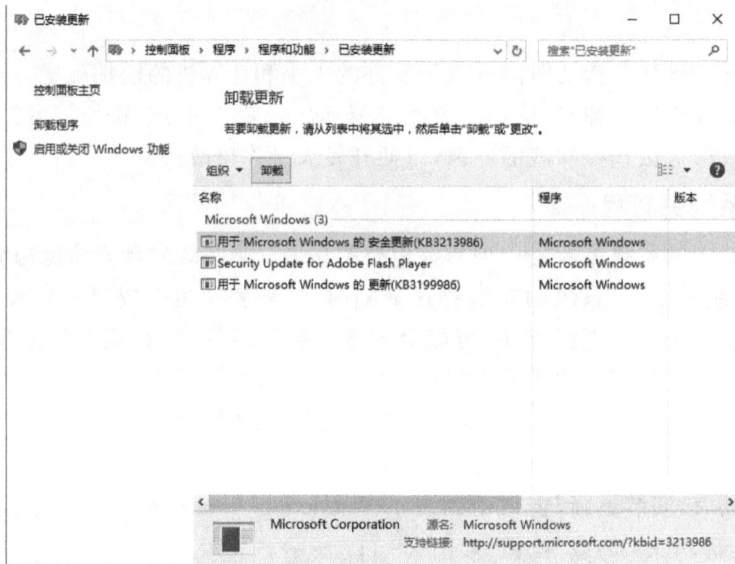

图 2-117　卸载系统更新

图 2-118　确认"卸载更新"对话框

(1)设置"控制面板"的查看方式为"类别",单击"程序"选项,如图2-119所示。

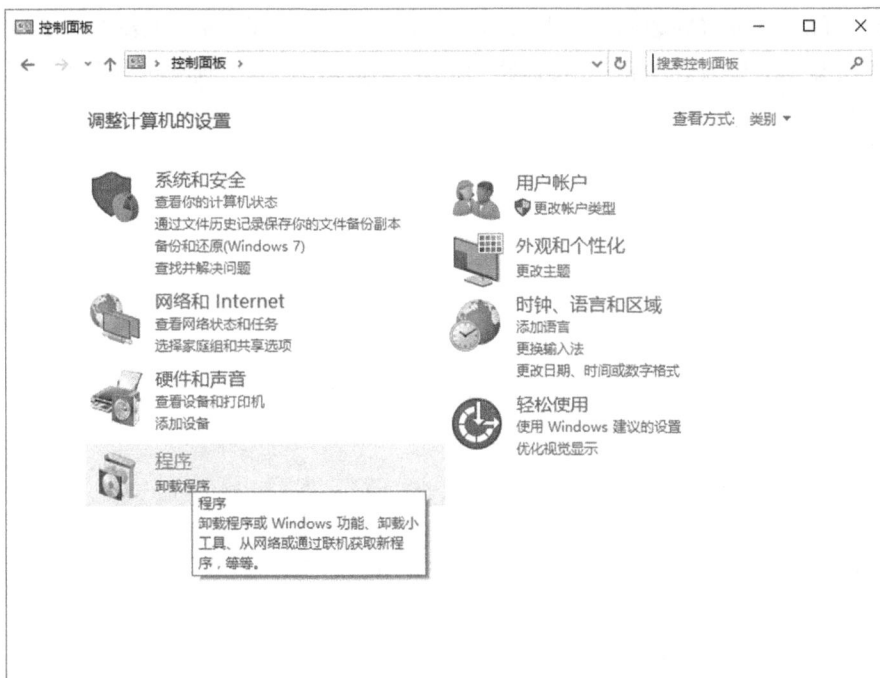

图2-119　"控制面板"的"类别"模式

(2)在打开的"程序"窗口中单击"程序和功能"区域的"运行为以前版本的Windows编写的程序"选项,如图2-120所示。

图2-120　"程序"窗口

(3)"程序兼容性疑难解答"向导自动启动,单击"下一步"按钮继续,如图 2-121 所示。

(4)在打开的"选择有问题的程序"对话框中指定需要兼容的程序,如图 2-122 所示。如果此对话框没有显示需要兼容的程序,可以在列表框中选择"未列出"选项进行手动选择。单击"下一步"按钮继续。

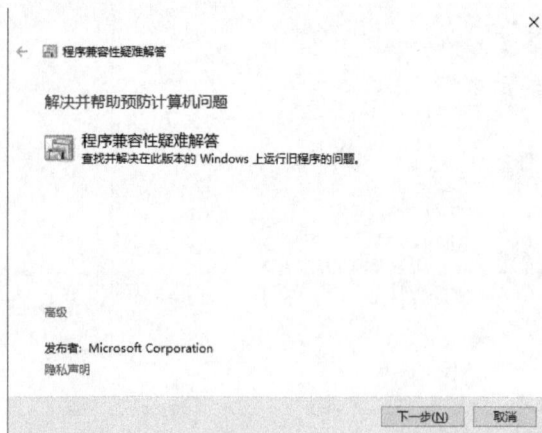

图 2-121　"程序兼容性疑难解答"向导　　　　图 2-122　"选择有问题的程序"对话框

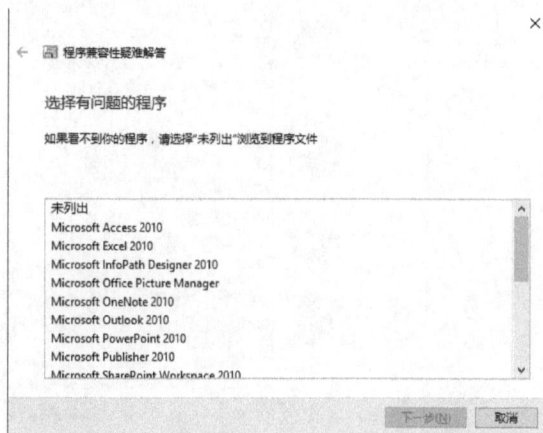

(5)在打开的"你注意到什么问题"对话框中,在出现的问题前勾选复选框,如图 2-123 所示。单击"下一步"按钮继续。

(6)在打开的"此程序以前运行于哪个 Windows 版本"对话框中指定程序能够正常运行的 Windows 版本,如图 2-124 所示。单击"下一步"按钮继续。

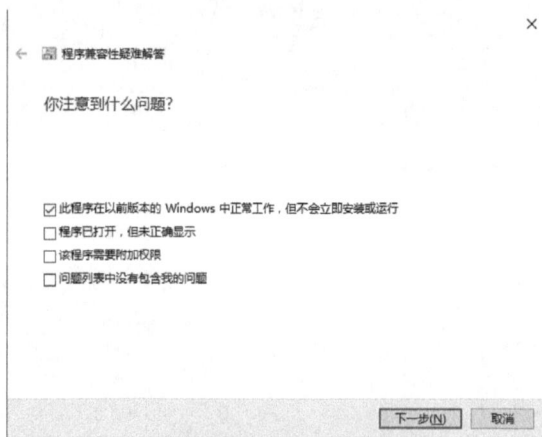

图 2-123　软件出现的问题　　　　图 2-124　软件正常运行的系统版本

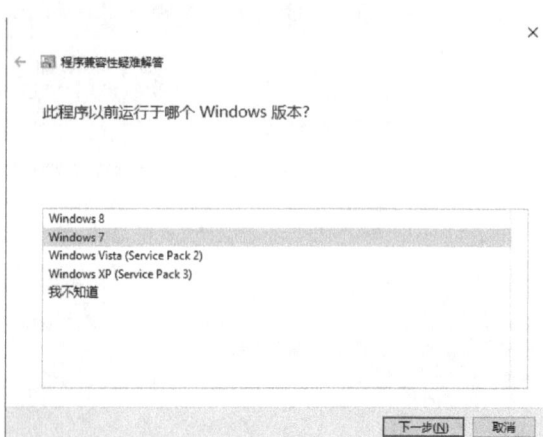

(7)程序兼容性会自动测试问题,如图 2-125 所示。单击"下一步"按钮继续。

(8)在弹出的"故障排除完成。问题得到解决了吗?"对话框中选择"是,为此程序保存这些设置"选项即可,如图 2-126 所示。

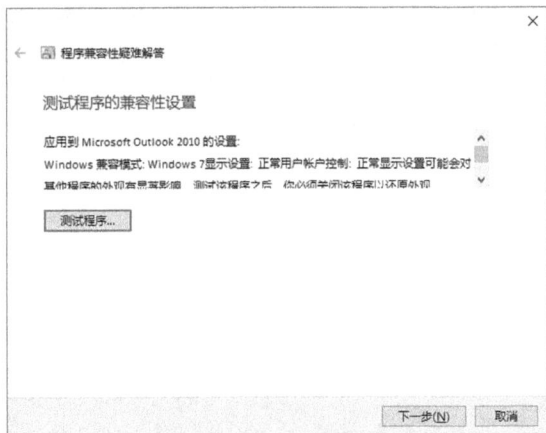

图 2-125　自动测试问题

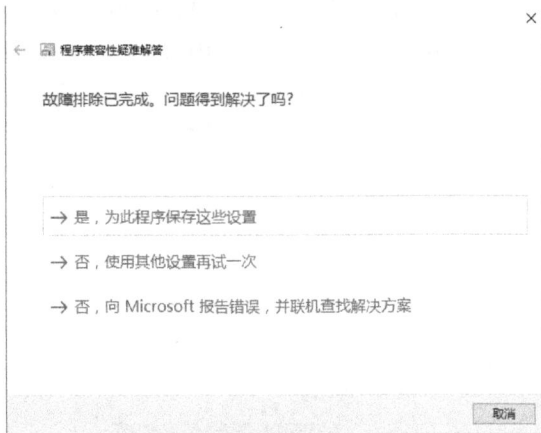

图 2-126　故障排除完成

三、配置应用软件

计算机中安装大量的应用软件后,除了能够进行有效的管理外,还可以对应用软件进行相关配置。

(一)配置默认程序

默认程序是打开某种特殊类型的文件(如音乐文件、图像或网页)时,Windows 所使用的程序。例如,如果在计算机上安装了多个 Web 浏览器,可以选择其中之一作为默认浏览器。配置默认程序可以选择希望 Windows 在默认情况下使用的程序。

(1)在“控制面板”中的“程序”窗口中单击“默认程序”区域的“设置默认程序”选项,如图2-127所示。

图 2-127　选择“设置默认程序”选项

（2）在打开的"设置默认程序"窗口的左侧列表框中选择希望配置的程序，选择"将此程序设置为默认值"选项，再单击"确定"按钮即可，如图 2-128 所示。

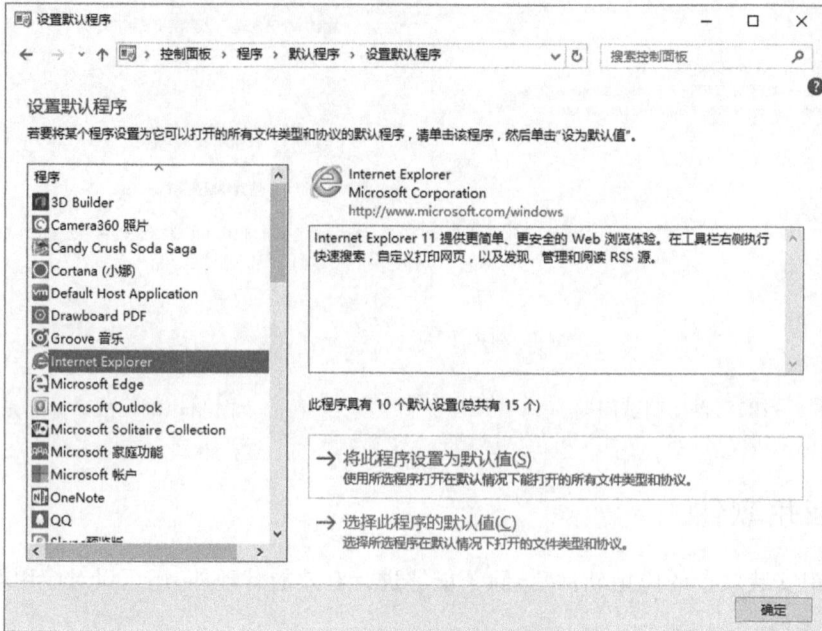

图 2-128 "设置默认程序"对话框

（3）如果希望实现更加有选择性的设置，则需要单击"设置默认程序"窗口中的"选择此程序的默认值"选项，打开"设置程序关联"窗口。此窗口显示了该程序支持的所有文件类型及协议类型，同时还显示了不同项目的描述，以及与每个项目关联的程序。选中所有希望被该程序处理的类型，并反选所有不希望被该程序处理的类型，然后单击"保存"按钮即可，如图 2-129 所示。

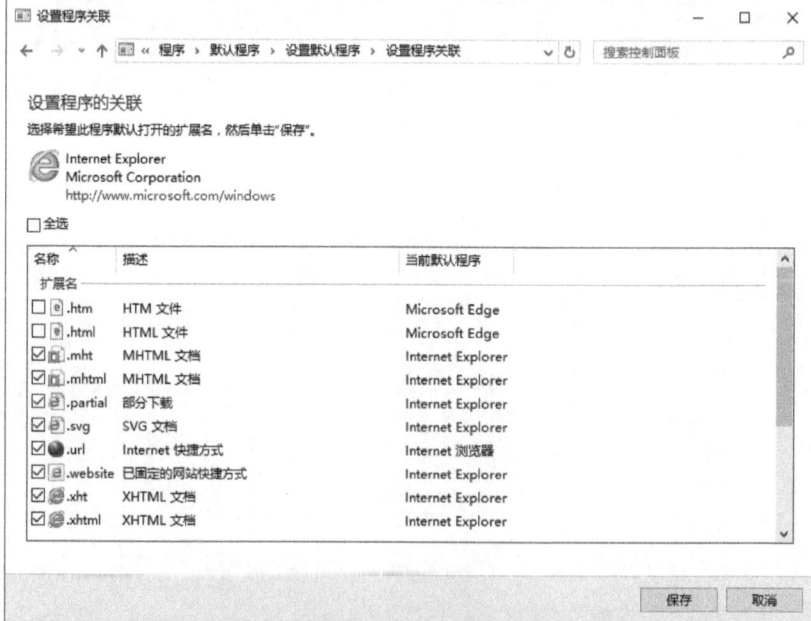

图 2-129 "设置程序的关联"窗口

(二)配置文件关联

配置文件关联和配置默认程序存在本质上的不同：配置文件关联功能是针对不同类型的文件来决定用哪个程序打开，而配置默认程序功能则是决定这个程序可以用来打开哪些类型的文件。

(1)依次打开"控制面板""程序""默认程序"窗口，在"选择 Windows 默认使用的程序"区域中单击"将文件类型或协议与程序关联"选项，如图 2-130 所示。

图 2-130　"默认程序"窗口

(2)进入"设置关联"窗口，从列表框中选择想要更改的文件类型，单击上方的"更改程序"按钮，如图 2-131 所示。

图 2-131　"设置关联"窗口

（3）打开"你要如何打开这个文件"对话框，其中列出了系统认为的可以用于打开这种类型文件的所有程序。从程序列表框中选择一个程序，然后单击"确定"按钮即可。

除此之外，还可以在计算机中选择想要更改文件类型的文件，右键单击此文件，在弹出的快捷菜单中选择"打开方式"，从程序列表中选择一个程序，然后单击"确定"按钮即可，如图2-132所示。

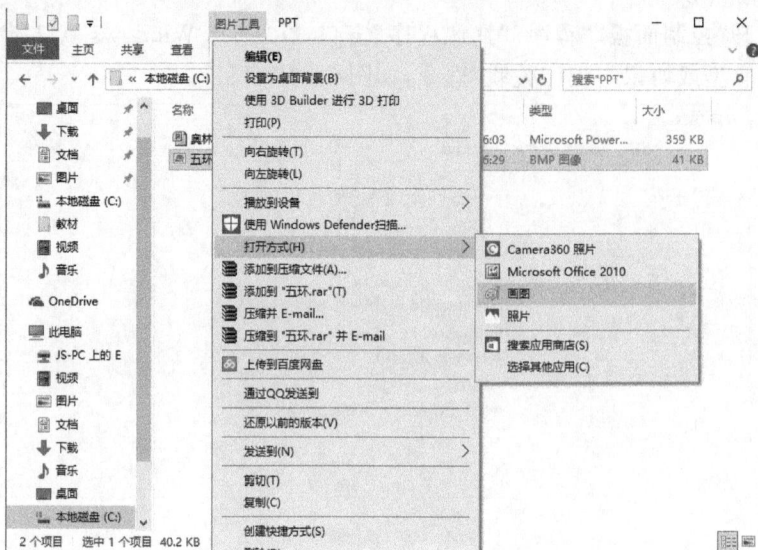

图2-132　"打开方式"快捷菜单

(三)更改自动播放设置

更改 Windows 10 的自动播放设置，可以为不同类型的数字媒体（如音乐 CD 或数码相机中的照片）选择要使用的程序。

（1）打开"控制面板"中的"默认程序"窗口，在"选择 Windows 默认使用的程序"区域中单击"更改'自动播放'设置"选项，如图2-133所示。

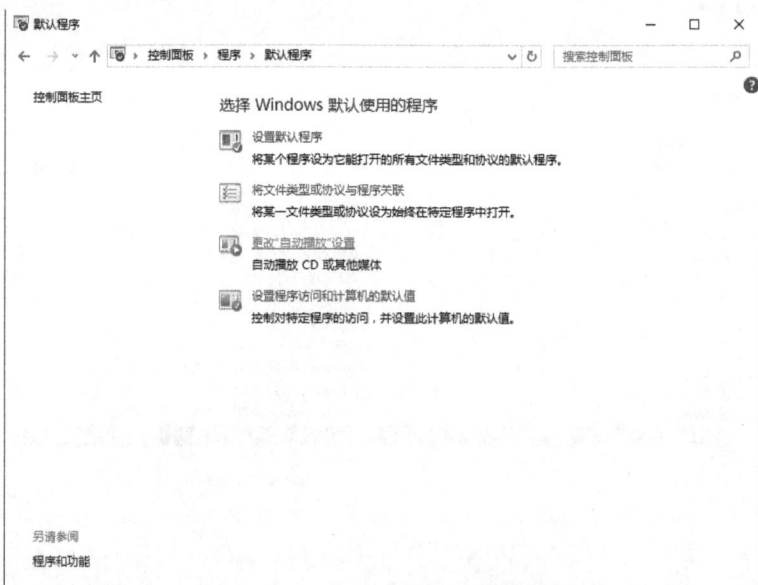

图2-133　更改"自动播放"设置

（2）进入"自动播放"窗口，该窗口列出了针对不同设备类型设置不同的自动播放选项。在每个要设置的设备类型下拉列表框中，根据设备中保存文件的不同选择合适的操作，如图2-134所示。

图 2-134　"自动播放"窗口

（3）单击"保存"按钮完成设置。

（四）设置特定程序的访问

使用"设定程序访问和计算机默认值"可以让用户更容易地更改用于某些活动（如 Web 浏览、发送电子邮件、播放音频和视频文件及使用即时消息）的默认程序。

（1）打开"控制面板"中的"默认程序"窗口，在"选择 Windows 默认使用的程序"区域中单击"设置程序访问和此计算机的默认值"选项，如图 2-135 所示。

图 2-135　设置"默认程序"窗口

(2)打开"设置程序访问和此计算机的默认值"窗口,可以指定某些动作的默认程序,包括浏览器、电子邮件程序、媒体播放机程序、即时消息程序及 Java 程序。设置完毕后,单击"确定"按钮保存更改,如图 2-136 所示。

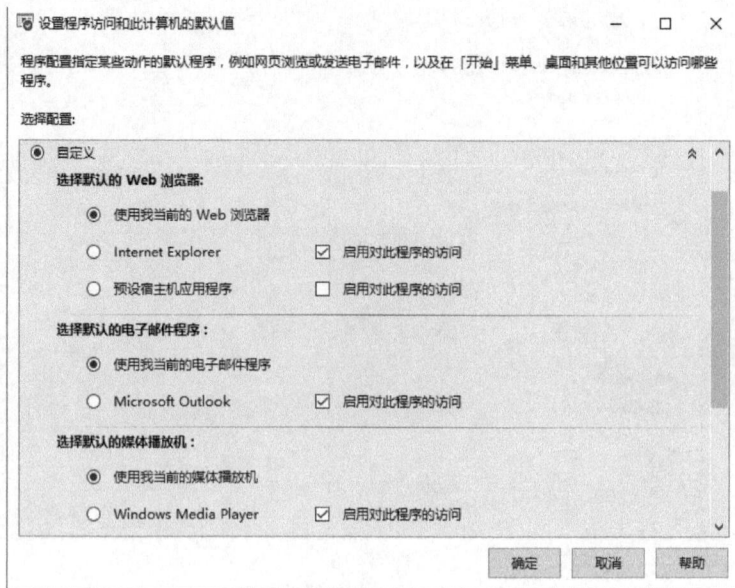

图 2-136 "设置程序访问和此计算机的默认值"窗口

"设置程序访问和此计算机的默认值"窗口中提供了以下三种选项:

①"Microsoft Windows":选中此单选按钮后,系统将会使用 Windows 10 自带的几个程序作为默认程序。

②"非 Microsoft":选中此单选按钮后,系统将会隐藏 Windows 10 自带的几个程序。

③"自定义":选中此单选按钮,可以对这些程序进行更详细的设置。例如,用户希望使用 360 浏览器作为默认的网页浏览器,可以在"选择默认的浏览器"栏下取消选中 Internet Explorer 的"启用对此程序的访问"复选框。

任务五 实践操作

1. 为电脑设置个性化 Windows 10 工作环境。

(1)在桌面上添加常用应用程序的快捷方式图标,设置"此电脑""网络"等系统桌面图标,设置桌面图标的排列方式。

(2)将屏幕分辨率设置为 1280×720。

(3)从网上下载一幅像素为 1280×720 的图片,并将其设置为桌面背景。

(4)设置 Windows 窗口和按钮的显示样式、色彩方案和字体大小等显示外观。

(5)按照自己的需要自定义任务栏和开始菜单。如:在任务栏中显示"快速启动工具栏",在任务栏右侧的通知区域显示时钟,自动隐藏任务栏;调整"开始"菜单的高度。

(6)在网上下载字体包安装自己所需的字体,删除不经常使用的字体。

(7)根据需要对鼠标进行双击速度、指针显示、指针移动速度以及可见性等设置。

(8)调整系统日期和时间为当前的日期和时间。

2.创建、整理、移交文件资料。

(1)在E盘根目录下新建一个名为"卡通.bmp"的位图文件,并使用附件中的"画图"程序绘制一个卡通人物。

(2)在E盘根目录下新建一个名为"古诗.txt"的文本文件,并使用附件中的"写字板"编辑一首自己喜欢的古诗。

(3)在E盘根目录下新建一个名为"练习"的文件夹。

(4)将"卡通.bmp"文件移动到"练习"文件夹中。

(5)将"古诗.txt"文件复制到"练习"文件夹中。

(6)设置"练习"文件夹中"古诗.txt"文件的属性为"隐藏"。

(7)设置"练习"文件夹中"卡通.bmp"文件的属性为"只读"和"存档"。

(8)在E盘根目录下新建一个名为"风景图片"的文件夹。

(9)在网上下载多张自己喜欢的风景图片,并保存在"风景图片"文件夹中。

(10)将"练习"和"风景图片"压缩成名为"文件资料"的压缩文件。

(11)将压缩文件"文件资料.rar"拷贝到你的U盘上。

(12)将U盘上的"文件资料.rar"文件移交给老师或同学。

(13)对"文件资料.rar"进行解压缩。

3.下载一款系统优化软件,如"Windows优化大师",并将其安装在你的电脑上。

4.卸载一个你不经常使用的应用程序。

5.使用"Windows优化大师"软件对系统进行检测、优化、清理和维护。

6.为自己创建一个管理员账户,并为该账户设置密码。

7.请查询相关资料,为你的电脑设置开机密码。

注:电脑在启动时,首先要进行CMOS自检,然后才会进入操作系统。如果在CMOS中设置了密码,则用户必须输入CMOS密码才能够继续启动电脑,否则无法登录到系统中。

项目三
Word 2013 文稿编辑软件

学习目标

1. 掌握 Word 文稿的输入方法
2. 掌握文档格式化运用
3. 掌握如何在文档中插入元素
4. 掌握长文档编辑

任务一　　Word 2013 概述

Word 2013 是 Office 办公软件的组件之一，是用于创建和编辑各类型的文档的应用软件，它适合家庭、文教、桌面办公和各种专业文稿排版领域进行公文、报告、信函、文学作品等文字处理。

Word 2013 有一个可视化，也是"所见即所得"用户图形界面，能够方便、快捷地输入和编辑文字、图形、表格、公式和流程图。本项目将介绍文本和各种插入元素的输入、编辑和格式化操作，快捷生成各种实用的文档。

Word 2013 适合在计算机上进行文稿的输入、编辑和格式处理。文稿一般有三种形式：文件和信函、告示和报告、长文档（如说明书、写作书稿）。在文稿中还需要插入如图片、表格等增加文稿说明信息的数据。文稿编辑后，还要进行文稿格式化处理，因为文稿必须按照行业或社会要求的通用格式向外传送。

Word 2013 使用面向结果的全新用户界面，让用户可以轻松找到并使用功能强大的各种命令按钮，快速实现文本的录入、编辑、格式化、图文混排、长文档编辑等。要想用好 Word 2013，首先必须很好地了解和掌握 Word 2013 窗口界面中各选项卡和功能区的命令按钮的使用。

一、Word 2013 的窗口组成

启动 Word 2013 后，屏幕上会打开一个 Word 的窗口，它是与用户进行交互的界面，是用户进行文字编辑的工作环境。窗口的主要组成如图 3－1 所示。

Word 2013 的窗口摒弃菜单类型的界面，采用"面向结果"的用户界面，可以在面向任务的选项卡上找到操作按钮。Word 2013 的窗口主要由快速访问工具栏、标题栏、选项卡、功能区、状态栏、编辑区、视图按钮、缩放标尺、标尺按钮及任务窗格。

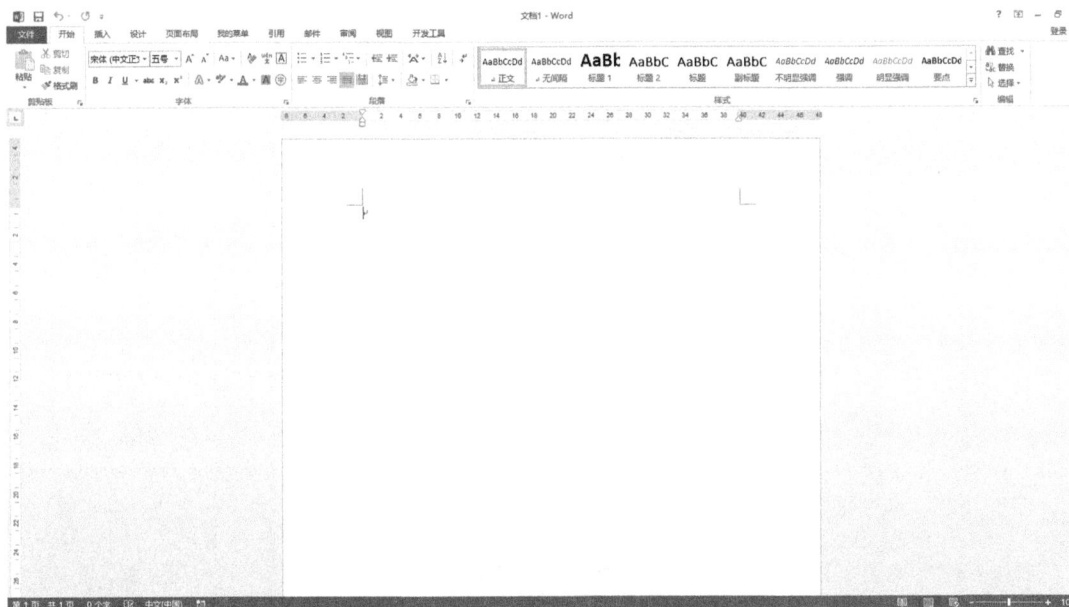

图 3 - 1　Word 2013 的窗口

(一)选项卡

在 Word 2013 窗口上方是选项卡栏,选项卡类似 Windows 的菜单,但是单击某个选项卡时,并不会打开这个选项卡的下拉菜单,而是切换到与之相对应的功能区面板。选项卡分为主选项卡、工具选项卡。默认情况下,Word 2013 界面提供的是主选项卡,从左到右依次为"文件""开始""插入""设计""页面布局""引用""邮件""审阅"视图,如图 3 - 2 所示。当文稿中图表、SmartArt、形状(绘图)、文本框、图片、表格和艺术字等元素被选中操作时,在选项卡栏的右侧都会出现相应的工具选项卡。如插入"表格"后,就能在选项卡栏右侧出现"表格工具"工具选项卡,表格工具下面有两个工具选项卡:设计和布局。

图 3 - 2　"开始"功能区

(二)功能区

每选择一个选项卡,会打开对应的功能区面板,每个功能区根据功能的不同又分为若干个功能组。鼠标指向功能区的图标按钮时,系统会自动在光标下方显示相应按钮的名字和操作,单击各个命令按钮组右下角的 按钮(如果有的话)可打开下设的对话框或任务窗格,图3-3所示为单击字体组右下端的 按钮弹出的"字体"对话框。

单击 Word 窗口选项卡栏右方的 按钮,可将功能区最小化,这时 按钮变成 按钮,再次单击该按钮可复原功能区。

下面以 Word 2013 提供的默认选项卡的功能区为例进行说明。

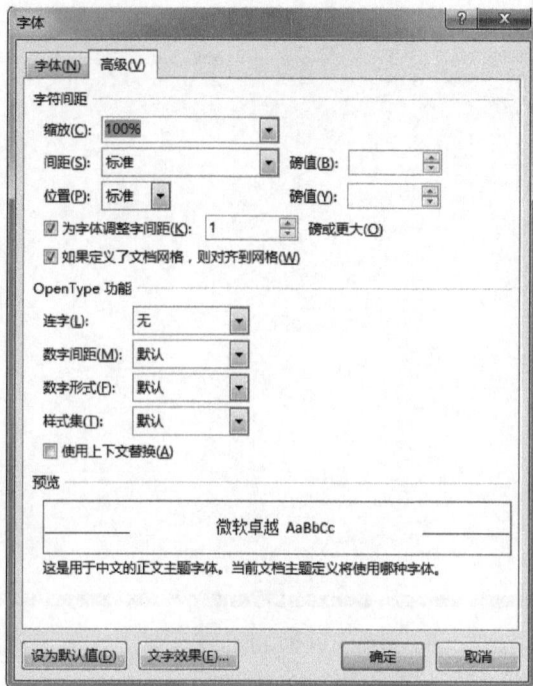

图 3-3 "字体"对话框

"开始"功能区:从左到右依次包括"剪贴板""字体""段落""样式""编辑"五个组。该功能区主要用于帮助用户对 Word 2013 文档进行文字编辑和格式设置,是用户最常用的功能区,如图3-2所示。

"插入"功能区:包括"页面""表格""插图""应用程序""链接""页眉和页脚""文本""符号"等几个组,主要用于在 Word 2013 文档中插入各种元素。

"设计"功能区:包括"主题""文档格式""颜色""字体""段落间距""效果""页面背景"等几个组,主要用于对 Word 2013 文档格式、字体、背景等进行设置。

"页面布局"功能区:包括"页面设置""稿纸""段落""排列"等几个组,用于帮助用户设置Word 2013 文档页面样式。

"引用"功能区:包括"目录""脚注""引文与书目""题注""索引""引文目录"等几个组,用于实现在 Word 2013 文档中插入目录等比较高级的功能。

"邮件"功能区:包括"创建""开始邮件合并""编写和插入域""预览结果""完成"等几个组,该功能区的作用比较专一,专门用于在 Word 2013 文档中进行邮件合并方面的操作。

"审阅"功能区:包括"校对""语言""中文简繁转换""批注""修订""更改""比较""保护"等几个组,主要用于对 Word 2013 文档进行校对和修订等操作,适用于多人协作处理 Word 2013 长文档。

"视图"功能区:包括"文档视图""显示""显示比例""窗口""宏"等几个组,主要用于帮助用户设置 Word 2013 操作窗口的视图类型。

注意:Word 提供的工具选项卡的查看可通过下列操作步骤完成。

①单击功能区右端空白处,在弹出的快捷菜单中选择"自定义功能区"命令。

②弹出"Word 选项"对话框,在左边的"从下列位置选择命令"列表框中选择"工具选项卡",即可出现如图 3-4 所示的工具选项卡列表。

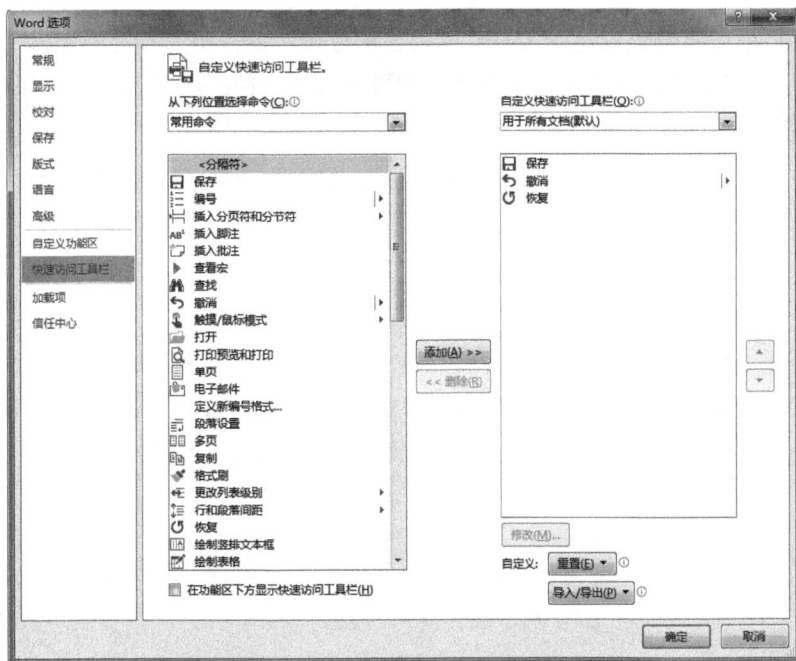

图 3-4　"Word 选项"对话框

从该列表可看到,文本框、绘图、艺术字、图示、组织结构图、图片等工具所带的"格式"选项卡命令是兼容模式的。

(三)快速访问工具栏

快速访问工具栏可实现常用操作工具的快速选择和操作,如"保存""撤销""恢复""打印预览"等。单击该工具栏右端的 ▼ 按钮,在弹出的下拉列表中选择一个左边复选框未选中的命令,如图 3-5所示,可以在快速访问工具栏右端增加该命令按钮;要删除快速访问工具栏的某个按钮,只需要右击该按钮,如图 3-6 所示,在弹出来的快捷菜单中选择"从快速访问工具栏删除"命令即可。

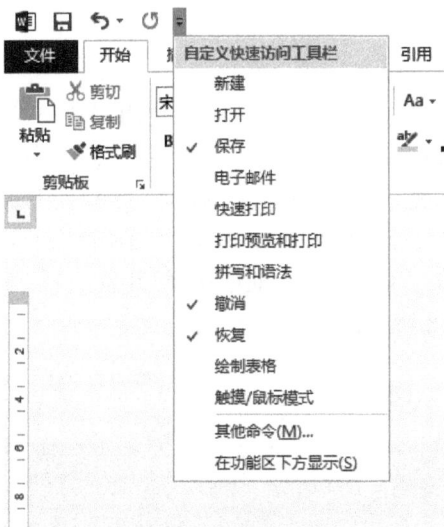

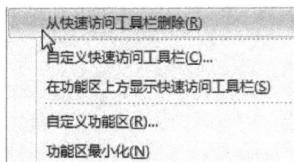

图 3-5　"自定义快速访问工具栏"下拉列表　　　　图 3-6　删除快速访问工具栏按钮

用户可以根据需要设置快速访问工具栏的显示位置。单击该工具栏右端的 按钮,在弹出的下拉列表中选择"在功能区下方显示"命令,即可将快速访问工具栏移动至功能区下方。

(四)状态栏

状态栏提供有文档的页码、字数统计、语言、修订、改写和插入、录制(添加了"开发工具"选项卡后才显示)、视图快捷方式、显示比例和缩放滑块等辅助功能。以上功能可以通过在状态栏上单击相应文字来激活或取消。

1.页面

页面显示当前光标位于文档第几页及文档的总页数。单击状态栏最左端的页面,可打开"查找和替换"对话框的"定位"选项卡,可以快速地跳转到某页、某行、脚注、图形等目标,如图 3-7 所示。

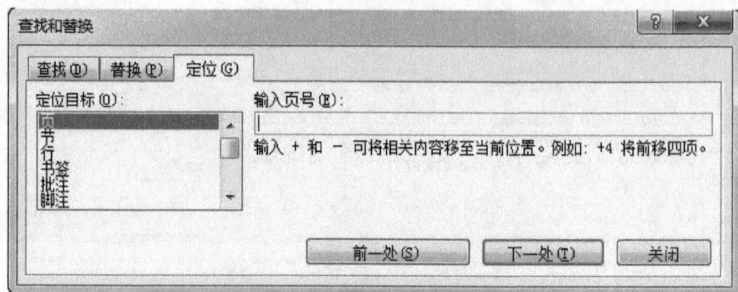

图 3-7 "查找和替换"对话框

2.修订

Word 具有自动标记修订过的文本内容的功能。也就是说,可以将文档中插入的文本、删除的文本、修改过的文本以特殊的颜色显示或加上一些特殊标记,便于以后再对修订过的内容进行审阅。

3.改写和插入

改写指输入的文本会覆盖当前插入点光标"|"所在位置的文本;插入是指将输入的文本添加到插入点所在位置,插入点后面的文本将顺次往后移。Word 默认的编辑方式是插入。键盘上的"Insert"键可转换插入与改写状态。

4.宏录制

创建一个宏,相当于批处理。如果要在 Word 中反复执行某项任务,可以使用宏自动执行该任务。宏是一系列 Word 命令和指令,这些命令和指令组合在一起,形成了一个单独的命令,以实现任务执行的自动化。要使用录制功能,必须先添加"开发工具"选项卡。具体操作步骤如下所述:

(1)在 Word 2013 功能区空白处右击,在弹出的快捷菜单中选择"自定义功能区"命令。

(2)在弹出的"Word 选项"对话框右端的"自定义功能区"列表框中选择"开发工具"复选框,此时"开发工具"选项卡出现在功能区右端,如图 3-8 所示。

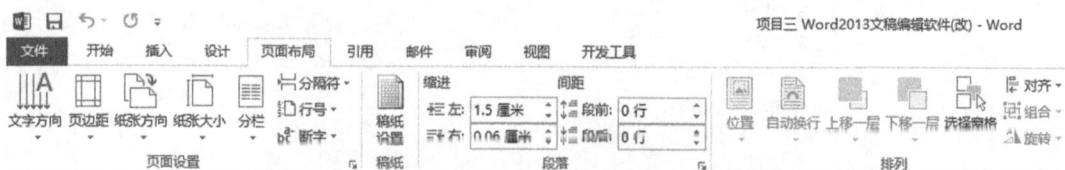

图 3-8 "开发工具"选项卡

5.任务窗格

Word 2013 窗口文档编辑区的左侧或右侧会在"适当"的时间被打开相应的任务窗格,在任务窗格中为读者提供所需要的常用工具或信息,帮助读者快速顺利地完成操作。编辑区左侧的任务窗格有审阅窗格、导航窗格和剪贴板窗格,编辑区右侧的任务窗格有剪贴画、样式、邮件合并和信息检索(信息检索、同义词库、翻译和英语助手)。

文档编辑区的左端是导航窗格,导航窗格的上方是搜索框,用于搜索当前打开文档中的内容。在下方的列表框中通过单击 ⬚ 和 ⬚ 按钮,可以分别浏览文档、文档中的标题、文档中的页面和当前搜索结果 ⬚,在该窗格中可以通过标题样式快速定位到文档中的相应位置、浏览文档缩略图,也可通过关键字搜索定位,下面分别介绍。

如果导航窗格没打开,单击"视图"选项卡的"显示"组中的 ☑ 导航窗格 按钮即可打开导航窗格。以下三种定位方式能保证导航窗格已打开。

(1)通过标题样式定位文档。如果文档中的标题应用了样式,应用了样式的标题将显示在导航窗格中,用户可通过标题样式快速定位到标题所在的位置。打开某个标题应用了样式的文档,在导航窗格的 ⬚ 选项卡下,可以看到应用了样式的标题,单击需要定位的标题,可立即定位到所选标题位置。

(2)查看文档缩略图。单击"浏览您的文档中的页面"图标 ⬚,可以看到文档的各页面缩略图。

(3)搜索关键字定位文档。如果用户需要查看与某个主题相关的内容,可在导航窗格中通过搜索关键字来定位文档。例如,在导航窗格文本框中输入关键字"排版",所搜索的关键字立即在文档中突出显示;单击"浏览您当前搜索的结果"图标 ⬚,其中显示了文档中包含关键字的标题;单击需要查看的标题,即可定位到文档相应位置,如图 3-9 所示。

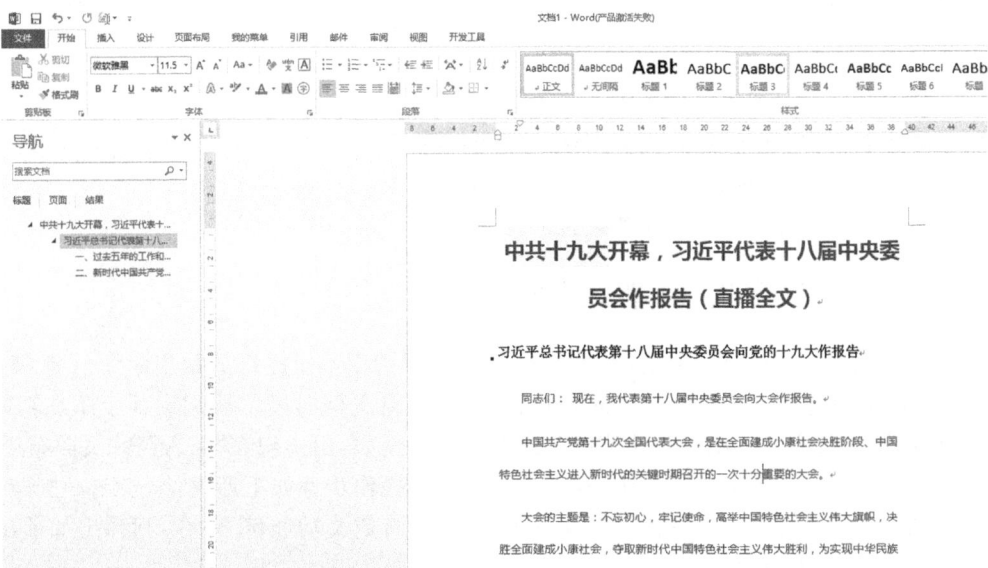

图 3-9 搜索关键字定位文档

6.文稿视图方式

Word 2013 提供了页面、阅读版式、Web 版式、大纲和草稿 5 个视图方式。各个视图之间的切换可简单地通过单击状态栏右方的视图按钮来实现。

"页面视图":用于显示整个页面的分布状况和整个文档在每一页上的位置,包括文件图形、表格图文框、页眉、页脚、页码等,并对它们进行编辑,具有"所见即所得"的显示效果,与打印效果完全相同,可以预先看见整个文档以什么样的形式输出在打印纸上,可以处理图文框、分栏的位置并且可以对文本、格式及版面进行最后的修改,适合用于排版。

"阅读版式视图":分为左/右两个窗口显示,适合阅读文章。

"Web 版式视图":在该视图中,Word 能优化 Web 页面,使其外观与在 Web 或 Internet 上发布时的外观一致,可以看到背景、自选图形和其他在 Web 文档及屏幕上查看文档时常用的效果,适合网上发布。

"大纲视图":用于显示文档的框架,可以用它来组织文档,并观察文档的结构,也为在文档中进行大规模移动生成目录和其他列表提供了一个方便的途径,同时显示大纲工具栏,可给用户调整文档的结构提供方便,如移动标题与文本的位置,提升或降低标题的级别等。

"草稿视图":用于快速输入文件、图形及表格并进行简单的排放,这种视图方式可以看到版式的大部分(包括图形),但不能显示页眉、页脚、页码,也不能编辑这些内容,也不能显示图文的内容以及分栏的效果等,当输入的内容多于一页时系统自动加虚线表示分页线,适合录入。

7.缩放标尺

缩放标尺又称缩放滑块,单击缩放滑块左端的缩放比例按钮,会弹出"显示比例"对话框,可以对文档进行显示比例的设置,如图 3-10 所示。当然,用户也可以直接拖动缩放滑块来进行显示比例的调整。

8.快捷菜单

右击选中文稿或右键激活插入元素,都会在点击处出现快捷菜单,该菜单有上下两个框面,上面是选中对象的属性,下面是该对象的快捷菜单。使用快捷菜单能快速对该对象进行各种操作或设置。

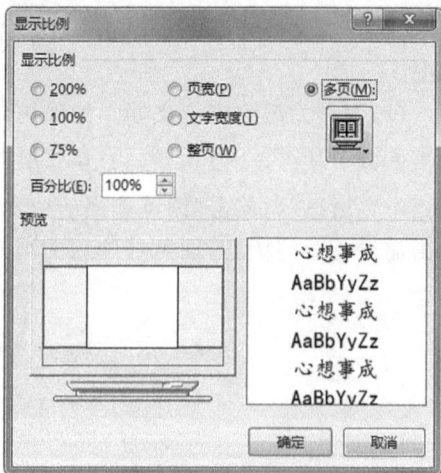

图 3-10 "显示比例"对话框

二、Word 2013 自定义"功能区"设置

如前图 3-4 所示,在"Word 选项"对话框里可查看到 Word 提供的常用命令只有 59 个,而不在功能区的命令却有 700 多个。如果用户在录入、编辑文档时经常要用到某个不在功能区里的命令,可以增加相应的选项卡和功能组及命令按钮。例如,用户想在"插入"和"页面布局"选项卡之间添加一个用户自定义的选项卡"我的菜单",具体操作步骤如下所述:

(1)右击功能区空白处,在弹出的快捷菜单中选择"自定义功能区"命令,则弹出如前图 3-4 所示的"Word 选项"对话框。

(2)在"Word 选项"对话框中,注意在右端的"自定义功能区"选择"主选项卡"选项,并且在下方的列表里选中要插入新选项卡的"插入"选项卡,单击列表外部下方的"新建选项卡"按钮,可在"插入"选项卡之后增加一个名为"新建选项卡"选项卡,如图 3-11 所示。通过"新建选项卡"

命令按钮旁边的"重命名"及"新建组"定制自己的选项卡和相应功能分组,如图 3-12 所示。本例的选项卡名为"我的菜单",包含两个组"图片""打印"。

<table>
<tr><td>图 3-11　新建选项卡</td><td>图 3-12　自定义的选项卡</td></tr>
</table>

　　(3)为新建的选项卡及功能组添加命令按钮,在左端的"从下列位置选择命令"列表选定一个命令按钮所在的集合,如"工具选项卡",如果选择"所有命令",会将 Word 所提供的全部命令在下面列表罗列出来。图 3-13 所示为图片组定制了"图片边框""粗细""组合""其他布局选项"等4 个命令按钮。

　　(4)类似(3)的操作步骤,为"打印"组添加"打印预览和打印"命令按钮(在常用命令可找到)、"页面设置"命令按钮(在"页面布局"选项卡可找到),最后在"Word 选项"对话框单击"确定"按钮,可以看到最后的选项卡外观如图 3-14 所示。

　　(5)如果想将某个已显示的选项卡取消显示,如要取消图 3-14 所示"我的菜单"选项卡,步骤如下:

　　①右击功能区空白处,选择"自定义功能区"命令,弹出如前图 3-4 所示的"Word 选项"对话框。

　　②取消在右端的"主选项卡"列表里列出的"我的菜单"选项卡前面的复选框。

　　③单击"确定"按钮。这时可看到系统相应的选项卡标签已经取消。这种方法取消后通过再次选中复选框可以重新显示相应选项卡。如果步骤②里选择相应选项卡后,单击"Word 选项"对话框中间的"删除"按钮,则是真正意义的删除。

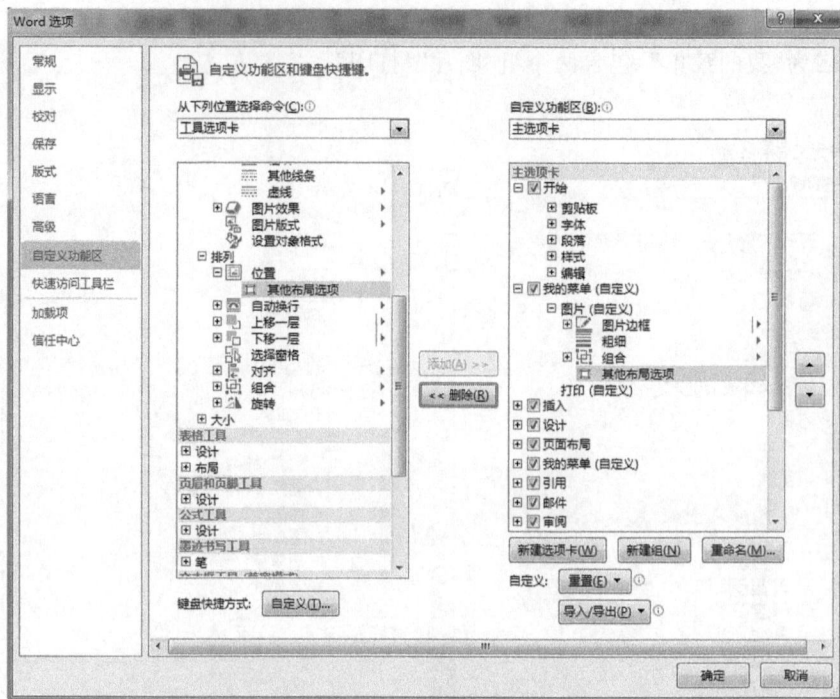

图 3-13 定义"图片"功能组命令按钮

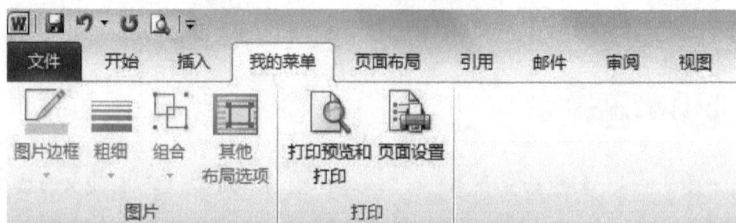

图 3-14 用户添加的"我的菜单"选项卡

二、Word 2013 文件保存与安全设置

(一)保存新建文档

要保存新建的文档,可通过选择"文件"→"保存"命令;或者直接单击快速访问工具栏的 ![按钮] 按钮;或者直接使用"Ctrl+S"组合键。如果是第一次保存,会弹出"另存为"对话框,如图 3-15 所示。在"另存为"对话框,选择好保存位置,输入文件名,并注意在"保存类型"下拉列表框中选择好类型,最后单击"保存"按钮。

默认情况下,Word 2013 文档类型为"Word 文档",后缀名是".docx";系统还可以提供用户选择 Word 2013 以前的版本,如 Word 97 至 Word 2003,即 2013 版本是向下兼容以往版本的;用户从保存类型下拉列表可看到系统提供的存储类型是相当多的,有 PDF、XPS、RTF、纯文本、网页等。

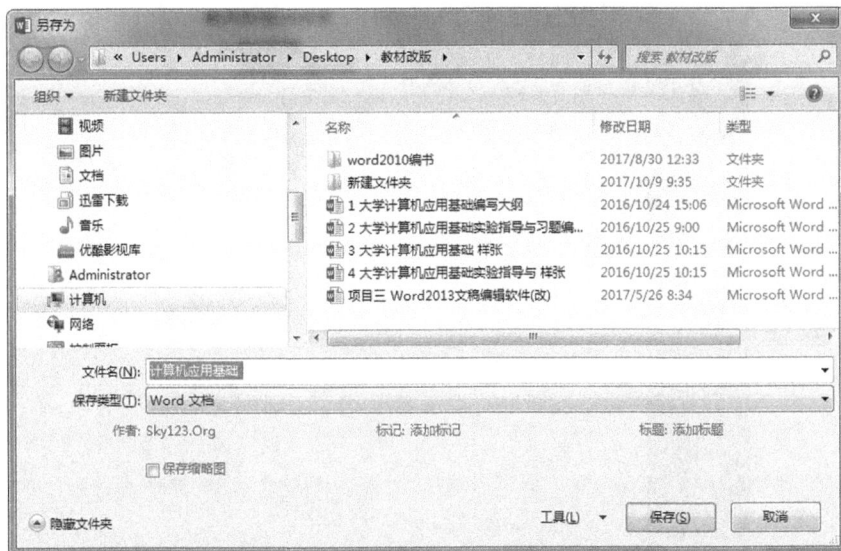

图 3 - 15 "另存为"对话框及"保存类型"列表

(二)保存已有文档

第一次保存后文档就有了名称。如果之后对文档进行了修改，再保存时通过选择"文件"→"保存"命令；或者直接单击快速访问工具栏的 🖫 按钮；或者直接采用快捷键"Ctrl＋S"3 种方法都可以进行保存，但系统不再弹出"另存为"对话框，只是用当前文档覆盖原有文档，实现文档更新。

如果用户保存时不想覆盖修改前的内容，可利用"另存为"命令保存，通过选择"文件"→"另存为"命令，在图 3 - 15 所示的"另存为"对话框输入新的保存位置、文件名、文件类型，最后单击"保存"按钮即可。

(三)"文件"选项卡中的"共享"选项

Word 2013 新增加了一个"共享"选项，选择"文件"→"共享"命令，会打开如图 3 - 16 所示的窗口。Word 2013 可提供"邀请他人""电子邮件""联机演示""发布至博客"等 4 种方式；文件类型里还提供了"创建 PDF/XPS 文档"。如果希望保存的文件不被他人修改，并且希望能够轻松共享和打印这些文件，使得文件在大多数计算机上看起来均相同、具有较小的文件大小并且遵循行业格式，可以将文件转换为 PDF 或 XPS 格式，而无需其他软件或加载项，选择"共享"→"电子邮件"→"以 PDF 形式发送"命令，如图 3 - 16 所示。例如：简历、法律文档、新闻稿、仅用于阅读和打印的文件以及用于专业打印的文档。

注意：将文档另存为 PDF 或 XPS 文件后，无法将其转换回 Microsoft office 文件格式，除非使用专业软件或第三方加载项。

Word 2013 提供将文件作为附件发送，选择"文件"→"保存并发送"命令，选择"使用电子邮件发送"，然后选择下列 4 选项之一 。

"作为附件发送"：打开电子邮件，附加了采用原文件格式的文件副本。

"以 PDF 形式发送"：打开电子邮件，其中附加了".pdf"格式的文件副本。

"以 XPS 形式发送"：打开电子邮件，其中附加了".xps"格式的文件副本。

"以 Internet 传真形式发送"。

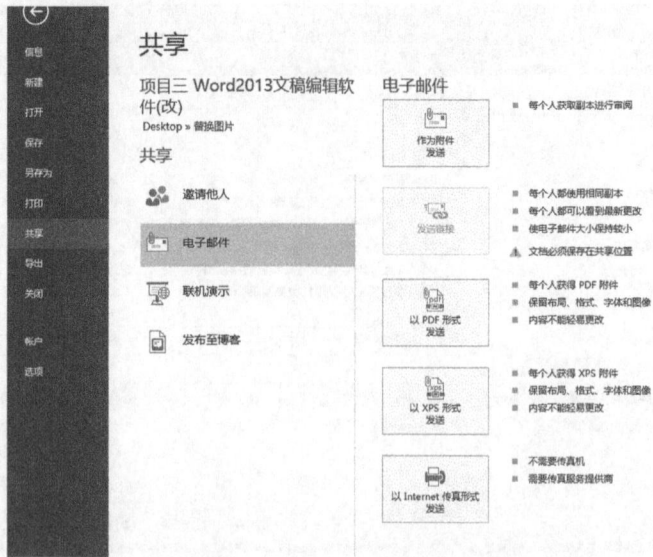

图 3-16 "以 PDF 形式发送"选项窗口

Word 2013 提供将文件作为电子邮件正文发送的功能,首先需要将"发送至邮件收件人"命令添加到快速访问工具栏。打开要发送的文件,在快速访问工具栏中,单击"发送至邮件收件人",输入一个或多个收件人,根据需要编辑主题行和邮件正文,然后单击"发送"按钮。

(四)两种加密文档的方法

1.使用"保护文档"按钮加密

"保护文档"按钮提供了 5 种加密方式,各种方式加密后的文档权限在图 3-17 都能看到详细描述,这里以最常用到的"用密码进行加密"方式对文档进行加密。

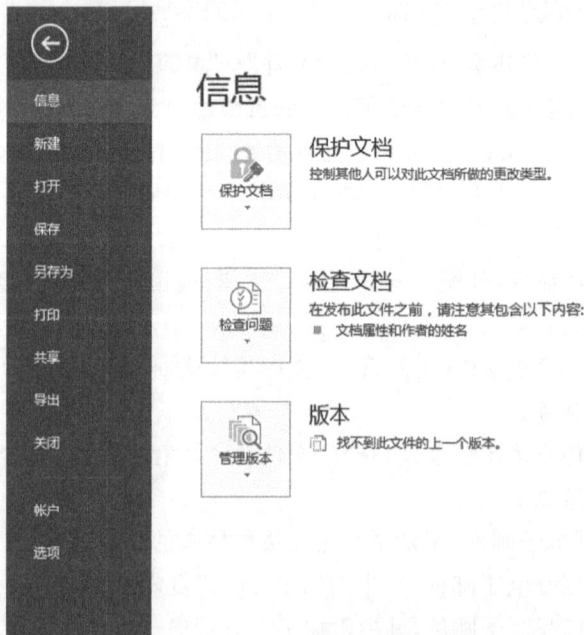

图 3-17 "保护文档"按钮

(1)选择"文件"→"信息"命令,单击"保护文档"按钮,弹出下拉列表如图3-17所示。

(2)选择"用密码进行加密"选项,弹出如图3-18(a)所示"加密文档"对话框,输入密码,单击"确定"按钮。

(3)弹出图3-18(b)"确认密码"对话框窗口,再次输入密码,单击"确定"按钮。如果确认密码与第一次输入的不同,系统会弹出"确认密码与原密码不同"的信息提示框,单击"确定",可重返"确认密码"对话框,重新输入密码。设置好后,"保护文档"按钮右侧的"权限"两字由原来的黑色变成了红色。要打开设置了密码的文档,用户必须在系统弹出的"密码"对话框中输入正确的密码,否则系统会提示密码错误,无法打开文档。

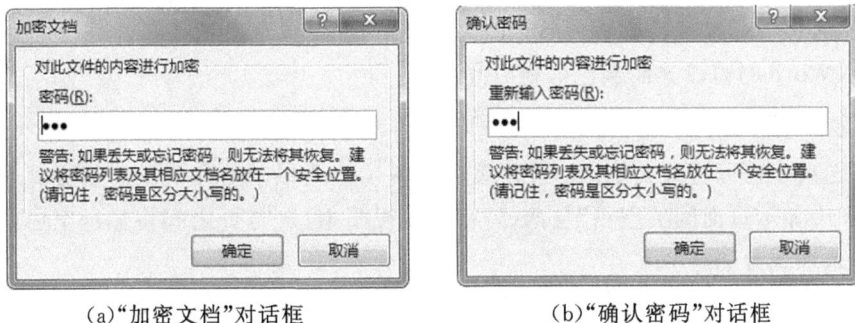

(a)"加密文档"对话框　　　　(b)"确认密码"对话框

图3-18　文档加密

2.使用"信息"对话框加密

选择"文件"→"信息"命令,会弹出"信息"对话框,在对话框下方单击"保护文档"→"用密码进行加密"按钮,弹出对话框,在该对话框可以设置打开文件时的密码和修改文件时的密码,如图3-19所示。

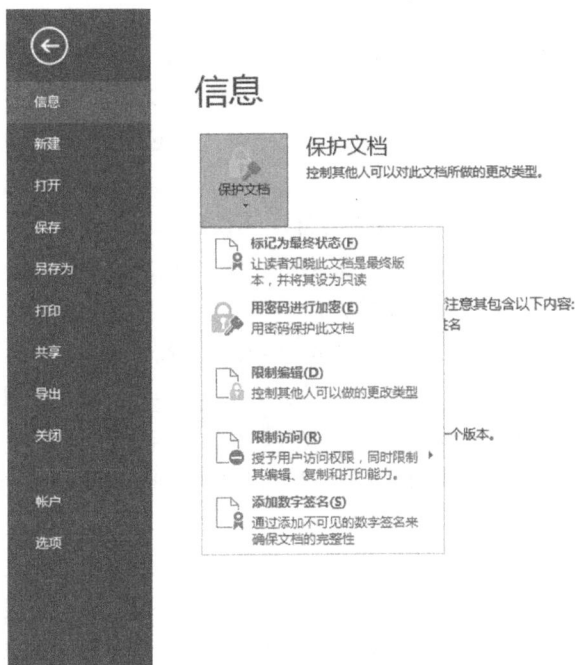

图3-19　"信息"对话框

三、Word 2013"选项"设置

Word 2013"选项"设置有 7 个选项卡,可以对 Word 2013 的各种运行功能作预先的设置,使 Word 在使用中效率更高,用户使用时更方便安全、更有个性。

Word 2013"选项"设置可以选择"文件"→"选项"命令,共有 7 个选项,分别是"常规""显示" "校对""保存""版式""语言""高级"。

(一)"常规"选项卡

"常规"选项卡提供用户在使用时的一些常规选项。例如,选中"选择时显示浮动工具栏"复 选框,工具栏将以浮动形式出现。"配色方案"列表框有"银色""蓝色""黑色"三种选择,用户选择 不同的颜色,Word 的窗口界面颜色会相应改变。

(二)"显示"选项卡

"显示"选项卡可以更改文档内容在屏幕上的显示方式以及打印时的显示方式。例如,选中 "在页面视图中显示页面间的空白"复选框,在页面视图中,页与页之间将显示空白;反之页与页 之间只有一条细线分隔。

选中"悬停时显示文档工具提示"复选框,当鼠标光标悬停时会有文档工具提示信息出现。 选中"始终在屏幕显示这些格式标记"下的任意一个复选框,将在文档的查看过程中看到相应的 格式标记,如选中"制表符"复选框,文档在屏幕将显示所有的制表符符号。

选中"隐藏文字"复选框,在字体对话框设置过"隐藏"格式的文字将以带下画虚线的特定格 式显示,否则该文字将在各视图中都不可见。

在"显示"选项卡下方有 6 个关于打印选项的复选框设置,可以设置好几种打印显示方式,用 户可自行选中并查看打印显示方式。

(三)"校对"选项卡

"校对"选项卡用于 Word 更正文字和设置其格式的方式。

自动更正选项列表框里,系统预设了不少自动更正功能,让用户可以输入简单的字符去代替 复杂的符号,或者是将用户容易出现的一些拼写错误自动更正过来,如录入"aboutt"自动更正为 "about",如图 3 - 20 所示。

这时候在文档编辑区输入"aboutt",系统会自动替换成"about"。这种自动更正功能可以提 高用户录入一些比较复杂且录入频率又高的文本或符号的效率,也可以作为更正全篇文档多处 存在相同的某个错误录入字符或词组的简单方法。

在"校对"选项卡还能设置自动拼写与语法检查功能,使得用户在输入文本时,如果无意输入 了错误的或不正确的系统不可识别的单词,Word 会在该单词下用红色波浪线标记;如果是语法 错误,出现错误的文本会被绿色波浪线标记。具体设置步骤如下:

(1)在图 3 - 21 所示的"校对"选项卡上,将"键入时检查拼写""键入时标记语法错误""随拼 写检查语法"复选框选中。

(2)单击"确定"按钮。

(3)如图 3 - 21 所示,在"校对"选项卡窗口最下方的"例外项"下拉列表框中可选择要隐藏写 错误和语法错误的文档,在其下方选中"只隐藏此文档中的拼写错误"和"只隐藏此文档中的语法 错误"复选框,这时该文档有拼写和语法错误后,将不会显示标记错误的波浪线。

图 3-20　"自动更正"对话框

图 3-21　"Word 选项"对话框

(四)"保存"选项卡

"保存"选项卡用于自定义文档保存方式。该选项卡提供了保存文档的位置、类型、保存自动恢复时间间隔等设置选项。"将文件保存为此格式"下拉列表提供了文档的多种保存类型,默认情况下是"*.docx",还提供了 Word 较低版本的格式"*.doc"、文本格式、网页格式等,如图 3-22 所示。

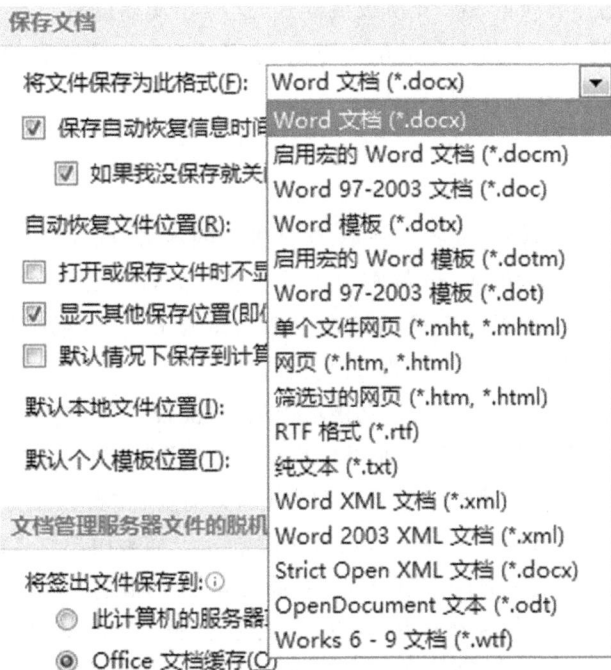

图 3-22　文档保存类型

(五)"版式"选项卡

"版式"选项卡用于中文换行设置。用户在该选项卡可自定义后置标点(如"!""、"等,这些标点符号不能作为文档中某一行的首字符)与前置标点(如"＄""("等,这些标点符号不能作为行的最后一个字符)。

"版式"选项卡用于在中文、标点符号和西文混合排版时,进行字距调整与字符间距的控制设置。

(六)"语言"选项卡

"语言"选项卡用于设置 Office 语言的首选项。

(七)"高级"选项卡

"高级"选项卡提高用户使用 Word 的工作效率,提供设置更具有个性化操作的高级选项。按设置的功能分成"编辑选项"(18 项)、"剪切、复制和粘贴"(9 项)、"图像大小和质量"(3 项)、"显示文档内容"(12 项)、"显示"(12 项)、"打印"(13 项)、"保存"(4 项)、"常规"(9 项)等。因篇幅关系,本节不再详述,请读者自行理解和设置。

任务二　Word 文稿输入

一篇 Word 文稿开始的工作是基础文字的输入,可以说是"起草"文书。因此,为了高效率、高质量地完成文稿的输入任务,必须掌握 Word 文稿快捷输入的各种方法。要快速完成文稿输入,掌握一种便捷的汉字输入法,有一手熟练的键盘手法是最为重要的。

Word 输入一般默认格式为 A4 纸型、纵向。但是,要学会根据不同的文件、信函和文稿,选择不同的页面设置,选择有效的 Word 模板或样式,这样在文稿的标准化、规范化上就不容易犯错误。还应掌握特殊符号和多级编号的输入方法,掌握 Word 一些特殊的快捷输入方式,如两个文件合并套打的"邮件合并"方式等。

一、页面设置

文档的页面设置就是指确定文档的外观,包括纸张的规格、纸张来源、文字在页面中的位置、版式等。文档最初的页面是按 Word 的默认方式设置的,Word 默认的页面模板是"Normal"。为了取得更好的打印效果,要根据文稿的最终用途选择纸张大小,纸张使用方向是纵向还是横向,每页行数和每行的字数等进行特定的页面设置。

用户可以选择"页面布局"选项卡,该功能区中的"页面设置"组提供"文字方向""页边距""纸张方向""纸张大小""分栏""分隔符""分页符""行号""断字"命令按钮,基本可以满足用户页面设置的常用要求,非常方便快捷。例如要设置纸型为 B5,只需要在"页面设置"组里单击"纸张大小"按钮,在弹出的下拉列表里选中"B5"即可,如图 3 - 23 所示。如果用户对页面设置有更进一步的要求,可以单击"页面设置"组右下方的按钮,打开"页面设置"对话框进一步设置。

"页面设置"对话框的 4 个选项卡为"页边距""纸张""版式"和"文档网格"。

要注意的是,每个选项卡要选择"应用于"的范围,如"整篇文档"还是"插入点之后"的设置应用范围。

(一)"纸张"设置

关于"纸张"的设置,用户更快捷的设置方式是直接单击"页面布局"选项卡的"页面设置"组的相应按钮进行设置,如图3-23所示。

"纸张"选项卡可选择纸张的大小,Word默认的纸张大小为A4(宽度为21cm,高度为29.7cm)。在"纸张"选项卡中,从"纸张大小"下拉列表框中选择需要的纸张型号,如图3-24所示。如果需要自定义纸张的宽度和高度,在"纸张大小"下拉列表框中选择"自定义大小"选项,然后再分别输入"宽度"和"高度"值。

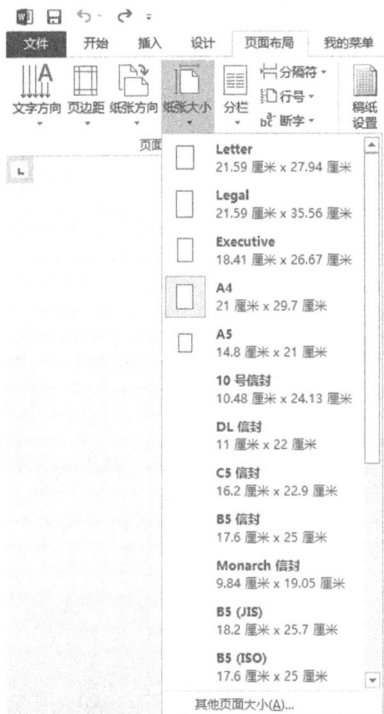

图3-23 "纸张大小"按钮

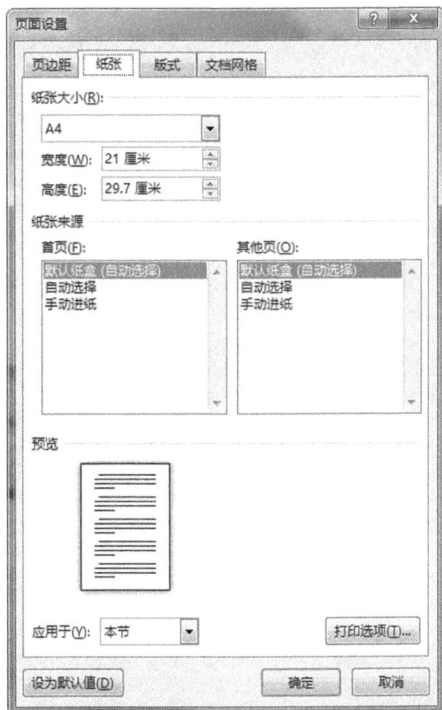

图3-24 "纸张"选项卡

(二)"文档网格"设置

"文档网格"选项卡可以设置每页的文字排列、每页的行数、每行的字符数等。"文档网格"设置的具体操作步骤如下所述:

(1)单击"页面布局"选项卡"页面设置"组的 行号 按钮。

(2)在弹出的下拉列表选择"行编号选项"。

(3)在弹出的"页面设置"对话框里选择"文档网络"选项卡,在这里进行相关选项的设置即可。如果选中"指定行和字符网格"单选按钮,可以在对话框下的"每行"和"每列"的下拉框中决定每页的行数和每行的字符数。

"文字排列"可以选择每页文字排列的方向。如图3-25所示,在"页面设置"对话框的"文档网络"选项卡有"水平"和"垂直"两个单选按钮可供选择。还可选择文档是否分栏以及分栏的栏数。

此外,也可通过"页面布局"选项卡"页面设置"组的"文字方向"按钮进行文字方向的设置,该按钮列表不仅提供了"水平"和"垂直"方向,还提供了旋转角度方向。

(三)"页边距"设置

"页边距"选项卡可以设置每页的页边距。页边距是指正文与纸张边缘的距离,包括上、下、左、右页边距。

"页面设置"对话框的"页边距"选项卡中还提供了两种页面方向"纵向"和"横向"的设置。如果设置为"横向",则屏幕显示的页面是横向显示,适合于编辑宽行的表格或文档,如图3-26所示。

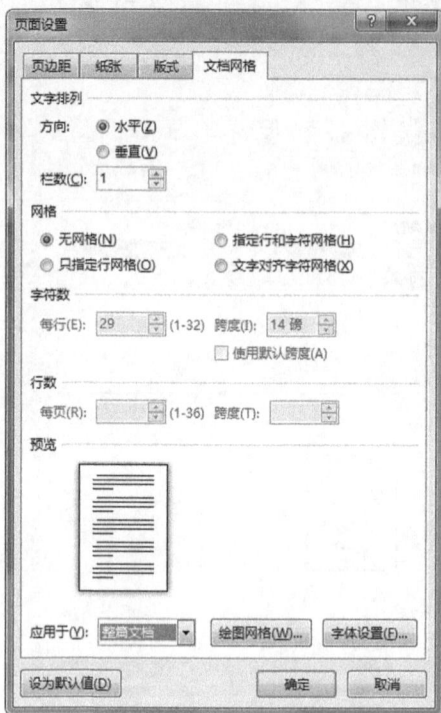

图3-25 "文档网格"选项卡

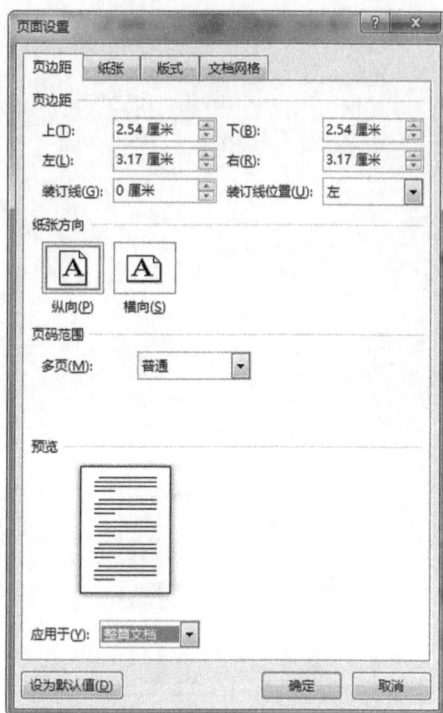

图3-26 "页边距"选项卡

(四)"版式"设置

"版式"选项卡用来设置节、页眉和页脚的位置。

(五)横向设置应用

如果在一个文档中要使某些页面设置成横向方式,可以通过插入"分节符",然后利用"页面设置"功能实现。如果要设置成如图3-27所示的版式,可按如下步骤操作:

(1)在需要设置横向页面格式之处插入分节符。单击"页面布局"选项卡"页面设置"组的"分隔符"按钮,弹出"分页符"下拉列表,然后选中"分节符"选项区域的"下一页"选项,如图3-28所示。

(2)单击"页面布局"选项卡"页面设置"组的"页边距"→"纸张方向"按钮,选择"横向"即可。

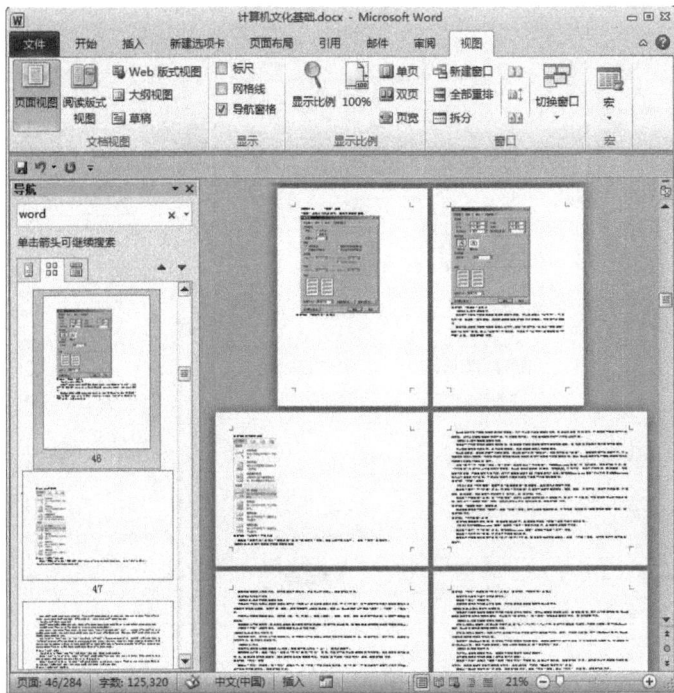

图 3-27　横向页面设置　　　　　　　图 3-28　"分隔符"下拉列表

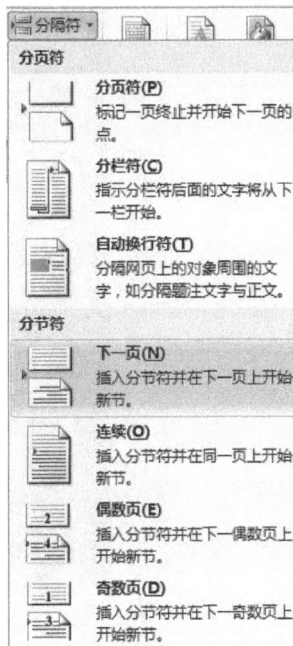

二、使用模板或样式建立文档格式

Word 提供了各种固定格式的写作文稿模板,用户可以使用这些模板的格式,快速地完成文稿的写作。样式是统一文档的一种格式方法,也可以新建或修改原有的样式。利用模板和样式,可使写作文稿时有一个标准化的环境。

(一)使用模板建立文档格式

模板是一种特殊的预先设置格式的文档,模板决定了文档的基本结构和文档格式设置。每个文档都是基于某个模板而建立的。可以根据文稿使用的目标,选用合适的模板,快速完成文档输入和编辑操作。Word 启动后,会自动新建一个空白文档,默认的文件名为"文档 1",格式的样式是"正文"。空文档就如一张白纸一样,可以在里面随意输入和编辑。很多格式化的文稿模板是文档交流过程中已形成了的固定的格式,因此 Word 提供了各种类型的模板和向导,辅助我们创建各种类型的文件。

选择"文件"→"新建"命令,在"新建"主选项里分"可用模板""Office. com 模板"两个列表框,如图 3-29 所示。在"可用模板"列表中列出了本机的所有模板,Word 2010 提供空白文档、博客文章、书法字帖、最近打开的模板、我的模板、根据现有内容新建、样本模板等 7 项内容,其中样本模板提供了 53 种模板供用户选择。在"Office. com 模板"列出了来自"office. com"的几十种模板供用户选择,使用前需要确定电脑是否已连上 Internet 网。下面分别在这两个模板列表框中选择一个模板创建文档。

图 3-29 "新建"选项卡

例 3-1 通过"可用模板"建立一份"黑领结简历"式的文档。具体操作步骤如下所述：

(1)选择"文件"→"新建"命令,可看到"可用模板"列表框中提供了空白文档、博客文章、书法字帖、最近打开的模板、样本模板、我的模板、根据现有内容新建等 7 项内容,如图 3-30 所示。

图 3-30 "可用模板"选项

(2)单击"样本模板"选项,在"样本模板"里罗列出系统提供的 53 个模板文件,每选中一个模板,可在窗口的右上方预览该模板。本例选中"黑领结简历"模板,立刻可在右上方预览到该模板,如图 3-31 所示。

(3)选择模板预览下方的"文档",单击"创建"按钮,即可出现已预设好背景、字符和段落格式的"黑领结简历模板"文档,如图 3-32 所示。

注意:在预览模板状态下,单击"主页"按钮可回到"新建"选项下进行重新选择。

图 3-31 "黑领结简历"模板预览

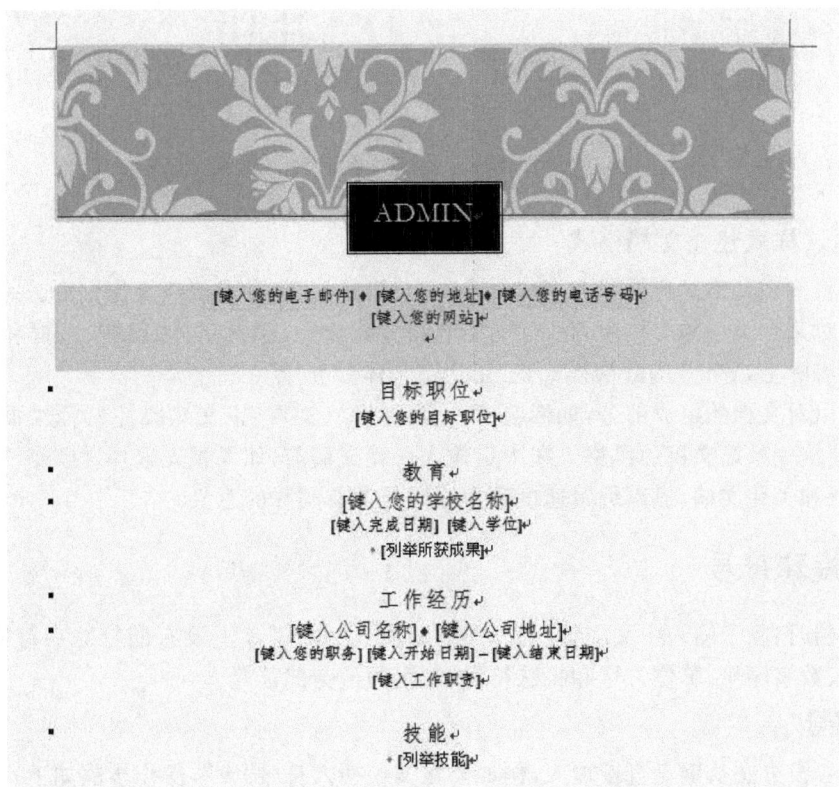

图 3-32 模板应用示例

例 3-2　利用"Office.com 模板"提供的"名片"模板制作名片,具体操作步骤如下所述:

(1)选择"文件"→"新建"命令,在"Office.com 模板"选项组中单击"名片"按钮。

(2)单击"用于打印"按钮,打开名片样式模板列表框。

(3)在名片样式模板列表框中选择"名片(横排)"样式,在窗口右侧即可预览效果,单击"下载"按钮,即可将名片样式下载到文档中。

(4)在对应位置输入相关内容,即可完成名片的制作,并且可以打印输出,如图 3-33 所示。

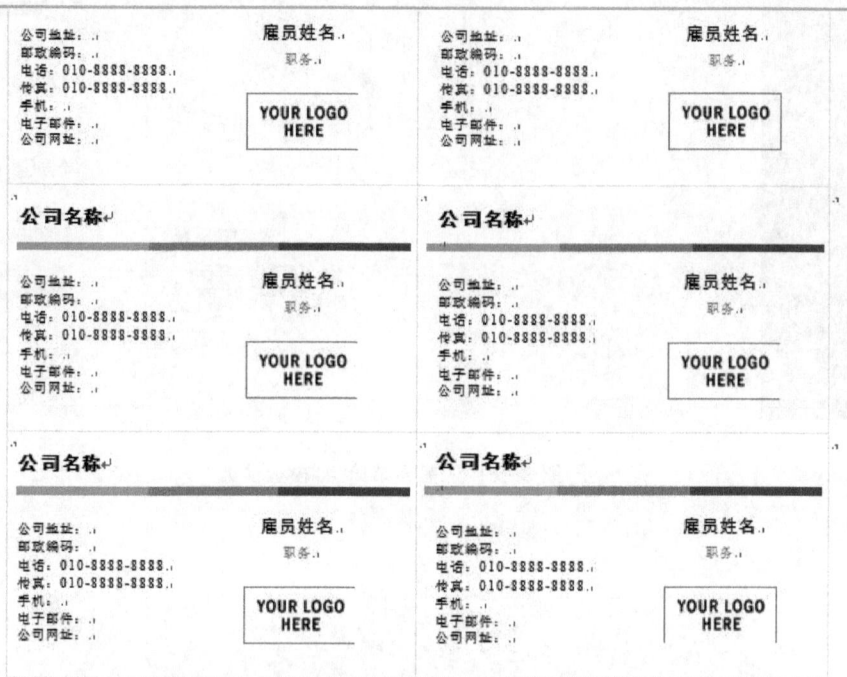

图 3-33　制作名片示例

(二)通过样式建立文档格式

样式是将一系列格式化设置方案整合成一个"格式化"命令的便捷操作方法。一个"样式"能一次性存储对某个类型的文档内容所做的所有格式化设置,包括字体、段落、边框和底纹等 7 组格式设置。实际上,Word 的默认样式是"正文""宋体""五号"字。

样式可以对文档的组成部分,如标题(章、节、标题)、文本(正文)、脚注、页眉、页脚提供统一的设置,以便统一整篇文稿的风格。在决定输入一篇文稿前,如果预先选择好整个文稿的样式的设置,对统一和美化文稿、提高编辑速度和编辑质量都有实际的意义。

三、输入特殊符号

建立文档时,除了输入中文或英文外,还需要输入一些键盘上没有的特殊字符或图形符号,如数字符号、数字序号、单位符号和特殊符号、汉字的偏旁部首等。

(一)符号

有些符号没办法从键盘直接输入,例如要在文中插入符号"★",操作步骤如下:

(1)确定插入点后,单击"插入"选项卡"符号"组的"符号"按钮,可显示一些可以快速添加的符号按钮,如果包含自己需要的符号,直接选择即可完成操作;如果没有找到自己想要的符号,可选择最下边的"其他符号"选项,如图 3-34 所示。

(2)弹出"符号"对话框,在"符号"选项卡下,在"字体"下拉列表选择字体,在"子集"下拉列表框中选择一个专用字符集,选中自己所需要的符号,如图 3-35 所示。

图 3-34 "符号"按钮

图 3-35 "符号"对话框的"符号"选项卡

(3)单击"插入"按钮,或者在步骤(2)直接双击需要的符号即可在插入点后插入符号。

注意:近期使用过的符号会按时间的先后顺序在用户单击"符号"按钮时出现,并且随时更新;另外,用户可以通过单击"符号"对话框中的"快捷键"按钮定义一些常用符号的快捷键,定义后只需要按定义即可快速输入相应符号。

(二)特殊符号

通常,文档中除了包含一些汉字和标点符号外,为了美化版面还会包含一些特殊符号,例如®TM、§等。具体操作步骤如下:

(1)确定插入点后,单击"插入"选项卡"符号"组的"符号"按钮,在弹出的下拉列表选择"其他符号"选项,如图 3-34 所示。

(2)在弹出的"符号"对话框里,单击"特殊字符"选项卡,如图 3-36 所示。

图 3-36 "特殊字符"选项卡

（3）在字符列表框中选中所需要的符号。

（4）单击"插入"按钮即可。

（5）系统为某些特殊符号定义了快捷键,用户直接按这些快捷键就可插入该符号。

四、输入项目符号和编号

在描述并列或有层次性的文档时需要用到项目符号和编号,它可以使文档的层次分明,更有条理性,便于人们阅读和理解。Word 2013 提供了项目符号和编号功能,可以使用"项目符号"和"编号"按钮去设置项目符号、编号和多级符号。

（一）自动创建项目符号和编号

方法 1:在输入文本前,先输入数字或字母,如"1""（一）""a)"等,后跟一个空格或制表符,然后输入文本。按下"Enter"键时,Word 自动将该段转换为编号列表。

方法 2:在输入文本前,先输入一个星号或一个连字符后跟一个空格或一个制表符,然后输入文本。按下"Enter"键时,Word 自动将该段转换为项目符号列表。

每次按下"Enter"键后,都能得到一个新的项目符号或编号。如果到达某一行后不需要该行带有项目符号或编号,可连续按两次"Enter"键,或选中该段落右击,在弹出的快捷菜单选择"项目符号"命令。

（二）添加项目符号

用户可以选择添加项目符号,在文档中添加项目符号的步骤如下:选中要添加项目符号的文本（通常是若干个段落）。

（1）单击"开始"选项卡"段落"组的"项目符号"下拉按钮,会弹出下拉列表,如图 3-37 所示,该列表列出了最近使用过的项目符号,如果这里没有自己需要的项目符号,选择该列表下方的"定义新项目符号"命令。

（2）弹出"定义新项目符号"对话框,如图3-38所示,单击"符号"按钮,弹出"符号"对话框,如图3-39所示。

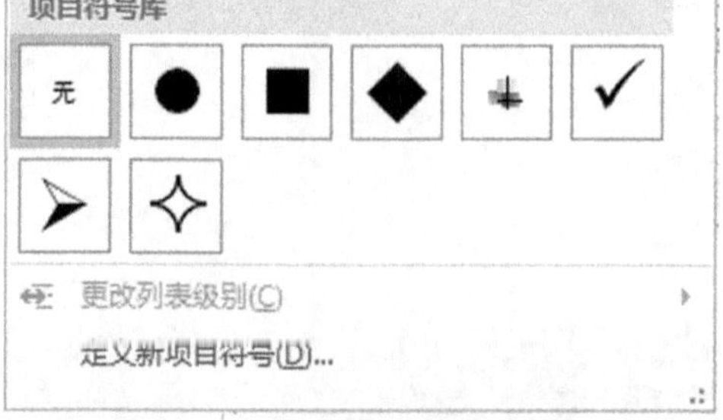

图 3-37 "项目符号"下拉列表

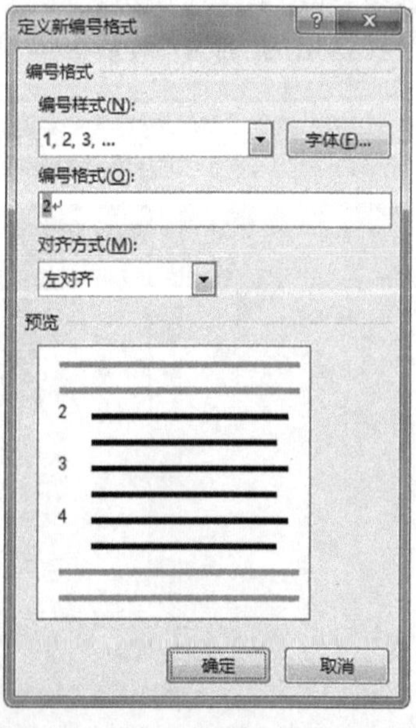

图 3-38 "定义新项目符号"对话框

（3）在"符号"对话框选择好某个字体集合，如"Windings"，这里选择一个时钟符号 作为项目符号。

（4）单击"确定"按钮，返回到"定义新项目符号"对话框，此时预览框中的项目符号是步骤（3）所选择的时钟符号。

（5）单击"确定"按钮，在选中的每个文档段落前将会插入 项目符号，如图3-40所示。

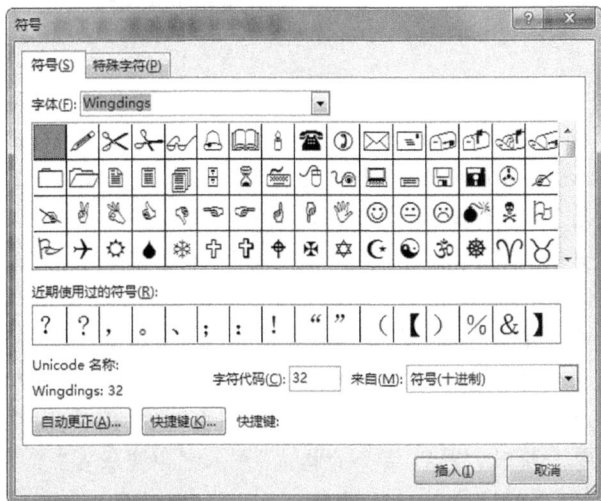

图3-39 "符号"对话框

图3-40 添加项目符号示例

（三）更改项目符号

项目符号设置后还可以进行更改，例如，将上例图3-40的项目符号改为笑脸，具体步骤如下所述：

（1）选中要更改项目符号的段落。

（2）重复上面添加项目符号步骤（2）～（5），但注意在步骤（4）里必须选取新的项目符号为笑脸。

（3）注意：在步骤（2）里，如图3-38所示，单击"图片"按钮，可以在弹出的"图片项目"对话框中选择Office提供的图标作为项目符号，也可单击"导入"按钮，导入本地磁盘中的图片作为项目符号。另外，用户还可利用快捷菜单打开"项目符号"下拉列表，只需要在选中文本处后右击即可。

（四）添加编号

编号是按照大小顺序为文档中的行或段落添加编号。添加编号与添加项目符号的操作很类似，这里不再赘述，只是用户要特别注意编号的格式。可以单击"段落"组的"编号"右侧下拉按钮弹出下拉列表，选择"定义新编号格式"命令，在"定义新编号格式"对话框里进行指定格式和对齐方式的设置，如图3-41所示。

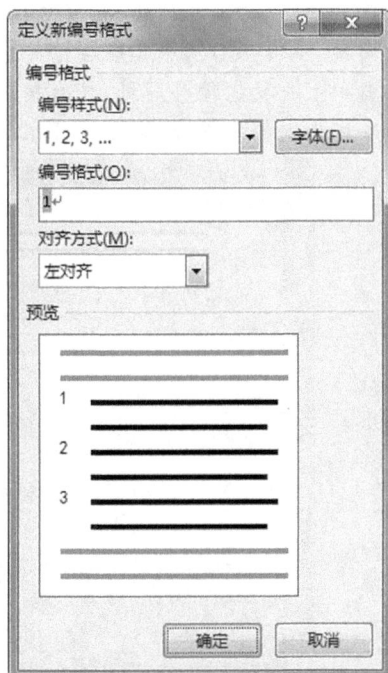

图3-41 "定义新编号格式"对话框

Word 提供了智能化编号功能。例如,在输入文本前,输入数字或字母,如"1""(一)""a)"等格式的字符,后跟一个空格或制表符,然后输入文本。当按"Enter"键时,Word 会自动添加编号到文字的前端。同样,在输入文本前,若输入一个星号后跟一个空格或制表符(即"Tab"键),然后输入文本,并按"Enter"键,则会自动将星号转换成黑色圆点"●"的项目符号添加到段前。如果是两个连字号后跟空格,则会出现黑色方点符"■"。

按"Enter"键,下一行能自动插入同一项目符号或下一个序号编号。

如要结束编号,方法有两种:一是连按"Enter"键,二是按下"Shift"键的同时按"Enter"键。

(五)添加多级列表

多级列表可以清晰地表明各层次之间的关系。

例 3-3　设置多级符号。设置二级符号编号,编号样式为1、2、3,起始编号为1。一级编号的对齐位置是 0 厘米,文字位置的制表位置是 0.7 厘米,缩进位置是 0.7 厘米。二级编号的对齐位置是 0.75 厘米,文字位置的制表位置是 1.75 厘米,缩进位置是 1.75 厘米。

(1)单击"开始"选项卡"段落"组的"多级列表"按钮,然后在弹出的"多级列表"下拉列表中选择"定义新的多级列表"命令。

(2)在"定义新多级列表"对话框中,单击左下方的"更多"按钮,将对话框展开。

(3)对一级编号进行设置。在"单击要修改的级别"列表框中选择"1",在"此级别的编号样式"下拉列表框中选择"1,2,3,…",在"起始编号"下拉列表框中选择"1",在"输入编号的格式"栏中的"1"前加一个"第",后面加一个"章"字。此时,"输入编号的格式"文本框中应该是"第 1 章"。在位置的编号对齐位置输入 0 厘米;文本缩进位置输入 0.7 厘米,选中"制表位"添加"位置"复选框,在文字位置的制表位置输入 0.7 厘米。

(4)对二级编号进行设置,设置过程如图 3-42 所示。在"单击要修改的级别"列表框中选择"2",在"此级别的编号样式"下拉列表框中选择"1,2,3,…",在"起始编号"下拉列表框中选择"1",此时"输入编号的格式"栏中应该是"31"。在编号位置的对齐位置输入 0.75 厘米,选中"制表位"添加"位置"复选框,在文字位置的制表位置输入 1.75 厘米,缩进位置输入 1.75 厘米。如要编辑三级编号,依照二级编号的设置方法进行设置。这时依次按"Enter"键后,下一行的编号级别和上一段的编号同级,只有按"Tab"键才能使当前行成为上一行的下级编号;若要让当前行编号成为上一级编号,则要按"Shift+Tab"组合键。最后的效果如图 3-43 所示。

图 3-42　定义新多级列表　　　　图 3-43　设置多级符号

五、字符快速输入

我们可以使用"自动更正""剪贴板"或"自动图文集"实现字符快速输入。利用"自动更正"或"自动图文集"能够自动快速插入一些长文本、图像和符号。使用"自动更正"功能还可以自动检查并更正输入错误、误拼的单词、语法或大小写错误。如输入"offce"及空格，系统会自动更正为"office"。

(一)创建"自动更正"词条

若要添加在键入特定字符集时自动插入的文本条目，可以使用"自动更正"对话框。操作步骤如下：

(1)选择"文件"→"选项"命令。

(2)在弹出的"Word 选项"对话框中单击"校对"选项卡。

(3)单击"自动更正选项"按钮，然后单击"自动更正"选项卡。

(4)选中"键入时自动替换"复选框(如果尚未选中)。在"替换"输入框输入"bjzx"，在"替换为"文本框输入"北京第十五中学"。

(5)单击"添加"按钮，如图 3-44 所示。

此时如在文档编辑区输入"bjzx"，系统会自动替换成"北京第十五中学"。这种自动更正功能可以提高用户录入一些比较复杂且录入频率又高的文本或符号的效率，也可以作为更正全篇文档多处存在相同的某个错误录入字符或词组的简单方法。

1. 创建和使用自动图文集词条

(1)在 Word 2013 中，可在自动图文集库中添加"自动图文集"词条。若要从库中添加自动图文集，用户需要将该库添加到快速访问工具栏。添加库之后，可以新建词条，并将 Word 2003/2007 中的词条迁移至此库中。向快速访问工具栏添加自动图文集步骤如下：

①选择"文件"→"选项"命令。

②在弹出的"Word 选项"对话框中单击"快速访问工具栏"选项卡。

③在"从下列位置选择命令"下的列表中，选择"所有命令"选项。滚动命令列表，直到看到"自动图文集"为止。

④选择"自动图文集"选项，然后单击"添加"按钮。这时快速访问工具栏中将显示"自动图文集"按钮 。单击"自动图文集"可以从自动图文集库中选择词条。

(2)在 Word 2013 中，自动图文集词条作为构建基块存储。若要新建词条，使用"新建构建基块"对话框即可，如在"自动图文集"创建"北京第十五中学"词条。新建自动图文集词条的方法如下：

①在屏幕上空白处输入"北京第十五中学"后选中。

②在快速访问工具栏中，单击"自动图文集"按钮。

③单击"将所选内容保存到自动图文集库"，会弹出"构建基块存储"对话框，如图 3-45 所示。

④单击"确定"按钮。

图 3-44 "自动更正"对话框

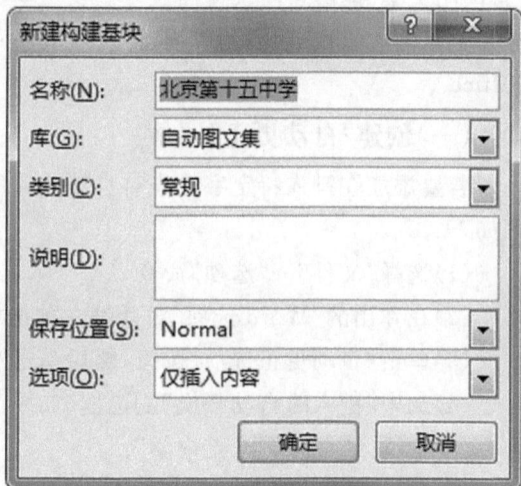

图 3-45 "构建基块存储"对话框

添加了词条后，用户如果需要输入"北京第十五中学"，只要在屏幕输入"北京"两字即可在光标上方看到自动图文集词条的提示，这时按"Enter"键，该词条将自动输入在屏幕上。"自动图文集"除了可以储存文字外，最能节省时间的地方在于可以储存表格、剪贴板，其操作与上述方法相同。

(3)Word 2003 自动图文集词条可以迁移至 Word 2013，方法如下：通过执行下列操作之一，将 Normal11dot 文件复制到 Word 启动文件夹。

①如果计算机操作系统是 Windows 7，打开 Windows 资源管理器，然后将 Normal11dot 模板从"C：\Users\用户\AppData\Roaming\Microsoft\Templates"复制到"C：\Users\用户名\AppData\Roaming\Word\Startup"下。

②如果计算机操作系统是 WindowsVista，打开 Windows 文件资源管理器，然后将 Normal11dot 模板从"C：\Users\用户名\AppData\Roaming\Microsoft\Templates"复制到"C：\Users\用户名\AppData\Roaming\Word\Startup"下。

如果在 Windows 资源管理器中未看到 AppData 文件夹，请依次单击"组织""文件夹和搜索选项""查看"选项卡和"显示隐藏的文件、文件夹和驱动器"，然后关闭并重新打开 Windows 资源管理器。

③如果计算机操作系统是 Windows XP，打开 Windows 资源管理器，然后将 Normal11 dot 模板从"C：\DocumentsandSettings\用户名\ApplicationData\Microsoft\Templates"复制到"C：\DocumentsandSettings\用户名\AppiicationData\Word\Startup"下。

Word 2007 自动图文集词条可以迁移至 Word 2013，方法很简单，在 OfficeWord 2007 中打开 Normal11dot 模板，将该文件另存为"AutoText.dotx"，在系统提示时，单击"继续"按钮。选择"义件"→"转换"命令，单击"确定"按钮即可。

2.用"剪贴板"快速输入

(1)"Windows 剪贴板"与"Office 剪贴板"。

"Windows 剪贴板"是 Windows 为其应用程序开辟的一块内存区域,用于程序间共享和交换信息。可以将文本、图像、文件等多种类型的内容放入剪贴板,但是 Windows 的剪贴板只能容纳一项内容,新内容将替换以前的。

(2)使用"Office 剪贴板"。

要在同一时间反复输入一组长字符时,或者需要收集和粘贴多个项目,可以利用"开始"选项卡"剪贴板"组提供的剪贴板功能来完成。2013 版的"剪贴板"是 Office 通用的,如要多次输入"计算机应用基础",可将它先复制到剪贴板上,需要时,单击该剪贴板选项,"计算机应用基础"则可粘贴到光标处。"Office 剪贴板"最多可容纳 24 个项目,当复制或剪切第 25 项内容时,原来的第 1 项复制或剪切的内容将被清除。

六、打印相同格式的简单文稿——邮件合并应用

在实际工作中,常常需要处理不少简单报表、信函、信封、通知、邀请信或明信片,这些文稿的主要特点是件数多(客户越多,需处理的文稿越多),内容和格式简单或大致相同,有的只是姓名或地址不同,有的可能是其中数据不同。这种格式雷同的、能套打的批处理文稿操作,利用 Word 中的"邮件合并"功能就能轻松实现。

这里需要说明的是,"邮件合并"并不是真正两个"邮件"合并的操作。"邮件合并"合并的两个文档,一个是设计好的样板文档"主文档",主文档中包括了要重复出现在套用信函、邮件选项卡、信封或分类中的固定不变的通用信息;另一个是可以替代"标准"文档中的某些字符所形成的数据源文件,这个数据源文件可以是已有的电子表格、数据库或文本文件,也可以是直接在 Word 中创建的表格。

执行"邮件合并"的操作步骤参见例 3-4。

例 3-4 请分别建立如图 3-46 和图 3-47 所示的主文档和数据源,利用"邮件合并"功能生成邀请函,分发给各位嘉宾。将通讯录中的编号、姓名列出在邀请函中,生成的邮件合并文档命名为"邀请函"。

(1)设置页面纸张。切换到"页面布局"选项卡,设置"纸张"的宽度为 21 厘米,高度为 13 厘米。本例按照信函格式设置纸张大小,节省纸张,便于打印。

(2)创建一个样板文档"主文档"。创建的内容如图 3-46 所示。创建一个数据源文件,本例是 Excel 文档"通讯录",内容如图 3-47 所示。

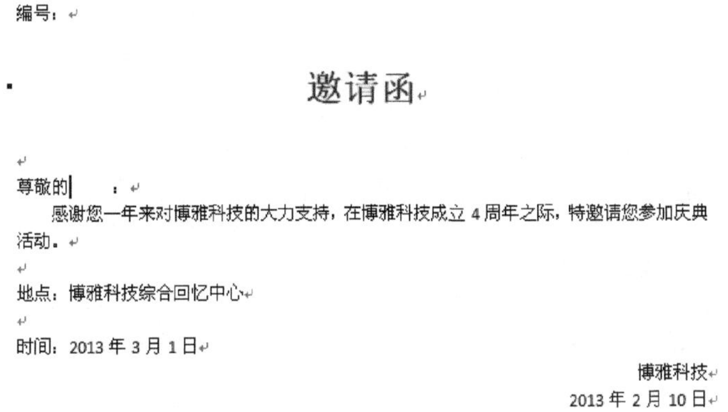

编号:

邀请函

尊敬的   :

感谢您一年来对博雅科技的大力支持,在博雅科技成立 4 周年之际,特邀请您参加庆典活动。

地点:博雅科技综合回忆中心

时间:2013 年 3 月 1 日

博雅科技
2013 年 2 月 10 日

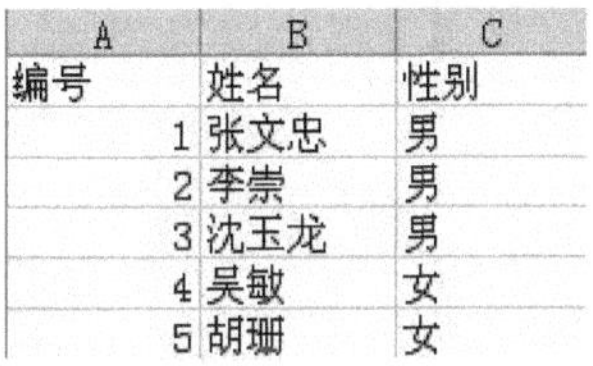

	A	B	C
	编号	姓名	性别
1		张文忠	男
2		李崇	男
3		沈玉龙	男
4		吴敏	女
5		胡珊	女

图 3-46 "主文档"文件   图 3-47 数据源 Excel 文件"通讯录"

(3)关闭数据源文档,打开"主文档",选择"邮件""开始邮件合并""开始邮件合并""信函"命令。

(4)选择"邮件""开始邮件合并""选择收件人""使用现有列表",打开"选取数据源"对话框,如图3-48所示。

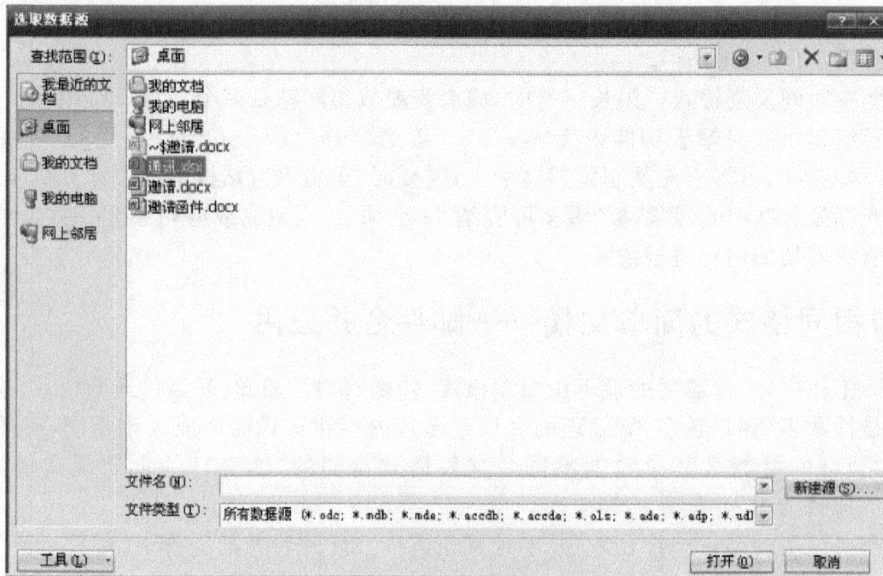

图3-48 "选取数据源"对话框

(5)在图3-48中选中"通讯录.xlsx"后双击,系统返回到主文档。

(6)此时单击"邮件"选项卡的"开始邮件合并"组的"编辑收件人列表"按钮,弹出"邮件合并收件人"对话框,如图3-49所示,单击"确定"。

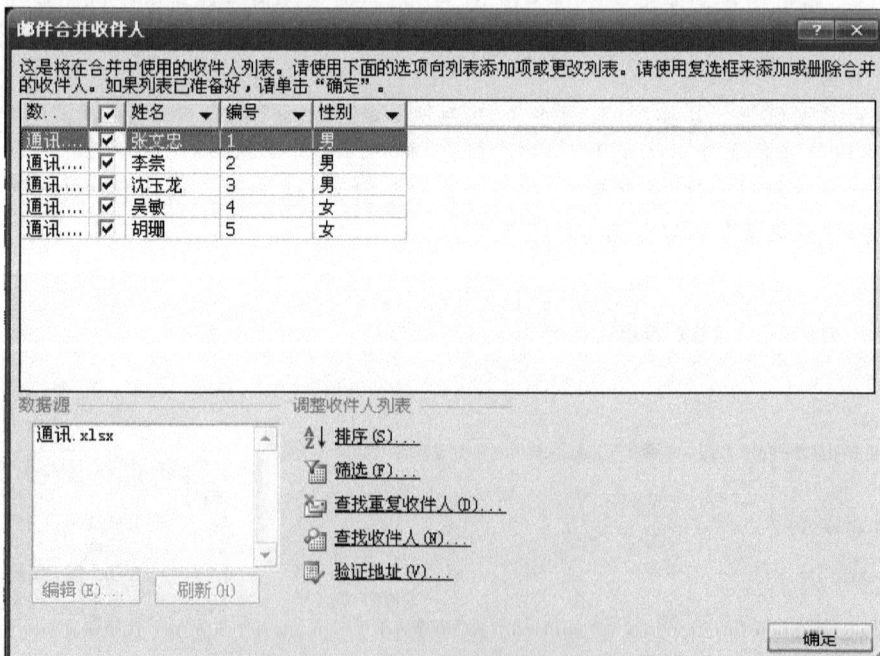

图3-49 "邮件合并收件人"对话框

(7)此时单击"邮件"选项卡下的"插入合并域",可弹出下拉列表,如图 3-50 所示。

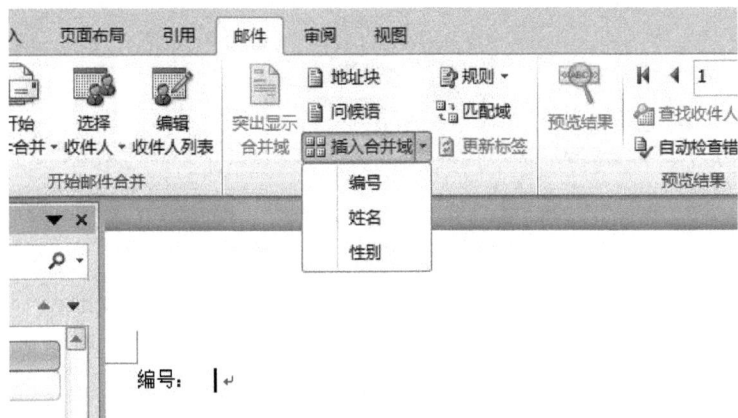

图 3-50 "插入合并域"对话框

(8)现在可以以域的形式将 Excel 工作表中的字段插入到指定的文档位置当中。例如在编号处可以插入编号域,在名称处直接插入姓名域。为了表示对客户的尊重,希望在姓名字段填上相应的称谓,如先生或女士,虽然 Excel 并未提供称谓字段,但可以通过邮件合并的规则将性别字段转换为相应的称谓。

(9)单击"规则"按钮,在打开的下拉列表中选择"如果、那么、否则"。将域名选择为"性别",在比较对象文本框中输入所要比较的信息,在下方的两个文本框中依次输入"先生"和"女士",通过该对话框可以很容易地了解到如果当前人员的性别为男,则在其姓名后方插入"先生",否则插入文字"女士",通过规则的设定,可以非常巧妙地将性别字段转换为称谓,从而满足当前需求,如图 3-51 所示。可以预览结果验证其正确性。在预览结果选项组中单击"预览结果",发现无误后选择"邮件""完成""完成并合并""编辑单个文档",会弹出"合并到新文档"对话框。插入合并域后的主文档如图 3-52 所示。

(10)"合并到新文档"对话框默认选项是选择"全部"的记录合并到新文档,单击"确定",可以生成合并文档,将该文档命名为"邀请函.docx",如图 3-53 所示。

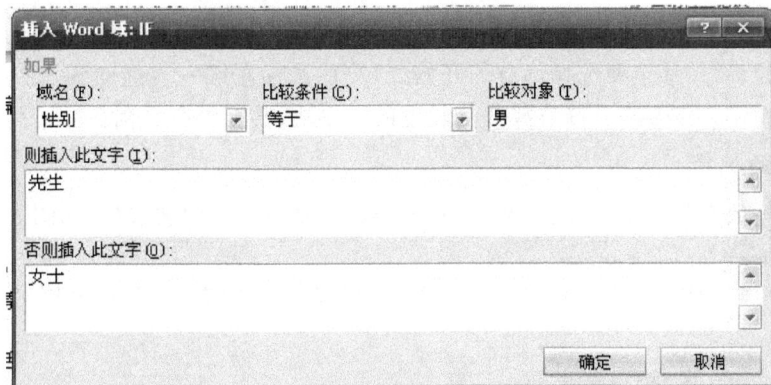

图 3-51 插入 Word 域:IF

编号：«编号»

邀请函

尊敬的«姓名»先生：

感谢您一年来对博雅科技的大力支持，在博雅科技成立 4 周年之际，特邀请您参加庆典活动。

地点：博雅科技综合回忆中心

时间：2013 年 3 月 1 日

博雅科技
2013 年 2 月 10 日

图 3-52　插入合并域后的主文档

编号：1

邀请函

尊敬的张文忠先生 ：

感谢您一年来对博雅科技的大力支持，在博雅科技成立 4 周年之际，特邀请您参加庆典活动。

地点：博雅科技综合回忆中心

时间：2013 年 3 月 1 日

博雅科技
2013 年 2 月 10 日

图 3-53　邮件合并文档第一页的内容

七、编辑对象的选定

在文档的编辑操作中需要选择相应的文本之后，才能对其进行删除、复制、移动或编辑等操作。文本被选择后将呈反白显示，Word 提供多种选择文本的方法，下面介绍使用鼠标的选择方法。

1.拖动选择

把插入点光标"|"移至要选择部分的开始处，按住鼠标左键一直拖动到选择部分的末端，然后松开鼠标的左键。该方法可以选择任何长度的文本块，甚至整个文档。

2.对字词的选择

把插入光标放在某个汉字（或英文单词）上，双击，则该文字词被选择，如图 3-54 所示。

尊敬的张文忠先生 ：

感谢您一年来对博雅科技的大力支持，在博雅科技成立 4 周年之际，特邀请您参加庆典活动。

地点：博雅科技综合回忆中心

时间：2013 年 3 月 1 日

图 3-54　字词的选择

3. 对句子的选择

按住"Ctrl"键并单击句子中的任何位置。

4. 对一行的选择

光标放置于这一行的选定栏（该行的左边界），单击即可。

5. 对多行的选择

选择一行，然后在选定栏中向上或向下拖动。

6. 对段落的选择

双击段落左边的选定栏，或三击段落中的任何位置。

7. 对整个文档的选择

将光标移到选定栏，鼠标变成一个向右指的箭头，然后三击鼠标。

8. 对任意部分的快速选择

用鼠标单击要选择的文本的开始位置，按住"Shift"键，然后单击要选择的文本的结束位置。

9. 对矩形文本块的选择

把插入光标置于要选择文本的左上角，然后按住"Alt"键和鼠标左键，拖动到文本块的右下角，即可选择一块矩形的文本。

八、查找与替换

编辑好一篇文档后，往往要对其进行核校和订正，如果文档有错误，使用 Word 的查找或替换功能，可非常便捷地完成编辑工作。

查找功能可以在文稿中找到所需要的字符及其格式。

替换功能不但可以替换字符，还可以替换字符的格式。在编辑中还可以用替换功能更换特殊符号。利用替换功能可以批量地快速输入重复的文稿。

在查找或替换操作时，请注意查看和定义"查找和替换"对话框的"搜索选项"中各个选项，以免在查找或替换操作得不到需要的结果。"搜索选项"中的选项含义如表 3-1 所示。

表 3-1 "搜索选项"选项含义

操作选项	操作含义
全部	操作对象是全篇文档
向上	操作对象是插入点到文档的开头
向下	操作对象是插入点到文档的结尾
区分大小写	查找或替换字母时需要区分字母的大小写的文本
全字匹配	在查找中，只有完整的词才能被找到
使用通配符	可以使用通配符，如"?"代表任一个字符
区分全角/半角	查找或替换时，所有字符要区分全角或半角才符合要求
忽略空格	查找或替换时，有空格的词将被忽略

查找或替换除了对普通字符操作之外，还可以对"格式"和"特殊符号"进行查找或替换操作，

这些特殊符号类别如图3-55所示。而"格式"包括"字体""段落""制表位""语言""图文框""样式"和"突出显示",如图3-56所示。也就是说,除了对字符进行查找或替换外,还可以对上述各种"格式"进行查找或替换操作。

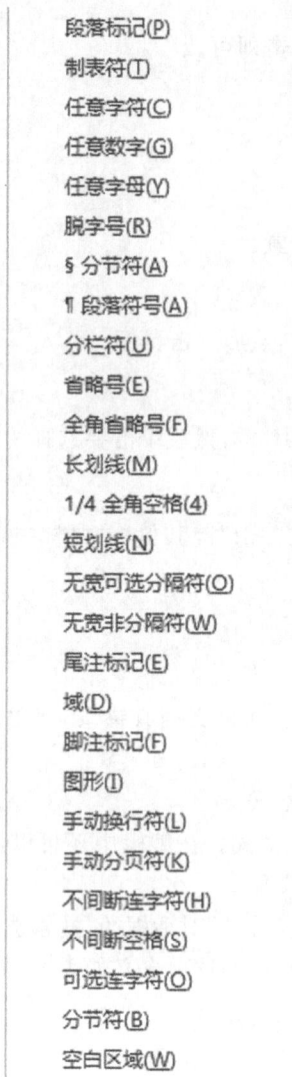

段落标记(P)
制表符(T)
任意字符(C)
任意数字(G)
任意字母(Y)
脱字号(R)
§ 分节符(A)
¶ 段落符号(A)
分栏符(U)
省略号(E)
全角省略号(F)
长划线(M)
1/4 全角空格(4)
短划线(N)
无宽可选分隔符(O)
无宽非分隔符(W)
尾注标记(E)
域(D)
脚注标记(F)
图形(I)
手动换行符(L)
手动分页符(K)
不间断连字符(H)
不间断空格(S)
可选连字符(O)
分节符(B)
空白区域(W)

字体(F)…
段落(P)…
制表位(T)…
语言(L)…
图文框(M)…
样式(S)…
突出显示(H)

图3-55　查找和替换的"特殊符号"　　　　　图3-56　"格式"类别

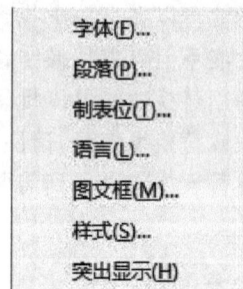

例3-5　请在文稿中查找"计算机"三个字。

在文档的查找操作中,通常是查找其中的字符,可按如下步骤操作:

(1)选择"开始"→"编辑"→"替换"命令,或者单击状态栏左端的"页面",两种方法都可以弹出"查找和替换"对话框。

(2)在"查找和替换"对话框的"查找内容"文本框中,输入要查找的字符"计算机",如图3-57所示。

(3)单击"查找下一处"按钮,如果查找到,则光标以反白显示,继续单击"查找下一处"按钮,直至查找完成,如图3-58所示。

例3-6 将文稿中格式为(中文)宋体"计算机"三个字符的格式替换为：字体为"(中文)华文彩云"，字号为"四号"，字形为"加粗"，字体颜色为"深红"。本案例明显是一个"格式"替换操作。

(1)选择"开始"→"编辑"→"替换"命令；或者单击状态栏左端的"页面"，在弹出的"查找和替换"对话框的"查找内容"文本框中，输入要替换格式的文字"计算机"，单击"格式"按钮，并设置字符原格式(本例是"宋体")，如图3-59所示。

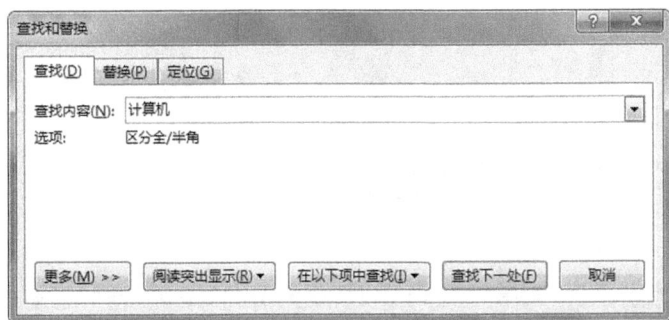

图3-57 "查找和替换"对话框

图3-58 查找完成

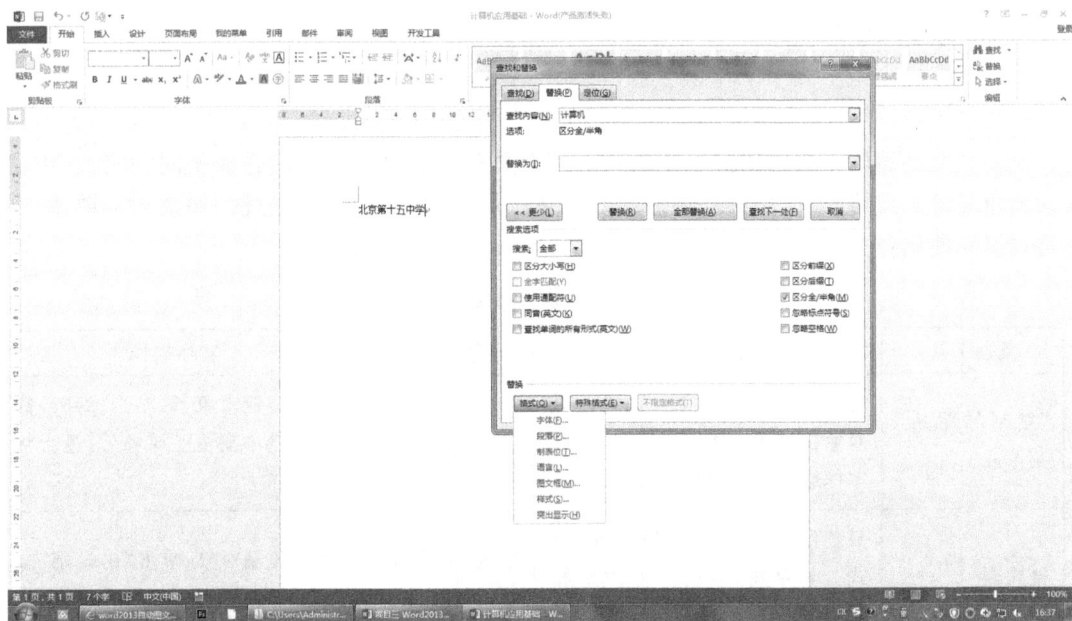

图3-59 设置被"替换"的格式

(2)"替换为"文本框中，输入要替换的文字"计算机"，在快捷菜单中选择"格式"命令。出现"格式"对话框，在格式对话框中，选择字体为"华文彩云"，字号为"四号"，字体颜色为"深红"，字形为"加粗"，如图3-60所示。单击"确定"按钮。

(3)在弹出的"查找和替换"对话框中，单击对话框中的"全部替换"按钮。文档替换前与替换后的结果，如图3-61所示。

(4)在"替换为"文本框中，输入要替换的文字"计算机"，在快捷菜单中选择"格式"命令。打开"格式"对话框，在格式对话框中，选择字体为"华文彩云"，字号为"四号"，字体颜色为"深红"，字形为"加粗",如图 3-60 所示,单击"确定"按钮。

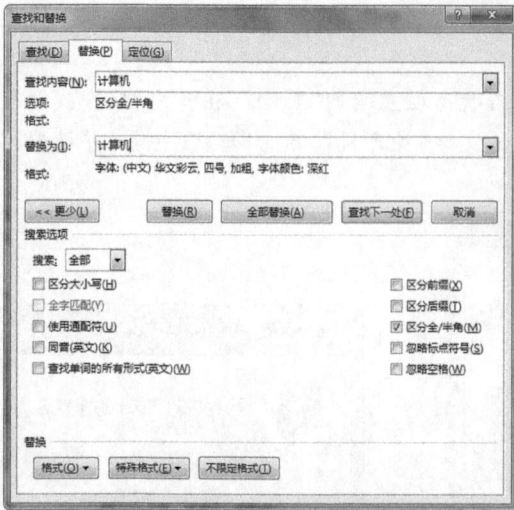

图 3-60　设置"替换为"的格式

图 3-61　替换格式前后的效果

九、文档复制和粘贴

(一)文档复制

复制是文档编辑中最常用的操作之一。对于文档中重复出现的内容或相同的格式,不必一次次地重复输入或格式化,可以采用复制操作完成。复制操作有三种方法,如使用菜单或工具、用格式刷和使用样式。三种复制方式的操作和效果如表 3-2 所示。

表 3-2　复制操作一览表

复制工具	复制效果	适合操作范围	实际操作
"复制""粘贴"菜单或工具	复制字符、图片、文本框或插入对象在内的全部字符、图片、文本框或插入对象和格式	文本和插入对象的复制	选中复制对象,移动光标到目标处或选中要覆盖对象后,进行粘贴操作
格式刷	只复制被选中对象的全部"格式",如字符、段落和底纹的格式,不复制被选中的内容	字符和段落格式的复制	选中复制对象,单击"格式刷"按钮后,光标拖动全部目标文档
样式	把选中的样式的全部格式复制到被选中的操作对象	文稿的标题、章节标题和段落的格式统一定义	光标置于被格式段落后,单击合适的样式项

例 3-7　使用 Word 的"格式刷"按钮,将图 3-62 所示文稿的标题格式复制到正文中。

(1)选择已设置好格式的段落或文本,如图 3-62 所示的标题"职业生涯规划八条原则"。

(2)单击"开始"选项卡的"剪贴板"组的"格式刷"按钮 ,选中文字,按住鼠标左键拖动，如图 3－63 所示。

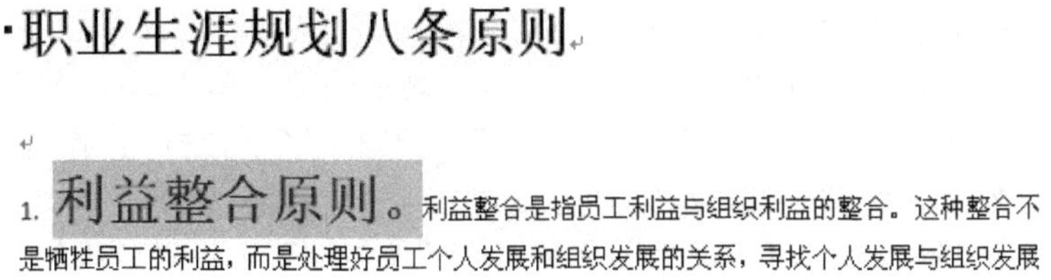

·职业生涯规划八条原则
1. 利益整合原则。利益整合是指员工利益与组织利益的整合。这种整合不是牺牲员工的利益，而是处理好员工个人发展和组织发展的关系，寻找个人发展与组织发展

图 3－62 选择要复制的格式

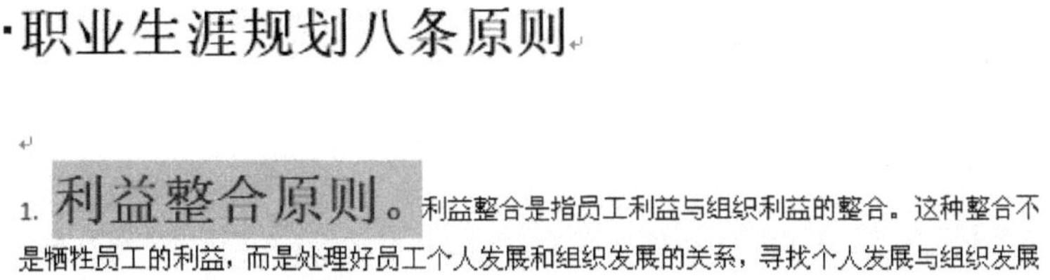

·职业生涯规划八条原则
1. 利益整合原则。利益整合是指员工利益与组织利益的整合。这种整合不是牺牲员工的利益，而是处理好员工个人发展和组织发展的关系，寻找个人发展与组织发展

图 3－63 使用格式刷复制格式

(3)按住鼠标左键，选择要复制格式的段落，然后释放鼠标左键。

需要注意的是，单击“格式刷”按钮，用户只可以将选择的格式复制一次，双击“格式刷”按钮，用户可以将选择格式复制到多个位置。再次单击格式刷或按“Esc”键即可关闭格式刷。

(二)文档粘贴

在粘贴文档的过程中，有时希望粘贴后的文稿的格式有所不同。Word 2013“开始”选项卡的“剪贴板”组的“粘贴”按钮命令提供了三种粘贴选项：“保留源格式”“合并格式”“只保留文本”。这三个选项的功能如下：“保留源格式”，即粘贴后仍然保留源文本的格式。“只保留文本”，即粘贴后的文本和粘贴位置处的文本格式一致。“合并格式”，即粘贴后的文本格式，是源文本格式与粘贴位置处文本格式的“合并”。例如，将文本“计算机”设置成“小四、隶书、带波浪下划线、添加底纹”，然后复制该文本“计算机”，单击“开始”选项卡的“剪贴板”组的“粘贴”下拉按钮，会弹出“粘贴选项”，如图 3－64 所示。选项从左到右依次是“保留源格式”“合并格式”“只保留文本”。复制上述文本“计算机”后，分别选择这 3 个粘贴选项粘贴到文本的不同位置，选择不同的粘贴选项后的粘贴效果如图 3－65 所示。

剪切
复制
粘贴
格式刷
宋体
B I
粘贴选项:
选择性粘贴(S)...
设置默认粘贴(A)...

图 3－64 “粘贴选项”菜单

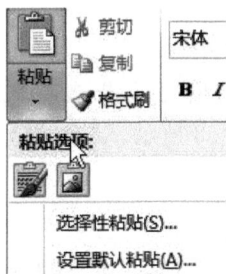

原格式：计算机文化基础
在粘贴文档的过程中，有时希望粘贴后的文稿的格式有所不同，在 Word 2010 “开始”选项 卡的“剪贴板”组的“粘贴”按钮命令，提供了三种粘贴选项的效果：
“保留源格式”效果：计算机文化基础
“合并格 式”效果：计算机文化基础
“只保留文本”效果：计算机文化基础

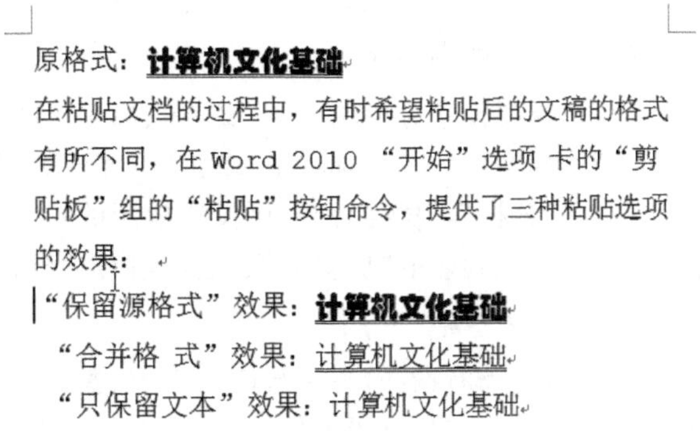

图 3－65 几种粘贴格式示例

如图3-64所示，除了3种粘贴选项外，Word还提供了"选择性粘贴""设置默认粘贴"选项。选择性粘贴有很多用途，下面介绍其两种常用功能。

(1)将文本粘贴成图片。选中源文本，右击，在出现的快捷菜单中选择"复制"命令，然后将光标定位到目标位置，单击"开始"选项卡的"剪贴板"组的"粘贴"下拉按钮，弹出如图3-64的"粘贴选项"菜单，选择"选择性粘贴"命令，打开"选择性粘贴"对话框，如图3-66所示。选择一种图片格式，如"图片(增强型图元文件)文件"，单击"确定"按钮即可。设置效果如图3-65所示。

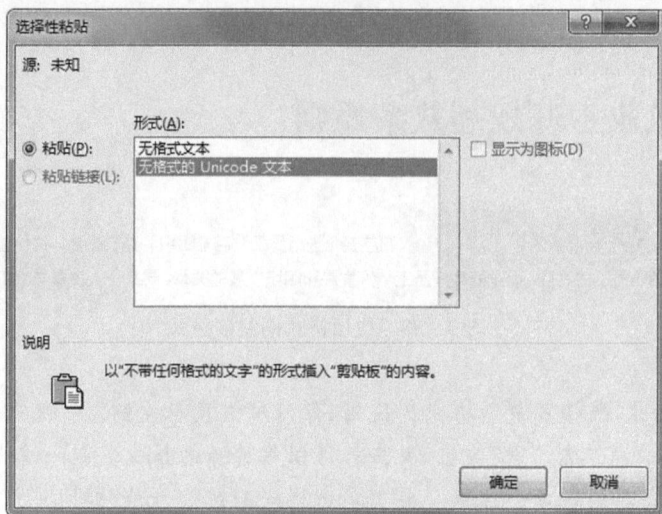

图3-66　"选择性粘贴"对话框

(2)复制网页上的文本。网页使用格式较多，采取直接复制、粘贴的方法将网页上的文本粘贴到Word文档中，常常由于带有其他格式，编辑处理起来比较困难。通过选择性粘贴，可将其粘贴成文本格式。

在网页中，选中文本，复制，切换到Word 2013文档窗口，定位好光标，打开"选择性粘贴"对话框，如图3-66所示，选择"无格式文本"命令，单击"确定"按钮即可。

十、分栏操作

分栏就是将文档分割成两个或三个相对独立的部分，如图3-67所示。利用Word的分栏功能，可以实现类似报纸或刊物、公告栏、新闻栏等的排版方式，既可美化页面，又可方便阅读。

(一)在文档中分栏

(1)选择要设置分栏的段落，或将光标置于要分栏的段落中。

(2)选择"页面布局"选项卡，单击"页面设置"组的"分栏"命令按钮。

(3)在"分栏"下拉列表中，可设置常用的一、二、三栏及偏左、偏右格局；如果有进一步的设置要求，可单击该列表的"更多分栏"选项，弹出"分栏"对话框，如图3-68所示。

(二)在文本框中分栏

在编辑文档时，有时由于版面的要求，需要用文本框来实现分栏的效果，虽然在Word的菜单中不支持文本框的分栏操作，但可以通过在文档中插入多个文本框，设置文本框的链接来实现分栏效果。用文本框分栏的好处是，先以文本框定好分栏位置，再用文档复制的方式把文稿粘贴到文本框内。若以两个文本框链接，分成左右两栏，可按如下步骤操作：

分栏操作

分栏就是将文档分割成两三个相对独立的部分，如图4-7所示。利用Word的分栏功能，可以实现类似报纸或刊物、公告栏、新闻栏等的排版方式，既可美化页面，又可方便阅读。

（1）在文档中分栏

①选择要设置分栏的段落，或将光标置于要分栏的段落中。
②选择"页面布局"选项卡，单击"页面设置"组的"分栏"命令按钮。
③在"分栏"下拉列表中，可设置常用的一、二、三栏及偏左、偏右格局，如果有进一步 的设置要求，可单击该列表的"更多分栏"选项，弹出"分栏"对话框如图4-8所示。

①选择要设置分栏的段落，或将光标置于要分栏的段落中。
②选择"页面布局"选项卡，单击"页面设置"组的"分栏"命令按钮。
③在"分栏"下拉列表中，可设置常用的一、二、三栏及偏左、偏右格局；如果有进一步 的设置要求，可单击该列表的"更多分栏"选项，弹出"分栏"对话框如图4-8所示。

分栏就是将文档分割成两三个相对独立的部分，如图4-7所示。利用Word的分栏功能，可以实现类似报纸或刊物、公告栏、新闻栏等的排版方式，既可美化页面，又可方便阅读。

（1）在文档中分栏

①选择要设置分栏的段落，或将光标置于要分栏的段落中。

图3-67 分栏示例

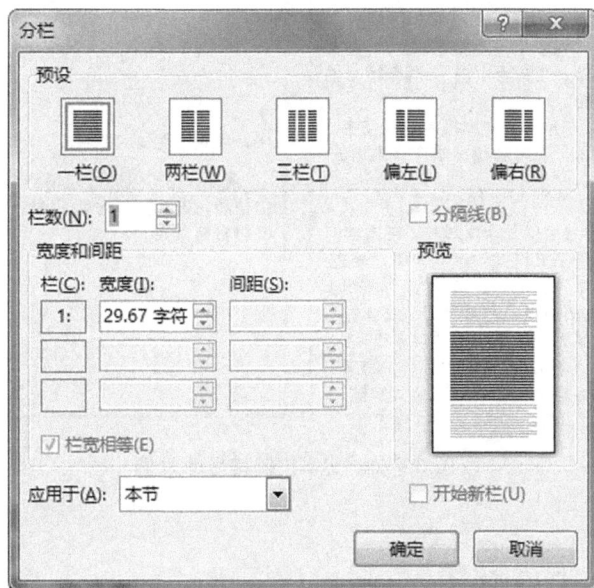

图3-68 "分栏"对话框

（1）单击"插入"选项卡的"插图"组的"形状"下拉按钮，选择横排文本框，在文档中插入两个横排的文本框。

（2）在第一个文本框中输入文字，文字部分有时会超出这个文本框的范围，如图3-69所示。

（3）选中第一个文本框，在增加的"绘图工具格式"选项卡中单击"文本"组的"创建链接"按钮。

（4）再将鼠标移到第二个文本框中，鼠标指针变成 形状时单击，此时第一个文本框中显示不了的文字就会自动移动到第二个文本框中。图3-70是文本框链接后的效果样式。

最后，还可以通过取消文本框的边框线，产生如同分栏命令一样的文档分栏效果。

文本框中的分栏
①单击"插入"选项卡的"插图"组的"形状"下拉按钮，选择横排文本框，在文档中插 入两个横排的文本框。
②在第一个文本框中输入文字，文字部分有时会超出这个文本框的范围，如图4-9所示。
③选中第一个文本框，在增加的"绘图工具格式"选项卡中，单击"文本"组的"创建 链接"按钮。
④再将鼠标移到第二个文本框中，鼠标指针变成形状时单击，此时第一个文本框中显 示不了的文字就会自动移动到第二个文本框

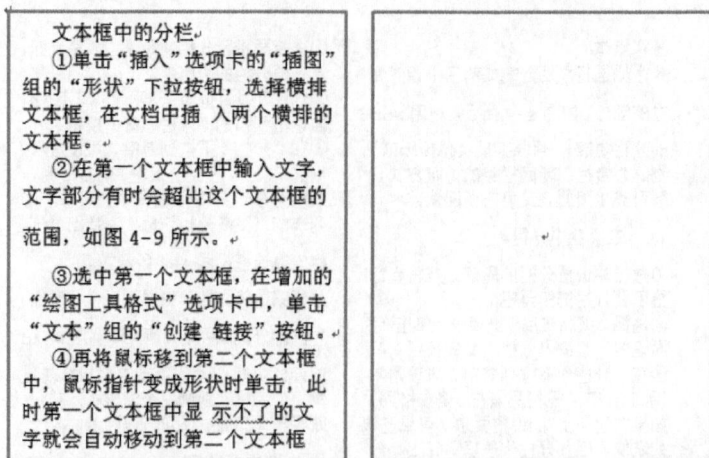

图 3-69 两个文本框链接前的效果

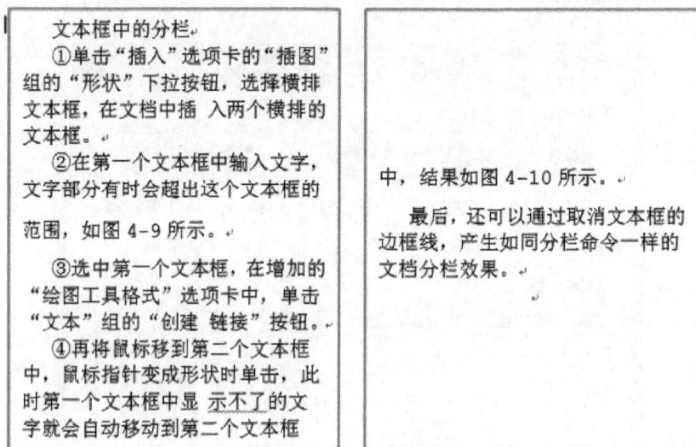

文本框中的分栏
①单击"插入"选项卡的"插图"组的"形状"下拉按钮，选择横排文本框，在文档中插 入两个横排的文本框。
②在第一个文本框中输入文字，文字部分有时会超出这个文本框的范围，如图4-9所示。
③选中第一个文本框，在增加的"绘图工具格式"选项卡中，单击"文本"组的"创建 链接"按钮。
④再将鼠标移到第二个文本框中，鼠标指针变成形状时单击，此时第一个文本框中显 示不了的文字就会自动移动到第二个文本框

中，结果如图4-10所示。

最后，还可以通过取消文本框的边框线，产生如同分栏命令一样的文档分栏效果。

图 3-70 文本框链接后的效果

十一、首字(悬挂)下沉操作

首字下沉或悬挂就是把段落第一个字符进行放大，以引起读者注意，并美化文档的版面，如图 3-71 所示。当用户希望强调某一段落或强调出现在段落开头的关键词时，可以采用首字下沉或悬挂设置。首字悬挂操作的结果是段落的第一个字与段落之间是悬空的，下面没有字符。

首字下沉或悬挂就是把段落第一个字符进行放大，以引起读者注意，并美化文档的版面样 式，如图4-11所示。当用户希望强调某一段落或强调出现在段落开头的关键词时，可以采用首字 下沉或悬挂设置。首字悬挂操作的结果是段落的第一个字与段落之间是悬空的，下面没有字符。

图 3-71 首字下沉示例

设置段落的首字下沉或悬挂，可按如下步骤操作：

(1)选择要设置首字下沉的段落，或将光标置于要首字下沉的段落中。

(2)选择"插入"选项卡的"文本"组的"首字下沉"命令。

(3)在"首字下沉"下拉列表提供了"无""下沉""悬挂"3种选择，如果有进一步的设置要求，选择该列表的最后一项"首字下沉选项"命令，弹出"首字下沉"对话框进行设置即可，如图3-72所示。

若要取消首字下沉，可在"首字下沉"对话框中的"位置"选项区域中选择"无"选项。

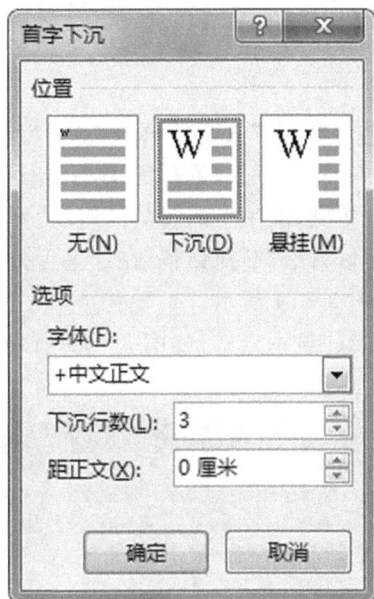

图3-72　首字下沉对话框

十二、分隔符

在Word编辑中，经常要对正在编辑的文稿进行分开隔离处理，如因章节的设立而另起一页，这时需要使用分隔符。常用的分隔符有三种：分页符、分栏符、分节符。

(1)分页符。分页符是将文档从插入分页符的位置强制分页。在文档中插入分页符，表明一页结束而另一页开始。

(2)分栏符是一种将文字分栏排列的页面格式符号。为了将一些重要的段落从新的一栏开始，插入一个分栏符就可以把在分栏符之后的内容移至另一栏，具体操作详见前面所讲的分栏操作。

(3)分节符。分节符是在一节中设置相对独立的格式而插入的标记。要使文档各部分版面形态不同，可以把文档分成若干节，对每个节可设置单独的编排格式，节的格式包括栏数、页边距、页码、页眉和页脚等。例如将两页设置成不同的艺术型页面边框，又如希望将一部分内容变成分栏格式的排版，另一部分设置不同的页边距，都可以用分节的方式来设置其作用区域。

在文档中插入分隔符，可按如下步骤操作：

(1)光标定位于需要插入分隔符的位置。

(2)单击"页面布局"选项卡的"页面设置"组的"分隔符"按钮。

(3)在弹出的"分隔符"下拉列表中,可选择分页符、分栏符或分节符等类型,如图3-73所示。

十三、修订的应用

文档完成输入以后,往往需要对文稿进行编辑修改,Word的修订和批注功能可以完成此项工作。

Word的"修订"工具能把文档中每一处的修改位置标注起来,可以让文档的初始内容得以保留。同时,也能够标记由多位审阅者对文档所作的修改,让作者轻易地跟踪文档被修改的情况。修订完成后,可由作者决定修订标记是否继续保存,或只保留最终修订的结果。

1. 对文稿进行修订

(1)打开"修订"操作功能。选择"审阅"选项卡,单击"修订"组的"修订"按钮即可使文档处于修订状态,这时对文档的所有操作将被记录下来,单击"保存"按钮可将所有的修订保存下来。

(2)设置"修订"选项。单击"审阅"选项卡的"修订组"的"修订"下拉按钮,在弹出的下拉列表中选择"修订选项"命令,会弹出"修订选项"对话框,在这里可分别对插入、删除、更改格式和修订行设置不同的颜色以示区别,如图3-74所示。

(3)在修订操作中有4种不同的显示方式,如图3-75所示。选择其中之一的选项,在文稿修订过程中将显示该选项的修订显示状态。

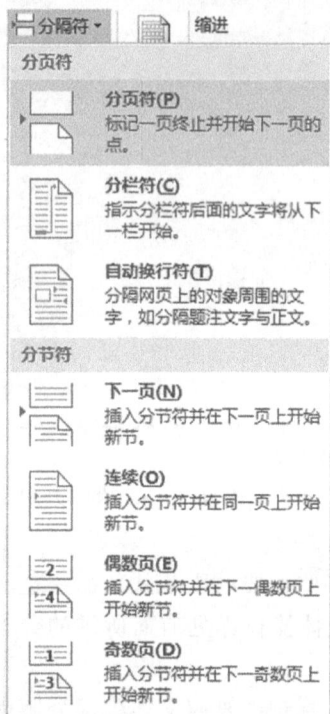

图3-73 "分隔符"列表　　　　图3-74 "修订选项"对话框　　　　图3-75 修订显示方式

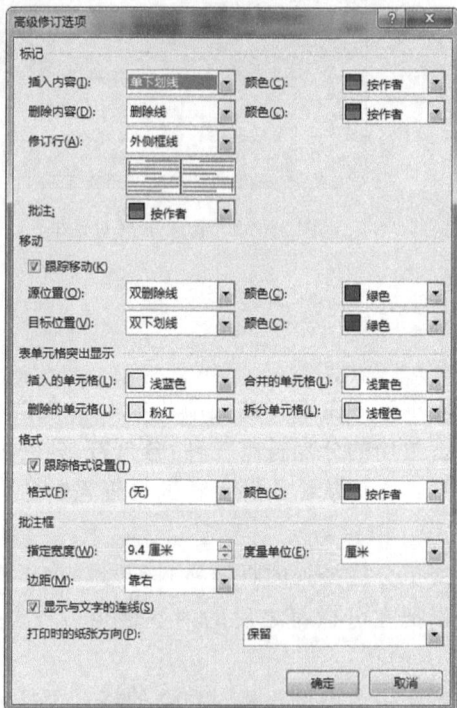

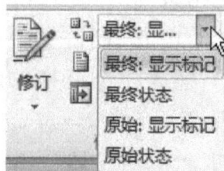

"最终:显示标记":显示标记的最终状态,在文稿中显示已修改完成的、带有修订标记的文稿。

"最终状态":显示已完成修订编辑的、不带标记的文稿。

"原始:显示标记":显示标记的原始状态,即显示带有修订标记的、有原始文稿状态的文稿。

"原始状态"：显示还没有做过任何修订编辑的、不带标记的原文稿。

（4）关闭"修订"。选择"审阅"选项卡，单击"修订"组中的"修订"按钮。关闭修订时，用户可以修订文档而不会对更改的内容作出标记。关闭修订功能不会删除任何已被跟踪的更改。

（5）使用状态栏的"修订"按钮来打开和关闭修订。如果发现状态栏上没有相关的按钮，可以自定义状态栏，添加一个用来告知修订是打开状态还是关闭状态的指示器。

方法如下：在状态栏上右击，在弹出的快捷菜单选择"修订"命令，此时该命令左边复选框处于选中状态，状态栏上也添加了"修订"按钮。

在打开修订功能的情况下，可以查看在文档中所作的所有更改。在关闭修订功能时，可以对文档进行任何更改，而不会对更改的内容作出标记。单击状态栏上的"修订"按钮可在打开修订与关闭修订两种状态间轻松切换。

2.插入与删除"批注"

"批注"是审阅添加到独立的批注窗口中的文档注释或者注解，当审阅者只是评论文档，而不直接修改文档时要插入批注，因为批注并不影响文挡的内容。批注是隐藏的文字，Word会为每个批注自动赋予不重复的编号和名称。

Word 2013 的默认设置是在文档页边距的批注框中显示删除内容和批注。用户也可以更改为以内嵌方式显示批注并将所有删除内容显示为带删除线，而不是显示在批注框中。

（1）插入批注：选中要插入批注的文本，选择"审阅"→"批注"→"新建批注"命令，在出现的批注文本框输入批注即可。

（2）删除批注：选中要删除的批注，单击"批注"组的"删除"按钮即可。如果要一次将文档的所有批注删除，选择"批注"→"删除"→"删除文档中的所有批注"命令即可。

3.设置"修订选项"对话框

在进行修订操作前应先设置好修订的样式，然后再进行修订。设置修订样式可通过"修订选项"对话框进行，具体操作步骤如下所述：

选择"审阅"选项卡的"修订"组的"修订"下拉按钮，在弹出的下拉列表中选择"修订选项"命令，会弹出"修订选项"对话框，如图3-74所示，在"修订选项"对话框中对各选项进行设置。

为了显示修订4个项目不同的标记，需要对修订中的插入、删除、更改格式和有修订的行和段落设置不同的颜色和不同的标记形式以示区别。如本例设置的插入内容的标记是单下划线，颜色是鲜绿色。

在批注栏中也需要对批注框，包括批注的颜色进行设置，如图3-74所示。设置后的修订效果如图3-76所示。

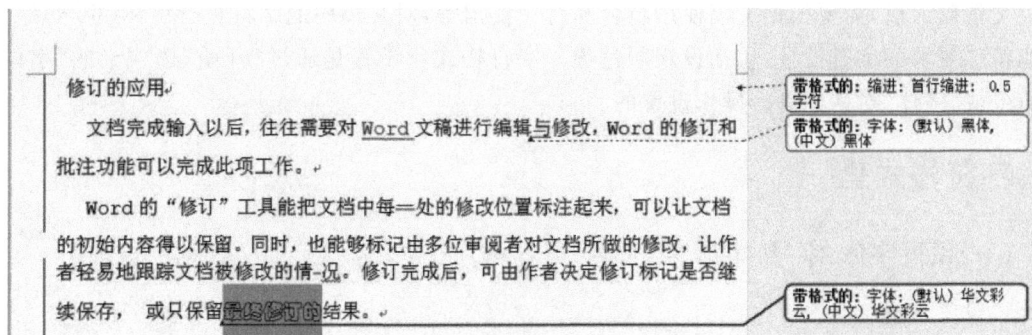

图3-76　修订的显示效果

4.设置"审阅"工具选项

如果需要在修订中显示插入、删除、更改格式、修订的行和批注的标记,必须单击"审阅"选项卡的"修订"组的"显示标记"下拉按钮,选中"批注""墨迹""插入和删除""设置格式""标记区域突出显示""审阅者"等命令,如图3-77所示。

5.接受或拒绝修订

文档进行修订后,可以决定是否接受这些修改。如果要确定修改的方案,只需在修改的文字上右击,在弹出的快捷菜单中选择"接受修订"命令就可以了,如图3-78所示。如果要删除修订,将光标放在需要删除修订的内容处,单击"审阅"选项卡的"更改"组的"拒绝"按钮即可。或者在需要删除修订的内容处右击,在弹出的快捷菜单中选择"拒绝修订"命令,如图3-78所示。

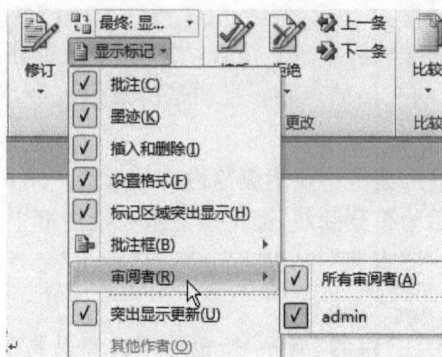

图3-77　修订显示标记　　　　　　图3-78　"接受修订"命令

任务三　文档格式化

文稿在输入和编辑后,为美化版面效果,会对文字、段落、页面和插入的元素等,根据整体文稿的要求,进行必需的修饰,以求得到更好的视觉效果,这就是Word中的各种格式化操作。

文稿在输入和编辑后,要求字符格式化、段落格式化、页面格式化、插入元素格式化等。格式化的操作涉及的设置很多,不同的设置会有不同的显示效果,希望读者在操作中多实践,从中体会格式化对文稿产生的不同效果。

文稿输入后,需要根据文稿使用场合和行文要求等,对文稿中的字符进行字体、字号、字形或其他特殊要求的字符设置,包括设定颜色等。字符格式化设置是通过"开始"选项卡的"字体"组的命令或"字体"对话框进行操作设置的。

一、字符格式化

(一)设置字体、字号、字形

1.设置字体

字体是文字的一种书写风格。常用的中文字体有宋体、仿宋体、黑体、隶书和幼圆等,此外

Word还提供了方正舒体、姚体和华文彩云、新魏、行楷等字体。设置文档中的字体,可按如下步骤操作:

(1)单击"开始"选项卡的"字体"组上的"字体"下拉按钮。

(2)在字体列表中选择所需的字体,如图3-79所示。

2.设置字号

字号即字符的大小。汉字字符的大小用初号、小二号、五号、八号等表示;字号也可以用"磅"的数值表示,1磅等于0.35146 mm。字号包括中文字号和数字字号,中文字号越大,字体越小;相反,数字字号越大,字体越大。设置文档中的字号,可按如下步骤操作:

(1)单击"开始"选项卡的"字体"组上的"字体"下拉按钮。

(2)在字号列表中选择所需的字号,如图3-80所示。

3.设置字形

字形是指附加于字符的属性,包括粗体、斜体、下划线等。设置文档中的字形,可按如下步骤操作:

(1)单击"开始"选项卡功能区"字体"组上的"加粗""倾斜""下划线"等按钮,如图3-81所示。

(2)选择"B"按钮为"加粗","I"按钮为"倾斜","U"按钮为"下划线"。

图3-79 选择字体   图3-80 选择字号   图3-81 选择字形

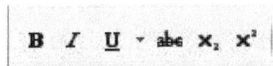

(二)字符颜色和缩放比

1.字符颜色

字符颜色是指字符的色彩。要选择字符的颜色,可以单击"字体"组的"字体颜色"下拉按钮,则会弹出调色面板,在调色面板的方块中选择某种颜色,如图3-82所示。

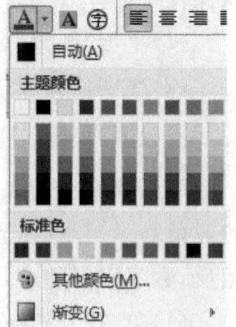

2.字符间距、缩放比例、字符位置

字符间距、缩放比例、字符位置的设置可通过"字体"对话框的"高级"选项卡进行,单击"字体"组右下端的下拉按钮,会弹出"字体"对话框,如图3-83所示,选择"高级"选项卡,如图3-84所示,可以在此进行缩放比例、字符间距、字符位置的设置。

图3-82 调色面板

图3-83 "字体"选项卡

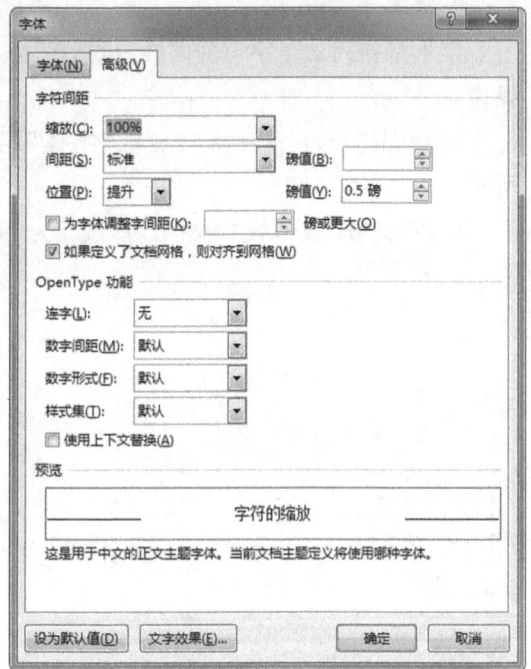

图3-84 "高级"选项卡

缩放比例是指字符的缩小与放大,其中"缩放"列表框用于设置字符的横向缩放比例,即将字符大小的宽度按比例加宽或缩窄。普通字符的宽高比是标准的(100%),若调整为150%,则字符的宽度加大;若调整为80%,则字符宽度变小。设置了某段字符的缩放比例后,新输入的文本都会使用这种比例,如果想使新输入的文本比例恢复正常,只需在"缩放"下拉列表框选择"100%"即可。

字符的缩放还可通过"开始"选项卡的"段落"组的"中文版式"按钮进行设置,单击该按钮,在弹出的下拉列表里选择"字符缩放",如图3-85所示,级联菜单列出了"200%""100%""33%"等缩放比例选项。如果这些比例都不能满足用户需求,可以选择最下方的"其他"命令,在弹出的"字体"对话框进行设置,如图3-83所示。

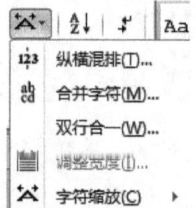

图3-85 "字符缩放"命令

"间距"列表框可以设置字符间距为标准、加宽或紧缩,右边的"磅值"输入框用于设置其加宽或紧缩的大小。

"位置"列表框可以设置字符的3种垂直位置,即标准、提升或降低,提升或降低值可以通过右边的"磅值"输入框进行设置。

注意:Word中经常用到"磅"这个单位,它是一个很小的量度单位,1磅＝0.35146mm。但有些时候人们习惯用其他的一些单位进行量度,Word为用户提供了自由的单位设置方法。如现在要设置"字符间距"中的"位置"为提升3mm,可以直接在"磅值"框中输入"3毫米"或"3mm"。在Word中的其他地方也可如此设置,还可以设置其他的单位,如厘米或cm。

(三)带特殊效果的字符

将文档中的一个词、一个短语或一段文字设置为一些特殊效果,可以使其更加突出和引人注目,以强调或修饰字符效果的属性,如删除线、下划线、上下标等(如上、下标的效果分别是S_2、A^3)。

这些属性有些可以在"开始"选项卡的"字体"组找到相应的命令按钮,在"字体"组找不到的属性,需要单击"字体"组右下端的下拉按钮,会弹出"字体"对话框,在"字体"对话框进行设置。

在"字体"对话框中,还可以设置"西文字体""双删除线""隐藏""着重号"等。

(四)设置字符的艺术效果

设置文字的艺术效果是指更改字符的填充方式、边框,或者为字符添加诸如阴影、映像、发光或三维旋转之类的效果,这样可以使文字更美观。

方法1:

(1)通过"开始"选项卡设置。

(2)选择要添加艺术效果的字符。

(3)单击"开始"选项卡的"字体"组的"文本效果"按钮,弹出下拉列表,如图3-86所示,这里提供了4×5的艺术字选项,下方有"轮廓""阴影""映像""发光"等特殊文本效果菜单。

方法2:

(1)通过"插入"选项卡设置。

(2)选择要添加艺术效果的字符。

(3)单击"插入"选项卡的"文本"组的"艺术字"按钮,会弹出6×5的"艺术字"列表,如图3-87所示。

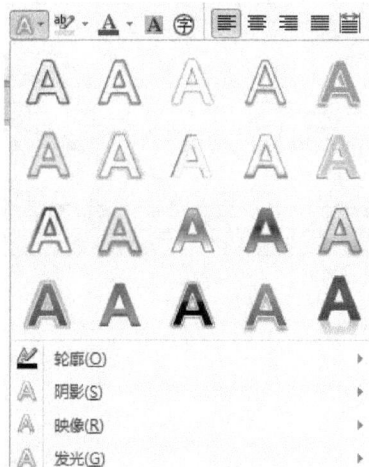

图3-86　"文本效果"下拉列表　　　　图3-87　"艺术字"列表

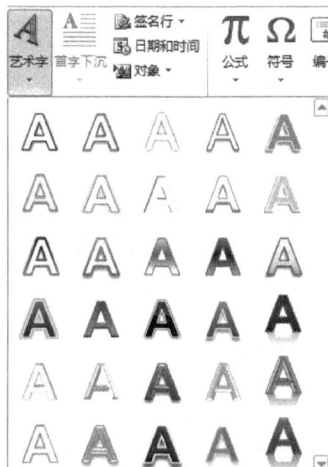

(4)选择一种艺术字样式后,窗口停留在"艺术字工具→格式"选项卡下,用户可以利用"艺术字工具→格式"选项卡下的命令按钮,进一步设置被选文字,如设置背景颜色。

这种方法与前一种方法不同的是:文字设置艺术效果后,变为一个整体,而前者设置后仍然是单个的字符。选择一种艺术字样式后,窗口停留在"艺术字工具→格式"选项卡下,用户可以利用"艺术字工具→格式"选项卡下的命令按钮,进一步设置被选文字,如设置背景颜色。

二、段落格式化

文稿中的段落编辑在文稿编辑中占有较重要的地位,因为文稿是以页面的形式展示给读者阅读的,段落设置的好坏,对整个页面的设计有较大的影响。段落设置有对段落的文稿对齐方式的设置、中文习惯的段落首行首字符的位置的设置、每个段落之间的距离的设置、每个段落里每行之间的距离的设置等。

段落格式化是通过"开始"选项卡的"段落"组命令或"段落"对话框进行设置的。

(一)段落对齐方式设置

段落的对齐方式有以下几种:两端对齐、右对齐、居中对齐、分散对齐等,如图3-88所示,默认的对齐方式是两端对齐。

要设置段落的对齐方式有两种方法,具体如下:

方法1:选择要进行设置的段落(可以多段),单击"开始"选项

图3-88 段落对齐方式

卡的"段落"组的相应按钮 ，如单击"左对齐""居中""右对齐""两端对齐""分散对齐"等。

方法2:单击"开始"选项卡的"段落"组右下方的下拉按钮。在弹出的"段落"对话框中,可看到常规选项下的"对齐方式"下拉列表,选择"左对齐""居中""右对齐""两端对齐""分散对齐"中的一种对齐方式即可。

(二)缩进与间距

为了使版面更美观,在文档编辑时,还需要对段落进行缩进设置。

1.段落缩进

段落缩进是指段落文字与页边距之间的距离。它包括首行缩进、悬挂缩进、左缩进、右缩进四种方式。段落缩进可使用标尺(见图3-89)和"段落"对话框两种方法。使用标尺设置段落缩

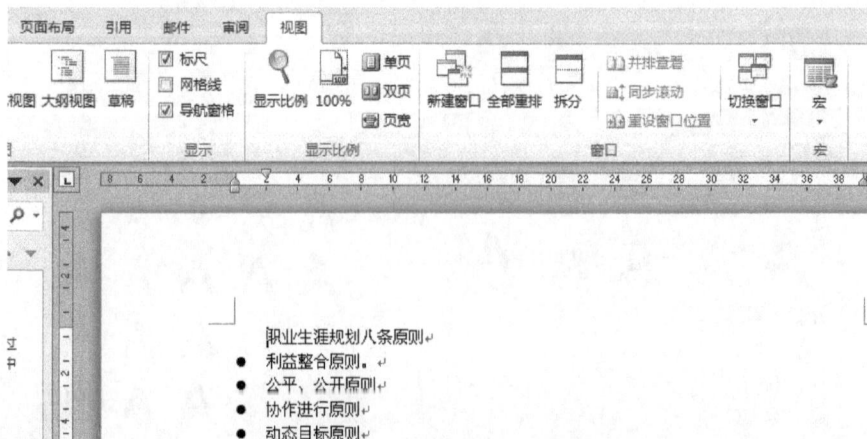

图3-89 使用标尺缩进段落

进是在页面中进行的,比较直观,但这种方法只能对缩进量进行粗略的设置,使用"段落"对话框对段落缩进则可以得到精确的设置。量度单位可以用厘米、磅、字符等。

"段前"或"段后"间距是指被选择段落与上、下段落间的距离,如图 3-90 所示,段落缩进设置完毕可在预览框预览效果。

2.行间距与段间距

一篇美观的文档,其版面的行与行之间的间距是很重要的。距离过大会使文档显得松垮,过小又显得密密麻麻,不易于阅读。

行间距和段间距分别是指文档中的段内行与行、段与段之间的垂直距离。Word 的默认行距是单倍行距。间距的设置方法有如下两种:

方法 1:选中要设置间距的段落,单击"开始"选项卡的"段落"组右下方的下拉按钮,在弹出的"段落"对话框中设置"行距"或"间距"。

方法 2:选中要设置间距的段落,直接单击"开始"选项卡的"段落"组的"行和段落间距"按钮,在弹出的下拉列表中选择一种合适的间距值即可。

3.中文版式

中文版式按钮 在"开始"选项卡的"段落"组,用于自定义中文或混合文字的版式。下面以图 3-91 为例,介绍设置中文版式的操作步骤。

(1)在 Word 中输入如图 3-91 所示的文字。

(2)选中"明月"两个字符,单击"开始"选项卡的"段落"组的"中文版式"按钮,在弹出的"中文版式"的下拉列表中选择"合并字符"命令,弹出"合并字符"对话框,单击"确定"按钮。

(3)选中"我欲乘风归去,又恐琼楼玉宇。"两句,单击"开始"选项卡的"段落"组的"中文版式"按钮,在弹出的"中文版式"的下拉列表中选择"双行合一"命令,弹出"双行合一"对话框,单击"确定"按钮。

(4)选中"起舞"两个字符,单击"开始"选项卡的"段落"组的"中文版式"按钮,在弹出的"中文版式"的下拉列表中选择"纵横混排"命令,弹出"纵横混排"对话框,单击"确定"按钮。

(5)选中全部文字,单击"开始"选项卡的"段落"组的"中文版式"按钮,在弹出的"中文版式"的下拉列表中,选择"字符缩放"命令,在弹出的级联列表中选择"150%"。

这时图 3-91 就设置成为图 3-92 的效果了。

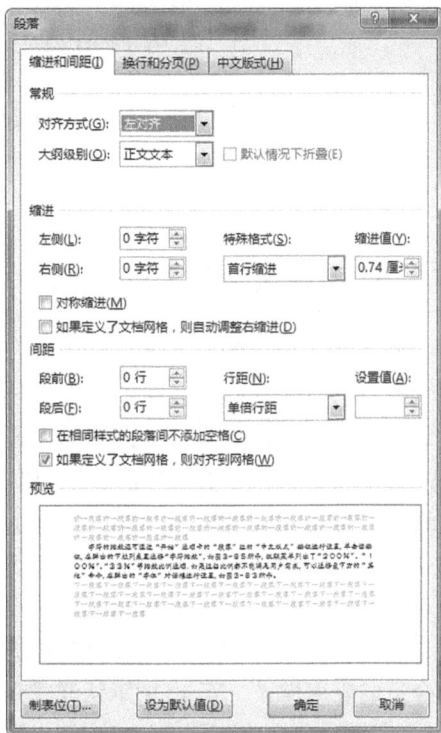

图 3-90 "段落"对话框

明月几时有,把酒问青天。不知天上宫阙,今夕是何年?我欲乘风归去,又恐琼楼玉宇。高处不胜寒,起舞弄清影,何似在人间

图 3-91 输入文字

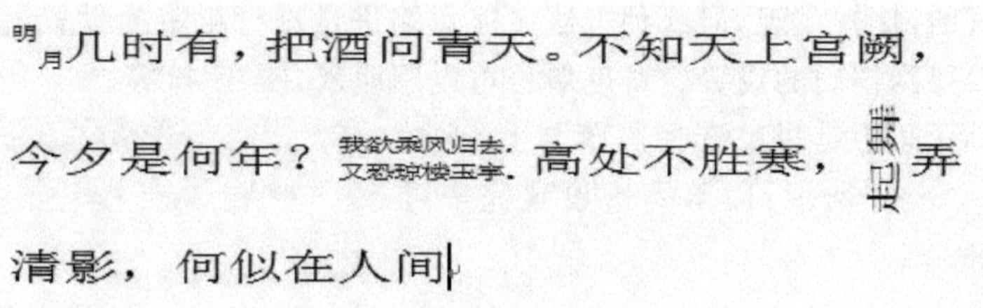

明月几时有，把酒问青天。不知天上宫阙，

今夕是何年？我欲乘风归去，又恐琼楼玉宇.高处不胜寒，起舞弄

清影，何似在人间

图 3-92　输入文字

三、使用"样式"格式化文档

样式是文档中的一系列格式的组合，包括了字符格式、段落格式及边框和底纹等。使用"样式"时应用采用五号宋体、两端对齐、单倍行距，不必分几步去设置正文格式，只需应用"正文"样式即可取得同样的效果。因此利用样式，可以融合文档中的文本、表格的统一格式特征，得到风格一致的格式效果，它能迅速改变文档的外观，节省大量操作。样式与文档中的标题和段落的格式设置有较为密切的联系。样式特别适用于快速统一长文档的标题、段落的格式。

"样式"的应用和设置在"开始"选项卡的"样式"组和"样式"任务窗格中进行。样式的操作有查看样式、创建样式、修改样式和应用样式。

"开始"选项卡的"样式"组的左边的方框显示 Word 提供的目前应用的样式，在方框中可选择合适的应用样式。Word 的默认样式是"正文"，其提供的格式是五号宋体、两端对齐方式、单倍行距。在"样式和格式"列表框中选择"清除格式"命令，样式定义操作即复原到"正文"样式。

（一）样式名

样式名即是格式组合（即样式）的名称。样式按名使用，最长为 253 个字符（除反斜杠、分号、大括号外的所有字符）。

样式可分为标准样式和自定义样式两种：

（1）标准样式是 Word 预先定义好的内置样式，如正文、标题、页眉、页脚、目录、索引等。

（2）自定义样式指用户自己创建的样式。如果需要字符或段落包括一组特殊属性，而现有样式中又不包括这些属性，可使用自定义样式。例如，设置所有标题字符格式为加粗、倾斜的红色隶书，用户可以创建相应的字符样式。如果要使某些段落具有特定的格式，如设置段前、段后距为 0.5 行，悬挂缩进 2 字符，1.5 倍行距，但已有的段落样式中不存在这种格式，也可以创建相应的段落样式。

（二）查看样式

在使用样式进行排版前，或者是浏览已应用样式排版好的文档，用户可以在文档窗口查看文档的样式，具体操作如下所述。

选中要查看样式的段落，单击"开始"选项卡下的"样式"组的"快速样式列表库"右下方的下拉按钮，即可看到光标所在位置的文本样式会在"快速样式库"中以方框的高亮形式显示出来，如图 3-93 所示，光标所在位置文本应用的样式为"无间隔"。

注意："快速样式库"并不会罗列全部的样式，里边列出的样式是"样式"任务窗格所提供样式列表的子集，"快速样式库"样式的添加或删除可由"样式"下拉列表中右击样式名选择相应的"添加到快速样式库"或"从快速样式库中删除"命令即可，如图 3-94 所示，右击"副标题"样式，选择"从快速样式库中删除"，将从快速样式列表删除该样式。

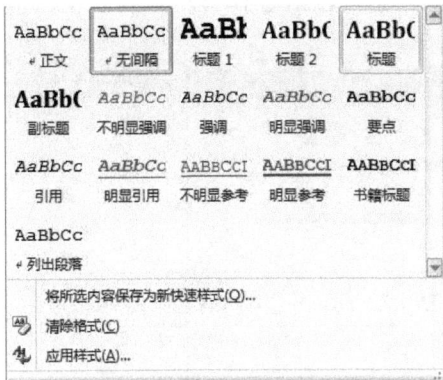

图 3-93　查看所选段落样式

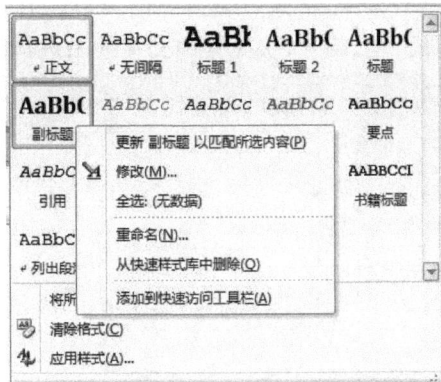

图 3-94　设置快速样式库

(三)应用与删除样式

"样式"下拉列表框中包含有很多 Word 的内建样式,或是用户定义好的样式。利用这些已有样式,用户可以快速地应用有格式的文档。应用样式可按如下步骤操作:

(1)选择或将光标置于需要样式格式化的标题或段落。

(2)单击"开始"选项卡的"样式"组右下端的下拉按钮,会弹出"样式"任务窗格,如图3-95所示。"样式"任务窗格上方是"样式"下拉列表框,这里列出了全部的样式集合。

(3)在"样式"下拉列表框中选择所需的样式。步骤(1)选中的标题或段落即实现该样式的格式。删除样式非常简单,用户只需要在"样式"下拉列表框右击需要删除的样式,在弹出的快捷菜单选择"删除"命令即可。

(四)新建样式

当 Word 提供的内置样式和用户自定义的样式不能满足文档的编辑要求时,用户就要按实际需要自定义样式了。新建样式可按如下步骤操作:

(1)单击"开始"选项卡"样式"组右下端的下拉按钮,会在屏幕右侧弹出"样式"任务窗格,如图 3-95 所示。

(2)在"样式"任务窗格左下方,单击"新建样式"按钮。

(3)在弹出的"根据格式创建设置新样式"对话框中进行如下设置:在"名称"文本框中输入新建样式的名称,默认为"样式 1""样式 2",以此类推,如图 3-96 所示。

图 3-95　"样式"任务窗格

在"样式类型"列表中根据实际情况选择一种,如选择"字符"样式或"段落"样式。"字符"样式中包含一组字符格式,如字体、字号、颜色和其他字符的设置,如加粗等。"段落"样式除了包含字符格式外,还包含段落格式的设置。"字符"样式适用于选定的文本,"段落"样式可以作用于一个或几个选定的段落。在任务窗格中,"字符"样式用符号"a"表示,"段落"样式用类似回车符号表示。

（4）单击"格式"按钮，弹出菜单，如图 3－97 所示，分别可以对字体、段落、制表位、边框、语言、图文框、编号、快捷键和文字效果进行综合的设置。

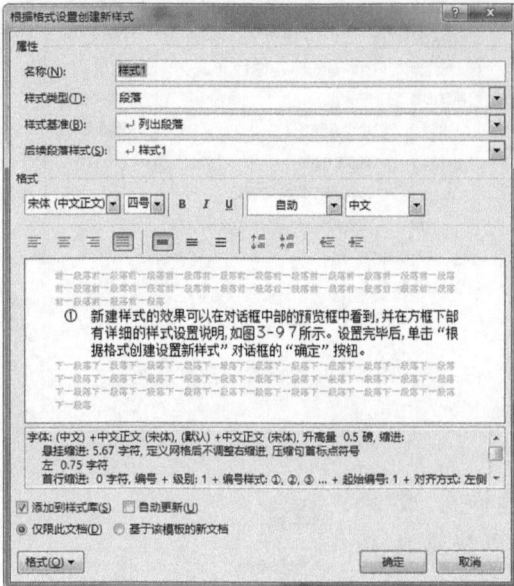

图 3－96　"根据格式创建设置新样式"对话框　　　　图 3－97　"修改样式"对话框

（5）新建样式的效果可以在对话框中部的预览框中看到，并在方框下部有详细的样式设置说明。设置完毕后，单击"根据格式创建设置新样式"对话框的"确定"按钮。

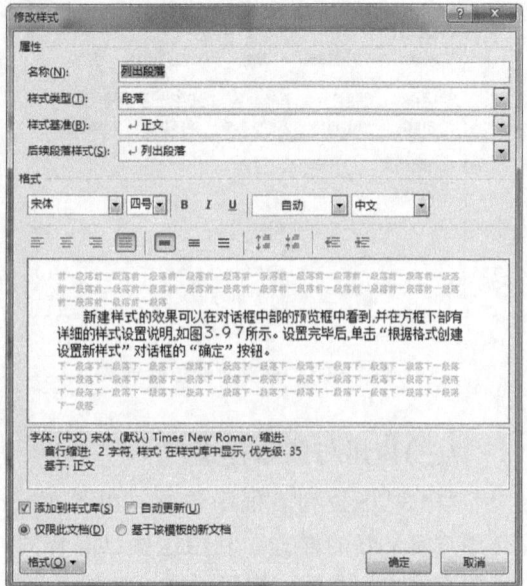

（五）修改样式

如果 Word 所提供的样式有些不符合应用要求，用户也可以对已有的样式进行修改，可按如下步骤操作：

（1）单击"开始"选项卡样式组右下端的下拉按钮，会在屏幕右侧弹出"样式"任务窗格，如图 3－95 所示。

（2）在"样式"任务窗格中，右击要修改的样式名（见图 3－94）或单击要修改样式名右边的样式符号按钮（见图 3－98），在弹出的快捷菜单中选择"修改"命令。

（3）在弹出的"修改样式"对话框中，可以修改字体格式、段落格式，还可以单击对话框的"格式"按钮，修改段落间距、边框和底纹等选项，如图 3－97 所示。

（4）单击"确定"按钮，完成修改。

修改样式的操作也可通过"样式"任务窗格的"管理样式"按钮进行，具体操作详见下文。

（六）样式检查器

Word 2013 提供的"样式检查器"功能可以帮助用户显示和清除 Word 文档中应用的样式和格式，"样式检查器"将段落格式和文字格式分开显示，用户可以对段落格式和文字格式分别清除。其操作步骤如下所述：

（1）打开 Word 2013 文档窗口，单击"开始"选项卡"样式"组右下端的下拉按钮，会在屏幕右侧弹出"样式"任务窗格，如图 3－98 所示。

（2）在"样式"窗格中单击"样式检查器"按钮，会出现"样式检查器"窗格，如图 3－99 所示。

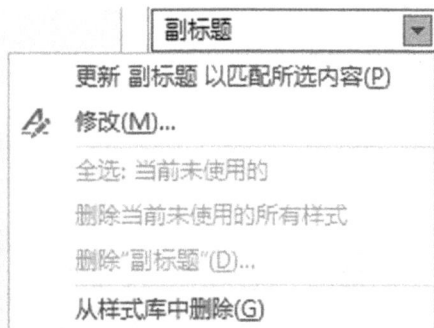

图 3-98 "修改"样式菜单

图 3-99 "样式检查器"窗格

（3）在打开的"样式检查器"窗格中，分别显示出光标当前所在位置的段落格式和文字格式，如果想看到更为清晰、详细的格式描述，可单击"样式检查器"窗格下方的"显示格式"按钮，在弹出的"显示格式"任务窗格查看。分别单击"重设为普通段落样式""清除段落格式""清除字符样式"和"清除字符格式"按钮清除相应的样式或格式。

（七）管理样式

"管理样式"对话框是 Word 2013 提供的一个比较全面的样式管理界面，用户可以在"管理样式"对话框中完成前述的新建样式、修改样式和删除样式等样式管理操作。下面仅对在 Word 2013"管理样式"对话框中修改样式的步骤进行说明。

（1）打开 Word 2013 文档窗口，单击"开始"选项卡"样式"组右下端的下拉按钮，会在屏幕右侧弹出"样式"任务窗格，如图 3-95 所示。

（2）在打开的"样式"窗格中单击"管理样式"按钮，如图 3-100所示。

（3）打开"管理样式"对话框，切换到"编辑"选项卡。在"选择要编辑的样式"列表中选择需要修改的样式，然后单击"修改"按钮，如图 3-101 所示。

图 3-100 单击"管理样式"按钮

（4）在打开的"修改样式"对话框中根据实际需要重新设置该样式的格式，并单击"确定"按钮，如图 3-102 所示。

（5）返回"管理样式"对话框，选中"副标题"单选按钮，并单击"确定"按钮，如图 3-103 所示。

在"管理样式"对话框中完成新建样式、删除样式的步骤类似于上述的修改样式，而且比较简单，不再赘述。

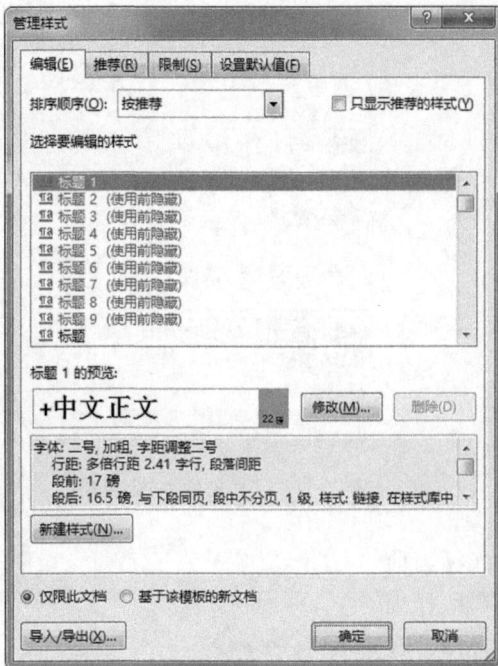

图 3-101　单击"修改"按钮

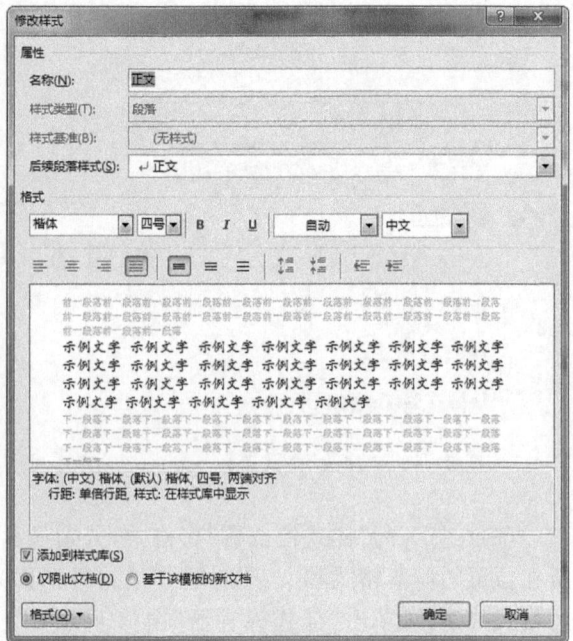

图 3-102　重新设置样式格式

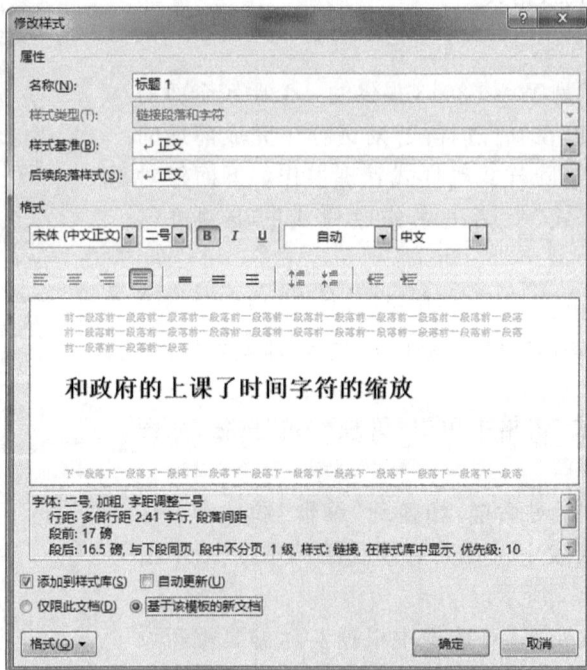

图 3-103　选中"基于该模板的新文档"单选按钮

四、快速设置图片格式

在文档中插入的图片,它的显示格式可能不满足用户的要求,需要对图片的格式进行设置。设置格式包括调整图片的大小,调整图片和文字之间摆放的关系(即版式设置),调节图片图像效果等操作。在文档中插入的图片、表格、文本框、自选图形和绘图(如流程图)都需要进行格式的设置,右击图片后弹出的快捷菜单上有一个"设置图片格式"命令选项,"设置图片格式"对话框有14个选项,可以快速设置图片格式,它们的格式化操作的快捷菜单大致相同。图3-104所示为图片的快捷菜单。下面以图3-105所示的图片、图3-106所示的"设置图片格式"的对话框为例,讲解设置图片格式的功能。

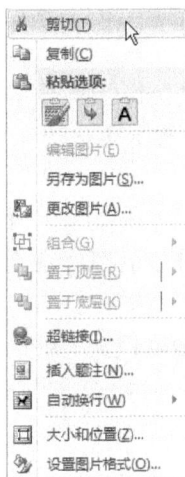

图3-104 图片的快捷菜单

图3-105 图片

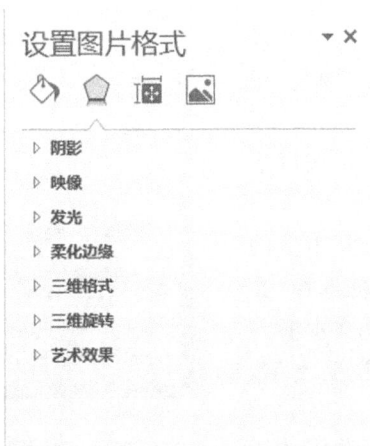

图3-106 "设置图片格式"对话框

(一)设置图片格式

设置图片格式可以在"设置图片格式"对话框中进行操作。打开该对话框有如下两种方法：

单击"图片工具→格式"选项卡的"图片样式"组右下端的下拉按钮(图片已处于被选中状态时)，或直接右击图片，在快捷菜单中选择"设置图片格式"命令。文本框、线条、箭头等形状的格式对话框与"设置图片格式"一样，只是对话框标题为"设置形状格式"。

"设置图片格式"对话框中有14个选项，分别是填充、线条颜色、线型、阴影、映像、发光和柔化边缘、三维格式、三维旋转、图片更正、图片颜色、艺术效果、裁减、文本框和可选文字，如图3-106所示。

"线条颜色"：用于对绘图、文本框线和表格的线条或箭头设置线条的颜色(包括无线条、实线、渐变线)、亮度、透明度等。

"阴影"：用于对图片设置阴影效果，可以设置阴影的颜色、透明度、大小、虚化、角度和距离。

"图片更正"：调节图片亮度、对比度、清晰度。

"图片颜色"：主要用于调节图片的色彩饱和度、色调，或者为图片重新着色。

"发光和柔化边缘"：图3-105就是在发光和柔化边缘选项卡下设置了柔化边缘大小为23磅的效果。

"艺术效果"：用于为图片添加特殊效果，利用"艺术效果"选项卡可以轻松为图片加上特效。

"裁剪"：在"裁剪"区域分别设置左、右、上、下的裁剪尺寸，可以对选中的图像精确快速地进行裁剪。

"选文字"：可选文字是指把 Word 文档保存为网页格式后，把鼠标放在网页文件的图片上时所显示的文字，或者源图片文件丢失时用于替代源图片的文本。

(二)在图片下方增加文字说明

在文档中插入的图片，往往需要在图片的下方加上一些文字说明。在图片加上文字说明的方法有如下两种：

(1)可以右击图片，在快捷菜单中选择"插入题注"命令，通过在弹出的对话框(见图3-107)中设置，例如在题注上写上该图片的说明，设置编号等后，单击"确定"按钮，在该图片下方即有文字说明。

(2)通过插入文本框来实现，可按以下步骤操作：

①单击"插入"选项卡的"插图"组上的"形状"按钮，在弹出的下拉列表框选择"文本框"命令，在图片下方插入一个文本框。

②在文本框中输入图片的说明文字，取消文本框边框线。

③按住"Shift"键分别单击图片及文本框，然后右击，在弹出的快捷菜单中选择"组合"命令。

④对组合后带说明的图片设置"环绕方式"，并调整好位置。

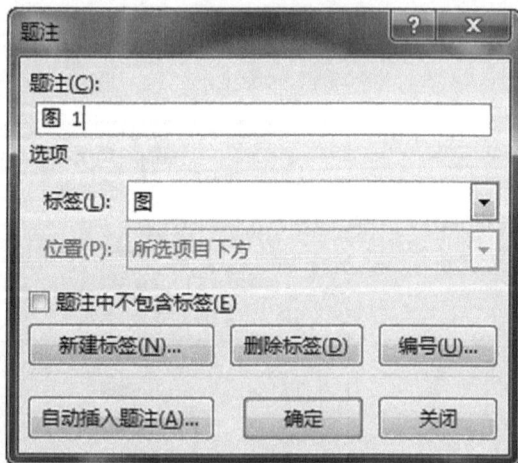

图3-107 "题注"对话框

(三)利用选项卡设置图片效果

用户还可以通过"图片工具→格式"选项卡功能区来编辑图片,设置图片效果。"图片工具→格式"如图 3-108 所示,该功能区分为调整、图片样式、排列、大小 4 个组,全面提供给用户设置图片格式的命令选项,上述可在"设置图片格式"对话框快速设置图片各种格式,也可以在"图片工具→格式"选项卡实现。

图 3-108 "图片工具→格式"功能

五、底纹与边框格式设置

为文档中某些重要的文本或段落增设边框和底纹,文稿中的表格同样也需要设置边框和底纹。边框和底纹以不同的颜色显示,能够使这些内容更引人注目,外观效果更加美观,能起到更突出和醒目的显示效果。

(一)设置表格、文字或段落的底纹

设置表格、文字或段落的底纹,可按如下步骤操作:

(1)选择需要添加底纹的表格、文字或段落。

(2)单击"开始"选项卡的"段落"组上的"所有框线"按钮;或者单击"开始"选项卡的"段落"组上的"所有框线"按钮旁边的下拉按钮(选择过一次后,系统将用"边框和底纹"按钮替换该按钮),在"边框和底纹"下拉列表中选择"边框和底纹"命令。

(3)弹出"边框和底纹"对话框,如图 3-109 所示。

(4)在"边框和底纹"对话框单击"底纹"选项卡,根据版面需求设置底纹的填充颜色、图案的样式和颜色等,如图 3-110 所示。设置底纹时,应用的对象有"文字""段落""单元格"和"表格"底纹的区别,可在"应用于"的下拉列表框中选择。第一段是文字底纹,第三段是段落底纹的设置效果,如图 3-111 所示。

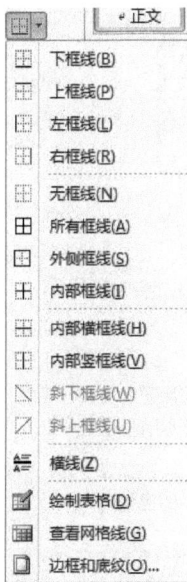

图 3-109 "边框和底纹"命令

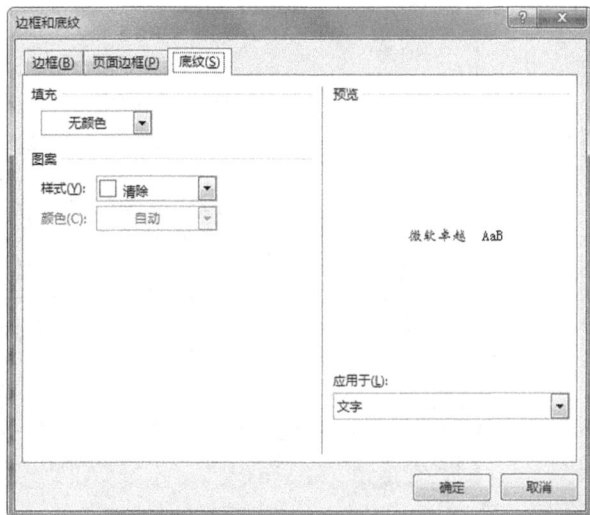

图 3-110 "边框和底纹"对话框

155

神十航天员食品与此前最大的区别，就是根据航天员的口味进行个性化定制，在神九的基础上，增加了豆沙粽、新鲜水果、小米粥、酸奶等。

据了解，单从酱料一类看，神十的酱料比神九多一款，神九带上天的酱料有海鲜酱、叉烧酱、川味辣椒酱、番茄酱和泰式甜味酱。而神十的酱料是根据聂海胜、张晓光、王亚平三名航天员的口味定制的，通过改进工艺提高了食品的感官接受性。

在包装上，去年的酱料类似方便面的包装，每一袋为一次性使用；今年的包装更为人性化，类似牙膏状，拧盖挤出酱料即可，不会喷撒，便于保存。

图 3-111　设置底纹

(二)设置表格、文字或段落的边框

给文档中的文本或段落添加边框，既可以使文本与文档的其他部分区分开来，又可以增强视觉效果。

(1)设置文字或段落的边框，可按如下步骤操作：

①选择需要添加边框的文字或段落。

②单击"开始"选项卡的"段落"组上的"所有框线"按钮。

③在弹出的"边框和底纹"对话框中选择"边框"选项卡，如图 3-112 所示，并设置边框的线型、颜色、宽度等。在"应用于"下拉列表框中选择应用于"文字"还是"段落"，单击"确定"按钮。

如图 3-113 所示，第一段是文字边框，第三段是段落边框，边框线是"双波浪型"。文字与段落边框在形式上存在区别：前者是由行组成的边框，后者是一个段落方块的边框。

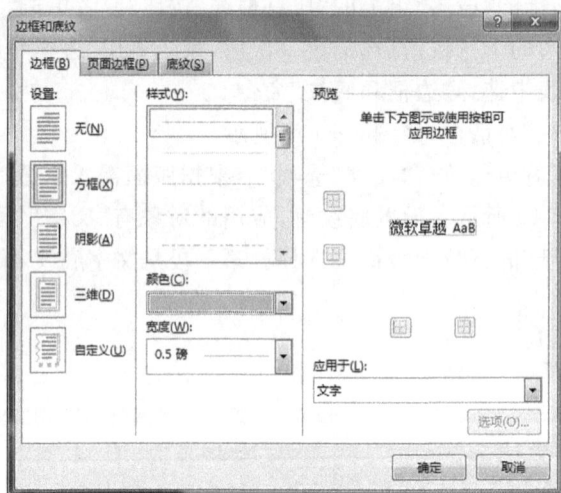

图 3-112　"边框"选项卡

神十航天员食品与此前最大的区别，就是根据航天员的口味进行个性化定制，在神九的基础上，增加了豆沙粽、新鲜水果、小米粥、酸奶等。

据了解，单从酱料一类看，神十的酱料比神九多一款，神九带上天的酱料有海鲜酱、叉烧酱、川味辣椒酱、番茄酱和泰式甜味酱。而神十的酱料是根据聂海胜、张晓光、王亚平三名航天员的口味定制的，通过改进工艺提高了食品的感官接受性。

在包装上，去年的酱料类似方便面的包装，每一袋为一次性使用；今年的包装更为人性化，类似牙膏状，拧盖挤出酱料即可，不会喷撒，便于保存。

图 3-113　设置边框

（2）设置表格边框，按以下步骤操作：

①选择需要添加边框的表格。

②单击"开始"选项卡的"段落"组上的"边框和底纹"按钮旁边的下拉按钮；或者右击在弹出的快捷菜单选择"边框和底纹"命令。

③在弹出的"边框和底纹"对话框中选择"边框"选项卡，如图3-114所示，设置边框（包括边框内的斜线、直线、横线、单边的边框线）的线型、颜色、宽度等。

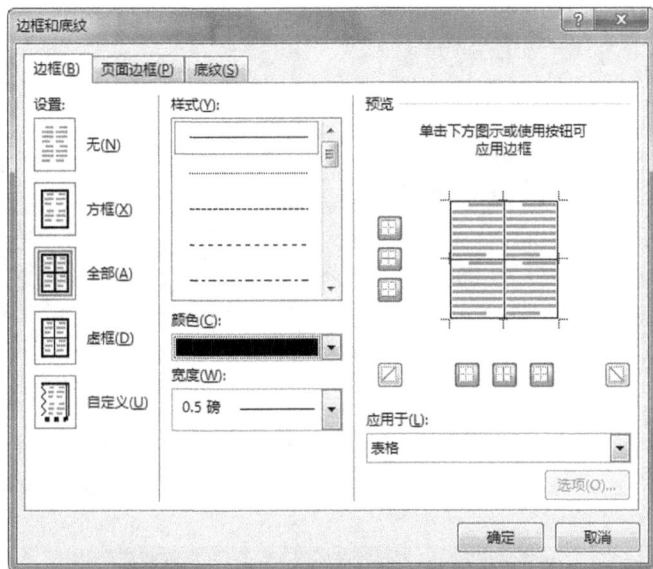

图3-114　表格的"边框和底纹"对话框

六、页面格式化设置

文稿的页面可以设置背景颜色，也可以对整个页面加上边框，或在页面中某处增加横线，以增加页面的艺术效果。

页面设置可选择"页面布局"选项卡的"页面背景"组命令实现设置背景颜色和填充效果、页面边框和底纹，并能设置水印。

单击"页面布局"选项卡的"页面背景"组命令的"页面边框"按钮，可以设置页面的边框线型、线的宽度和颜色，也可以单击"横线"按钮，在页面的某处设置合适的横线。

设置完毕后，还要选择应用范围，如应用于"整篇文章"还是"本节"。

（一）设置页面背景

Word提供了设置文档页面背景色的功能，利用这个功能可以为文档的页面设置背景色，背景色可以选择填充颜色、填充效果（如渐变、纹理、图案或图片）。例如，将文档加上一张图片作为背景，可按如下步骤操作：

（1）单击"页面布局"选项卡的"页面背景"组命令的"页面颜色"按钮。

（2）在弹出的下拉列表选择"填充效果"命令，如图3-115所示。

（3）在弹出的"填充效果"对话框中，选择"图片"选项卡，如图3-116所示，然后单击"选择图片"按钮。

（4）在弹出的"选择图片"对话框中，选择某张图片，如图3-117所示。

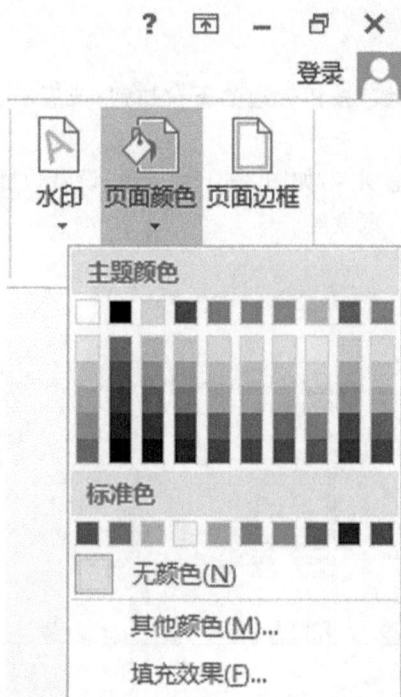

图 3-115 选择"填充效果"命令

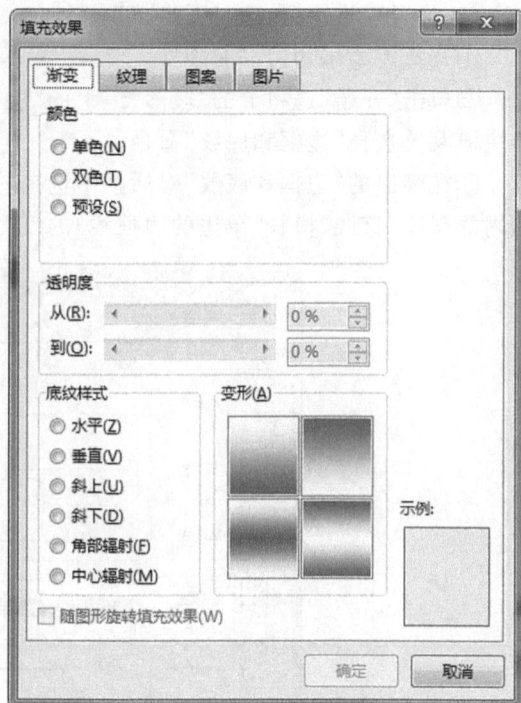

图 3-116 "图片"选项卡

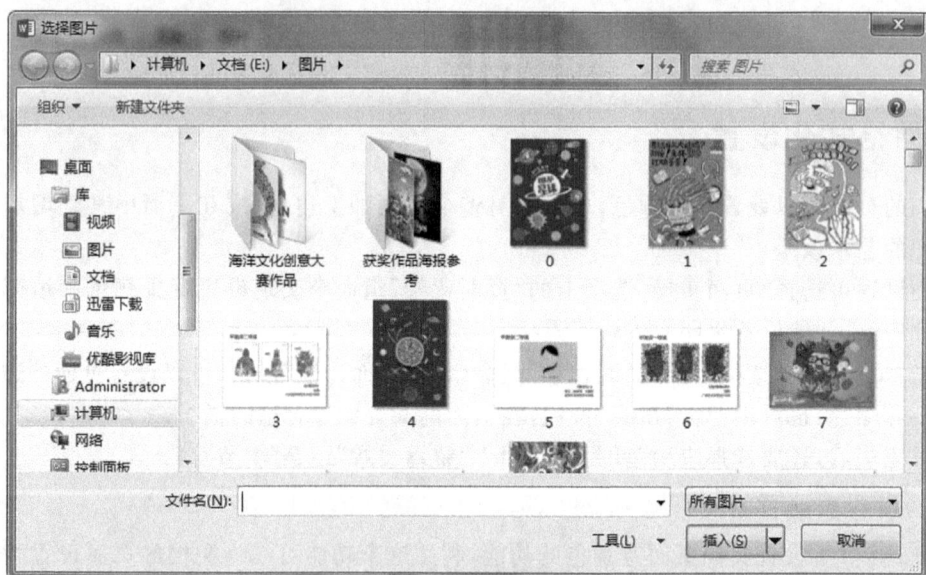

图 3-117 选择图片

(二)设置页面水印

可以在文稿的背景中增添"水印"。如在页面上增加"公司文件"字样的水印效果,操作步骤如下:

(1)单击"页面布局"选项卡的"页面背景"组命令的"水印"按钮。

(2)在弹出的下拉列表中选中"自定义水印"命令,会弹出"水印"对话框,如图 3-118 所示。

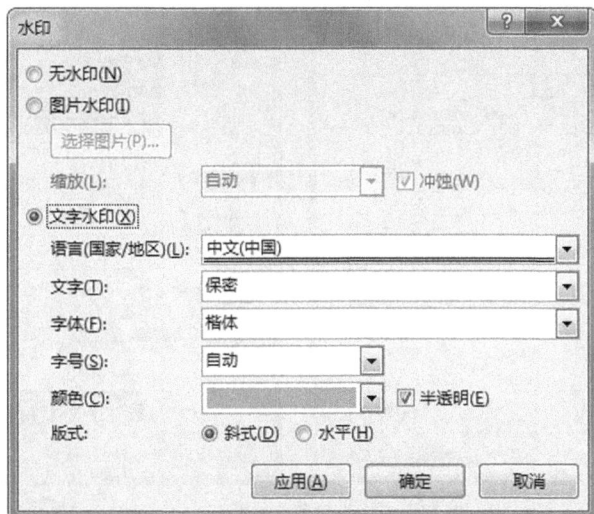

图 3-118 "水印"对话框

(3)在"水印"对话框的"文字"文本框中输入"添加了水印",按要求选择字体、尺寸、颜色,并选择"半透明"复选框,版式为斜式。单击"确定"按钮,效果如图 3-119 所示。

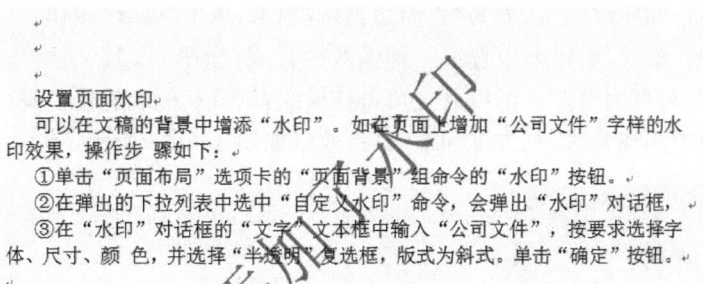

图 3-119 水印效果

注意:在步骤(3)时,如果用户所需要的水印效果已在水印下拉列表的水印库中,可以直接单击选中即可给文档页面添加上相应的水印效果。

(三)设置页面边框

Word 文档中,除了可以给文字和段落添加边框和底纹外,还可以为文档的每一页添加边框。为文档的页面设置边框,可按如下步骤操作:

(1)单击"页面布局"选项卡的"页面背景"组的"页面边框"按钮,弹出"边框和底纹"对话框。

(2)选择"边框和底纹"对话框的"页面边框"选项卡。

(3)在"设置"选项区域中选择"方框",并在"线型"列表框中选择一种线型,如图 3-120 所示。也可以在"艺术型"下拉列表框中选择一种带图案的边框线,如图 3-121 所示。

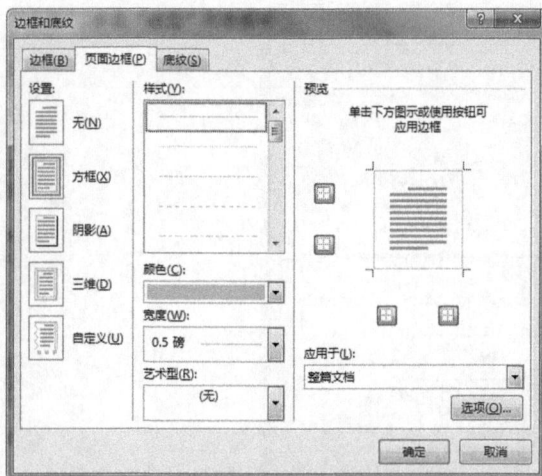

图 3-120 选择边框线型

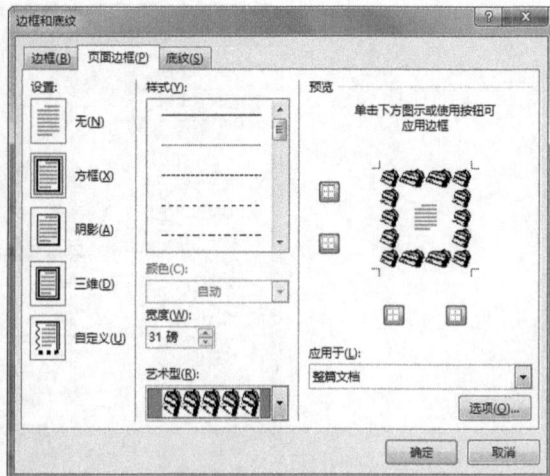

图 3-121 "艺术型"边框线

(四)设置页面内横线

为文档的页面添加横线,可按如下步骤操作:

(1)单击"页面布局"选项卡的"页面背景"组的"页面边框"按钮,弹出"边框和底纹"对话框。

(2)选择"边框和底纹"对话框的"页面边框"选项卡,单击"横线"按钮。

(3)在弹出的"横线"对话框中选择一种横线的样式,如图 3-122 所示。所选择的横线将设置于回车符下方,与页面同宽。可以通过单击该横线,调节长短和确定位置。

在文档页面中添加背景、页边框和横线后,效果如图 3-123 所示。

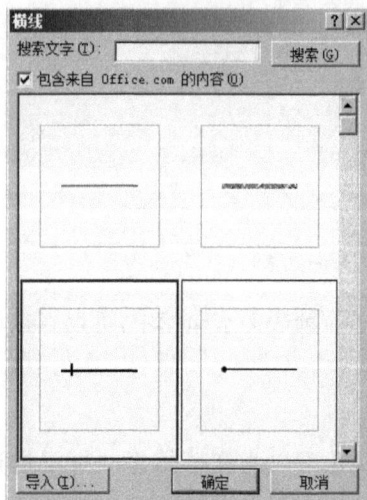

图 3-122 选择一种横线

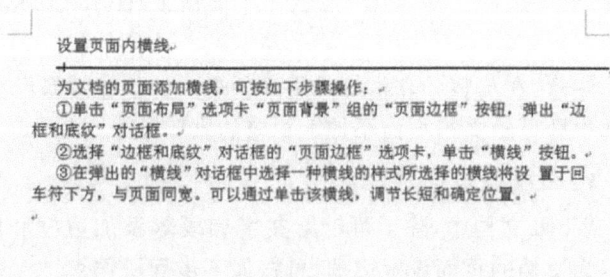

图 3-123 页面格式化的效果

一篇文稿,除了字符之外,往往还需要有图形、表格、图表配合说明。如果是学术文稿,有时还需要输入公式和流程图示。此外,Word 还提供了如文本框这样的特殊的文稿输入方式,以使文稿在排版上更符合实际需要。

这就要求我们在学习中注重多次调试,尤其要掌握插入对象后,对对象的快捷菜单的操作应用和菜单的各种操作。这些对加工、调整插入对象的最终效果有着重要的作用,如图3-124所示,该菜单分上下两部分。

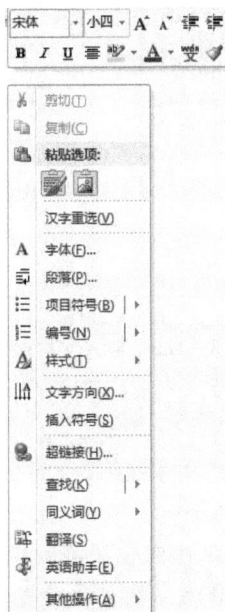

图3-124 插入形状的快捷菜单

任务四 在文档中插入元素

一、插入文本框

Word在文稿输入操作时,在光标引导下,按从上到下、从左到右的顺序进行输入。在实际的文稿排版中,往往有不同的要求,这些要求并不是可以用分栏或格式化就能完成的。引入文本框操作,能较好地完成排版的特殊要求,如可以在页面的任何位置完成文稿的输入或图片、表格等元素的插入操作。

文本框属于一种图形对象,它实际上是一个容器,可以放置文本、表格和图形等内容。用文本框可以创造特殊的文本版面效果,实现与页面文本的环绕、脚注或尾注。

文本框内的文本可以进行段落和字体设置,并且文本框可以移动、调节大小。使用文本框可以将文本、表格、图形等内容像图片一样放置在文档中的任意位置,即实现图文混排。

根据文稿的需要,单击"插入"选项卡"文本"组的"文本框"按钮后,在文本框下拉列表选择"绘制文本框"命令,光标变为十字形,在页面的任意位置拖动形成活动方框。在这个活动方框中可以输入文字或图片。

例3-8 如图3-125所示,建立和输入三个文本框,输入文字(可复制文字)和插入图片,在图片下加题注。完成后按图3-129所示,去除三个文本框的边框线。

Word 在文稿输入操作时，在光标引导下，按从上到下，从左到右的顺序进行输入。在实际的文稿排版中，往往有不同的要求，这些要求并不是可以用分栏或格式化就能完成的。引入文本框操作，能较好地完成排版的特殊要求，如可以在页面的任何位置完成文稿的输入或图片、表格等元素的插入操作。

文本框属于一种图形对象，它实际上是一个容器，可以放置文本、表格和图形等内容。用 文本框可以创造特殊的文本版面效果，实现与页面文本的环绕、脚注或尾

使用文本框可以将文本、表格、 图形等内容像图片一样放置在文档中的任意位置，即实现图文混排。

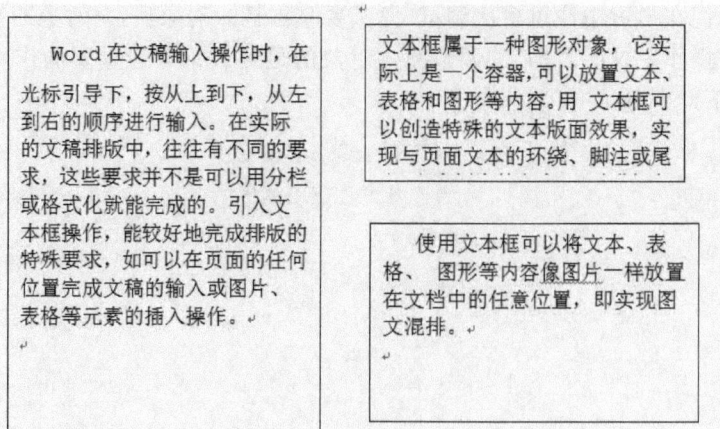

图 3-125　输入文本框内容

具体操作步骤如下：

(1)单击"插入"选项卡"文本"组的"文本框"按钮后,在弹出的文本框下拉列表选择"绘制文本框"命令。

(2)这时光标变成十字形,在文档中任意位置拖动,即自动增加一个"活动"的文本框,如图 3-126所示。这个活动的文本框可以被拖动到任何位置,或调整大小。

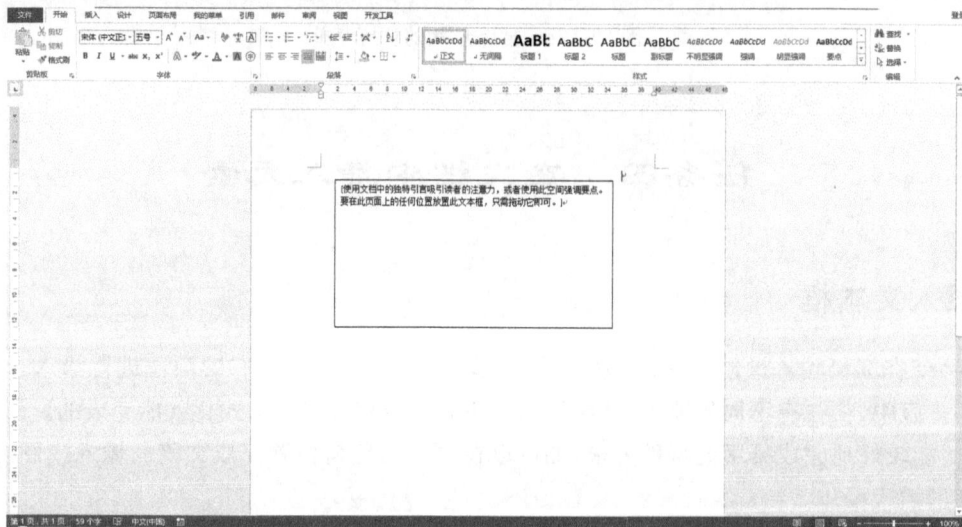

图 3-126　插入文本框

(3)在文本框中输入文字,如图 3-125 所示。插入的图片有自动适应功能,可自动调节图片大小与文本框相适应。如需要在输入的图片下方输入说明文字,可以使用"引用"选项卡"题注"组的"插入题注"按钮。

(4)去除文本框的边框线。选中文本框并右击,在快捷菜单中选择"设置形状格式"命令,在弹出的"设置形状格式"对话框中选择"填充"选项卡,并选择"无填充"选项;选择"颜色与线条"选项卡,并选择"无线条"选项,如图 3-127、图 3-128 所示。

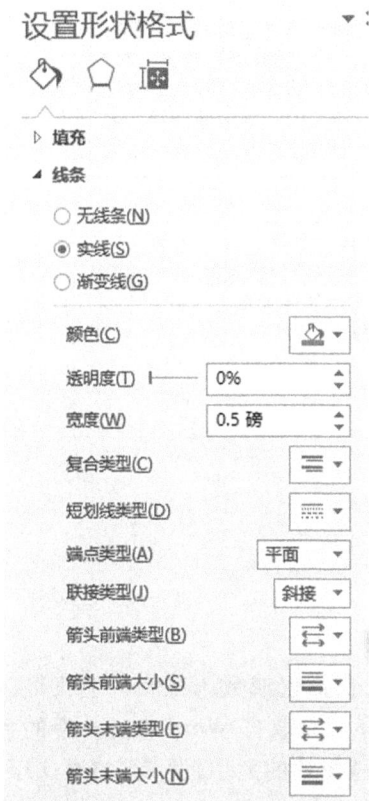

图 3-127 "设置形状格式"对话框

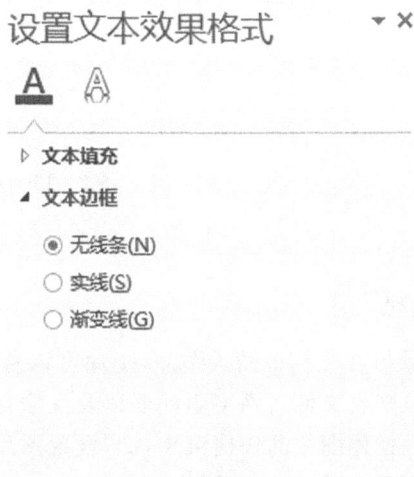

图 3-128 "设置文本效果格式"对话框

逐一去除各个文本框的边框线,最后的效果如图3-129所示。

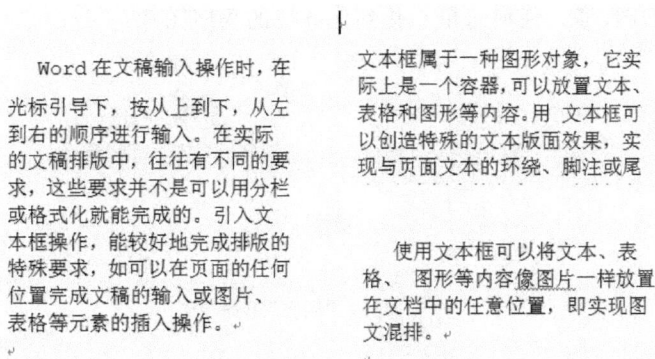

Word 在文稿输入操作时,在光标引导下,按从上到下,从左到右的顺序进行输入。在实际的文稿排版中,往往有不同的要求,这些要求并不是可以用分栏或格式化就能完成的。引入文本框操作,能较好地完成排版的特殊要求,如可以在页面的任何位置完成文稿的输入或图片、表格等元素的插入操作。

文本框属于一种图形对象,它实际上是一个容器,可以放置文本、表格和图形等内容。用 文本框可以创造特殊的文本版面效果,实现与页面文本的环绕、脚注或尾

使用文本框可以将文本、表格、 图形等内容像图片一样放置在文档中的任意位置,即实现图文混排。

图 3-129 没有边框线的文本框

例3-9 在文本框中添加边框线和填充底色。为文本框添加绿色边框、黄色底纹。

具体操作步骤如下:

(1)右击"文本框",在弹出的快捷菜单中选择"设置形状格式"命令。

(2)在"设置形状格式"对话框中(见图3-127),设置"填充"颜色为黄色、线条的颜色为绿色和虚实线样式,结果如图3-130所示。

Word 在文稿输入操作时，在光标引导下，按从上到下，从左到右的顺序进行输入。在实际的文稿排版中，往往有不同的要求，这些要求并不是可以用分栏或格式化就能完成的。引入文本框操作，能较好地完成排版的特殊要求，如可以在页面的任何位置完成文稿的输入或图片、表格等元素的插入操作。

文本框属于一种图形对象，它实际上是一个容器，可以放置文本、表格和图形等内容。用 文本框可以创造特殊的文本版面效果，实现与页面文本的环绕、脚注或尾

使用文本框可以将文本、表格、 图形等内容像图片一样放置在文档中的任意位置，即实现图文混排。

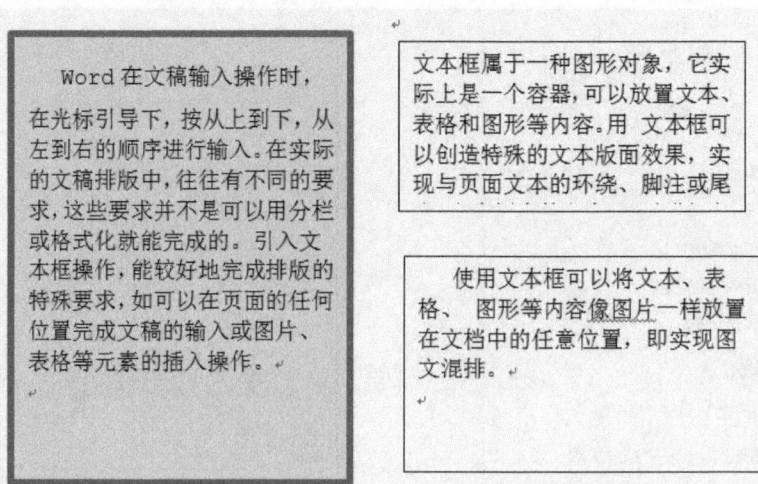

图 3 - 130　带边框线的文本框

二、插入图片

Word 可在文档中插入图片，图片可以从剪贴画库、扫描仪或数码照相机中获得，也可以从本地磁盘（来自文件）、网络驱动器以及互联网上获取，还可以取自 Word 本身自带的剪贴图片。此外，可以使用图片的快捷菜单，如"设置图片格式"、调整图片的大小、设置与本页文字的环绕关系等，以取得合适的编排效果。

插入各种类型图片的操作都可以通过单击"插入"选项卡的"插图"组的相应按钮来实现，图 3 - 131 所示为系统提供的"插图"组命令按钮，允许用户插入包括来自文件的图片、剪贴画、现成的形状（如文本框、箭头、矩形、线条、流程图等）、SmartArt（包括图形列表、流程图及更为复杂的图形）、图表及屏幕截图（插入任何未最小化到任务栏的程序图片）。

图片　联机图片　形状　SmartArt　图表　屏幕截图

插图

图 3 - 131　"插图"组命令

（一）插入来自文件的图片

插入来自文件的图片可按如下步骤操作：

（1）将光标置于要插入图片的位置。

（2）选择"插入"选项卡，单击"插图"组"图片"按钮命令。

（3）在"插入图片"对话框的"地址"下拉列表框中，选择图片文件所在的文件夹位置，并选择其中要打开的图片文件，如图 3 - 132 所示。

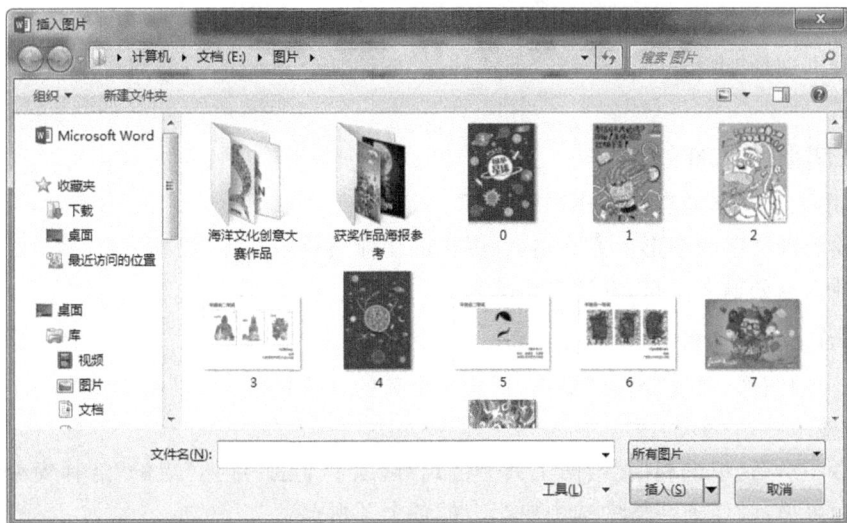

图 3-132 "插入图片"对话框

（二）插入形状（自选图形）

插入形状包括插入现成的形状，如矩形和圆、线条、箭头、流程图、符号与标注等，图3-133所示为系统提供的可插入的形状列表。插入形状的操作步骤和插入图片及剪贴画类似。

根据文稿的需要，绘制的图形可由单个或多个图形组成。多个图形，可以通过"叠放次序"或"组合"操作，再组合成一个大的图形，以便根据文稿要求插入到合适的位置。

（三）单个图形的制作步骤

单个图形的制作步骤具体如下：

（1）根据文稿要求，单击"插入"选项卡的"插图"组的"形状"按钮，从"形状"下拉列表中选择合适的形状。

（2）将已经变成十字标记的鼠标指针定位到要绘图的位置，拖动鼠标，可得到被选择的图形，可将图形拖动到文稿的适当位置。

（3）图形中有 8 个控制点，可以用来调节图形的大小和形状。另外，拖动绿色小圆点可以转动图形，拖动黄色小菱形点可改变图形形状或调整指示点。

（四）多个图形的制作步骤

多个图形的制作步骤具体如下：

（1）分别制作单个图形。

（2）按设计总体要求，调整各图形的位置。

（3）拖动单个图形到合适位置。利用"绘图工具→格式"选项卡的"排列"组的命令按钮，选择"对齐"按钮对图形进行对齐或分布调整；选择"旋转"按钮设置图形的旋转效果。

图 3-133 "形状"下拉列表

（4）多图形重叠时，上面的图形会挡住下面的图形，单击"绘图工具→格式"选项卡的"排列"组的按钮，分别选择"上移一层"按钮、"下移一层"按钮调整各图形的叠放次序，改变重叠区的可见图形。

（五）在图形中添加文字

在图形中添加文字的具体操作步骤如下：

（1）在要添加文字的图形上方右击，在弹出的快捷菜单中选择"添加文字"命令。

（2）在插入点处输入字符，并适当格式化。

（六）多个图形组合

多个单独的图形，通过"组合"操作，形成一个新的独立的图形，以便于作为一个图形整体参与位置的调整。

（1）激活图形后，单击利用"绘图工具→格式"选项卡上的"排列"组的"选择窗格"按钮，在弹出的"选择和可见性"任务窗格中选中要组合的各个图形。

（2）单击"绘图工具→格式"选项卡的"排列"组的"组合"按钮，选择"组合"命令，几个图形即组合为一个整体。

要取消图形的组合，单击"取消组合"即可。

例3-10　建立以图3-134为实例的"仓库管理操作流程图"。

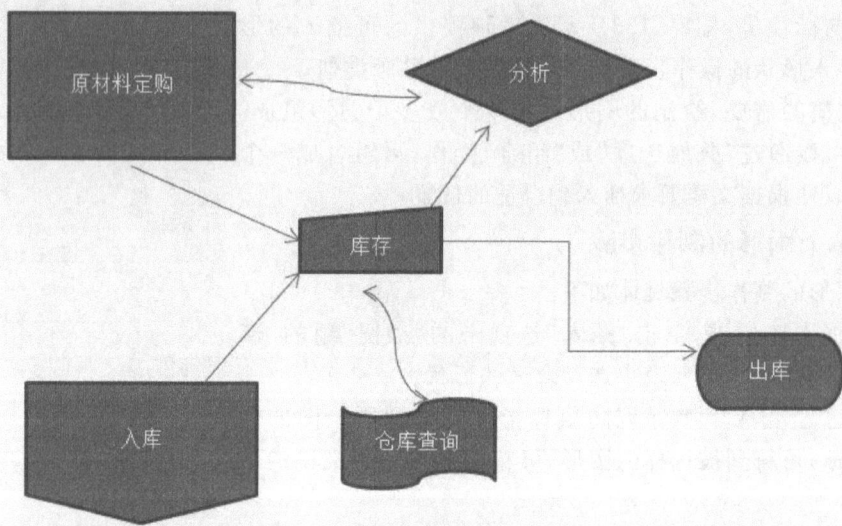

图3-134　仓库管理操作流程图

具体操作步骤如下：

（1）单击"插入"选项卡"插图"组的"形状"按钮，然后选择"流程图"选项。

（2）根据案例选择所需的图形，在需要绘制图形的位置单击并拖动鼠标，也可以双击选择所选的图形。

"流程图"下的每个图形都在流程图中有具体的"标准"的应用意义。如矩形方框是"过程"框，而圆角的矩形框是"可选过程"。

所以绘制标准要求高的流程图时，使用"流程图"图形要注意其图形含义，必须符合应用标准。光标放于该图形之中，可以得到该图形的含义。

(3)在图形中输入所需的文字并设置字符格式。

(4)用同样的方法,绘制出其他的图形,并为其添加和设置文字,拖动到适当的位置。绘制的最终效果图如图3-134所示。

对绘制出来的图形,可以对其重新进行调整,如改变大小、填充颜色、调整线条类型与宽度以及设置阴影与三维效果等。再利用"绘图"工具的"组合"命令,将相互关联的图形组合为一个图形,以便于插入文档中使用。

1. "**图片工具→格式**" **选项卡**

插入图片后单击激活图片,在选项卡区会自动增加一个"图片工具→格式"选项卡,利用上边的"调整""阴影效果""边框""排列""大小"5个组的按钮命令可对图片进行各种设置。前述的"设置图片→格式"对话框能设置的图片效果,利用"图片工具→格式"选项卡也同样能完成。

(1)设置图片大小方法。

方法1:利用"图片工具→格式"选项卡设置图片大小。具体操作步骤如下:

①激活图片,在选项卡区会自动增加一个"图片工具→格式"选项卡。

②在"大小"组命令里有"高度""宽度"两个输入框,分别输入高度、宽度值,会发现选中的图片大小立刻得到了调整。

方法2:用户可以利用右击图片,在弹出的快捷菜单中直接输入高度、宽度值的方法设置图片的大小。注意:高度、宽度列表会根据鼠标单击位置来调整出现在快捷菜单的上方还是正文,以便整个菜单能全部在屏幕上显示完整。

方法3:选中要调整大小的图片,图片四周会出现8个方块,将鼠标指针移动到控点上,按下左键并拖动到适当位置,再释放左键即可。这种方法只是粗略调整,精细调整需采用方法1或方法2。

(2)剪裁图片。

利用"图片工具→格式"选项卡裁剪图片大小的操作步骤如下:

①激活图片,在选项卡区会自动增加一个"图片工具→格式"选项卡。

②单击"大小"组命令的"裁剪"按钮,在弹出的下拉列表选择"裁剪"命令,如图3-135所示。

③这时图片周围会出现8个裁切定界框标记,拖动任意一个标记都可达到裁剪效果,如果是拖动右下方则可以按高度、宽度同比例裁剪,图3-136是裁剪为心形的效果图。

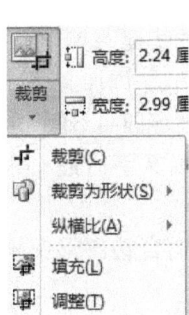

图3-135 "裁剪"命令

图3-136 图片裁剪效果

(3)设置图片与文字排列方式。

用户可以根据排版需要设置图片与文字的排列方式,具体操作步骤如下:

①激活图片,在选项卡区会自动增加一个"图片工具→格式"选项卡。

②单击"排列"组命令的"自动换行"按钮,在弹出的下拉列表选择一种文字环绕方式即可,如图3-137所示。在"自动换行"列表里,除了可以选择预设的效果,如嵌入式、四周型环绕、上下型环绕等,还可选择"其他布局选项",在弹出的"布局"对话框中设置图片的位置,如图3-138所示。

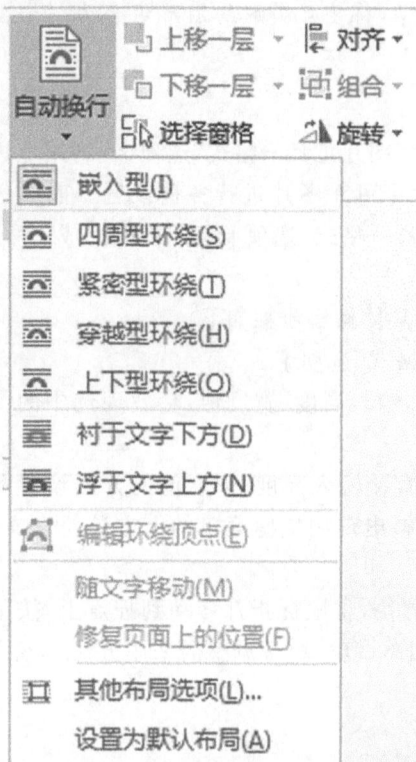

图 3-137 "自动换行"效果   图 3-138 "布局"对话框

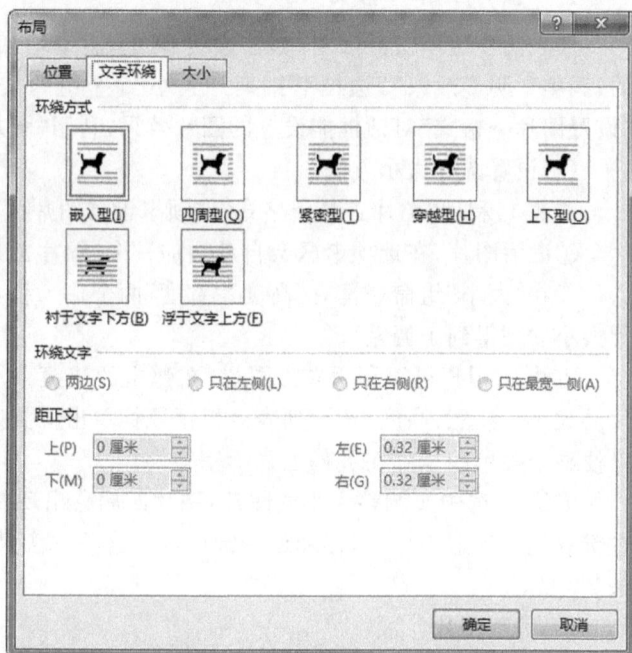

(4)为图片添加文字。

除了"线条"以外,"基本形状""箭头总汇""流程图""标注""星与旗帜"等自选图形类型中也可以添加文字。在 Word 2013 自选图形中添加文字的步骤如下所述:

①打开 Word 2013 文档窗口,右击准备添加文字的自选图形,并在打开的快捷菜单中选择"添加文字"命令,如果被选中的自选图形不支持添加文字,则在快捷菜单中不会出现"添加文字"命令。

②自选图形进入文字编辑状态,根据实际需要在自选图形中输入文字内容即可;用户可以对自选图形中的文字进行字体、字号、颜色等格式设置。图 3-139 所示为添加文字后的七角星自选图形。

使用 Word 2013 文档提供的自选图形不仅可以绘制各种图形,还可以向自选图形中添加文字,从而将自选图形作为特殊的文本框使用。

在多边形中添加文字

图 3-139 添加文字

(5)删除图片背景。

Word 2013可以轻松去除图片的背景,图3-140所示是一张原图。

图3-140 原图

删除图片背景的具体操作步骤如下:

①选择Word文档中要去除背景的一张图片,然后单击"图片工具→格式"选项卡的"调整"组的"删除背景"按钮。

②进入图片编辑状态,拖动矩形边框四周上的8个控制点,以便圈出最终要保留的图片区域,如图3-141所示。

图3-141 选定保留的图片区域

③完成图片区域的选定后,单击选项卡栏中的"背景消除"选项卡的"关闭"组的"保留更改"按钮,或直接单击图片范围以外的区域,即可去除图片背景并保留矩形圈中的部分。删除背景后的效果如图3-142所示。

如果希望不删除图片背景并返回图片原始状态,则需要单击功能区中的"背景消除"选项卡的"关闭"组的"放弃所有更改"按钮,通常只需调整矩形框括起来要保留的部分,即可得到想要的结果。但是如果希望可以更灵活地控制要去除背景而保留下来的图片区域,可能需要使用以下几个工具,在进入图片去除背景的状态下执行如下操作:

图 3-142 删除背景后的效果

A. 单击选项卡栏中"背景消除"选项卡的"优化"组的"标记要保留的区域"按钮,指定额外的要保留下来的图片区域。

B. 单击选项卡栏中"背景消除"选项卡的"标记要删除的区域"按钮,指定额外的要删除的图片区域。

C. 单击选项卡栏中"背景消除"选项卡的"删除标记"按钮,可以删除以上两种操作中标记的区域。

(6)设置图片艺术效果。

为图片设置艺术效果的操作步骤如下所述:

①选择 Word 文档中要添加艺术效果的一张图片,然后单击"图片工具→格式"选项卡的"调整"组的"艺术效果"按钮。

②在弹出的"艺术效果"列表中选择一种艺术效果,如"玻璃",图 3-143 所示为将图3-140设置"玻璃"艺术效果后的图片。

图 3-143 "玻璃"艺术效果

（7）设置图片样式。

直接选中一幅图片，激活图片后，在"图片样式"组单击选中"图片样式"列表框的一种图片样式，即可为图片设置一种样式。图3-144所示为设置了"金属椭圆"样式的效果。

图3-144 "金属椭圆"样式

（8）调整图片颜色。

调整图片颜色的操作步骤如下：

①选中激活图片后，在"调整"组单击"颜色"按钮，会弹出"颜色"命令列表，如图3-145所示。

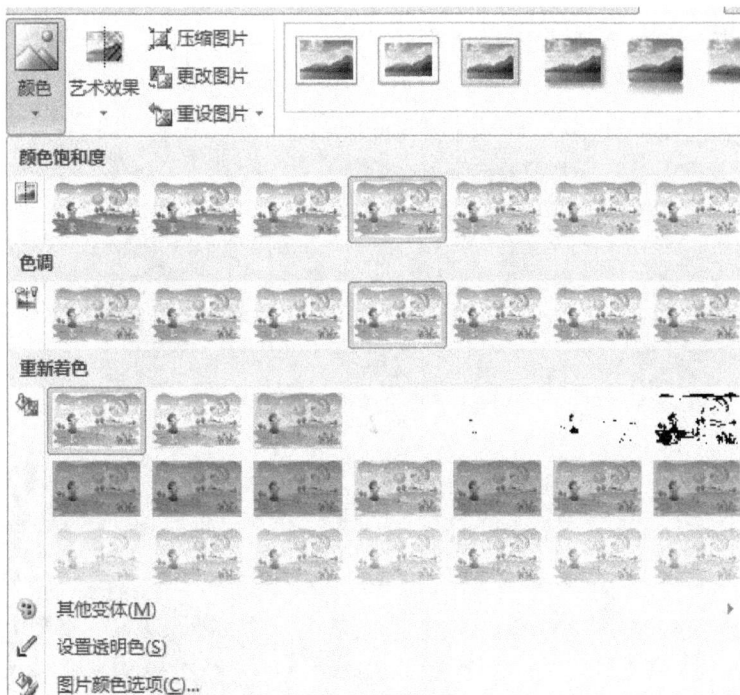

图3-145 "颜色"命令列表

②在"颜色"命令列表分别设置"颜色饱和度"为"0%","色调"为"色温:4700K","重新着色"为"水绿色","强调文字颜色"为"浅色",如图 3-146 所示。

用户还可以在"颜色"命令列表选择"其他变体""设置透明色"或"图片颜色选项"进一步设置,达到自己所要的图片效果。

图 3-146　调整图片颜色后的效果

(9)将图片换成 SmartArt 图。

Word 2013 的 SmartArt 图是非常优秀的图形,用户可以通过简单的操作将现有的普通图片转换成 SmartArt 图。本实例中将 5 幅各自独立的普通图片转化成 SmartArt,具体操作步骤如下所述。

①在文档中插入 5 幅普通的图片,紧凑排列在一起如图 3-147 所示。

图 3-147　一组普通图

②激活图片，单击"图片工具→格式"选项卡"排列"组的"自动换行"按钮，选择将5幅图片都设置成"浮于文字上方"。

③激活一幅图片，"排列"组的"选择窗格"按钮变成可选，单击该按钮，在弹出的"选择和可见性"任务窗格中选中5幅图片。

④在步骤③选中5幅图片基础上，单击"图片样式"组的"图片版式"按钮，在弹出的"图片版式"列表框选择一种版式，如"升序图片重点流程"，如图3-148所示。

⑤这时，原来的5幅图片已经转化成了SmartArt图，并且窗口的选项卡栏增加了"SmartArt工具→设计"选项卡，用户可以利用该选项卡的"SmartArt样式"组的命令按钮对SmartArt图的颜色及样式进行设置，如选择"更改颜色"为"彩色范围强调颜色5至6"，当然也可以在"布局"重新调整布局，或在"重置"组重设图形。最后效果图如图3-149所示。

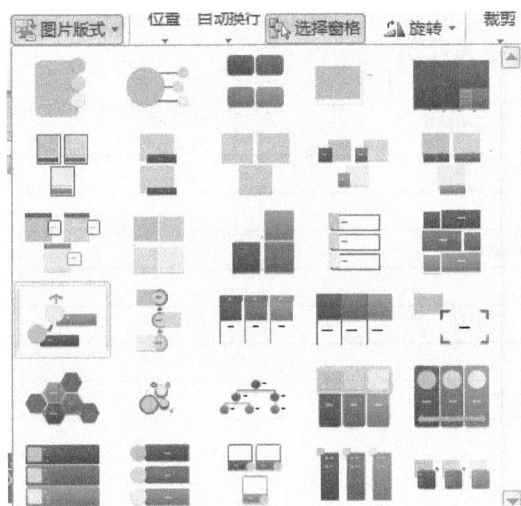

图3-148　选择图片版式

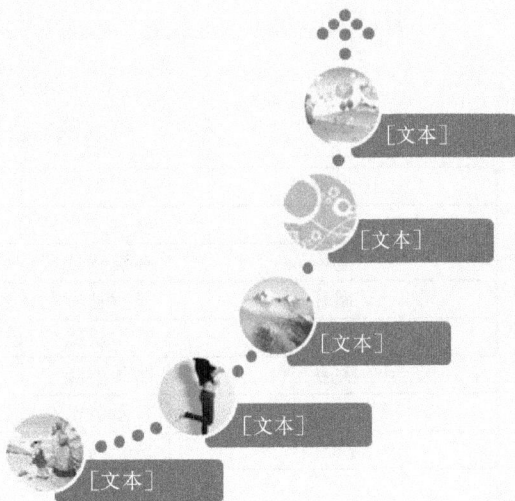

图3-149　转化成的SmartArt图

三、插入 SmartArt 图

在实际工作中，经常需要在文档中插入一些图形，如工作流程图、图形列表等比较复杂的图形，以增加文稿的说服力度。Word 2013提供了SmartArt功能，SmartArt图形是信息和观点的视觉表示形式。可以通过从多种不同布局中进行选择来创建SmartArt图形，从而快速、轻松、有效地传递信息。

绘制图形可以使用"SmartArt"完成，SmartArt图是Word设置的图形、文字以及其样式的集合，包括列表（36个）、流程（44个）、循环（16个）、层次结构（13个）、关系（37个）、矩阵（4个）、棱锥（4个）和图片（31个）共八个类型185个图样。单击"插入"选项卡的"插图"组的"SmartArt"按钮，会弹出"选择SmartArt图形"对话框，如图3-150所示，表3-3列出了"选择SmartArt图形"对话框各图形类型和用途的说明。

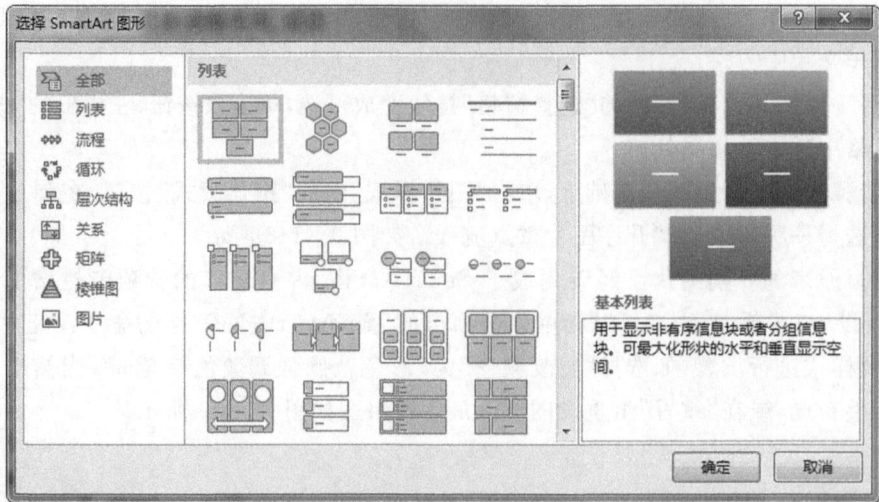

图 3-150 "选择 SmartArt 图形"对话框

表 3-3 图形类型及用途

图形类型	图形用途
列表	显示无序信息
流程	在流程或日程表中显示步骤
循环	显示连续的流程
层次结构	显示决策树,创建组织结构图
关系	图示连接
矩阵	显示各部分如何与整体关联
棱锥图	显示与顶部或底部最大部分的比例关系

(一)布局考虑

为 SmartArt 图形选择布局时,要考虑该图形需要传达什么信息以及是否希望信息以某种特定方式显示。通常,在形状个数和文字量仅限于表示要点时,SmartArt 图形最有效。

如果文字量较大,则会分散 SmartArt 图形的视觉吸引力,使这种图形难以直观地传达用户的信息。但某些布局(如"列表"类型中的"梯形列表")适用于文字量较大的情况。如果需要传达多个观点,可以切换到另一个布局,该布局含有多个用于文字的形状,如"棱锥图"类型中的"基本棱锥图"布局。更改布局或类型会改变信息的含义。例如,带有右向箭头的布局(如"流程"类型中的"基本流程"),其含义不同于带有环形箭头的 SmartArt 图形布局(如"循环"类型中的"连续循环")。箭头倾向于表示某个方向上的移动或进展,使用连接线而不使用箭头的类似布局则表示连接而不一定是移动。

用户可以快速轻松地在各个布局间切换,因此可以尝试不同类型的不同布局,直至找到一个最适合对信息进行图解的布局为止。可以参照表 3-3 尝试不同的类型和布局。切换布局时,大部分文字和其他内容、颜色、样式、效果和文本格式会自动带入新布局中。

(二)创建 SmartArt 图形

下面将插入如图 3-151 所示的 SmartArt 图形,创建的操作步骤如下所述:

(1)定位光标至需要插入图形的位置。

(2)单击"插入"选项卡的"插图"组的"SmartArt"按钮,会弹出"选择 SmartArt 图形"对话框。

(3)在"选择 SmartArt 图形"对话框中选择"层次结构"选项卡,选择"层次结构"选项。

(4)单击"确定"按钮,即可完成将图形插入到文档中的操作,如图 3-151 所示。

以图 3-152 为例,在 SmartArt 图形中输入文字,其操作步骤如下所述:

(1)单击 SmartArt 图形左侧的按钮,会弹出"在此处键入文字"的任务窗格。

(2)在"在此处键入文字"任务窗格输入文字,右边的 SmartArt 图形对应的形状部分则会出现相应的文字。

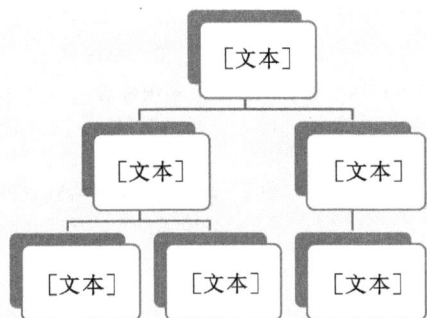

图 3-151　层次结构 SmartArt

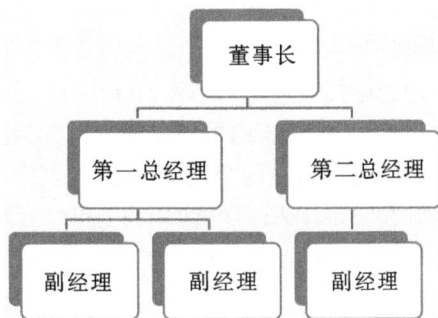

图 3-152　"在此处键入文字"后的效果

(三)修改 SmartArt 图形

1.添加 SmartArt 形状

默认的结构不能满足需要时,可在指定的位置添加形状。下面以图 3-152 为例,介绍添加 SmartArt 形状的具体操作步骤。

(1)插入 SmartArt 图形,并输入文字。选中需要插入形状位置相邻的形状,如本例选中内容为"副经理"的形状。

(2)单击"SmanArt 工具→设计"选项卡的"创建图形"组左上的"添加形状"按钮,在弹出的下拉列表选择"在下方添加形状",并在新添加的形状里输入文字"厂长",如图 3-153 所示。

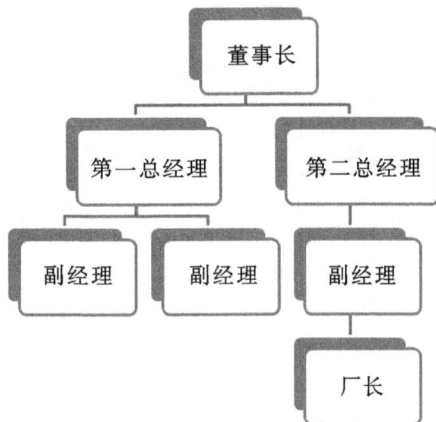

图 3-153　添加了形状后的 SmartArt

(四)更改布局

用户可以调整整个的 SmartArt 图形或其中一个分支的布局。下面以图 3－153 为例,介绍更改布局的具体操作步骤。

选中 SmartArt 图形,单击"SmartArt 工具→设计"选项卡的"布局"组上的"层次结构列表"按钮,即可将原来属于"层次结构"的布局更改为"层次结构列表",如图 3－154 所示。

(五)更改 SmartArt 样式

我们以图 3－155 为例,介绍更改 SmartArt 样式的具体操作步骤。

(1)选中图 3－155 所示 SmartArt 图形,单击"SmartArt 工具→设计"选项卡的"SmartArt 样式"组的"更改颜色"按钮,选择"彩色"列表的"彩色范围强调文字 4 至 5"选项。

(2)在"SmartArt 样式"单击选中"三维"列表的"砖块场景"选项,更改样式后的效果如图 3－156 所示。

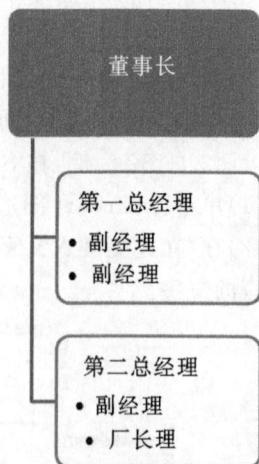

图 3－154　更改布局后效果图

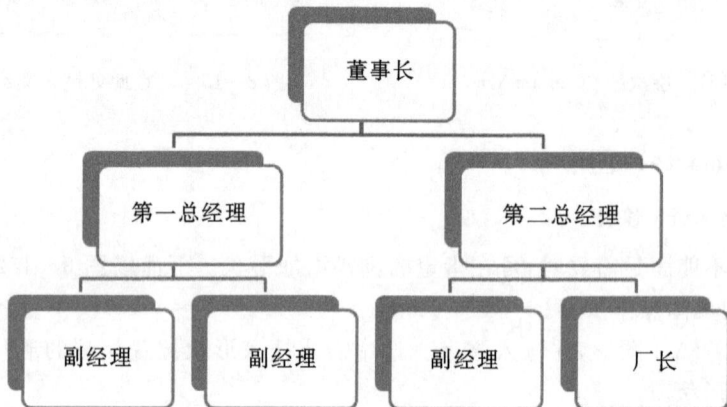

图 3－155　更改单元格级别

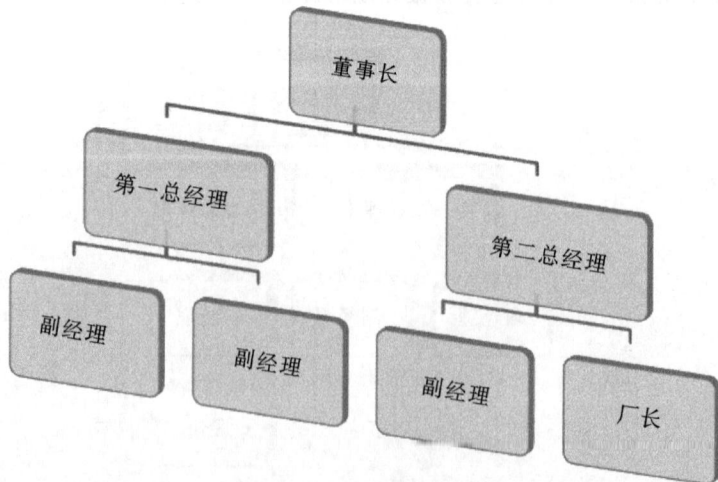

图 3－156　更改样式

四、插入公式

在编辑科技性的文档时,通常需要输入数理公式,其中含有许多的数学符号和运算公式,MicrosoftWord 2013 包括编写和编辑公式的内置支持,可以满足日常大多数公式和数学符号的输入和编辑需求。

Word 2013 以前的版本使用 MicrosoftEquation3.0 加载项或 MathType 加载项,在以前版本的 Word 中包含 Equation3.0,在 Word 2013 中也可以使用此加载项;在以前版本的 Word 中不包含 MathType,但可以购买此加载项。如果在以前版本的 Word 中编写了一个公式并希望使用 Word 2013 编辑此公式,则需要使用先前用来编写此公式的加载项。

(一)插入内置公式

Word 内置了一些公式供读者选择插入,具体操作步骤为:将光标置于需要插入公式的位置,单击"插入"选项卡的"符号"组的"公式"旁边的下拉按钮,然后选择"内置"公式下拉列表罗列的所需的公式。例如,选择"二次公式",立即可在光标处插入相应的公式,如图3-157所示。

$$x = \frac{-b \pm \sqrt{b^2 - 4ac}}{2a}$$

图 3-157　内置公式示例

(二)插入新公式

如果系统的内置公式不能满足要求,用户可以插入自己编辑的公式来满足自己的个性化要求。

例 3-11　按图 3-158 的样式,建立一个数学公式。

$$A = \lim_{x \to 0} \frac{\int_0^x \cos^2 \mathrm{d}x}{x}$$

图 3-158　数学公式

建立数学公式的操作步骤如下:

(1)决定公式输入位置:光标定位,单击"插入"选项卡的"符号"组的"公式"旁边的下拉按钮,然后选择"内置"公式下拉列表的"插入新公式"命令,在光标处插入一个空白公式框,如图3-159所示。

图 3-159　空白公式框

(2)选中空白公式框,Word 会自动展开"公式工具→设计"选项卡,如图 3-160 所示。

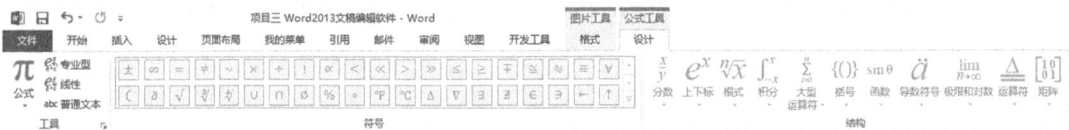

图 3-160　"公式工具→设计"选项卡

(3)先输入"$A=$",然后单击"公式工具→设计"选项卡的"结构"组的"极限和对数"按钮,在弹出的样式框中选择"极限"样式。

（4）利用方向键，将光标定位在 lim 下边，输入"$x\rightarrow0$"，再将光标定位在右方。

（5）"公式工具→设计"选项卡的"结构"组的"分数"按钮样式列表框的第一行第一列的样式，单击分母位置，输入"x"，单击分子位置，选择"积分"按钮样式列表框的第一行第二列的样式。分别单击积分符号的下标与上标，输入"0"与"x"，移动光标到右侧。

（6）选择"结构"组的"上下标"按钮样式列表框的第一行第一列的样式，置位光标在底数输入框并输入"cos"，置位光标在上标位置，输入"2"。

（7）鼠标在积分公式右侧单击，输入"dx"，完成输入。最后效果如图 3-158 所示。

(三)公式框

"公式选项"按钮公式框的"公式选项"按钮提供了公式框方便设置显示方式和对齐方式功能。公式框的显示方式可以通过单击公式框右下角的"公式选项"按钮，会弹出一个下拉列表，在下拉列表中选择公式为"专业型"还是"线性"或是"更改为内嵌"，如图3-161所示。

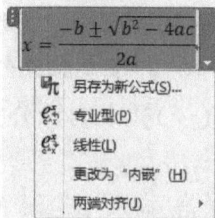

公式框的对齐同样可通过"公式选项"下拉列表，选择"两端对齐"的级联菜单的"左对齐""右对齐""居中""整体居中"4 种对齐方式的一种即可。

图 3-161　"公式选项"下拉列表

(四)插入外部公式

在 Windows 7 操作系统中，增加了"数学输入面板"程序，利用该功能可手写公式并将其插入到 Word 文档中。插入外部公式的操作步骤如下所述：

（1）定位光标在要输入公式的位置。

（2）选择"开始"→"所有程序"→"附件数学"→"输入面板"命令，启动"数学输入面板"程序，利用鼠标手写公式。

（3）单击右下角的"输入"按钮，即可将编辑好的公式插入到 Word 文档中。

五、插入艺术字

艺术字具有特殊视觉效果，可以使文档的标题变得更加生动活泼。艺术字可以像普通文字一样设定字体、大小、字形，也可以像图形那样设置旋转、倾斜、阴影和三维等效果。

(一)插入艺术字

在文档中插入艺术字，可按如下步骤操作：

（1）单击"插入"选项卡的"文本"组的"艺术字"按钮，会弹出 6 行 5 列的"艺术字"列表，如前图 3-87 所示。

（2）选择一种艺术字样式后，文档中出现一个艺术字图文框，将光标定位在艺术字图文框中，输入文本即可，如图 3-162 所示。

计算机文化基础（Windows 7）

图 3-162　插入的艺术字

178

(二)插入繁体艺术字

(1)先在文档中输入简体字符,选中相应字符,选择"审阅"功能选项卡,单击"中文简繁转换"组的"简转繁"按钮。

(2)选中繁体艺术字符,切换到"插入"选项卡的"文本"组的"艺术字"按钮,在随后出现的下拉列表中,选择一种艺术字样式即可,如图3-163所示。

图3-163　繁体字艺术字

(三)设置艺术字格式

文档中输入艺术字后,用户可以对插入的艺术字进一步设置。方法有如下两种:

方法1:选中艺术字后,激活"绘图工具→格式"选项卡,按照前面所讲的设置文本框和形状及图片的操作,对艺术字进一步格式化处理,如图3-164所示。

图3-164　"绘制工具→格式"选项卡

方法2:利用"开始"选项卡的"字体"组上的相关命令按钮,设置诸如字体、字号、颜色等格式。

六、插入超链接

超链接是指将文档中的文字或图形与其他位置的相关信息链接起来。建立了超链接后,单击文稿的超链接,就可跳转并打开相关信息。它既可跳转至当前文档或Web页的某个位置,亦可跳转至其他Word文档或Web页,或者其他项目中创建的文件,甚至可用超链接跳转至声音和图像等多媒体文件。

(一)自动建立的超链接

在文档中输入网址或电子邮箱地址,Word 2013自动将其转换成超链接的形式。在连接网络的状态下,按住"Ctrl"键,单击其中的网络地址,可打开相应网页;单击电子邮箱地址,可打开Outlook收发邮件。

用户也可以将这种自动转换超链接的功能关闭。操作步骤如下所述:

(1)通过"Word选项"对话框,单击"校对"选项卡的"自动更正选项"按钮。

(2)在"自动更正"对话框,选择"键入时自动套用格式"标签,取消选中"Internet及网络路径替换为超链接"复选框。

(3)单击"确定"按钮。

(二)插入超链接

在文档中插入超链接,可按如下步骤操作:

(1)选择要作为超链接显示的文本或图形对象,或把光标设置在要插入超链接的字符后面。

(2)单击"插入"选项卡的"链接"组的"超链接"按钮,或者右击后在弹出的快捷菜单选择"超链接"命令。

（3）在弹出如图3-165所示的"插入超链接"对话框中，选择超链接的相关对象。例如，本例选择"D盘"的"课程设计报告"的文件为超链接，单击"确定"按钮。

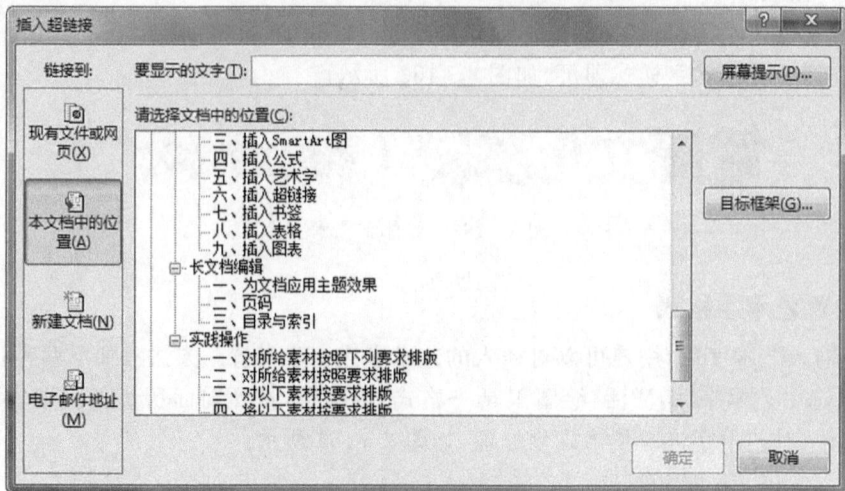

图3-165 "插入超链接"对话框

（4）已设置的超链接的显示：被选择的文稿段变为蓝色。光标定位的超链接的文稿位置：在光标处显示超链接的目标。

（5）单击超链接目标，可以马上打开该超链接目标。

(三)取消超链接

要取消超链接，可按如下步骤操作：

右击要更改的超链接，在弹出的快捷菜单中选择"取消超链接"命令。

七、插入书签

Word提供的"书签"功能主要用于标识所选文字、图形、表格或其他项目，以便以后引用或定位。文稿的书签功能必须在计算机显示环境下才能实现。下面就介绍一下书签的具体用法。

(一)添加书签

要使用书签，就必须先在文档中添加书签，可按如下步骤操作：

（1）若要用书签标记某项（如文字、表格、图形等），则选择要标记的项，如选择一段文字。若要用书签标记某一位置，则单击要插入书签的位置。

（2）单击"插入"选项卡"链接"组的"书签"按钮。

（3）在弹出"书签"对话框的"书签名"文本框中，输入书签的名称，如图3-166所示，单击"添加"按钮。

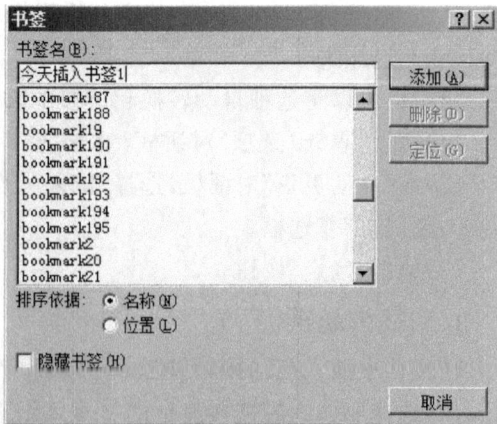

图3-166 "书签"对话框

(二)显示书签

默认状态下,Word 的书签标记是隐藏起来的,如果要将文档中的书签标记显示出来,可打开"Word选项"对话框,在"高级"选项卡中,选中"显示文档内容"下的"显示书签"选项,单击"确定"按钮即可。

设置上述选项后,默认状态下,添加的书签在文档中以书签标记,即以一对方括号形式显示出来。

(三)使用书签

在文档中添加了书签后,就可以使用书签了。有两种方法可跳转到所要使用书签的位置。

方法1:查找定位法。单击"开始"选项卡的"编辑"组的"查找"按钮,在弹出的下拉列表中选择"转到"选项,打开"查找和替换"对话框,并选择"定位"选项卡即可,如图3-167所示。

方法2:对话框法。打开"书签"对话框,选中需要定位的书签名称,然后单击"定位"按钮,如图3-168所示。

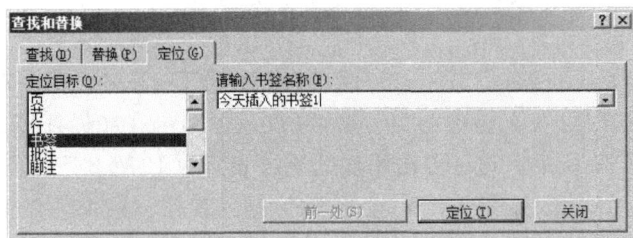

图 3-167　书签定位方法一　　　　　　　图 3-168　书签定位方法二

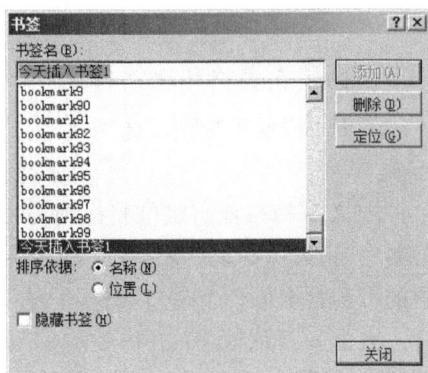

若不再需要一个书签,可以将它删除。删除书签可按如下步骤操作:

(1)单击"插入"选项卡"链接"组的"书签"按钮。

(2)在弹出的"书签"对话框中,选择要删除的书签名,然后单击"删除"按钮。

八、插入表格

在编辑的文档中,使用表格是一种简明扼要的表达方式。它以行和列的形式组织信息,结构严谨,效果直观。往往一张简单的表格就可以代替大篇的文字叙述,所以在各种科技、经济等文章和书刊中越来越多地使用表格。

在文档中插入表格后,选项区会增加一个"表格工具"选项卡,下面有"设计""布局"两个选项,分别有不同的功能。

(一)表格工具概述

图3-169所示为"表格工具→设计"选项卡功能区,有"表格样式选项""表格样式""绘图边框"3个组,"表格样式"提供了141个内置表格样式,提供了方便地绘制表格及设置表格边框和底纹的命令。

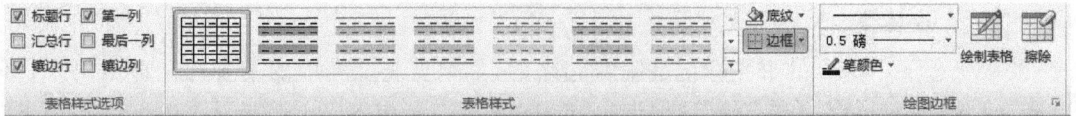

图 3-169　"表格工具→设计"选项卡

　　图 3-170 所示为"表格工具→布局"选项卡功能区,有"表""行和列""合并""单元格大小""对齐方式""数据"等 6 个组,主要提供了表格布局方面的功能。例如,在"表"组可以方便地查看与定位表对象,在"行和列"组则可以方便地在表的任意行(列)的位置增加或删除行(列),"对齐方式"提供了文字在单元格内的对齐方式、文字方向等。

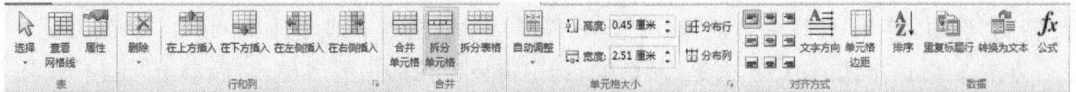

图 3-170　"表格工具→布局"选项卡

(二)建立表格和表格样式

　　我们可以使用"插入"选项卡的"表格"组的"表格"命令建立表格。建立表格的方法有如下4 种。

　　方法 1(拖拉法):定位光标到需要添加表格处,单击"表格"组的"表格"按钮,在弹出的下拉菜单中,拖拉鼠标设置表格的行列数目,这时可在文档预览到表格,释放鼠标即可在光标处按选中的行列数增添一个空白表格,如图 3-171 所示。这种方法添加的最大表格为 10 列 8 行。

　　方法 2(对话框法):在图 3-171 中,选择"插入表格"命令,在弹出的"插入表格"对话框中按需要输入"列数""行数"的数值及相关参数,单击"确定"按钮即可插入一空白表格,如图3-172所示。

图 3-171　拖拉法生成表格

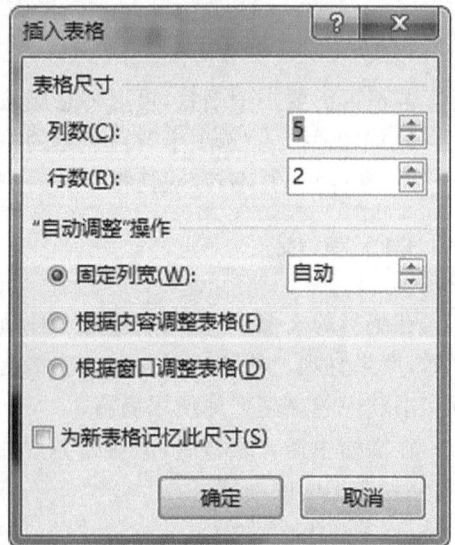

图 3-172　"插入表格"对话框

　　方法 3(绘制法):通过手动绘制方法来插入空白表格。

　　在图 3-171 中,选择"绘制表格"命令,鼠标会转成铅笔状,可以在文档中任意绘制表格,而且这时候系统会自动展开如图 3-169 所示的"表格工具→设计"选项卡功能区,可以利用其中的命令按钮设置表格边框线或擦除绘制错误的表格线等。

方法 4(组合符号法):将光标定位在需要插入表格处,输入一个"+"号(代表列分隔线),然后输入若干个"—"号(号越多代表列越宽),再输入一个"+"号和若干个"—"号,如图 3-173 所示。最后再输入一个"+"号,然后按"Enter"键,如图 3-174 所示,一个一行多列的表格就插入到了文档中。

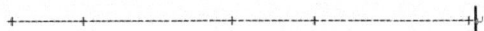

图 3-173　用组合符号插入表格

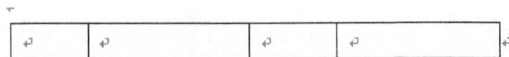

图 3-174　组合符号法插入的表格

(三)单元格的合并与拆分

对于一个表格,有时需要把同一行或同一列中两个或多个单元格合并起来,或者把一行或一列的一个或多个单元格拆分为更多的单元格。

(1)合并单元格。可按如下步骤操作:

①选择要合并的多个单元格,如图 3-175 所示,选择"表格工具→布局"选项卡,单击"合并"组的"合并单元格"按钮即可。也可以同时选中多个单元格,然后右击,在弹出的快捷菜单选择"合并单元格"命令。

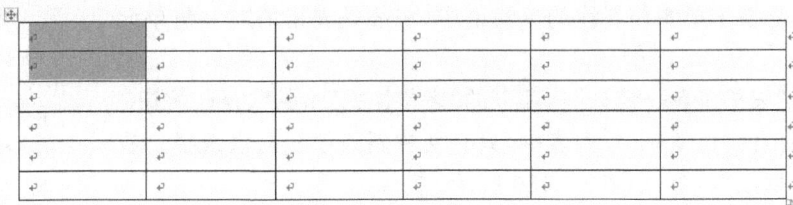

图 3-175　选择要合并的单元格

②选择"表格"→"合并单元格"命令,结果如图 3-176 所示。

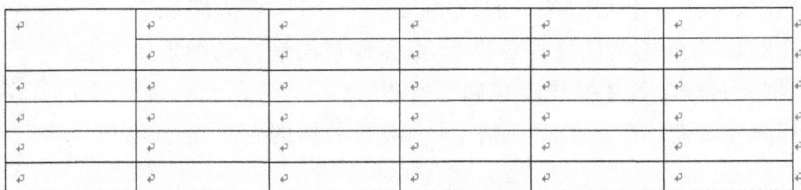

图 3-176　合并单元格结果

(2)拆分单元格。可按如下步骤操作:

①选择要拆分的单元格,如图 3-177 所示。

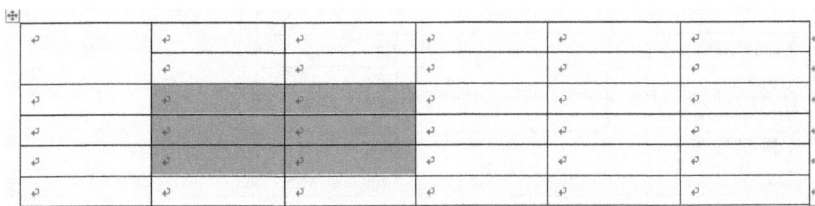

图 3-177　选择要拆分的单元格

②选择"表格工具→布局"选项卡,单击"合并"组的"拆分单元格"按钮,在弹出的"拆分单元格"对话框中输入要拆分的列数和行数,如图 3-178 所示。单元格拆分后的结果如图3-179所示。

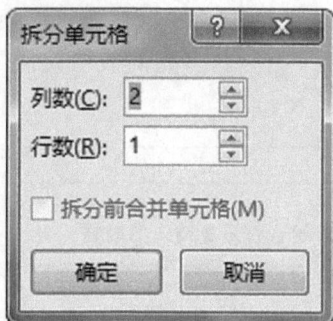

图 3-178　"拆分单元格"对话框

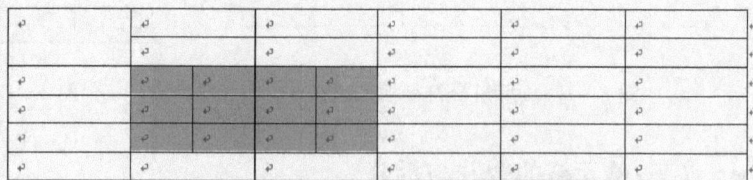

图 3-179　拆分单元格结果

(四)插入斜线

有时为了更清楚地指明表格的内容,常常需要在表头中用斜线将表格中的内容按类别分开。在表头的单元格内制作斜线可按如下步骤操作:

(1)将光标置于要制作斜线的单元格中(一般是表格的左上角单元格)。

(2)单击"表格工具→设计"选项卡的"表格样式"组的"边框"按钮。

(3)在弹出的"边框"下拉列表中,只有两种斜线框线可供选择。我们选择"斜下框线"命令,如图 3-180 所示。

(4)此时可看到已给表格添加斜线,向表格输入"成绩"并连续按两次"Enter"键,取消最后一次前的空格符,并输入"科目",完成斜线表头的绘制。表头的效果如图 3-181 所示。

实际上可在表格任何单元格插入斜线和写字符,如果表头斜线有多条,在 Word 2013 中的绘制就显得更复杂,必须经过绘制自选图形直线及添加文本框的过程。具体操作步骤如下所述:

(1)将光标置于要制作斜线的单元格中(一般是表格的左上角单元格)。

图 3-180　"边框"下拉列表

图 3-181　添加一条斜线表头的表格

(2)单击“插入”选项卡的“插图”组的“形状”按钮。

(3)在弹出的“形状”下拉列表中选择“直线”命令,这时鼠标变成了“+”状,在选中的表头单元格内根据需要绘制斜线,斜线有几条就重复几次操作。本例中添加两条斜线,最后调整直线的方向和长度以适应单元格大小。

(4)为绘制好斜线的表头添加文本框。单击“插入”选项卡的“插图”组的“形状”按钮,在弹出的“形状”下拉列表中选择“文本框”命令,重复此操作,在斜线处添加 3 个文本框。

(5)在各个文本框中输入文字,并调整文字及文本框的大小,将文本框旋转一个适当的角度以达到最好的视觉效果。

(6)调整好外观后,将步骤(3)、(4)、(5)所绘制的所有斜线及文本框均选中,右击选择“组合”→“组合”命令即可。

(五)输入表格的标题、图片和表格格式化

建立表格的框架后,就可以在表格中输入文字或插入图片。在表格中输入字符时,表格有自适应的功能,即输入的字符大于列宽或行宽也不能满足要求时,表格会自动增大行的高度。需要在表格外输入表标题,表标题的输入如下所述:用鼠标移向表格左上角的标志符,按住鼠标左键向下拖动一行,然后在表头的空白行中输入表标题,如图 3－182 所示。

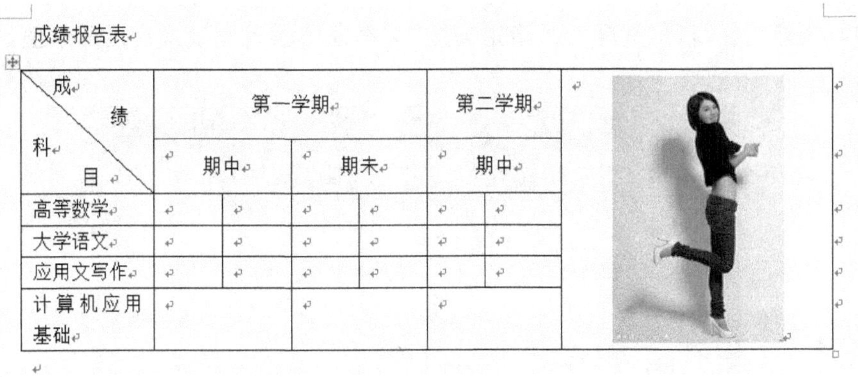
成绩报告表

成绩 / 科目	第一学期				第二学期		
	期中		期未		期中		
高等数学							
大学语文							
应用文写作							
计算机应用基础							

图 3－182 输入表格的内容

需要在表格中插入图片时,单击表格中需要插入图片的单元格,单击“插入”选项卡的“插图”组的“图片”按钮即可完成操作。图片的尺寸大小可能与单元格的大小不相符,可以单击图片,再拖动图片四周的控点,调整到合适的大小,如图 3－182 所示。

(六)调整表格列宽与行高

修改表格的其中一项工作是调整它的列宽和行高,下面就介绍几种调整列宽和行高的方法。

1.用鼠标拖动

用鼠标拖动是最便捷的调整方法,可按如下步骤操作:

(1)把光标移到要改变列宽的列边框线上,鼠标指针变成形状,如图 3－183 所示,按住左键拖动。

(2)释放鼠标,即已经改变列宽了。如果要调整表格的行高,则鼠标移到行边框线上,鼠标的指针将变成形状,按住鼠标左键拖动即可。

成绩报告表					
成绩 科目	第一学期			第二学期	
	期中		期末	期中	
高等数学					
大学语文					
应用文写作					
计算机应用 基础					

图 3-183　用鼠标改变列宽

2.用 "表格属性" 对话框

用"表格属性"对话框能够精确设置表格的行高或列宽,可按如下步骤操作:

(1)选择要改变"列宽"或"行高"的列或行。

(2)右击,在弹出的快捷菜单选择"表格属性"命令,在弹出的"表格属性"对话框中选择"列"或"行"选项卡,然后在"指定宽度"或"指定高度"文本框中输入宽度或高度的数值,如图 3-184 所示。

图 3-184　"表格属性"对话框

3.用"自动调整"选项

如果想调整表格各列(行)的宽度,可按如下步骤操作:

(1)选择表格中要平均分布的列(行)。

(2)单击,在弹出的快捷菜单中选择"平均分布各列(行)"命令即可,如图3-185所示。从图3-185中可看到里面有个"自动调整"选项,有"根据内容调整表格""根据窗口调整表格""固定列宽"等3个命令用于自动调整表格的大小。

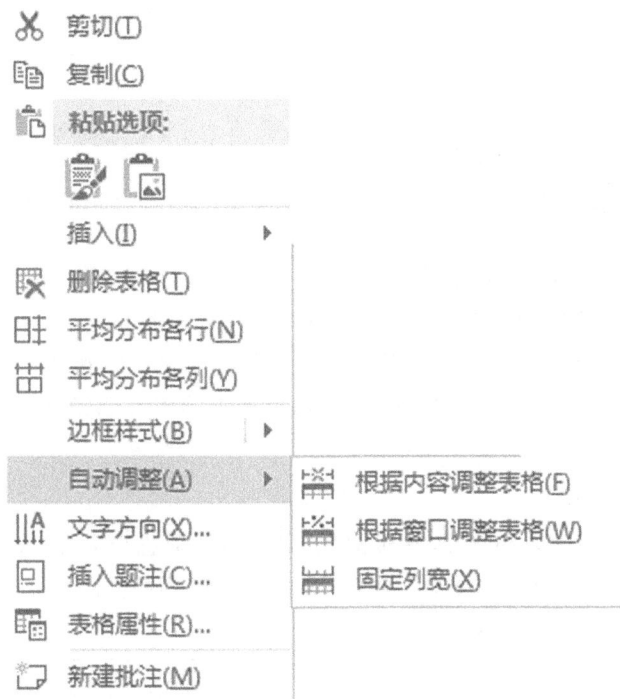

图3-185 "自动调整"级联菜单

4.增加或删除表格的行与列

在表格的编辑中,行与列的增加或删除有两种方法可以实现。

方法1:可以使用快捷菜单命令来实现。例如,删除表格的行,可按如下步骤操作:

(1)选择表格中要删除的行。

(2)右击,在弹出的快捷菜单选择"删除单元格"命令。

(3)在弹出的"删除单元格"对话框选择"删除整行"单选按钮,如图3-186所示。

如果删除的是表格的列,则选中要删除的列,右击,在对话框中选择"删除整列"命令即可。

方法2:利用"表格工具→布局"选项卡来完成。例如,删除表格的行,可按如下步骤操作:

(1)选择表格中要删除的行,激活"表格工具→布局"选项卡。

(2)单击"表格工具→布局"选项卡的"行和列"组的"删除"按钮。

(3)在弹出的"删除"按钮下拉列表里,选择"删除行"命令即可,如图3-187所示。

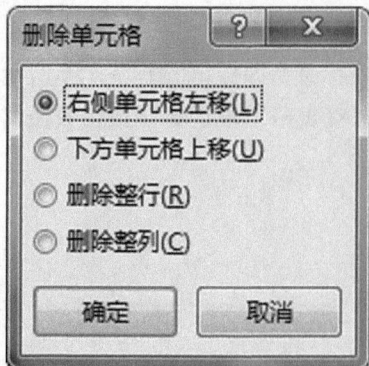

图 3-186 "删除单元格"对话框

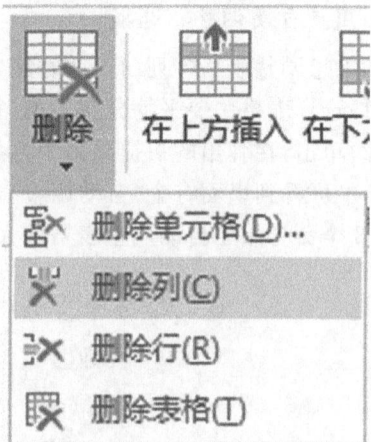

图 3-187 "删除"下拉列表

若要增加表格的行或列,可按如下步骤操作:

(1)选择表格中要增加行(列)位置相邻行(列),激活"表格工具→布局"选项卡。

(2)选择"表格工具→布局"选项卡的"行和列"组的"在上方插入"(在左侧插入)按钮,则会在步骤(1)选中的行(列)的上方(左方)插入一行(列);如果选中的是多行(列),那么插入的也是同样数目的多行(列)。

5.表格与文本的转换

在 Word 中可以利用"表格工具→布局"选项卡的"数据"组的"转换为文本"按钮,如图 3-188所示,方便地进行表格和文本之间的转换,这对于使用相同的信息源实现不同的工作目标是非常有益的。图 3-189 为"表格转换成文本"对话框。

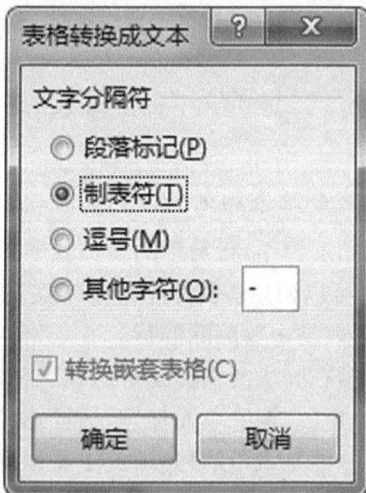

图 3-189 "表格转换成文本"对话框

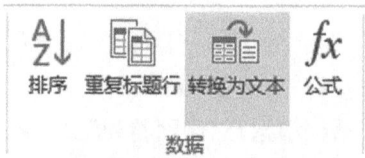

图 3-188 表格的转换功能

(十)将表格转换成文本

(1)将光标置于要转换成文本的表格中,如图 3-190 所示,或选择该表格,会激活"表格工具→布局"选项卡。

(2)单击"表格工具→布局"选项卡的"数据"组的"转换为文本"按钮。

(3)在弹出的"表格转换成文本"对话框中(见图3-189),选择一种文字分隔符,默认是"制表符",即可将表格转换成文本,如图3-191所示。

高等数学	70	50	90	85	75
大学语文	95	85	72	63	73
应用文写作	85	95	63	55	83

图3-190 表格

```
高等数学    70    50    90    85    75
大学语文    95    85    72    63    73
应用文写作   85    95    63    55    83
```

图3-191 转换成文本

在"表格转换成文本"对话框中提供了4种文本分隔符选项,下面分别介绍其功能。

"段落标记":把每个单元格的内容转换成一个文本段落。

"制表符":把每个单元格的内容转换后用制表符分隔,每行单元格的内容形成一个文本段落。

"逗号":把每个单元格的内容转换后用逗号分隔,每行单元格的内容形成一个文本段落。

"其他字符":在对应的文本框中输入用作分隔符的半角字符,每个单元格的内容转换后用输入的字符分隔符隔开,每行单元格的内容形成一个文本段落。

(八)将文字转换成表格

也可以将用段落标记、逗号、制表符或其他特定字符分隔的文字转换成表格,可按如下步骤操作:

(1)选择要转换成表格的文字,这些文字应类似如图3-191所示的格式编排。

(2)单击"插入"选项卡的"表格"组的"表格"按钮。

(3)在弹出的"表格"按钮下拉列表中选择"文本转换为表格"命令。

(4)在弹出的"将文字转换成表格"对话框输入相关参数,如在"文字分隔位置"下选择当

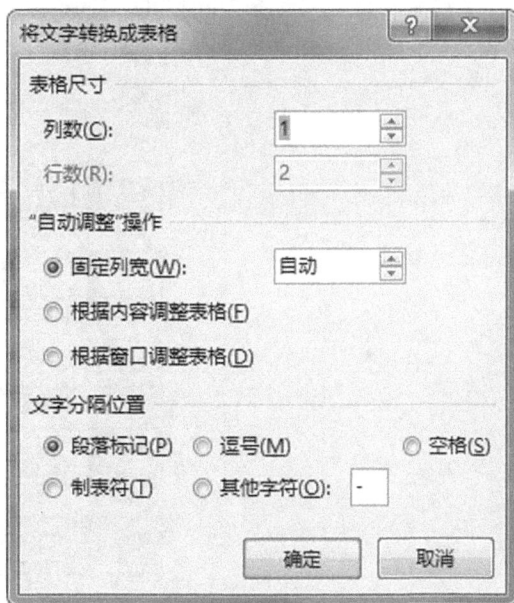

图3-192 "将文字转换成表格"对话框

前文本所使用的分隔符,默认是"制表符",如图3-192所示,即可将文字转换成表格。

九、插入图表

Word可以插入类型多样的图表,利用"插入"选项卡的"插图"组的"图表"按钮可以完成图表的插入,具体内容与操作步骤将在Excel详细讲述,这里不再赘述。

任务五　长文档编辑

通过之前的学习,读者可基本掌握文稿的输入、编辑、格式化和各元素的插入方式。长文稿在完成以上工作后,为了便于读者的阅读,需要在文稿中加入页码、页眉和页脚、脚注和尾注,最重要的是必须编辑目录,以方便对本文稿进行阅读。本节介绍文稿的主题、添加页码、页眉和页脚、脚注和尾注、目录和索引的操作,希望读者能掌握。

主题、页码、页眉和页脚、脚注和尾注、目录等操作在长文稿中属于文稿编辑过程中的最后修饰,应注意保护文稿的完整性。

一、为文档应用主题效果

文档主题是一组格式选项,包括一组主题颜色、一组主题字体(包括标题字体和正文字体)和一组主题效果(包括线条和填充效果)。应用主题可以更改整个文档的总体设计,包括颜色、字体、效果。

文档主题设置是选择"设计"的"主题"组进行的,如图 3 - 193 所示。

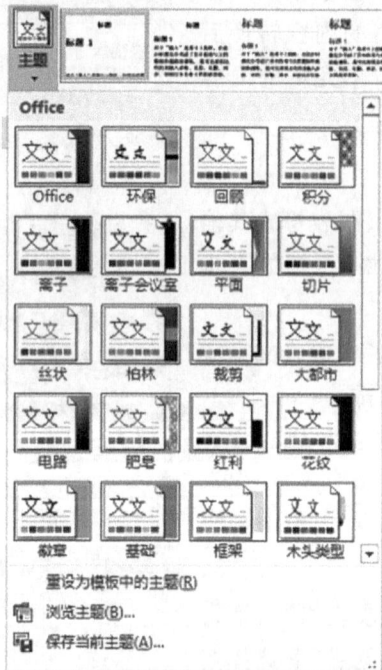

图 3 - 193　主题设置

Word 2013 提供了许多内置的文档主题,用户可以直接应用系统提供的内置主题,也可以通过自定义并保存文档主题来创建自己的文档主题。

(一)应用主题

例 3 - 12　请按 Word 2013 系统内置主题效果的"回顾"设置文档"十九大报告.docx"的文档主题格式。

(1)打开原始文件"十九大报告.docx",单击"设计"的"主题"组的"回顾"按钮。

(2)在弹出的"主题"下拉列表中,可以看到系统提供了 44 个内置主题,29 个来自 officecom 的模板,本例选择内置主题的"回顾"。

此时可看到,"十九大报告.docx"文档应用了所选主题的效果,如图 3-194 所示。

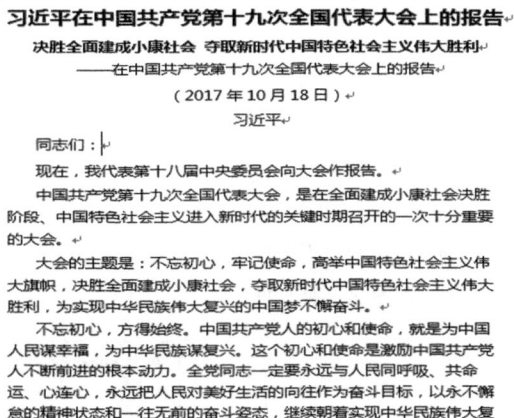

图 3-194 应用主题后的文档

(二)自定义主题

1.自定义主题字体及颜色

例 3-13 创建一个主题字体"淡雅",中文标题字体采用"楷体",正文字体为"幼圆"。

(1)打开"新建主题字体"对话框:单击"设计"的"主题"组的"字体"按钮,在弹出的下拉列表单击"新建主题字体"命令。

(2)在"新建主题字体"对话框设置新的字体组合,如本例中文标题字体采用为"楷体",正文字体为"幼圆"。

(3)为新建主题字体命名:在"新建主题字体"对话框下方的"名称"栏输入"淡雅"。

(4)单击"保存"按钮。

此时,可发现新建的主题字体"淡雅"出现在了"字体"按钮的下拉列表的"自定义"库中。

类似地,利用例 3-13 的方法可以创建自定义主题颜色。选择"设计"的"主题"组的"颜色"按钮,单击"新建主题颜色",在弹出的"新建主题颜色"框对主题颜色进行设置,然后为新建的主题颜色命名即可。

2.选择一组主题效果

主题效果是线条和填充效果的组合,用户可以选择想要在自己的文档主题中使用的主题效果,只需要单击"设计"的"主题"组的"效果"按钮,即可在与"主题效果"名称一起显示的图形中看到用于每组主题效果的线条和填充效果。

3.保存文档主题

可以将对文档主题的颜色、字体或线条及填充效果所作的更改保存为可应用于其他文档的自定义文档主题。具体操作步骤如下所述:

(1)单击"设计"的"主题"组的"主题"按钮。

(2)选择"保存当前主题"命令。

191

（3）在"文件名"文本框中为该主题键入适当的名称，单击"保存"按钮。

二、页码

页码用来表示每页在文档中的顺序编号，在 Word 中添加的页码会随文档内容的增删而自动更新。

（一）插入页码的方法

插入页码的方法可按以下步骤操作：

（1）单击"插入"选项卡的"页眉和页脚"组的"页码"按钮。

（2）在弹出的"页码"下拉列表中，设置页码在页面的位置和"页边距"，如图 3 - 195 所示。

如果要更改页码的格式，则选择"页码"按钮下拉列表的"设置页码格式"命令，然后在"页码格式"对话框中选择页码的格式，如图 3 - 196 所示。

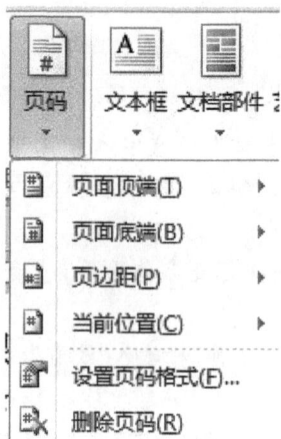

图 3 - 195　"页码"按钮下拉列表　　　　　　　图 3 - 196　"页码格式"对话框

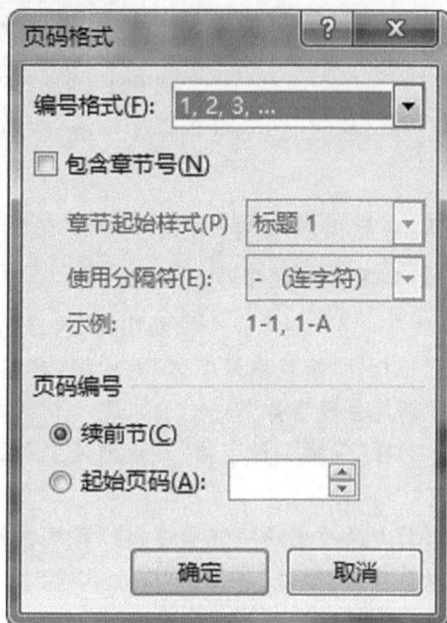

除了可以使用菜单命令将页码插入到页面中，也可以作为页眉或页脚的一部分，在页眉或页脚设置过程中添加页码。操作方法如下所述：

（1）进入页眉/页脚编辑状态，将光标定位在页眉的合适位置。

（2）单击"页眉和页脚工具→设计"选项卡的"页眉和页脚"组的"页码"下拉按钮，在弹出的下拉列表中展开"当前位置"选项，选择一种合适的页码样式即可。

当然，利用该下拉列表相关命令，还可以进一步设置页码格式。

（二）删除页码

若要删除页码，只需要单击"插入"选项卡的"页眉和页脚"组的"页码"按钮，在弹出的下拉列表中选择"删除页码"命令即可。

如果页码是在页眉/页脚处添加的,双击页眉或页脚编辑区进入页眉/页脚编辑状态,选中页码所在的文本框,单击"Delete"键即可。

三、目录与索引

(一)建立目录

目录是长文稿必不可少的组成部分,由文章的章、节的标题和页码组成,如图 3 - 197 所示。为文档建立目录,建议最好利用标题样式,先给文档的各级目录指定恰当的标题样式。

(1)将文档中作为目录的内容设置为标题样式,将第一级标题"第 3 章"设置为"标题 1"样式,第二级标题"3.1""3.2"等设置为"标题 2"样式,第三级标题"3.1.1""3.1.2""3.2.1"等设置为"标题 3"样式。

(2)将光标移动到要插入目录的位置,例如文档的首页。

(3)单击"引用"选项卡的"目录"组的"目录"按钮。

(4)在弹出的"目录"按钮下拉列表中,选择"自动目录 1"或"自动目录 2"选项,如图 3 - 198 所示,即可在光标处插入目录。

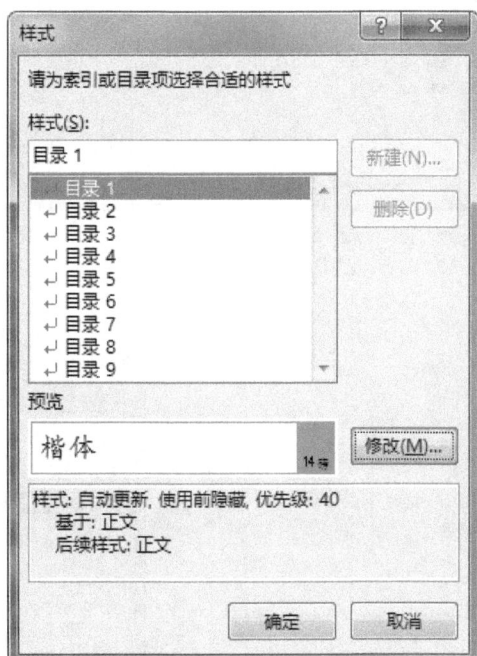

图 3 - 197　建立目录示例　　　　图 3 - 198　"目录"按钮下拉列表

(二)自定义目录

如果觉得内容的目录样式不能满足要求,用户可以自定义目录样式。自定义目录样式的操作步骤如下所述:

(1)将文档中作为目录的内容设置为标题样式,将第一级标题"第 3 章"设置为"标题 1"样式,第二级标题"3.1""3.2"等设置为"标题 2"样式,第三级标题"3.1.1""3.1.2""3.2.1"等设置为"标题 3"样式。

(2)将光标移动到要插入目录的位置,例如文档的首页。

(3)单击"引用"选项卡的"目录"组的"目录"按钮。

(4)在弹出的"目录"按钮下拉列表中选择"插入目录"选项,会弹出"目录"对话框,如图 3-199所示。设置目录的格式,如"古典""优雅""流行"等,默认是"来自模板"。还可以设置显示级别,如图 3-197 所示的三级目录结构,"显示级别"应该设置为 3。习惯上,还应该选中"显示页码"复选框、选择"制表符前导符"等选项。单击"选项"按钮和"修改"按钮,分别在弹出的"目录选项"对话框(见图 3-200)和"样式"对话框(见图 3-201)根据用户需要,修改目录的格式和样式。

(5)完成修改后单击"确定"按钮即可在光标处插入一个自定义的目录。

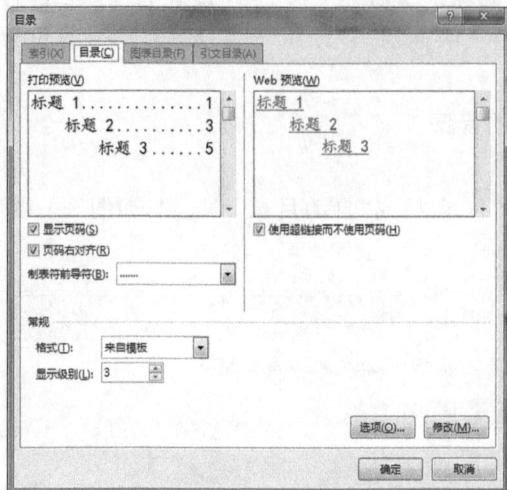

图 3-199 "目录"对话框   图 3-200 "目录选项"对话框

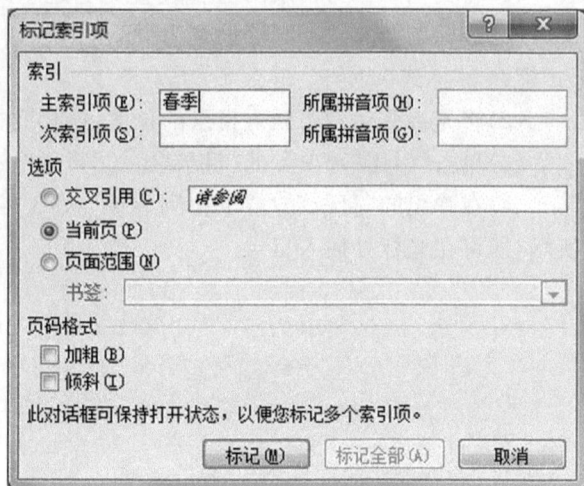

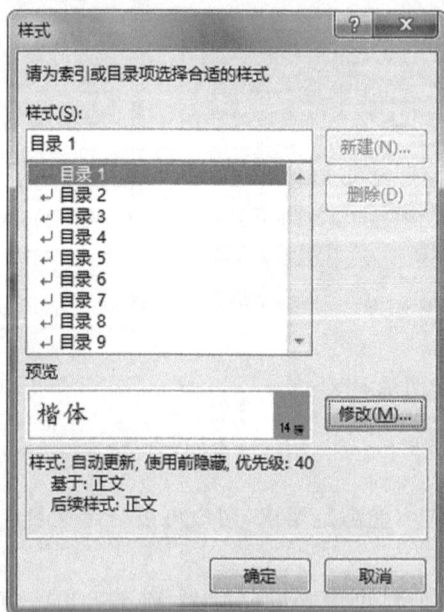

图 3-201 "样式"对话框

(三)索引

在文档中建立索引,就是将需要标示的字词列出来,并注明它们的页码,以方便查找。建立索引主要包含两个步骤:一是对需要创建索引的关键词进行标记,即告诉 Word 哪些关键词参与索引的创建;二是调出"标记索引项"对话框,输入要作为索引的内容并设置好索引的相关格式。

1.标记索引项

标记索引项的操作步骤如下所述:

(1)选择要建立索引项的关键字,例如以"春季"为索引项。

(2)单击"引用"选项卡的"索引"组的"标记索引项"按钮,弹出"标记索引项"对话框。

(3)此时可以在弹出的"标记索引项"对话框的"主索引项"文本框中看到上面选择的字词"春季",如图 3 - 202 所示。在该对话框可进行相关格式的设置(一般可以直接采用默认的格式)。

(4)单击"标记索引项"对话框的"标记"按钮,这时文档中被选择的关键字旁边添加了一个索引标记:"{XE"春季"}";如果单击"标记全部"命令,即可将文档中所有的"春季"字符标记为索引。

(5)如果还有其他需要建立索引项的关键字,可不关闭"标记索引项"对话框,继续在文档编辑窗口中选择关键字,直至所有关键字选择完毕。

注意:文档中显示出的索引标记,不会被打印出来。

在"索引"选项卡中,可设置"格式""类型"或"栏数"等,然后单击"确定"按钮,如 3 - 203 所示。

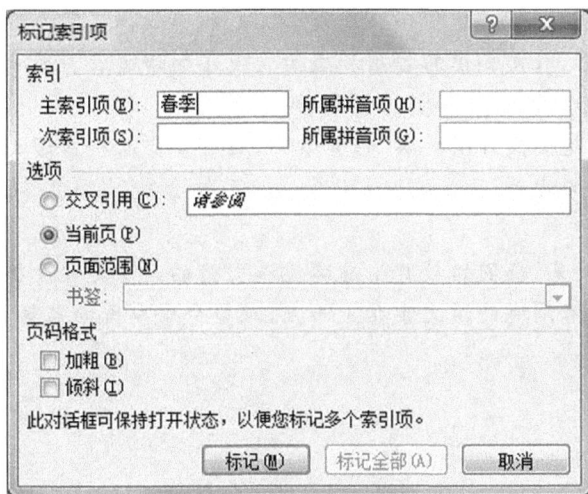

图 3 - 202　索引标记项　　　　　图 3 - 203　"索引"对话框

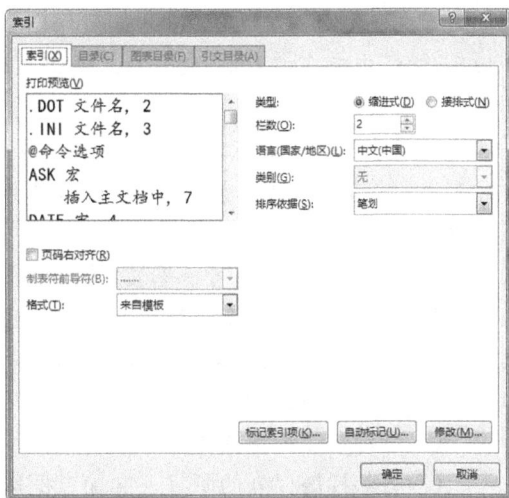

任务六　实践操作

1.对所给素材按照下列要求排版。

(1)将标题"网络通信协议"设置为三号黑体、红色、加粗、居中。

(2)在素材中插入一个三行四列的表格,并键入各列表头及两组数据,设置表格中文字对齐方式为水平居中,字体设置为五号、红色、隶书。

(3)在表格的最后一列增加一列,设置不变,列标题为"平均成绩"。

(4)用 Word 中提供的公式计算各考生的平均成绩并插入相应单元格内。

【素材 3-1】

网络通信协议

所谓网络通信协议,是指网络通信的双方进行数据通信所约定的通信规则,如何时开始通信、如何组织通信数据以使通信内容得以识别、如何结束通信等。这如同在国际会议上,必须使用一种与会者都能理解的语言(如英语、世界语等),才能进行彼此的交谈沟通。

姓名	英语	语文	数学
李二	62	50	56
张三	45	71	61

2.对所给素材按照要求排版。

(1)将文字段落添加蓝色底纹,左右各缩进 18 厘米、首行缩进 2 个字符,段后间距设置为 16 磅。

(2)在素材中插入一个三行五列的表格,输入各列表头,并设置两组数据表格对齐方式为水平居中。

【素材 3-2】

如今一提起人文素养、阅读与写作,大家总以为是"虚"的东西,是"无用"的摆设。其实恰恰相反,"虚"中有实,"无用"之大用正是语文素养、人文知识的妙用和威力。现在的语文教育现状是很让人着急的。

道理虽是这么说,但在"满城尽吹选秀风,超女快男闹哄哄"的背景下,还有多少人相信语文对人生的作用呢?在一些教育者眼中,培养语文素养,显然还不如让学生玩几样乐器、唱唱歌、跳跳舞来得实在。

我们的社会还存在着很深的"重理轻文"偏见,我们的教育生态环境是失衡的。与其大谈特谈素质教育,还不如首先提高目前中国学生并不乐观的语文素养。而且,对整个中华民族来说,语文水平的提高更是国家文明进步的标志。

3.对以下素材按要求排版。

(1)将标题改为粗黑体、三号、居中。

(2)将除标题以外的所有正文加方框边框。

(3)添加左对齐页码(格式为 a,b,c,位置在页脚)。

【素材 3-3】

罕见的暴风雨

我国有一句俗语"立春打雷",也就是说只有到了立春以后我们才能听到雷声。那如果我告诉你冬天也会打雷,你相信吗?

1990 年 12 月 21 日 12 时 40 分,沈阳地区飘起了小雪,到了傍晚,雪越下越大,铺天盖地。17 时 57 分,一道道耀眼的闪电过后,响起了隆隆的雷声。这雷声断断续续,一直到 18 时 15 分才终止。

4.将以下素材按要求排版。

(1)在正文第一段开始处插入一张剪贴画,加0.5磅实心双实线边框,将环绕方式设置为"四周型",左对齐。

(2)第二段分为三栏,第一栏宽为3厘米,第二栏宽为4厘米,栏间距均为0.75厘米,栏间加分隔线。

(3)第二段填充灰色-15%底纹。

【素材3-4】

以经济建设为中心是兴国之要,发展仍是解决我国所有问题的关键。只有推动经济持续健康发展,才能筑牢国家繁荣富强、人民幸福安康、社会和谐稳定的物质基础。必须坚持发展是硬道理的战略思想,决不能有丝毫动摇。

在当代中国,坚持发展是硬道理的本质要求就是坚持科学发展。以科学发展为主题,以加快转变经济发展方式为主线,是关系我国发展全局的战略抉择。要适应国内外经济形势新变化,加快形成新的经济发展方式,把推动发展的立足点转到提高质量和效益上来,着力激发各类市场主体发展新活力,着力增强创新驱动发展新动力,着力构建现代产业发展新体系,着力培育开放型经济发展新优势,使经济发展更多依靠内需特别是消费需求拉动,更多依靠现代服务业和战略性新兴产业带动,更多依靠科技进步、劳动者素质提高、管理创新驱动,更多依靠节约资源和循环经济推动,更多依靠城乡区域发展协调互动,不断增强长期发展后劲。

项目四

Excel 2013 电子表格软件

📖 **学习目标**

1. 掌握 Excel 的基本功能
2. 掌握 Excel 的公式函数
3. 掌握 Excel 的数据透视功能
4. 掌握 Excel 的图表功能

Microsoft Excel 2013 是 Microsoft 公司推出的新一代 Office 办公软件之一，主要应用于会计、预算、账单和销售、报表、计划、跟踪、使用日历等。

本项目主要介绍 Microsoft Excel 2013。通过 Excel 基本操作、学生成绩单、Excel 图表、公司表格 4 个实例，详细讲解了电子表格的制作与设计技巧。

任务一　Excel 2013 的工作界面与基本操作

一、Excel 2013 的启动与退出

(一)Excel 2013 的启动

Microsoft Excel 2013 正常安装后，用户可以通过以下两种方式来启动：

(1)双击桌面上的快捷图标。

(2)选择"开始"→"程序"→"Microsoft office"→"Microsoft Excel 2013"命令，如图 4-1 所示。

(二)Excel 2013 的退出

成功打开了 Microsoft Excel 2013 之后，可以用以下方式关闭编辑中的工作簿，或关闭 Microsoft Excel 2013 软件，如图 4-2 所示。

(1)单击工作界面右上方的"关闭"按钮可以直接关闭 Microsoft Excel 2013 软件。

(2)选择"文件"→"关闭"命令，可以关闭当前正在编辑中的工作表格。

图 4-1　Microsoft Excel 2013 的启动

198

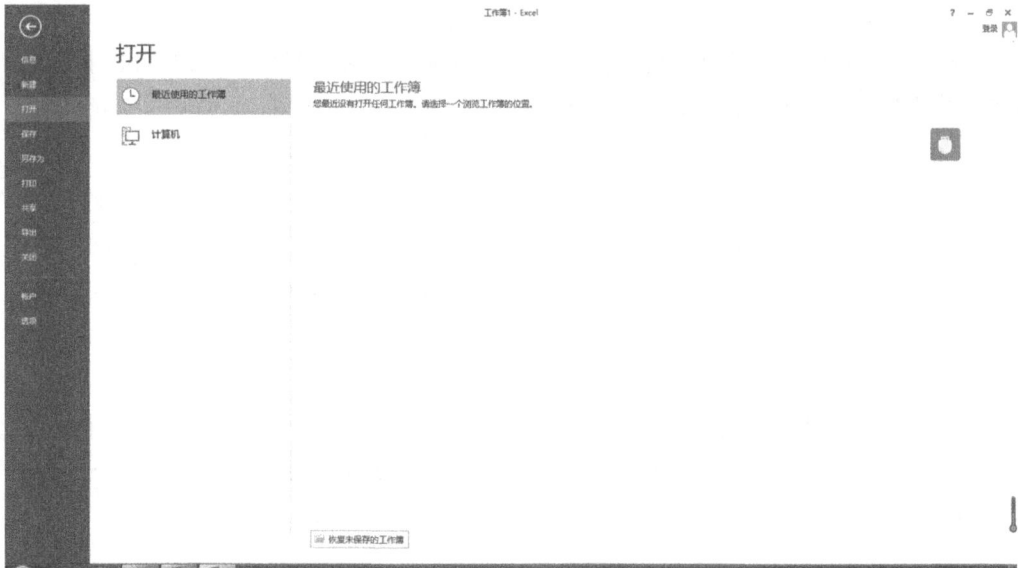

图 4 - 2   Microsoft Excel 2013 的退出

二、Excel 2013 工作界面

成功启动 Microsoft Excel 2013 之后,会看到 Microsoft Excel 2013 的工作界面。Microsoft Excel 2013 工作界面分为"标题栏""功能区""编辑栏""工作簿编辑区""状态栏"5 个部分,如图 4 - 3所示。

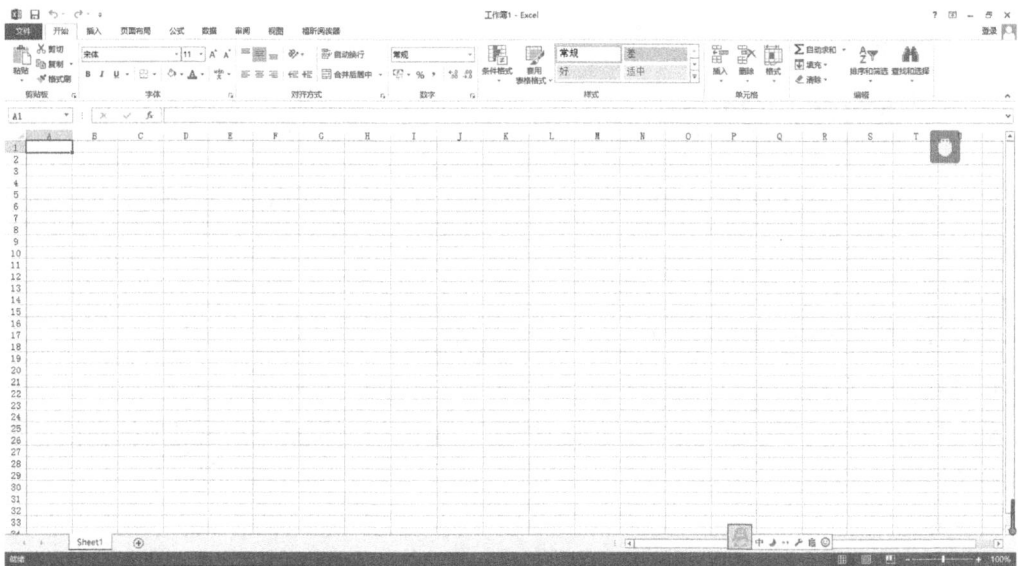

图 4 - 3   Microsoft Excel 2013 的界面

(一)标题栏

Microsoft Excel 2013 的"标题栏"位于界面的最顶部,"标题栏"上包含软件图标、快速访问工具栏、当前工作簿的文件名称和软件名称。

1.软件图标

单击"软件图标"按钮会弹出一个用于控制 Microsoft Excel 2013 窗口的下拉菜单。在标题栏的其他位置右击,同样会弹出这个菜单,它主要包括 Microsoft Excel 2013 窗口的"还原""移动""大小""最小化""最大化"和"关闭"6 个常用命令,如图 4-4 所示。

2.快速访问工具栏

"快速访问工具栏"主要集中用户在 Microsoft Excel 2013 中的常用命令,方便用户快速编辑工作簿,包括"新建""打开""保存""电子邮件""快速打印""打印预览和打印""拼写检查""撤销""恢复""升序排序""降序排序""打开最近使用过的文件""其他命令"和"在功能区下方显示",如图 4-5 所示。

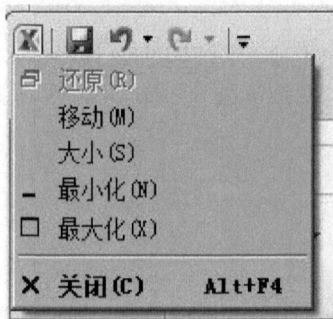

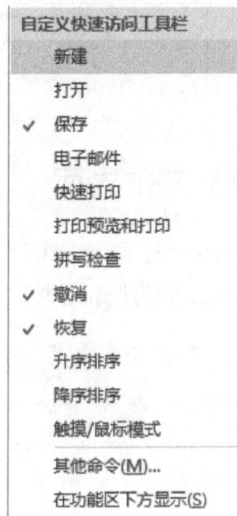

图 4-4　窗口的控制菜单　　　图 4-5　Microsoft Excel 2013 快速访问工具栏

3.新建

单击"新建"按钮,可以新建一个空白 Excel 文档。

4.打开

单击"打开"按钮,可以弹出"打开"文件对话框,如图 4-6 所示。在该对话框中可以选择要打开的文件夹或文件。

5.保存

单击"保存"按钮,可以打开"另存为"对话框,如图 4-7 所示。在该对话框中可以选择当前工作簿保存的位置。

6.电子邮件

单击"电子邮件"按钮,可以将工作簿以电子邮件方式发送。

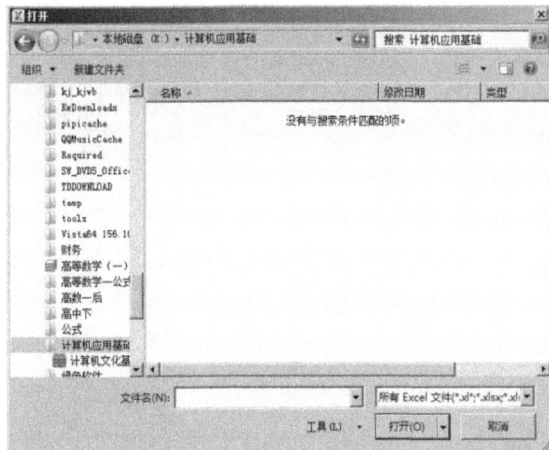

图 4-6　"打开"文件对话框　　　　　　　　图 4-7　"另存为"对话框

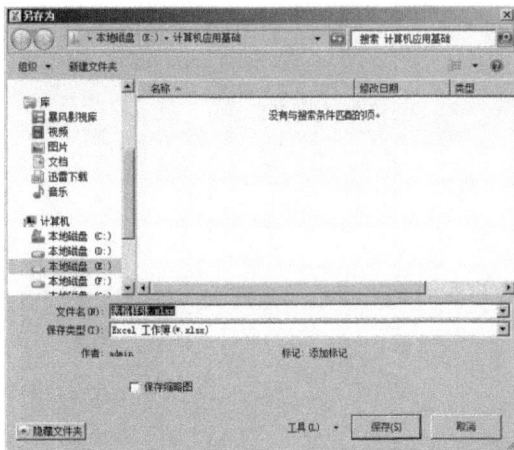

7. 快速打印

单击"快速打印"按钮,可以直接开始打印 Excel 文档。

8. 打印预览和打印

单击"打印预览和打印"按钮,可以看到 Excel 文档的打印预览与设置。

9. 拼写检查

单击"拼写检查"按钮,可以自动检查当前编辑工作簿的拼写与语法错误。

10. 撤消

单击"撤消"按钮可以撤消最近一步的操作。

11. 恢复

每单击一次"恢复"按钮,可以恢复最近一次的撤消操作。

12. 升序/降序排序

单击"升序/降序排序"按钮,可以将所选内容排序,将最大值列于列的末/顶端。

13. 打开最近使用过的文件

单击"打开最近使用过的文件"按钮,可以打开最近一段时间使用过的文件。

(二)功能区

"功能区"位于标题栏下方,包含"文件""开始""插入""页面布局""公式""数据""审阅""视图"7 个主选项卡,如图 4-8 所示。

1. "文件"选项卡

与早期 Microsoft Excel 版本的"文件"选项卡类似,"文件"选项卡主要包括"保存""另存为""打开""关闭""信息""最近所用文件""新建""打印""保存并发送""帮助""选项""退出"12 个常用命令,如图 4-9 所示。

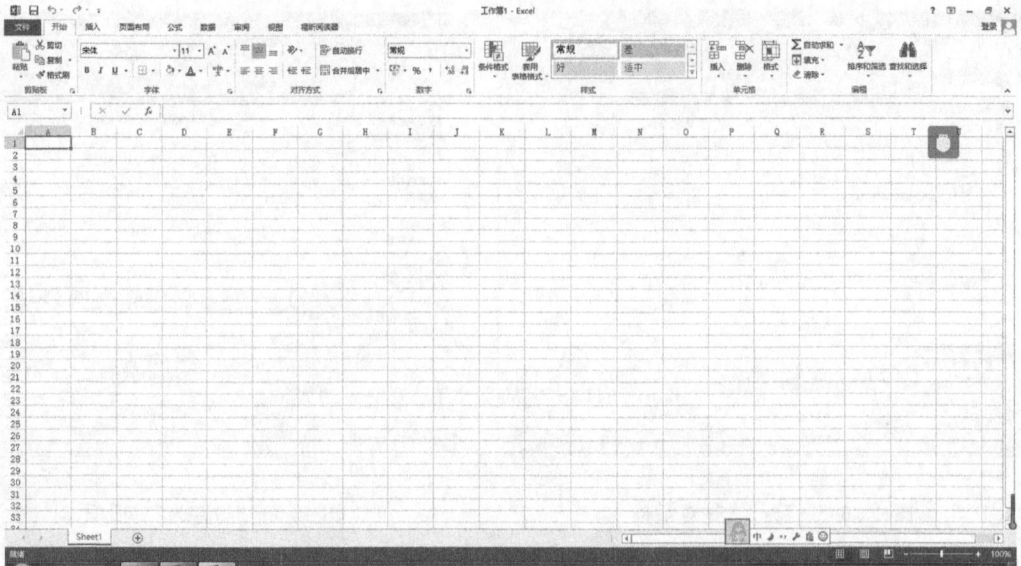

图 4 - 8　Microsoft Excel 2013 功能区

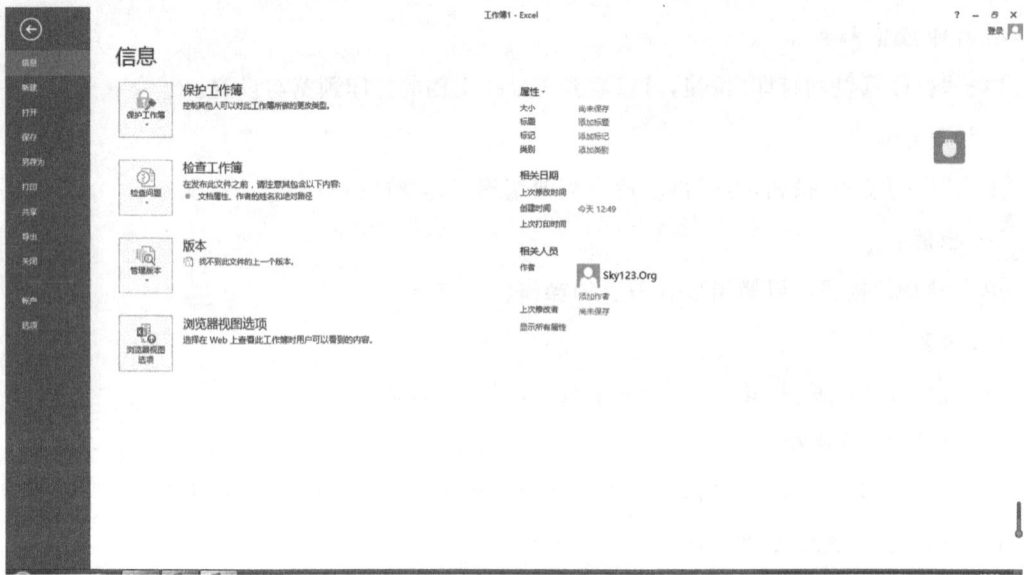

图 4 - 9　"文件"选项卡

2. "开始"选项卡

"开始"选项卡主要包括"剪贴板""字体""对齐方式""数字""样式""单元格""编辑"7 个组，每个组中分别包含若干个相关命令，分别提供了复制与粘贴、文字编辑、对齐方式、样式应用与设置、单元格设置、单元格与数据编辑等功能，如图 4 - 10 所示。

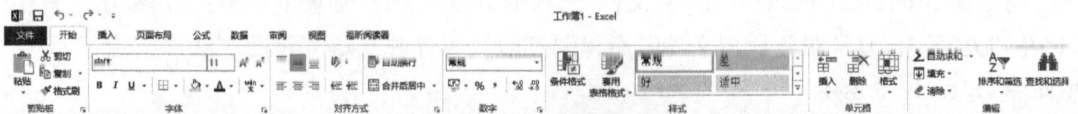

图 4 - 10　"开始"选项卡

3."插入"选项卡

"插入"选项卡主要包括"表格""插图""图表""迷你图""筛选器""链接""文本""符号"8个组,分别提供了数据透视表、插入各种图片对象、创建不同类型的图表、插入迷你图、创建各种对象链接、交互方式筛选数据、插入页眉和页脚、使用特殊文本、插入符号等功能,如图4-11所示。

图4-11 "插入"选项卡

4."页面布局"选项卡

"页面布局"选项卡主要包括"主题""页面设置""调整为合适大小""工作表选项""排列"5个组,主要完成Excel表格的总体设计,提供了设置表格主题、页面效果、打印缩放、各种对象的排列效果等功能,如图4-12所示。

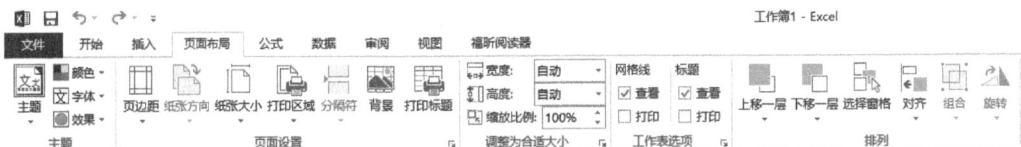

图4-12 "页面布局"选项卡

5."公式"选项卡

"公式"选项卡主要包括"函数库""定义的名称""公式审核""计算"4个组,主要用于数据处理、数据公式的使用、定义单元格、公式审核、工作表的计算等,如图4-13所示。

图4-13 "公式"选项卡

6."数据"选项卡

"数据"选项卡主要包括"获取外部数据""连接""排序和筛选""数据工具""分级显示""分析"5个组,主要完成从外部数据获取数据来源,提供了显示所有数据的连接、对数据排序或筛查、数据处理、分级显示各种汇总数据、科学分析数据工具等功能,如图4-14所示。

图4-14 "数据"选项卡

7."审阅"选项卡

"审阅"选项卡主要包括"校对""中文简繁转换""语言""批注""更改"5个组,提供了对文章的拼写检查、批注、翻译、保护工作簿等功能,如图4-15示。

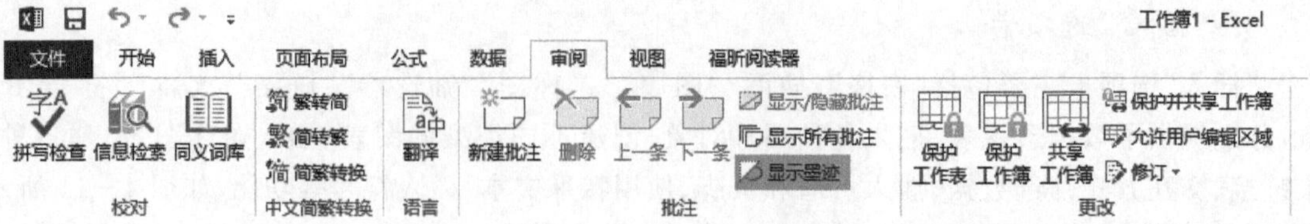

图 4 - 15 "审阅"选项卡

8. "视图"选项卡

"视图"选项卡主要包括"工作簿视图""显示""显示比例""窗口""宏"5 个组,提供了各种 Excel 视图的浏览形式与设置,如图 4 - 16 所示。

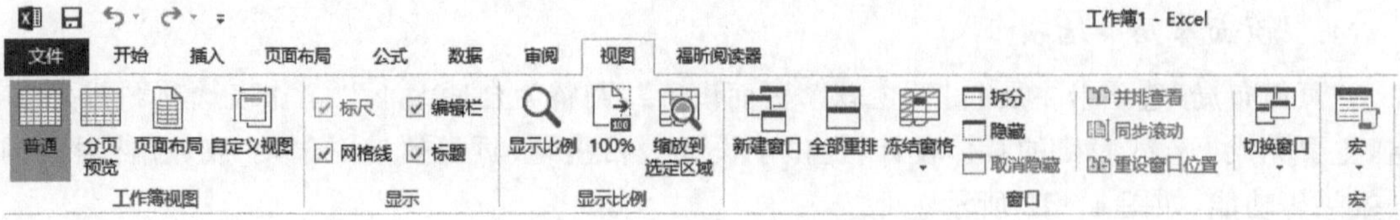

图 4 - 16 "视图"选项卡

9. 编辑栏

编辑栏位于功能区下方,主要包括显示或编辑单元格名称框、插入函数两个功能,如图4 - 17 所示。

图 4 - 17 编辑栏

三、Excel 2013 基本操作

(一)新建空白工作簿

启动 Excel 时就会自动创建一个新的工作簿,在默认状态下,这个工作簿文件名是按顺序来命名的,例如 Book♯,♯就是工作簿编号,默认从 1 开始,退出 Excel 再开启,Excel 文件又会从 1 开始编号。在 Excel 2013 版本中,新建文件是在"文件"功能区中选择"新建"命令,如图4 - 18所示。

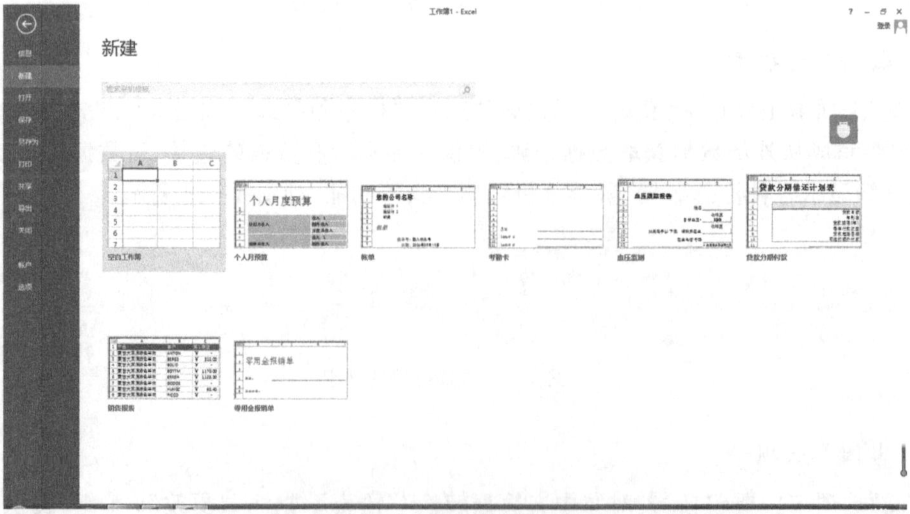

图 4 - 18 新建空白工作簿

（二）打开工作簿

要调用之前已经创建好的工作簿必须先打开它，可以同时打开多个，标题栏上的工作簿名称可以区别正在使用的工作簿。打开文件是在"文件"功能区中选择"打开"命令，在弹出"打开"对话框中选择需要打开的文件位置，单击"打开"按钮，如图 4 - 19 所示。

（三）关闭与保存

在关闭工作簿之前要保证修改的内容已保存在工作簿中，以避免数据丢失。具体操作如下：

（1）关闭工作簿：在"文件"功能区中单击"关闭"按钮。

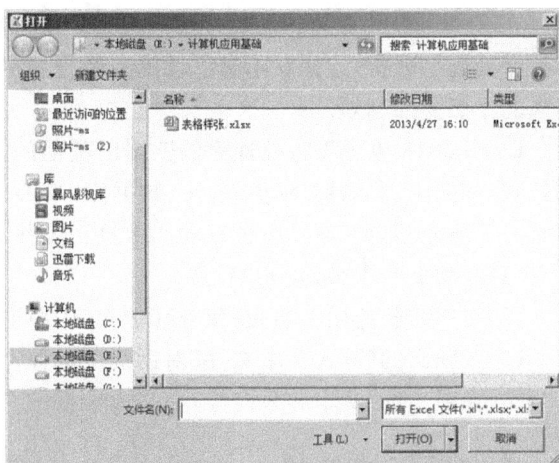

图 4 - 19　打开工作簿

（2）保存工作簿：在同一功能区单击"保存"按钮。若是新建的工作簿，会弹出提示指定位置对话框，需要用户自定义保存路径。如果是打开已有的工作簿，就直接保存在原有路径中。

任务二　学生成绩单设计与制作

一、创建表格

创建电子表格需要新建一个 Excel 文件，并向文件中输入数据。

（一）电子表格

新建一个 Excel 电子表格，具体操作步骤如下：在"文件"功能区中选择"新建"命令，并单击"空白工作簿"图标，如图 4 - 20 所示。

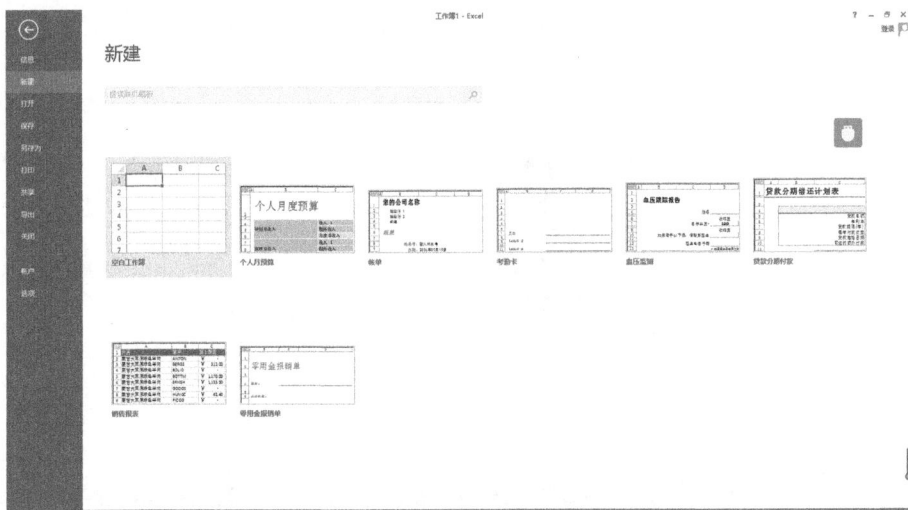

图 4 - 20　新建电子表格

205

(二)导入/导出数据

在 Excel 2013 中,可以通过导入外部数据这项功能来导入所需要的数据,以便提供给 Excel 作数据处理与分析,这样就不必手动输入数据,既提高了效率,同时也避免了输入错误的数据所带来的不必要的麻烦。

Excel 2013 也可以将处理完的数据以其他的文件方式导出,以便于导入其他软件作进一步的处理,如文本、Access、SQLServer 数据库、XSD、XML 映射等数据处理软件所支持的数据文件格式。下面介绍以文本的方式来导入数据的操作步骤。

(1)启动 Excel 2013 应用程序。

(2)在"数据"选项卡的"获取外部数据"中单击"自文本"按钮。

(3)在弹出的"导入文本文件"对话框中选择需要导入的数据源文件,单击"导入"按钮。

(4)在弹出的"文本导入向导"中完成数据的导入工作。

二、设定单元格格式

在 Excel 2013 中,可以更快捷地对单元格中的文字、图片设置相应的格式和效果。

(一)设置文字的格式

在"开始"功能区中,例如改变字体、加粗、更改颜色、对齐方式等都有相应的按钮,单击"字体""对齐方式""数字"功能组右下角的三角按钮(见图 4-21)会弹出单元格的格式设置对话框(快捷键"Ctrl+L")。

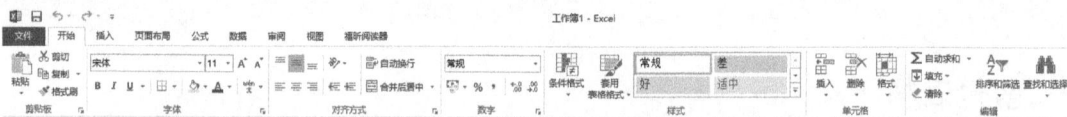

图 4-21 设置文字格式

(二)设置图片的格式

在"插入"功能区"插图"模块中,单击"图片"图标插入一张图片,单击"图片样式"功能组右下角的小箭头,会弹出"设置图片格式"对话框,如图 4-22 所示。

图 4-22 设置图片格式

此时还不会看到设置图片格式的功能组,单击图片后,就会发现功能区中出现一个"图片工具格式"功能区模块,如图4-23所示。

图4-23　"图片工具格式"功能区模块

三、工作表公式

使用工作表公式可以有效进行数据计算。

在Excel电子表格中,利用函数公式可以更快捷地计算出所需要计算的数据范围的某些参数,如最简单的求和、平均数、计数等常用以及各行业里面的统计函数。虽然手动也可以算出来,但是如果数据量很大就很难操作,最关键的原因是它是引用单元格位置,而不是固定了数据,也就是它有数据源,数据源发生变化,它的计算结果也会发生变化。

(一)制作学生成绩单

使用Microsoft Excel 2013软件制作一份学生成绩单,使用电子表格创建、格式设置、工作表公式命令完成。

(1)新建一个电子表格文件,在"文件"功能区中选择"新建"命令。

(2)输入成绩单内容。选择"数据"选项卡上的"获取外部数据"组中的"自文本"按钮,如图4-24所示。

图4-24　从外部导入数据

在弹出的"导入文本文件"对话框中选择需要导入的数据源文件,单击"导入"按钮,如图4-25所示。

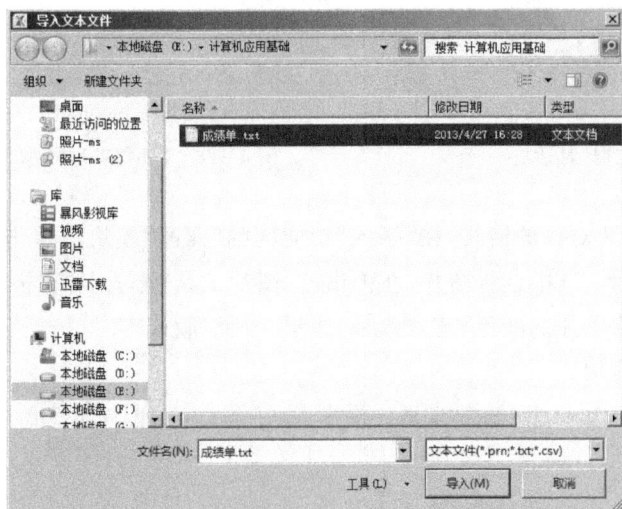

图4-25　"导入文本文件"对话框

在弹出的"文本导入向导"中完成数据的导入工作,由于文本数据是以"逗号"的格式存在的,所以在"文件类型"中选择"分隔符号",分隔符号选择"逗号",单击"完成"按钮,并根据提示进行下一步操作,如图 4-26 所示。

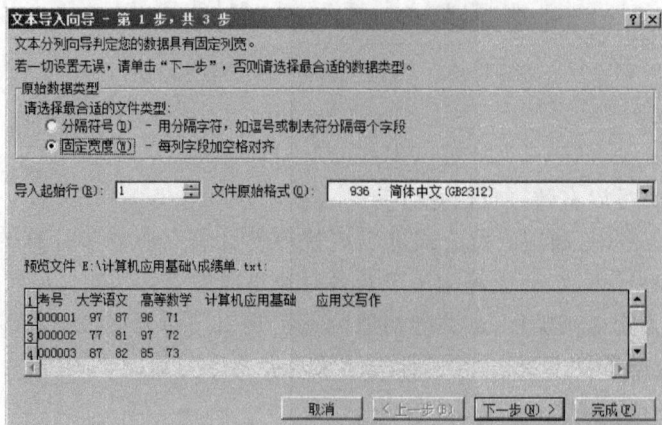

图 4-26 "文本导入向导"对话框

选择所导入数据的位置,默认情况是当前活动单元格,所以这里直接单击"确定"按钮,如图 4-27 所示。最后的效果如图 4-28 所示。

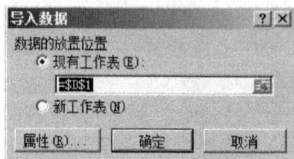

图 4-27 "导入数据"对话框

图 4-28 "外部获取数据"效果

(3)设定文字、图片对象的格式,在"插入"功能区的"插图"模块中单击"图片"按钮插入一张图片,如图 4-29 所示。选中这张图片,在弹出的"图片工具"选项卡的"格式"功能块上单击需要的按钮,单击即可设定图片的颜色、艺术效果、边框、效果、版式。

(4)工作表公式应用。

例 4-1 平均数 Average 函数应用。要求:求平均成绩,资料参照图 4-31。

操作方法如下:

方法 1:计算好结果,手动填入 F3 单元格中。

方法 2:在 F3 单元格中输入"=AVERAGE(B3:E3)"。

这两种方法的结果是一样的。但是，如果采用方法1，这位同学的某一科成绩有误，更正单科成绩后，那么她的平均成绩还是原来的，不会改变，这样就不能够保证数据的正确性。

1				
2	考号	大学语文	计算机应用基础	应用文写作
3	1	97	96	71
4	2	77	97	72
5	3	87	85	73
6	4	93	84	74
7	5	94	83	76
8	6	93	81	78
9	7	77	75	88
10	8	73	85	89
11	9	87	92	92
12	10	77	91	94
13	11	92	93	87
14	12	93	92	65
15	13	95	91	73
16				
17				
18				
19				
20				

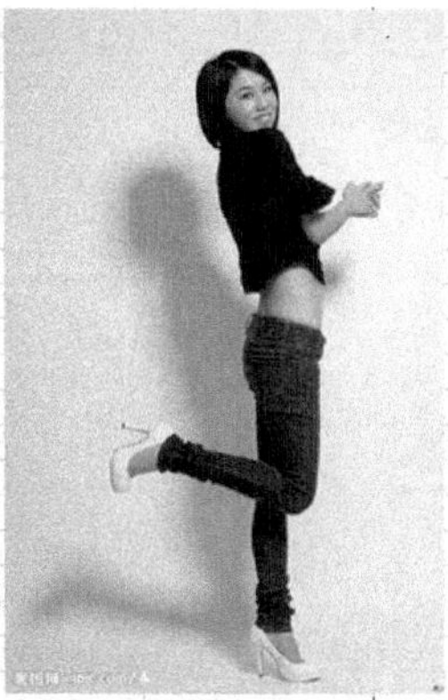

图 4-29　插入图片

如果用的是函数AVERAGE，即使是某一科成绩发生变化，它的平均成绩会立即发生变化，因为它的平均成绩计算结果是引用它的各科成绩的。因此，工作表公式在数据量大的时候更具有优越性。

例4-2：求和函数应用。要求：求成绩总和，如图4-30所示。

2	姓名	大学语文	计算机应用基础	应用文写作	总分
3	何交	97	96	71	
4	刘时	77	97	72	
5	李光明	87	85	73	
6	周转	93	84	74	
7	张玉	94	83	76	
8	张国文	93	81	78	
9	林美丽	77	75	88	
10	张思函	73	85	89	
11	李羡美	87	92	92	
12	张小玉	77	91	94	
13	刘志明	92	93	87	
14	何旭	93	92	65	
15	徐山	95	91	73	

图 4-30　SUM 函数实例

SUM函数的语法格式与上面所讲的函数用法是一样的，即"＝函数名称(数据引用范围)"，在这里讲一下相对引用和绝对引用。引用就是地址引用，也称单元格引用。

这里求总分，这个函数式应该写"＝SUM(B3:E3)"，结果会自动计算出来。自动填充功能对其下面的所有总分列单元格进行求和计算。方法是：将鼠标指向F3单元格的右下角，光标会变为黑色十字自动填充柄，单击拖曳至要填充到的单元格，就会作自动的函数式填充计算。

这里的B3:E3单元格区域的地址用的是相对地址，所以会随着行号列标而递增或者递减，单元格F4中自动填写的函数式是"＝SUM(B4:E4)"，F5中是"＝SUM(B5:E5)"，依此类推。绝对地址的表示方法是在行号列标前加上"$"符号，如果这里用绝对地址，那么它的表示应该为"＝SUM($B$3:$E$3)"，那么用自动填充功能时，它的地址就不会发生改变。此时，紧接着F3下面的所有单元格所自动填充的函数式都跟F3里面的一样，都是"＝SUM($B$3:$E$3)"，自然计算结果也都一样，也就是锁定了这个函数式的数据引用位置。如果是只锁定行或者列,则称这种引用为混合引用。这些引用的地址可以用一个名称来给它们命名。通过例子,我们可了解名称框的使用,如图 4-31 所示。

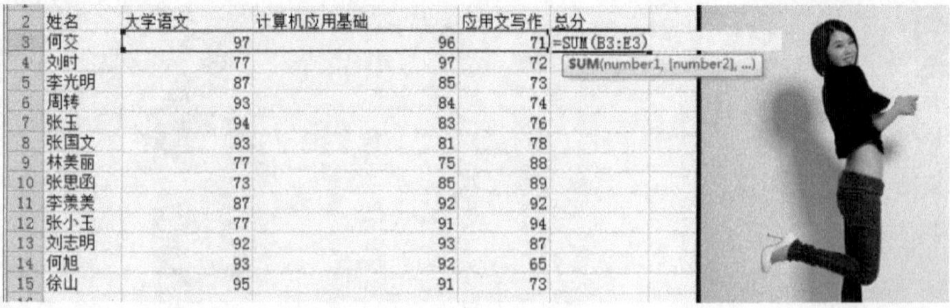

图 4-31 学生成绩表

例 4-3:IF 函数的应用。IF 逻辑判断函数是指根据条件来判断真假从而输入相应的内容,如图 4-32、图 4-33 所示。

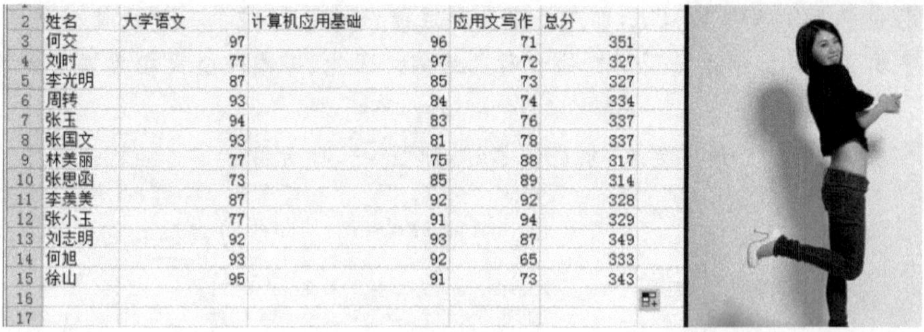

图 4-32 输入单元格名称

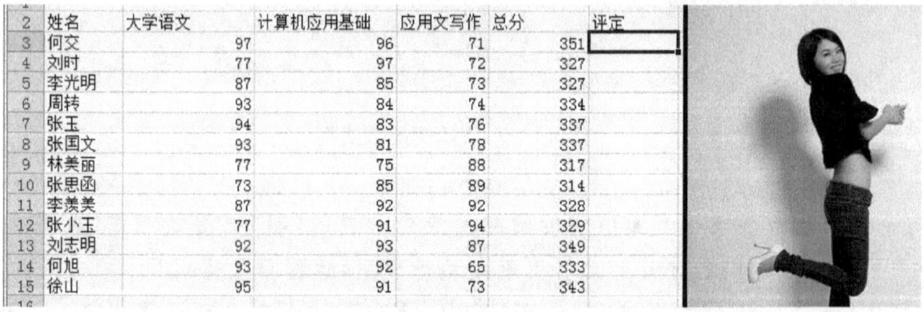

图 4-33 学生成绩表

我们要在评定列中自动输入对应考生的成绩等级,总分高于 340 分的视为优秀,否则视为一般。在 G3 中输入"=IF(F3>=340"优秀""一般",然后自动填充到下边的单元格中,如图 4-34所示。这个函数式中,"F>=340"是判断条件,如果满足,填入第一对引号内的内容,如果不满足填入第二对引号内的内容,如果一对引号中没有任何字符,那么就是不填任何内容。公式其实就是各个函数、运算符之间的相互交错使用,即加减乘除(+,-,×,/)这样 4 个运算符与单元格地址或者常数、函数式相互交错使用,它也是以等号开头。

图 4-34 IF 函数实例

最终完成学生成绩表中的各项计算后,选择"文件"→"保存"命令,单击"保存"按钮完成所有操作。

任务三 数据的图表化

一、功能介绍

1. 图表

图表是对工作表中数据的图形表示。图表更能描述数据,更清晰地反映数据趋势。

对工作簿中某一工作表创建一张图表,图表创建可以嵌入到当前工作表中,也可以创建到一张新的工作表中。在 Excel 2013 中,可以更快、更容易地创建图表,具体操作如下:

在"插入"功能区中的"图表"功能组中选择图表类型为"条形图",结果如图 4-35 所示。

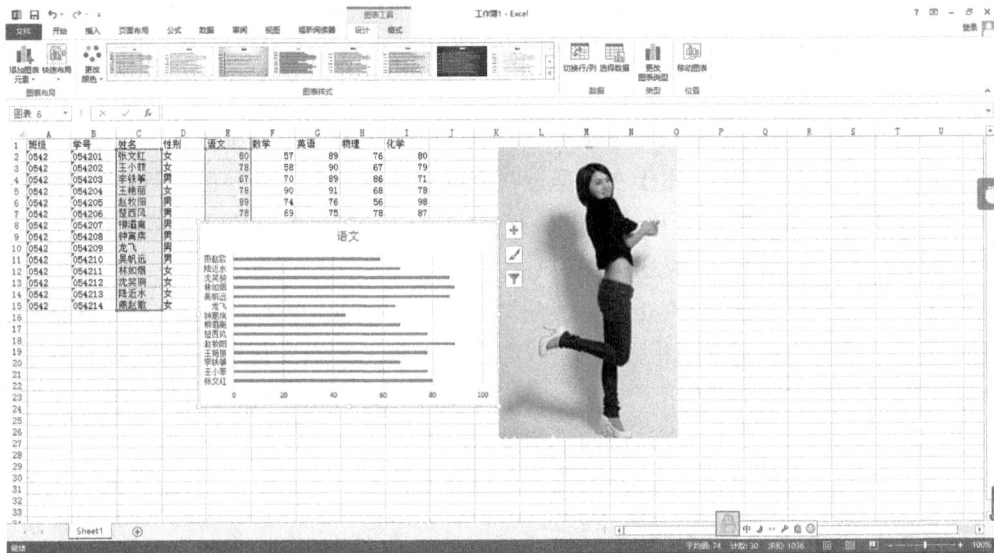

图 4-35 "条形图"图表

2.图表工具

创建图表之后,在功能区中会出现"图表工具"功能区,单击"设计""格式"功能组可以进行图表的相关调整,如图4-36所示。

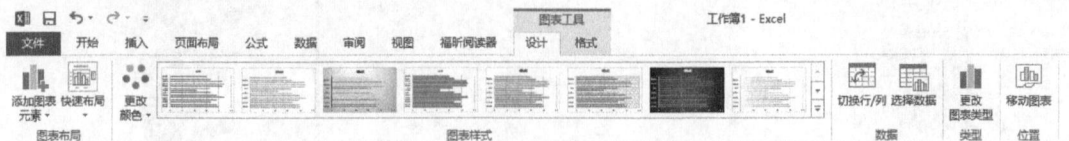

图4-36 "图表工具"功能组

3.组与分级显示

如果有一个要进行组合和汇总的数据列表,可以创建分级显示(分级最多为八个级别,每组一级),具体操作如下:在"数据"功能区中的"分级显示"功能组中单击"创建组"按钮。每个内部级别有分级显示符号(分级显示符号是用于更改分级显示工作表视图的符号),通过单击代表分级显示级别的加号、减号和数字1、2、3或4,可以显示或隐藏明细数据,它们分别显示其前一外部级别的明细数据(明细数据是在自动分类汇总和工作表分级显示中,由汇总数据汇总的分类汇总行或列。明细数据通常与汇总数据相邻,并位于其上方或左侧),这些外部级别在分级显示符号中均由较小的数字表示。

使用分级显示可以快速显示摘要行或摘要列,或者显示每组的明细数据;可创建行的分级显示、列的分级显示或者行和列的分级显示;若要显示某一级别的行,可单击相应的分层显示符号;若要展开或折叠分级显示中的数据,可单击分层显示符号。

4.分类汇总

通过使用"分类汇总"命令可以自动计算列的列表中的分类汇总和总计。

如果正在处理Microsoft Excel表格,则"分类汇总"命令将会灰显。若要在表格中添加分类汇总,首先必须将该表格转换为常规数据区域,然后再添加分类汇总。注意,这将从数据删除表格格式以外的所有表格功能。

插入分类汇总时,分类汇总是通过使用SUBTOTAL函数与汇总函数来完成。

汇总函数是一种计算类型,用于在数据透视表或合并计算表中合并源数据,或在列表或数据库中插入自动分类汇总。汇总函数的例子包括SUM、COUNT和AVERAGE(如"求和"或"平均值"),可以为每列显示多个汇总函数类型。

总计是从明细数据(明细数据是在自动分类汇总和工作表分级显示中,由汇总数据汇总的分类汇总行或列。明细数据通常与汇总数据相邻,并位于其上方或左侧)派生的,而不是从分类汇总中的值派生的。例如,如果使用了"平均值"汇总函数,则总计行将显示列表中所有明细数据行的平均值,而不是分类汇总行中汇总值的平均值,如图4-37所示。

如果将工作簿设置为自动计算公式,则在编辑明细数据时,"分类汇总"命令将自动重新计算分类汇总和总计值。"分类汇总"命令还会分级显示(分级显示是工作表数据,其中明细数据行或列进行了分组,以便能够创建汇总报表。分级显示可汇总整个工作表或其中的一部分)列表,以便可以显示和隐藏每个分类汇总的明细行。

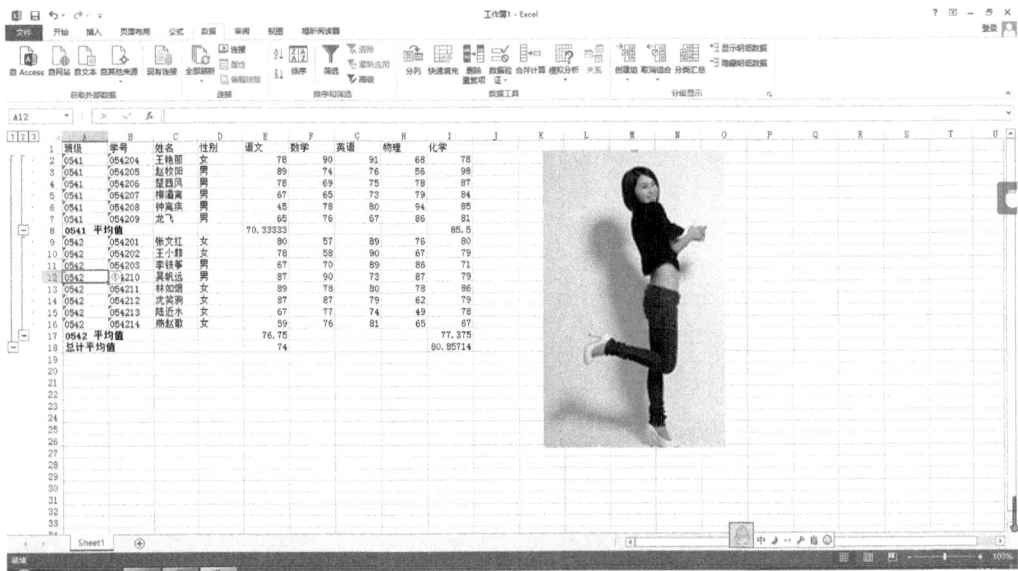

图 4 - 37 分类汇总

二、功能应用

使用 Microsoft Excel 2013 软件为已有的电子表格制作图表,使用创建图表、设置图表、分类汇总、组与分级功能完成。

1. 创建图表

打开一个学生成绩单电子表格,如图 4 - 38 所示。

	姓名	大学语文	高等数学	计算机应用基础	应用文写作	总分	优秀
							优秀
	何交	97	87	96	71	351	优秀
	刘时	77	81	97	72	327	一般
	李光明	87	82	85	73	327	一般
	周转	93	83	84	74	334	一般
	张玉	94	84	83	76	337	一般
	张国文	93	85	81	78	337	一般
	林美丽	77	77	75	88	317	一般
	张思函	73	67	85	89	314	一般
	李姜美	87	57	92	92	328	一般
	张小玉	77	67	91	94	329	一般
	刘志明	92	77	93	87	349	优秀
	何旭	93	83	92	65	333	一般
	徐山	95	84	91	73	343	优秀

图 4 - 38 学生成绩表

选中姓名以及各科目。在"插入"功能区中的"图表"模块选择图表类型,这里选择"条形图",如图 4 - 39 所示。

与之前的版本比较,Excel 2013 有一个比较重要的图形工具——数据迷你图,它能够在单元格中反映数据的变化,如图 4 - 40 所示。

选中这位同学的各科成绩,在"插入"功能区中的"迷你图"功能组中选择图形类别,为了更好地体现各科成绩的差距,这里选择"柱形图"。在弹出的"创建迷你图"对话框中,数据范围已经选好,即各科成绩位置范围填入 F3 单元格中,单击"确定"按钮,如图 4 - 41 所示。

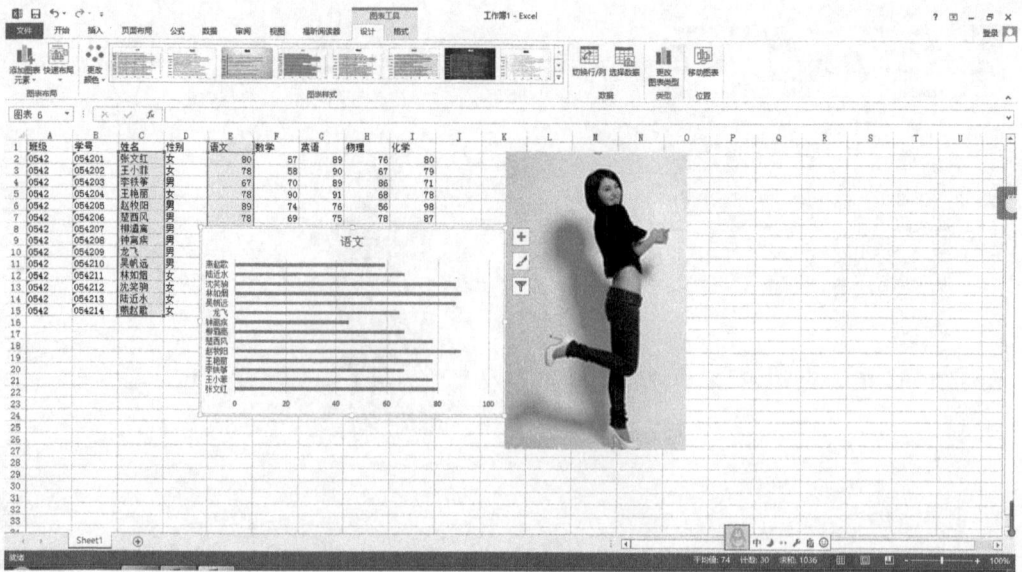

图 4-39　生成"条形图"图表

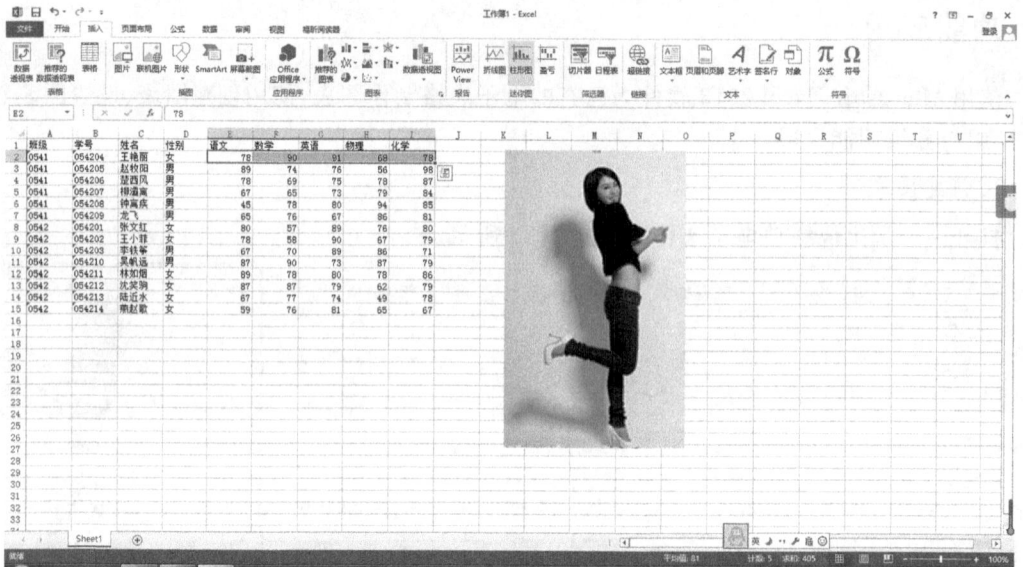

图 4-40　学生成绩表

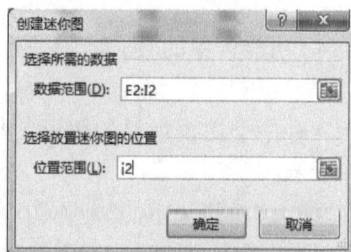

图 4-41　创建迷你图

最终显示的迷你图效果如图4-42所示。

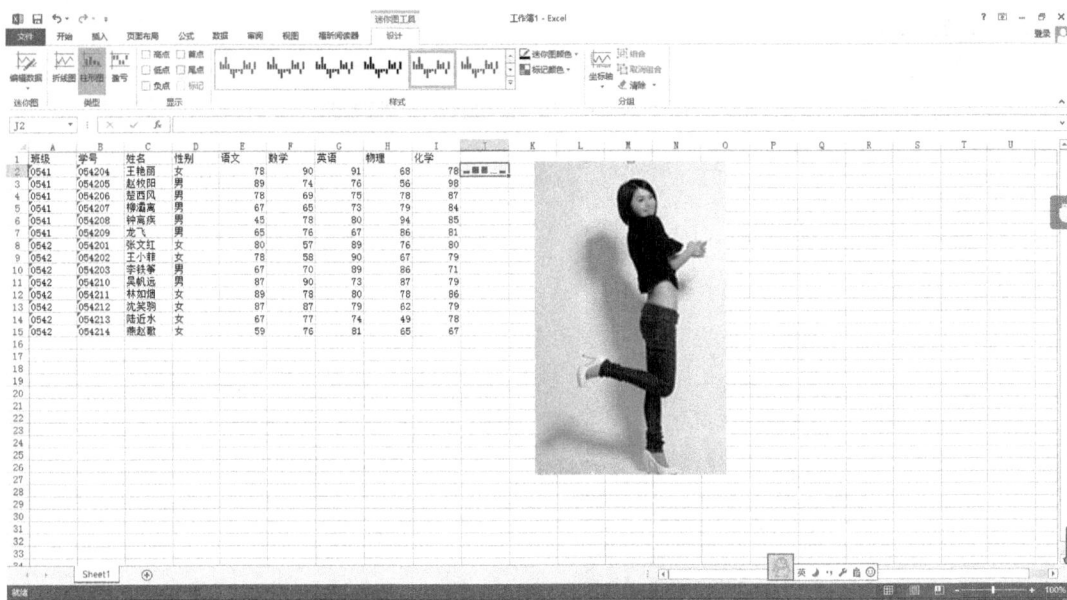

图4-42　迷你图的最终效果

注意:迷你图可以利用自动填充功能进行批量生成,这样能看出各同学各科成绩之间的差距,如图4-43所示。

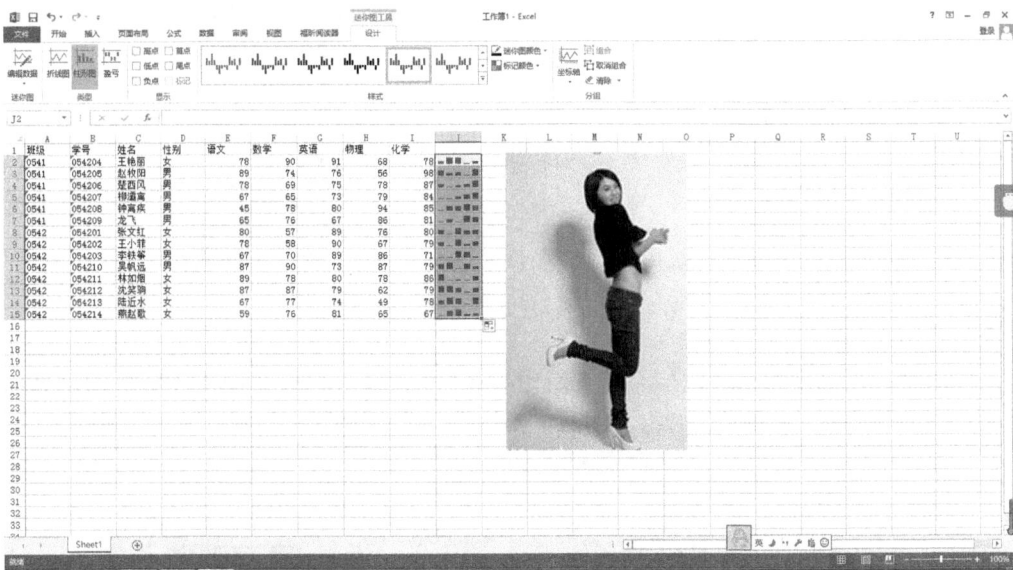

图4-43　批量显示迷你图

2.修改图表

在此需要对已经创建好的图表的类型、格式等作出相应的修改,具体操作步骤如下:单击选中图表,此时功能区中会出现相应的"图表工具"功能区,可以对图表的"设计""格式"进行调整。下面是"格式"选项卡,在左上角的下拉列表中可以选择要设置的部分,如图4-44所示。

选择哪一部分,对应的部分就会被选中,就可以进行下一步的修改或者添加操作。

图表的标题上呈现可编辑状态,这时候直接修改。直接单击这个图表标题也可以实现这样一个修改的功能,其他部分修改也是在下拉列表中选择相应的部分。

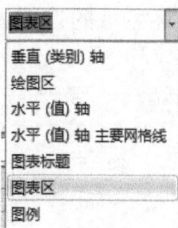

图 4-44 学生成绩图表

3.组与分级显示要求

把总分和平均分进行分级显示,如图 4-45 所示。选中这两列,如图 4-46 所示。

姓名	大学语文	高等数学	计算机应用基础	应用文写作	总分	平均分
何交	97	87	96	71	351	87.75
刘时	77	81	97	72	327	81.75
李光明	87	82	85	73	327	81.75
周转	93	83	84	74	334	83.5
张玉	94	84	83	76	337	84.25
张国文	93	85	81	78	337	84.25
林美丽	77	77	75	88	317	79.25
张思函	73	67	85	89	314	78.5
李羡美	87	57	92	92	328	82
张小玉	77	67	92	94	329	82.25
刘志明	92	77	93	87	349	87.25
何旭	93	83	92	65	333	83.25
徐山	95	84	91	73	343	85.75

图 4-45 学生成绩图

姓名	大学语文	高等数学	计算机应用基础	应用文写作	总分	平均分
何交	97	87	96	71	351	87.75
刘时	77	81	97	72	327	81.75
李光明	87	82	85	73	327	81.75
周转	93	83	84	74	334	83.5
张玉	94	84	83	76	337	84.25
张国文	93	85	81	78	337	84.25
林美丽	77	77	75	88	317	79.25
张思函	73	67	85	89	314	78.5
李羡美	87	57	92	92	328	82
张小玉	77	67	92	94	329	82.25
刘志明	92	77	93	87	349	87.25
何旭	93	83	92	65	333	83.25
徐山	95	84	91	73	343	85.75

图 4-46 选中"总分""平均分"列标

在"数据"功能区中的"分级显示"功能组中单击"创建组"按钮,如图 4-47 所示。可以看到选中的列发生了变化,单击创建的组上面的"-"按钮,则会隐藏组,如图 4-48 所示。

F3		=SUM(B3:E3)					
	A	B	C	D	E	F	G
2	姓名	大学语文	高等数学	计算机应用基础	应用文写作	总分	平均分
3	何交	97	87	96	71	351	87.75
4	刘时	77	81	97	72	327	81.75
5	李光明	87	82	85	73	327	81.75
6	周转	93	83	84	74	334	83.5
7	张玉	94	84	83	76	337	84.25
8	张国文	93	85	81	78	337	84.25
9	林美丽	77	77	75	88	317	79.25
10	张思函	73	67	85	89	314	78.5
11	李羡美	87	57	92	92	328	82
12	张小玉	77	67	91	94	329	82.25
13	刘志明	00	77	53	87	349	87.25
14	何旭	93	83	92	65	333	83.25
15	徐山	95	84	91	73	343	85.75

图 4-47 创建选中列的组

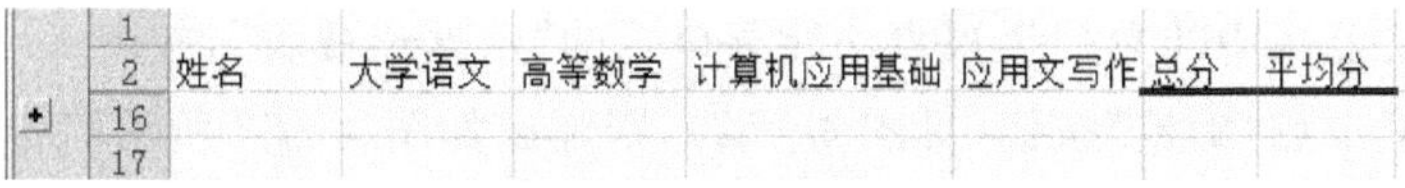

图4-48　隐藏组

此时,按钮变成了"＋",同时"总分"列和"平均分"列隐藏了,再单击"＋"按钮又会还原。若要取消分组显示就选中列,然后单击"取消组合"按钮。

任务四　数据透视表

一、数据透视表

数据透视表是一种交互式的表,可以进行某些计算,如求和与计数等。所进行的计算与数据跟数据透视表中的排列有关。之所以称为数据透视表,是因为可以动态地改变它们的版面布置,以便按照不同方式分析数据,也可以重新安排行号、列标和页字段。每一次改变版面布置时,数据透视表会立即按照新的布置重新计算数据。另外,如果原始数据发生更改,则可以更新数据透视表。

数据透视表功能在"插入"功能区,如图4-49所示。

图4-49　插入数据透视表示意图

二、使用数据透视表

打开学生成绩电子表格,如图4-50所示。

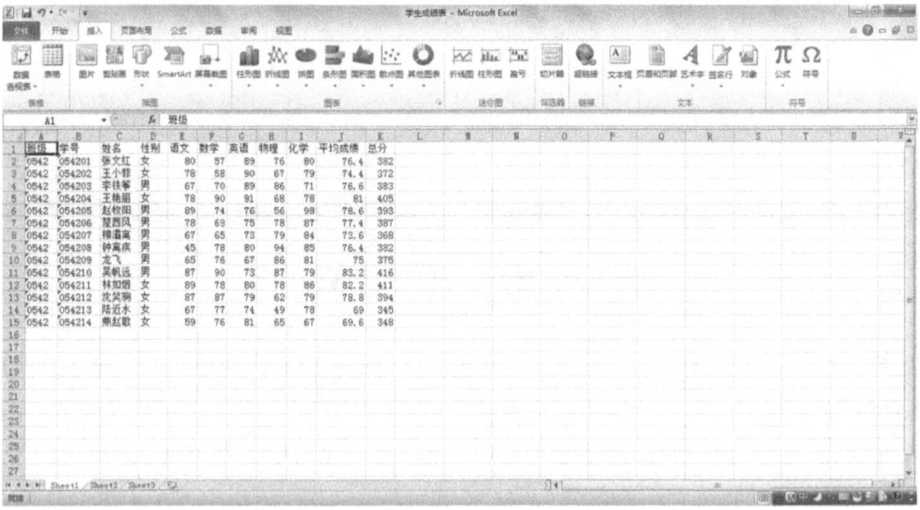

图4-50　学生成绩表图

选中"插入"功能区中的数据透视表功能菜单下的"数据透视表",如图4-51所示。

在弹出对话框中点"确定"按钮(见图4-52),则弹出如图4-53所示的界面。

图4-51 学生透视表图

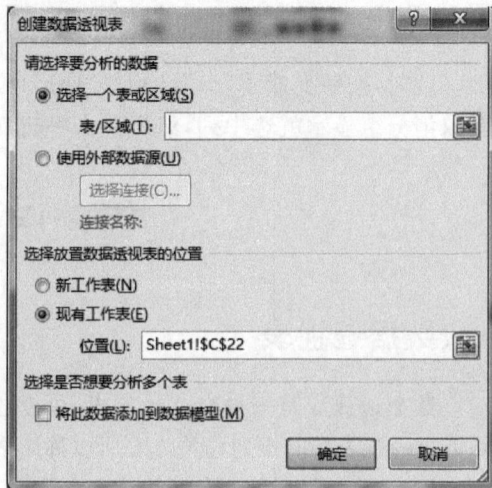

图4-52 创建数据透视表

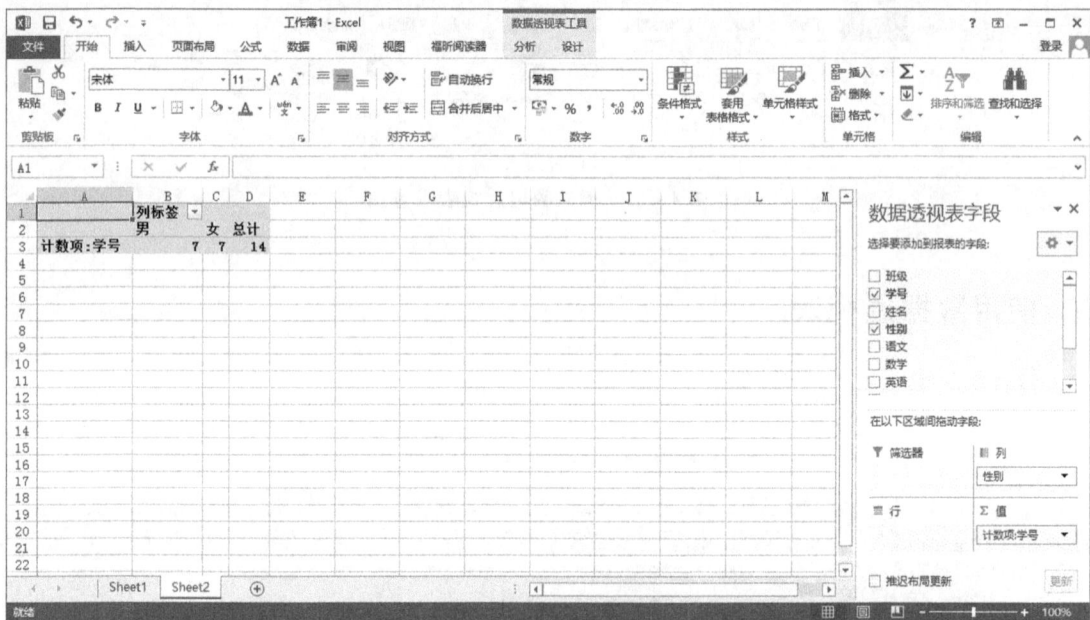

图4-53 统计学生男女人数透视表图

求出本班男女生共有多少人,将"性别"拖入至"行标签"区域中,将"学号"拖入至"数值"区域中,如图4-54所示。

或者将"性别"拖入至"列标签"区域中,将"学号"拖入全"数值"区域中,如图4-55所示。

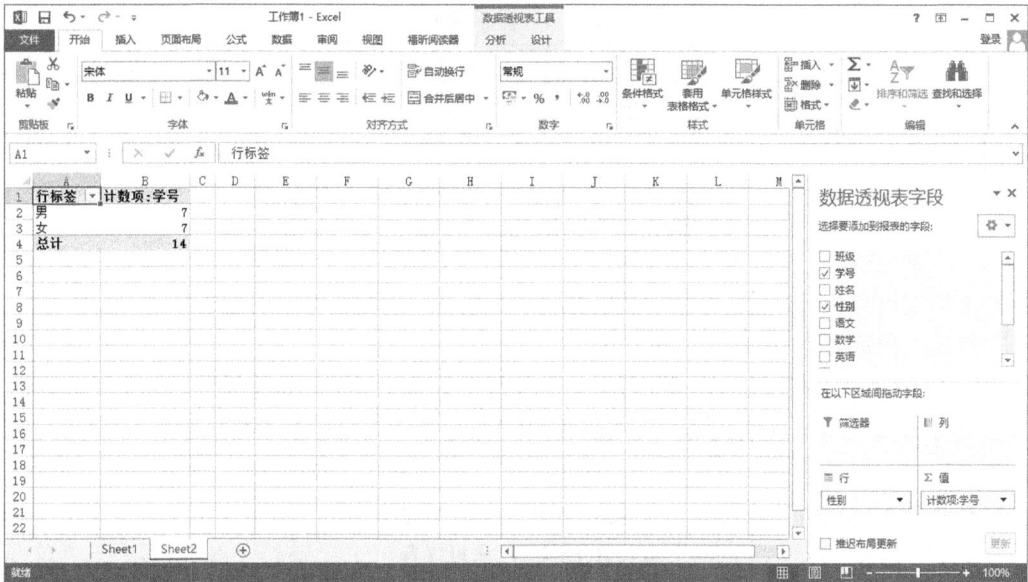

图 4-54 统计学生男女人数透视表图(以行显示)

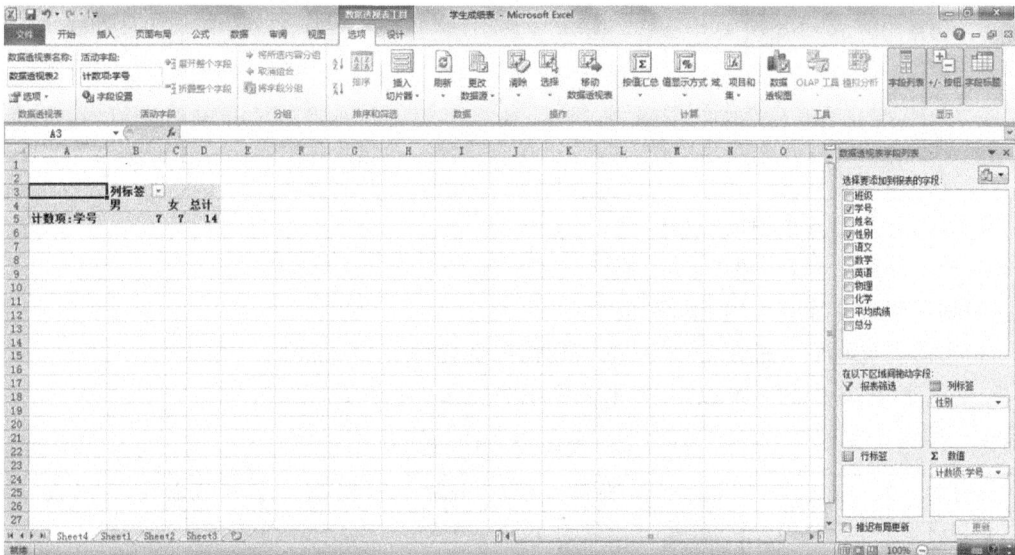

图 4-55 统计学生男女人数透视表图(以列显示)

任务五 实践操作

1. 打开工作簿文件"课程成绩单. xls"。

工作表"课程成绩单"内部数据如表 4-1 所示。将"课程名称"栏中"网页制作"课程替换为"计算机应用基础"课程,替换后工作表名改为"课程成绩单(替换完成)",工作簿名不变。

表4-1 课程成绩单

学号	姓名	课程名称	期中成绩	期末成绩
200901001	张三	网页制作	50	60
200901002	竺燕	网页制作	78	90
200901003	李四	网页制作	65	86

2.打开工作簿文件"课程成绩单.xls"。

对工作表"课程成绩单"内的数据清单的内容进行排序,条件为"按姓名笔画逆序排序"。排序后的工作表另存为"课程成绩单(排序完成).xls"工作簿文件中,工作表名不变。

3.打开工作簿文件"课程成绩单.xls"。

对工作表"课程成绩单"内的数据清单的内容进行自动筛选,条件为"期末成绩大于或等于60并且小于或等于80",筛选后的工作表另存为"课程成绩单(筛选完成).xls"工作簿文件中,工作表名不变。

4.根据表4-2的基本数据,按下列要求建立 Excel 表。

表4-2 产品销售表　　　　　　　　　　　　　　　　单位:元

月份	录音机	电视机	VCD	总计
一月	232	221	1514	
二月	242	222	1524	
三月	252	223	1534	
四月	262	224	1544	
五月	272	225	1554	
六月	282	226	1574	
平均				
合计				

(1)利用公式计算表中的"总计"值;

(2)利用函数计算表中的"合计"值;

(3)利用函数计算表中的"平均"值;

(4)用图表显示录音机在1—6月的销售情况变化。

5.根据表4-3中的基本数据,按下列要求建立 Excel 表。

表4-3 工资表　　　　　　　　　　　　　　　　单位:元

部门	工资号	姓名	性别	工资	补贴	应发工资	税金	实发工资
销售部	2002001	林蒙	女	1536	500			
策划部	2002021	刘品	男	1620	458			
策划部	2002050	吕中化	男	1703	722			
销售部	2006010	国中有	男	1436	565			
销售部	2004020	张咖	女	1325	655			
策划部	2006001	崔昌	男	1202	460			

(1)删除表中的第5行记录;

(2)利用公式计算应发工资、税金及实发工资(应发工资＝工资＋补贴)(税金＝应发工资×3%)(实发工资＝应发工资－税金)(精确到角);

(3)将表格中的数据按部门"工资号"升序排列;

(4)用图表显示该月此6人的实发工资,以便能清楚地比较工资情况。

项目五

PowerPoint 2013 幻灯片

学习目标

1. 幻灯片内容的编辑与修改
2. 应用文档大纲创建幻灯片
3. 应用与修改幻灯片版式
4. 应用与修改幻灯片中文、图片、图表等的格式与设计
5. 在幻灯片中插入各种元素
6. 为各种对象添加动画，设置幻灯片切换效果
7. 修改与制作幻灯片母板
8. 播放与打包演示文稿

演示文稿用于广告宣传、产品演示、教学等场合，PowerPoint 和 Word、Excel 等应用软件一样，也属于 Microsoft 公司推出的 Office 系列产品。PowerPoint 的主要用途是制作图文并茂并具有动画效果的电子幻灯片。

PowerPoint 是一个易学易用、功能丰富的演示文稿制作软件，用户可以利用它制作图文、声音、动画、视频相结合的多媒体幻灯片，并达到最佳的现场演示效果。PowerPoint 演示文稿中的五个最基本的组成部分是文字、图片、图表、表单和动画。其中文字是演示文稿的基本，图片是视觉表现的核心，图表是浓缩的有效手段，表单是幻灯片的主体，动画是互动的精髓。

任务一 PowerPoint 简介

一、相关概念

(一)幻灯片

幻灯片是半透明的胶片，上面印有需要讲演的内容，幻灯片需要专用放映机放映，一般情况下由演讲者进行手动切换。PowerPoint 是制作电子幻灯片的程序，在 PowerPoint 中用户以幻灯片为单位编辑演示文稿。

(二)演示文稿

演示文稿是以扩展名".pptx"保存的文件。一个演示文稿中包含多张幻灯片，每张幻灯片在演示文稿中既相互独立又相互联系。

(三)PowerPoint 与 Word 的主要区别

Word 的主要功能是制作文档,接近于现实生活,其基本操作单位是页、段和文字;Power-Point 的主要用途是制作展示用的幻灯片,因此在 PowerPoint 中的逻辑操作单位是幻灯片和占位符。

占位符是一种带有虚线边缘的框,绝大部分幻灯片版式中都有这种框。在这些框内可以放置标题及正文,或者是图表、表格和图片等对象。幻灯片的版式变换实际上是对占位符位置和属性的调整。

因用途不同,PowerPoint 不像 Word 那样注重于文字格式的排版,其更注重于对象的位置、颜色和动画效果的设置,以保证用户在屏幕上能够达到最佳演示效果。

(四)PowerPoint 2013 的新增功能

和我们熟知的 PowerPoint 2003 相比,PowerPoint 2013 的功能得到了大大的增强。把既让制作幻灯片的工作变得更加方便快捷,同时又新增了许多的工具和功能,用户不需要学习诸如 Photoshop 之类的图像处理软件,就能更加方便地美化和处理图片,从而轻松作出具有专业美工水准的图表。

1.为文本添加视觉效果

利用 PowerPoint 2013,用户可以向文本应用图像效果(如阴影、凹凸、发光和映像);也可以向文本应用格式设置,以便与用户的图像实现无缝混和。为文本添加视觉效果操作起来快速、轻松,只需单击几次鼠标即可,如图 5-1 所示。

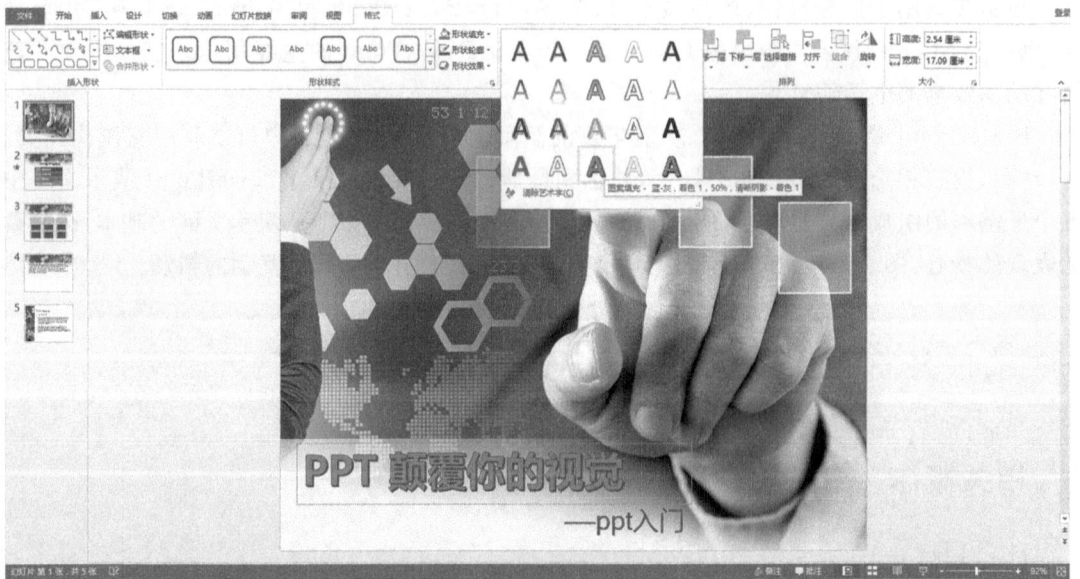

图 5-1　幻灯片文本显示效果

2.新增的 SmartArt 图形图片布局

利用 PowerPoint 2013 提供的更多选项,用户可将视觉效果添加到文档中。用户可以从新增的 SmartArt 图形中选择,以在数分钟内构建令人印象深刻的图表。SmartArt 中的图形功能同样也可以将文本转换为引人注目的视觉图形,以便更好地展示用户的创意,如图5-2所示。

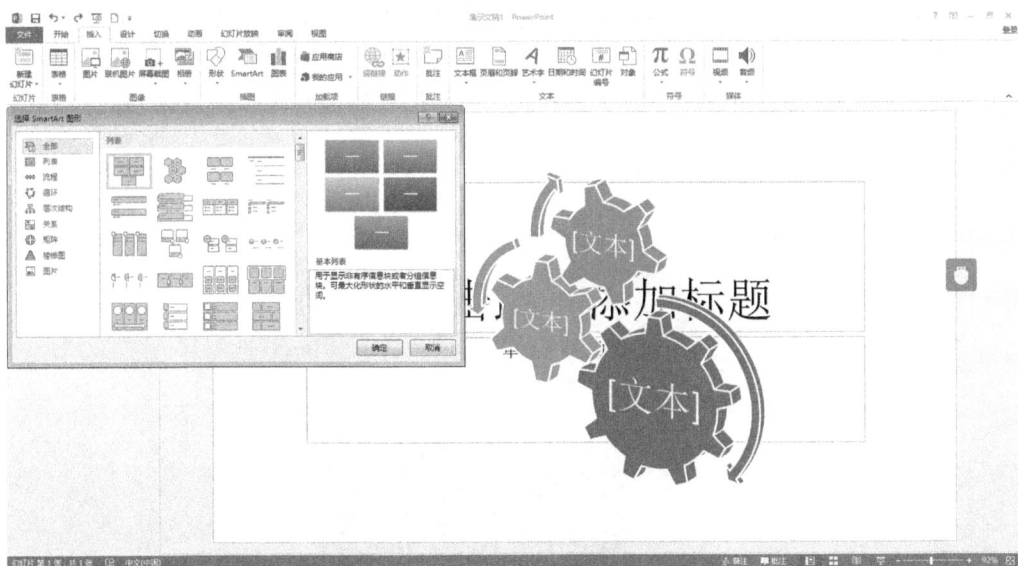

图5-2 幻灯片 SmartArt 图形图片效果

3.新增艺术效果

通过 PowerPoint 2013 中新增的图片编辑工具,无需其他照片编辑软件,即可插入、剪裁和添加图片特效。用户也可以更改颜色饱和度、色温、亮度以及对比度,以轻松地将简单文档转化为艺术作品。用户可以对图片应用复杂的艺术效果,使其看起来更像素描、绘图或绘画作品。这是无需使用其他照片编辑程序便可增强图像效果的简便方法,如图5-3所示。

图5-3 幻灯片图片显示效果

4.方便的动画刷功能

在 PowerPoint 2013 中,如果为某一个对象制作了动画效果,那么,这个动画效果是无法通过复制到其他页面中去的,更不用说在多个 PPT 幻灯片中复制动画效果了。在 PowerPoint 2013 中,新增了名为"动画刷"的工具,该工具允许用户把现成的动画效果复制到其他 PPT 页面中,如图 5 - 4 所示。

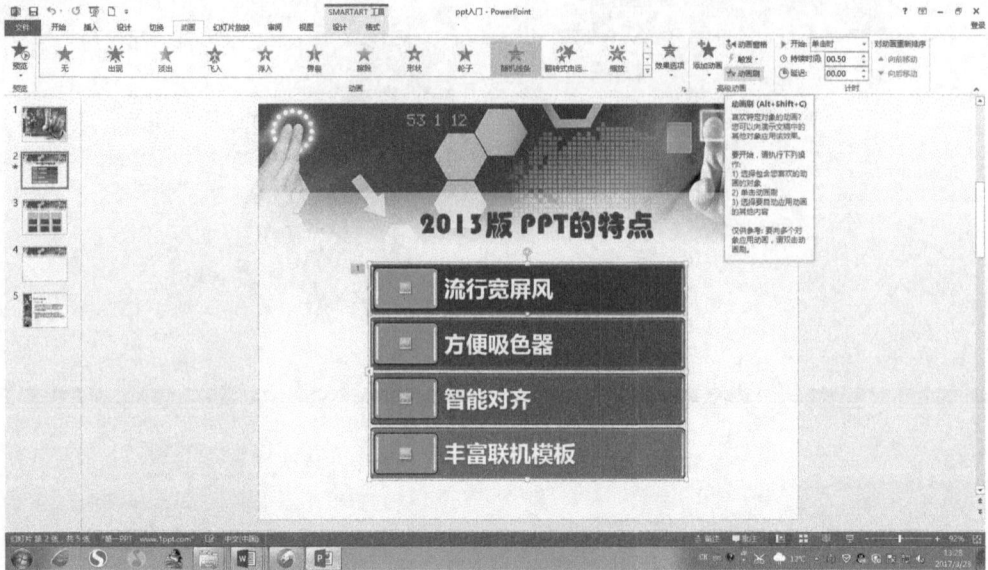

图 5 - 4　幻灯片动画刷的运用示例

5.更加丰富与绚丽的动画效果

与 PowerPoint 2003 老版本相比,PowerPoint 2013 无论是幻灯之间的切换动画,还是幻灯片中各种对象的动画效果,都更加丰富与绚丽,大大提升观看时的视觉效果,如图 5 - 5 所示。

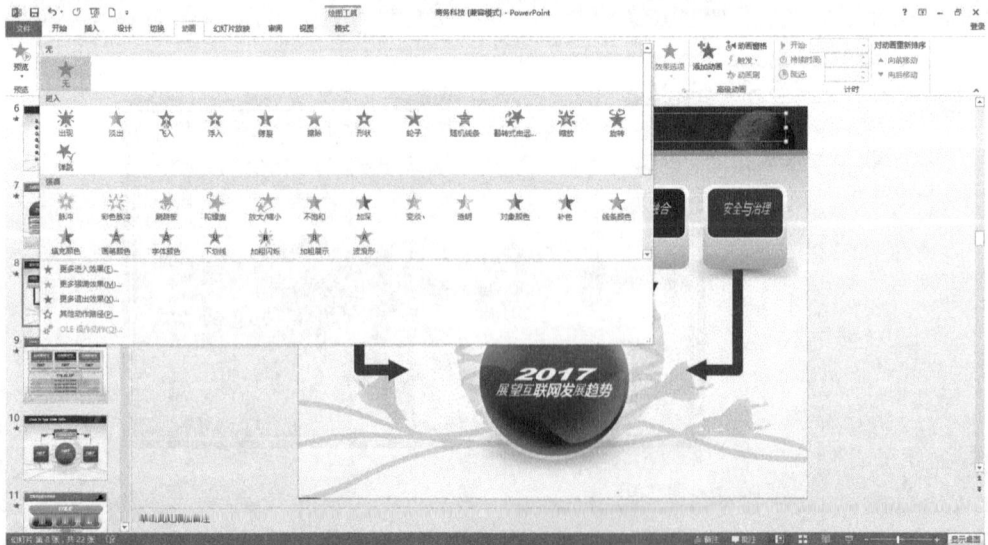

图 5 - 5　幻灯片间切换动画设置界面

二、启动和基本操作界面

与其他 Office 软件的启动方法类似,选择"开始"→"所有程序"→"Microsoft Office 2013"→"Microsoft Office PowerPoint 2013"命令启动 PowerPoint 2013,其操作窗口如图 5-6 所示。

图 5-6　PowerPoint 界面

与 Word 和 Excel 等 Office 软件一样,自 2007 版以后,PowerPoint 采用功能区替换了 2003 及更早版本中的菜单和工具栏。

(一)PowerPoint 中的视图

在 PowerPoint 窗口右下方的状态栏提供了各个主要视图(普通、幻灯片浏览、阅读和幻灯片放映视图)。

1.普通视图

单击状态栏上的 ▦ 按钮可以切换至普通视图。该视图是主要的编辑视图,可用于撰写和设计演示文稿。普通视图有四个工作区域,即"幻灯片"、"大纲"选项卡、"幻灯片"窗格和"备注"窗格。

"大纲"选项卡以大纲形式显示幻灯片文本,是开始撰写内容的理想场所;在这里,可以捕获灵感,计划如何表述它们,并能移动幻灯片和文本,如图 5-7(a)所示。

"幻灯片"选项卡可显示幻灯片的缩略图,在其中操作可以快速浏览幻灯片的内容或演示文稿的幻灯片流程,或快速移至某一张幻灯片,如图 5-7(b)所示。

PowerPoint 自 2010 版开始支持节的功能,与 Word 中的分节符类似,节可将一个演示文稿划分成若干个逻辑部分,更有利于组织和多人协作。

(a)   (b)

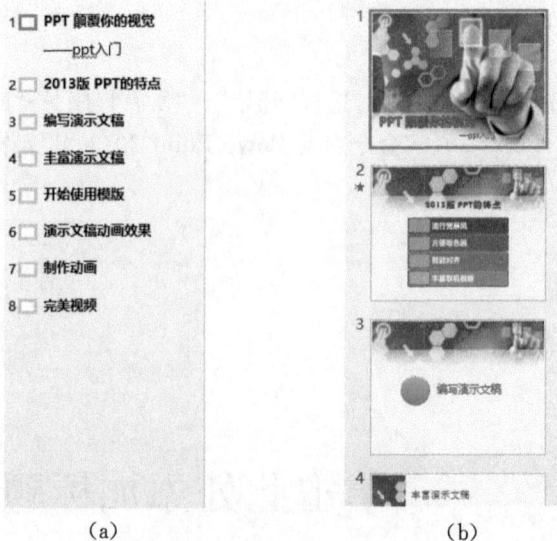

图 5 - 7　大纲及幻灯片选项卡

2.幻灯片浏览视图

单击 按钮可以切换至幻灯片浏览视图,这种视图直接显示幻灯片缩略图。在创建演示文稿以及准备打印演示文稿时,可以轻松地对演示文稿的顺序进行排列和组织。此外,还可以在幻灯片浏览视图中添加节,并按不同的类别或节对幻灯片进行排序,如图 5 - 8 所示。

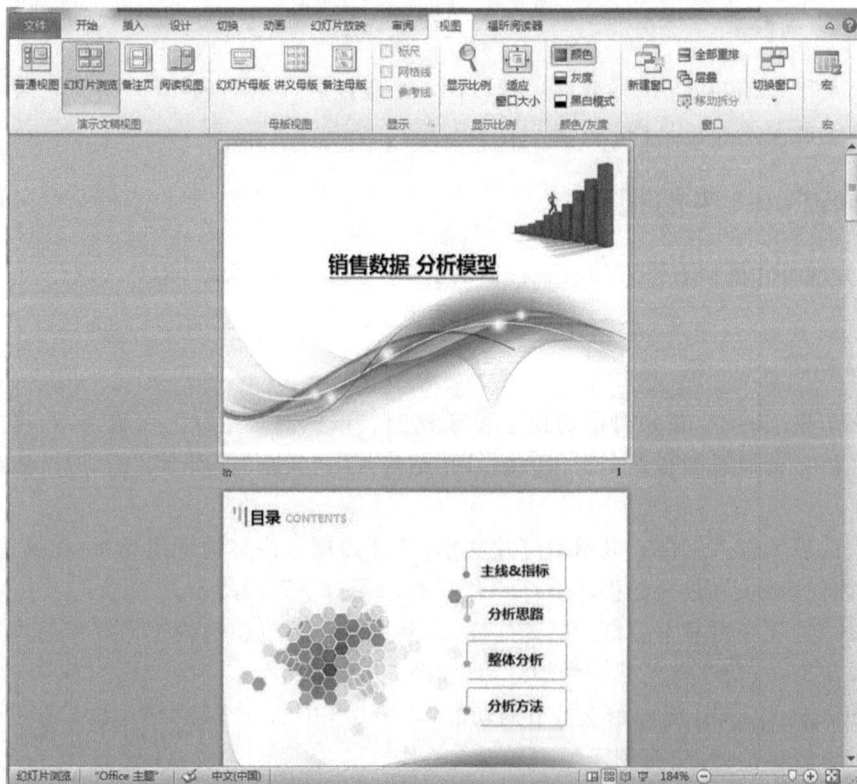

图 5 - 8　"幻灯片浏览"视图

3.幻灯片放映视图

幻灯片在播放的过程中全屏显示,逐页切换,可以通过单击 📹 按钮切换至放映视图,对当前幻灯片开始播放。

(二)功能区

与其他 Office 软件类似,普通视图下,PowerPoint 功能区包括 9 个选项卡,按照制作演示文稿的工作流程从左到右依次分布,如图 5－9 所示。图 5－10 为占位符示例图。

图 5－9　功能区

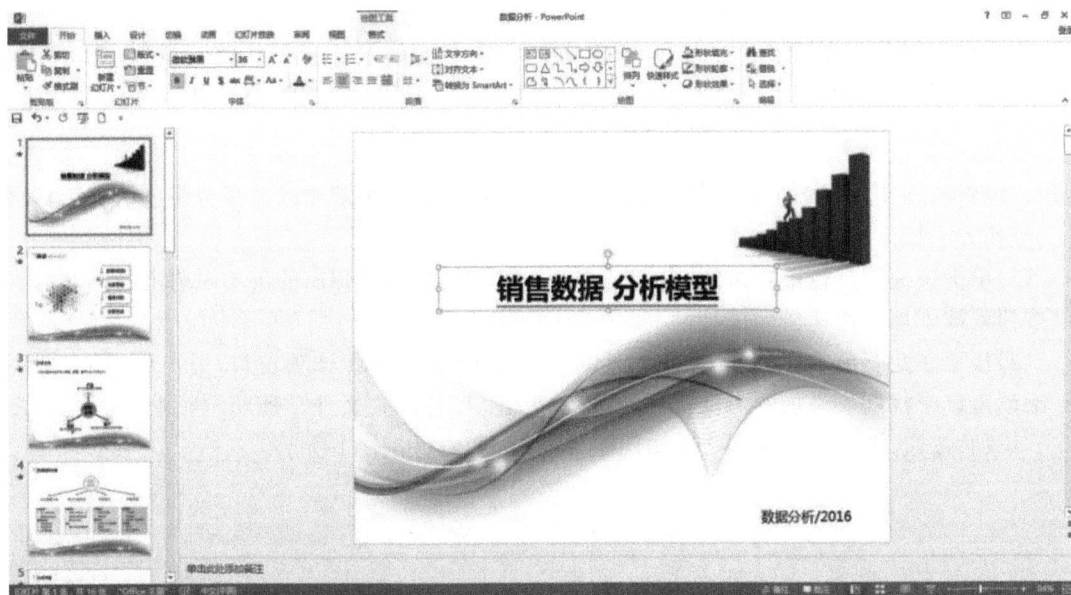

图 5－10　占位符

各选项卡及包括的主要功能如表 5－1 所示。

表 5－1　PowerPoint 选项卡功能

选项卡	主要功能	对应演示文稿制作流程
开始	插入新幻灯片,将对象组合在一起以及设置幻灯片上的文本格式	准备素材,确定方案,开始制作演示文稿
插入	将表、形状、图表、页眉或页脚插入演示文稿	增加演示文稿的信息量,提升说服力
设计	自定义演示文稿的背景、主题设计和颜色或页面设置	装饰处理
切换	可对当前幻灯片应用、更改或删除切换效果	

续表 5-1

选项卡	主要功能	对应演示文稿制作流程
动画	可对幻灯片上的对象应用、更改或删除动画	
幻灯片放映	开始幻灯片放映，自定义幻灯片放映的设置和隐藏单个幻灯片	预演与展示
图	查看幻灯片母版，备注母版，幻灯片浏览，打开或关闭标尺、网格线和绘图指导	提升演示整体质量
审阅	检查拼写，更改演示文稿中的语言或比较当前演示文稿与其他演示文稿的差异	审核校对
文件	保存现有文件和打印演示文稿	完成制作打包发布

(三)快速访问工具栏的使用

由于软件设计上的原因，相比 PowerPoint 2003 全面而又丰富的快捷工具栏，PowerPoint 2013 的“快速访问工具栏”作了大幅度的简化，保留了“保存”“撤消”“恢复”“从头开始”“新建”这几个按钮(按钮依次为)。没有用户经常使用的“打开”“关闭”等按钮，这给用户编辑演示文稿带来不便。但是用户可以自己添加这几个常用的命令至快速访问工具栏。

操作方法如下：

(1)单击快捷工具栏最右边的“自定义快速访问工具栏”，从弹出的菜单中单击“打开”，则“打开”按钮就被添加到快速访问工具栏。

(2)接着在此菜单中单击“其他命令”，则会打开 PowerPoint 选项窗口，用户可以在“常用命令”滚动窗口中找到要添加的命令。比如：打开最近使用过的“文件”“剪切”“粘贴”等命令，之后单击“添加”按钮，把它们添加到快速访问工具栏中去，如图 5-11 所示。

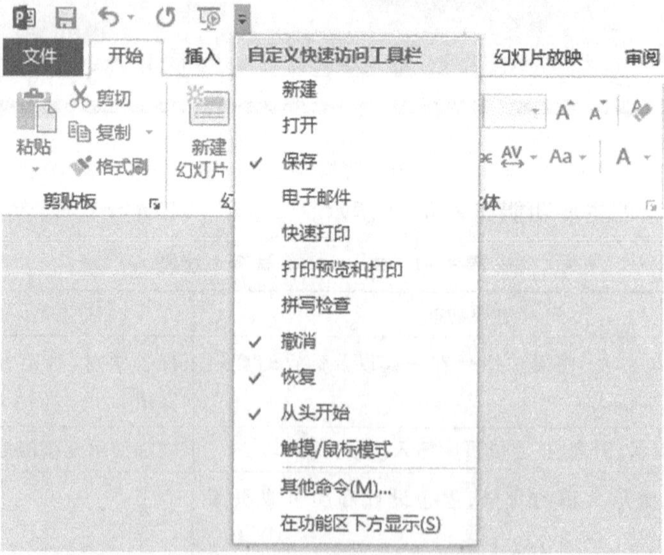

图 5-11 自定义快捷工具栏图

此外,一些用户需要的功能不在"常用命令"中,用户则需要单击"常用命令"旁边的三角下拉按钮,选择"全部",之后在下面滚动窗口中找到用户要添加的命令,如"关闭""符号"等,之后单击"添加"按钮,把它们添加到快速访问工具栏中去,如图5-12所示。

图 5-12 向快捷工具栏添加其他命令

其他工具的添加方法类似。

任务二 设计演示文稿的基本原则

逻辑结构清晰、层次鲜明的演示文稿可以让观众明确演示目的。设计演示文稿时要注意文字不宜过多,颜色搭配合理,恰当使用动画效果和幻灯片切换效果。

一、典型结构

(一)黄金法则

演示文稿有一种典型结构,这种结构基于以下两种概念:

1.一除以六乘以六

一除以六乘以六又称"演示文稿黄金法则",基本概念是每张幻灯片只讨论一个项目,一张幻灯片最多有六个子项目,每个子项目又不应超过六个词语。实践表明,如果一行超过六个词语,观众将无法一次抓住这一行所要表达的意思,就不能专心听演讲者的介绍。任何法则都会有例外,但应尽可能将此作为一项基本理念。

2.重复

首先向观众说明要讲的主要内容,讲到这些内容时,再向观众总结讲了什么。在演示过程中要使用积极的语调,要使用现在时态使演示保持主动语态而不是被动语态。

(二)常用演示文稿结构

1.标题幻灯片

一个演示文稿通常有一个主题,如××年度报告、新产品建议书、进度报告等。标题幻灯片就是为了体现主题,很多演讲者会在开场白时播放标题幻灯片。

2.目录幻灯片

目录幻灯片是演示文稿的目录页,向观众介绍将要演讲的信息概要。根据"黄金法则"应将项目数量限制在六张以内。

3.内容幻灯片

目录幻灯片的每个项目都将有一张相对应的内容幻灯片。目录幻灯片上的项目为内容幻灯片的标题。有时可能会需要多张幻灯片来阐述一个项目,这时每张幻灯片的标题都是相同的,但可以使用副标题来区分这些幻灯片。

二、设计原则

设计出的幻灯片除了借鉴"黄金法则"外,还需要注意色彩搭配、明暗对比度、文字大小等细节问题。

(一)色彩搭配与对比度

要注意选择合适的背景和文字颜色,以保证观众可以看清演示文稿中的文字和图片内容。如果选择颜色较深的背景色,则需要将文字设置成较亮的颜色,反之亦然。例如,选择蓝色背景时,选择黄色或白色文字等。因为演示文稿大多数情况下在投影机上播放,所以建议选择三基色(红、绿、蓝)进行搭配。

(二)字体与字号

在字体方面,要注意选择线条粗犷的字体,建议选择黑体字并且加粗。在字号方面,建议在保证演示文稿美观和整洁的基础上,尽量加大,但是要注意合理断句。

(三)不要在 PPT 中堆砌过多的文字

有不少人在制作演示文稿时,把 PPT 当成是 Word 的翻版,直接把大量的文字复制、粘贴到 PPT 中,这是一种非常不好的做法。我们要对制作内容进行认真研究和分析,从中提炼出最需要呈现给观众的内容,尽量把晦涩、抽象、昏昏欲睡的文字转变为好看、生动、重点突出的图表。

任务三　演示文稿基本操作

制作演示文稿的一般工作过程可归纳为:①准备素材,确定方案;②归纳总结,信息提炼;③装饰处理,提升演示文稿的观赏性;④预演放映;⑤审核校对;⑥打包发布。

一、创建演示文稿

单击"文件"选项卡,选择"新建"命令,将切换至"可用的模板和主题",如图 5-13 所示。

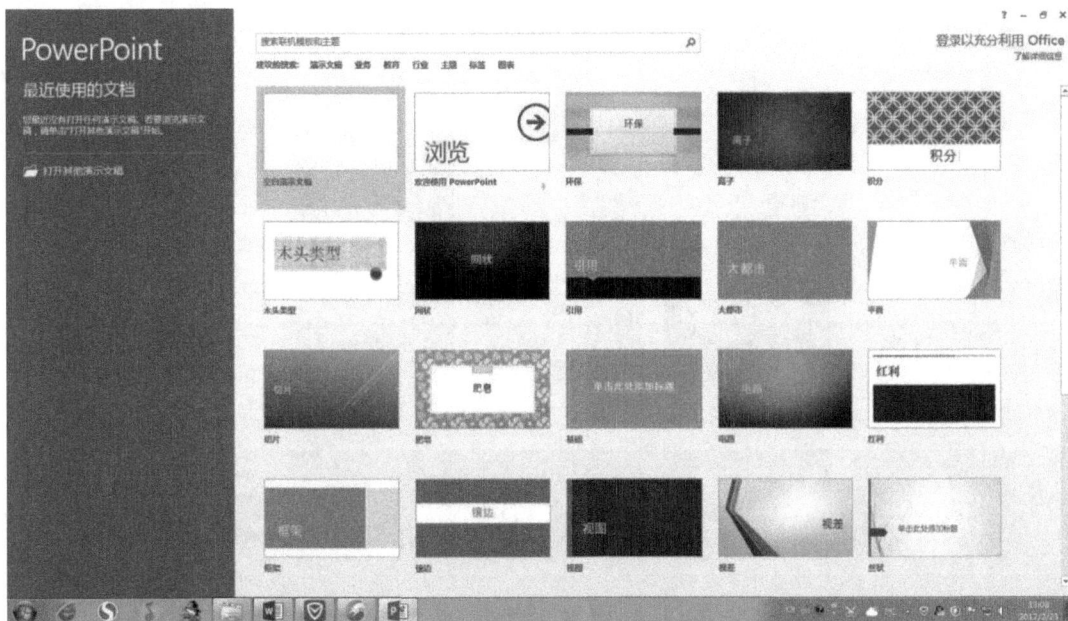

图5-13　可用的模板和主题

(一)空演示文稿

PowerPoint 启动后就会自动创建一个空白演示文稿文件。此文件中的幻灯片具有白色背景,文字默认为黑色,不具备任何动画效果,也不具备任何输入内容提示。

(二)样本模板

模板是创建演示文稿的模式,它提供了一些预配置的设置,例如文本和幻灯片设计等,如果从头开始创建演示文稿,使用模板更为快速。PowerPoint 提供相册、日历、计划和用于制作演示文稿的各种资源的样本模板。此外,通过"Office.com 模板"可以实时获取微软提供的最新设计。

(三)主题

主题包括预先设置好的颜色、字体、背景和效果,它可以作为一套独立的选择方案应用于文件中,还可以在 Word、Excel 和 Outlook 中使用主题,使文档、表格、演示文稿和邮件的整体风格一致。

保存、关闭和打开演示文稿的操作方法与 Word 完全一致。

二、使用样本模板创建演示文稿

使用"PowerPoint 2013 简介"样本模板创建一个演示文稿,如图5-14所示。创建完毕后切换至放映视图,观看该演示文稿。

该演示文稿所有幻灯片风格相同,并且具有内容提示,主题与操作工具 PowerPoint 2013 有关,首先应考虑使用"样本模板"新建演示文稿,从浏览视图看,该演示文稿采用了分节的方法;标题栏上显示的文件名是"简介.pptx",并且未显示兼容模式字样。

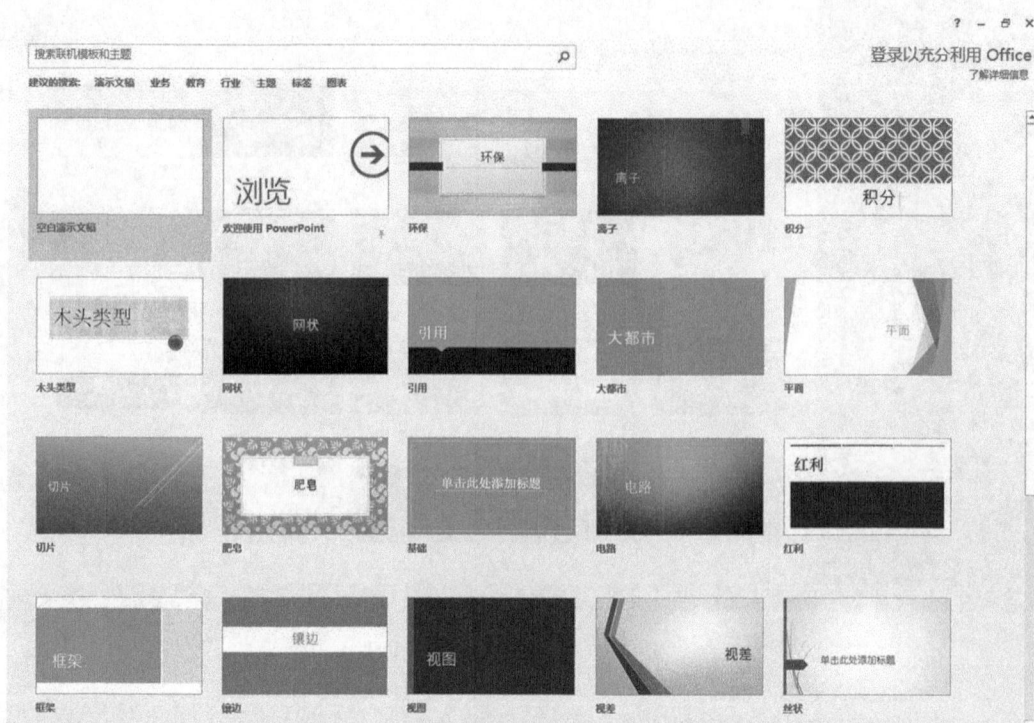

图 5-14 "PowerPoint 2013 简介"演示文稿

操作方法如下：

(1)选择"文件"→"新建"命令，在"可用的模板和标题"中，单击"样本模板"按钮。

(2)双击"PowerPoint 2013 简介"图标即可创建基于样本模板的演示文稿。

(3)单击窗口右下角状态栏上的 ▦ 按钮切换至"幻灯片浏览"视图，可观察到幻灯片缩略图按节分类显示。

(4)选中第一页幻灯片，单击状态栏上的 🖵 按钮开始放映幻灯片，学习 PowerPoint 2013 的新增功能。

小结：

"样本模板"为广大用户提供规范的演示文稿格式，用户可根据实际需要进行取舍。在制作商务演示文稿时这一功能尤为实用，在提示向导自动创建的演示文稿中需要进行一系列的个性化操作，例如放置公司的 logo、根据实际内容更改幻灯片版式等。

后续案例将以"奥林匹克运动"为主题，结合演示文稿制作流程介绍 PowerPoint 中的常用操作。

三、确定演示文稿框架

利用"大纲"选项卡，建立"奥林匹克运动"演示文稿的框架。通过搜索制作的演示文稿框架如图 5-15 所示。

图 5-15 演示文稿框架

制作"奥林匹克运动"有关主题的演示文稿,首先需要利用 Internet 搜索与其有关的信息,包括文字介绍、图片信息等,对制作对象加以了解,确定制作主题和基本展示框架,然后利用"大纲"选项卡将框架制作出来。

操作方法如下:

(1)选择"文件"→"新建"命令,双击"空白演示文稿"。

(2)启动浏览器,使用"百度"等搜索引擎搜索与"奥林匹克运动"有关的信息。

(3)对信息进行过滤、挑选,确定展示方案。

①单击"大纲"选项卡,依次输入幻灯片标题,按"Enter"键,新建幻灯片。

②选中第一张幻灯片,在幻灯片窗格中的"副标题"占位符中输入"奥林匹克运动"。

③所有幻灯片标题键入完毕后,单击窗口左上角的"保存"按钮。

(4)在弹出的"另存为"对话框中,输入文件名"奥林匹克运动.pptx",单击"保存"按钮。

小结:

一定要养成在制作演示文稿前确定展示方案、拟订展示提纲的习惯,这样才可以突出展示主题。"大纲"选项卡以大纲形式显示幻灯片文本,是开始撰写内容的理想场所;在"大纲"选项卡下,输入幻灯片的标题后,按"Enter"键将自动添加新的幻灯片,按"Shift+Enter"组合键可在一页幻灯片上换行。

四、规范演示文稿结构

确定主题的展示方案后,进一步规划每一部分需要幻灯片的大致张数。对于张数较多的演示文稿,可以使用新增的节功能组织幻灯片,与使用文件夹组织文件类似,使用命名节跟踪幻灯片组。而且,可以将节分配给其他合作者,明确合作期间的所有权。分节后的演示文稿如图5-16和图5-17所示。

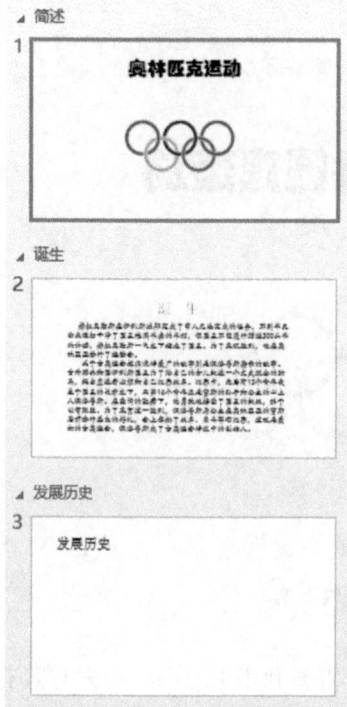

图 5-16 "诞生""发展""历史"节

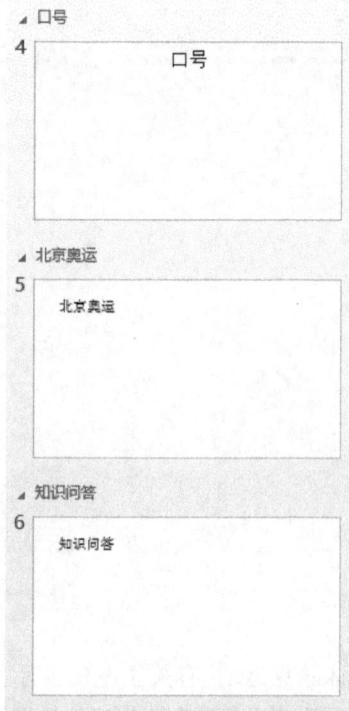

图 5-17 "口号""知识问答"节

图中使用的是幻灯片浏览视图,整个演示文稿共分为 7 节,依次是:简述、诞生、发展历史、口号、北京奥运、知识问答、五环。"诞生"节中包括节标题幻灯片和四张内容幻灯片,"发展历史"节中包括节标题幻灯片和两张内容幻灯片。在"幻灯片"选项卡下,选中某一节开始的幻灯片后右击,在弹出的快捷菜单中选择"新增节"命令可增加一节;选中一张幻灯片,选择"开始"→"版式"→"节标题"命令可将版式更改为节标题。

操作方法如下:

(1)打开"奥林匹克运动.pptx"文稿,切换至"幻灯片"选项卡,选中第一张幻灯片右击,在弹出的快捷菜单中选择"新增节"命令,如图 5-18(a)所示。

(2)选中新增的节右击,在弹出的快捷菜单中选择"重命名节"命令,在弹出的对话框中输入"简介",如图 5-18(b)所示。

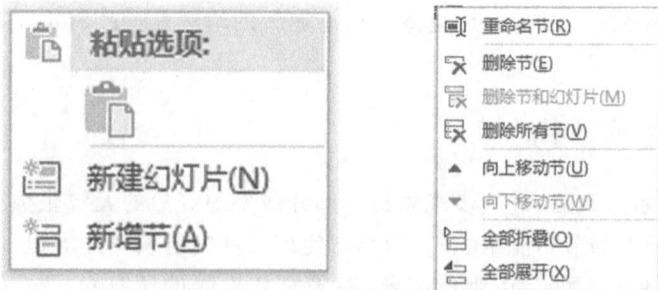

(a)

(b)

图 5-18 新增节

（3）选中标题为"历程"的幻灯片，新增一个同名的节，选择"开始"→"版式"→"节标题"命令将其版式更改为"节标题"幻灯片。

（4）参照图 5-16 或根据搜索到的相关素材，选择"开始"→"新建幻灯片"→"标题和内容"命令完成内容幻灯片的添加。

（5）按类似的方法完成其他节和幻灯片的添加。

（6）将演示文稿另存为"奥林匹克运动新增节.pptx"。

小结：

"节"使演示文稿的结构更加清晰，尤其是在幻灯片页数较多的情况下，使操作更为便捷。幻灯片被增加至节中后，可以随着节的移动而移动、删除而删除，这一功能有利于多人协作、校对以及对幻灯片结构的修改。

五、使用幻灯片版式和项目符号

接下来将完成"简介"及"早期方案与命名"幻灯片的内容制作，要制作的幻灯片如图5-19所示。

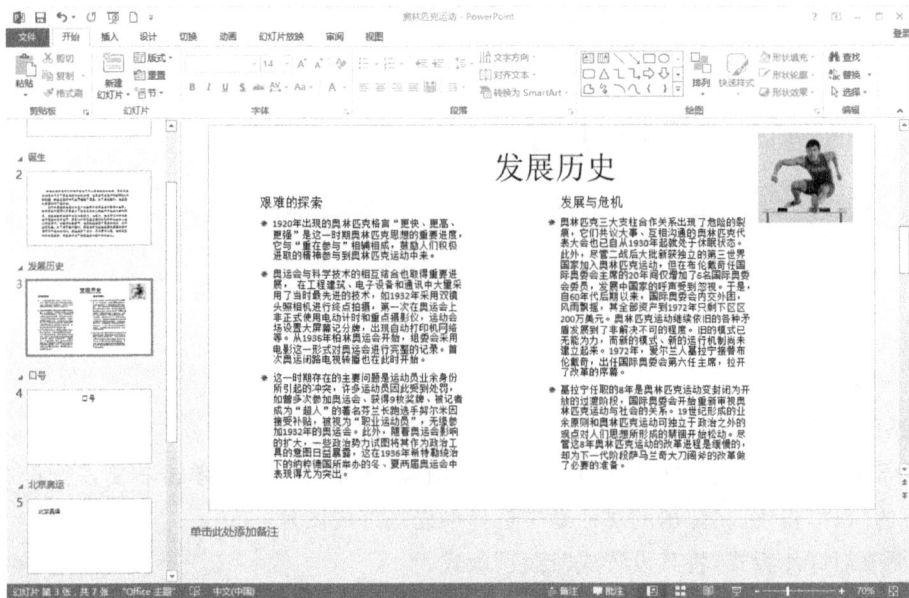

图 5-19 使用背景和项目符号

"发展历史"幻灯片采用了"两栏内容"的版式，左边是文字，右边是图片，文字采用默认字体，"艰难的探索""发展与危机"幻灯片也使用了 ❀ 作为项目符号，并设置相关标题字体为黑体、字号为 40 号，设置正文字体为宋体、字号为 14 号。

操作方法如下：

（1）设置幻灯片版式。

①选中"简介"幻灯片，将其设置成"两栏内容"版式。

②切换至功能区中的"开始"选项卡，单击"幻灯片"组中的 版式▾ 按钮右侧的下拉按钮。

③选择"两栏内容"，执行完毕后，幻灯片上将增加一个占位符。

(2)输入文字内容并设置项目符号。

①单击左侧的占位符,参考图 5-19 录入与"发展历史"有关的文字。

②单击"段落"组中的"项目符号"按钮右侧的 下拉按钮,选择"项目符号和编号"命令。

③在对话框中单击"自定义"按钮,在"符号"对话框中选择"Wingdings"字体,找到相应符号,如图 5-20 所示。

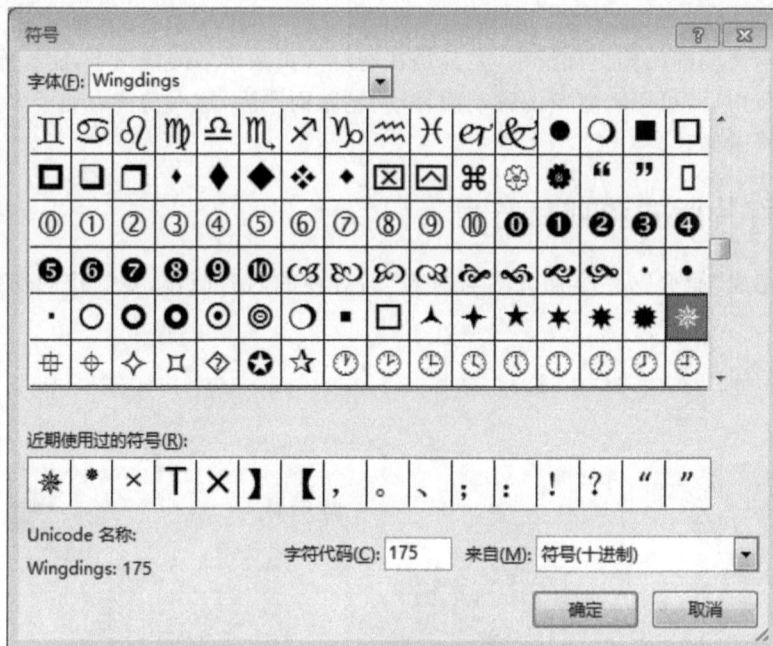

图 5-20 设置特定项目符号

(3)添加图片至占位符。

占位符中除了可以输入文字外,还可以存储图像、表格等对象。单击右侧占位符中的"插入来自文件的图片"按钮,在弹出的对话框中选择事先选好的图片。

(4)更改幻灯片版式,将其设置成"比较"版式。

(5)输入文字并设置项目符号。

(6)选择"文件"→"另存为"命令将演示文稿另存为"奥林匹克增加项目符号. pptx"。

小结:

"幻灯片版式"实际上是系统预置的各种占位符布局,在使用时可根据需要进行选择,建议不要采用绘制文本框的形式在幻灯片上输入文字,因为绘制的文本框在更改版式时不会随版式而改变。项目符号有助于提升幻灯片上文字的逻辑性,用户可以根据需求自定义项目符号。

任务四 使用表格和图形

表格和图形是 PowerPoint 中经常使用的对象,使用这两种对象可以让观众明确演讲者的意图。这里的表格和图形操作与其他 Office 软件基本相同。

一、创建表格

"对象"是一张幻灯片上的任意形状、图片、视频或者文本框,表格是对象中的一种。Power-Point 不像 Word 那样具有将规则文字转换为表格的功能。这里的表格是多个文本框的组合,可以使用"表格和边框"工具栏来快速修改表格属性。一个设计得比较好的表格会更加突出展示效果。PowerPoint 中插入表格的方法有多种,最为常用的是单击占位符中的"插入表格"按钮和选择"插入"选项卡中的"表格"命令。选中表格对象后,功能区中将出现"表格工具"组,包含"设计"和"布局"两个选项卡。

1.设计

"设计"选项卡中包括设置边框、底纹等一系列关于表格样式设置的按钮。

2.布局

"布局"选项卡包括表格的行、列、宽度、对齐方式等设置的按钮。

二、插入表格并设置样式

"历程"节相关的演示内容较多,使用表格可突出展示出历程的时间点,要制作的幻灯片如图 5-21 所示。

历届奥林匹克运动会举办地汇总

届次	年份	国家	城市
第1届	1896年	希腊	雅典
第2届	1900年	法国	巴黎
第3届	1904年	美国	圣路易斯
第4届	1908年	英国	伦敦
第5届	1912年	瑞典	斯德哥尔摩
第6届	1916年	因一战而中断	
第7届	1920年	比利时	安特卫普
第8届	1924年	法国	巴黎
第9届	1928年	荷兰	阿姆斯特丹
第10届	1932年	美国	洛杉矶
第11届	1936年	德国	柏林
第12届	1940年	日本	东京
第13届	1944年	英国	伦敦
第14届	1948年	英国	伦敦
第15届	1952年	芬兰	赫尔辛基
第16届	1956年	澳大利亚	墨尔本
第17届	1960年	意大利	罗马
第18届	1964年	日本	东京
第19届	1968年	墨西哥	墨西哥城
第20届	1972年	德国	慕尼黑
第21届	1976年	加拿大	蒙特利尔
第22届	1980年	苏联	莫斯科
第23届	1984年	美国	洛杉矶
第24届	1988年	韩国	汉城
第25届	1992年	西班牙	巴塞罗那
第26届	1996年	美国	亚特兰大
第27届	2000年	澳大利亚	悉尼
第28届	2004年	希腊	雅典
第29届	2008年	中国	北京
第30届	2012年	英国	伦敦
第31届	2016年	巴西	里约热内卢
第32届	2020年	日本	东京

图 5-21 插入并设置表格

该幻灯片采用默认的"标题和内容"版式,由标题占位符和 29 行 4 列表格构成;单元格中的文字垂直居中,表格无外框线并具有半透明的阴影。

操作方法如下:

(1)新建"奥林匹克运动时间表.pptx"。

(2)插入表格。

①选中"发展历史"演示文稿,单击占位符中的 ▦ 按钮,插入一个 29 行 4 列的表格。

②启动 Word,复制搜索到的文字素材,采用"只保留文本"的模式粘贴至空白文档。

③在 Word 中完成素材文字的整理,删除多余的文字内容,在所有的日期末尾按"Tab"键输入制表符。整理好的文字素材如图 5-22 所示(显示编辑标记状态)。

```
第 1 届 1896 年 希腊·雅典
第 2 届 1900 年 法国·巴黎
第 3 届 1904 年 美国·圣路易斯
第 4 届 1908 年 英国·伦敦
第 5 届 1912 年 瑞典·斯德哥尔摩
第 6 届 1916 年 因一战而中断
第 7 届 1920 年 比利时·安特卫普
第 8 届 1924 年 法国·巴黎
第 9 届 1928 年 荷兰·阿姆斯特丹
第 10 届 1932 年 美国·洛杉矶
第 11 届 1936 年 德国·柏林
第 12 届 1940 年 日本·东京
第 13 届 1944 年 英国·伦敦
第 14 届 1948 年 英国·伦敦
第 15 届 1952 年 芬兰·赫尔辛基
第 16 届 1956 年 澳大利亚·墨尔本
第 17 届 1960 年 意大利·罗马
第 18 届 1964 年 日本·东京
第 19 届 1968 年 墨西哥·墨西哥城
第 20 届 1972 年 德国·慕尼黑
第 21 届 1976 年 加拿大·蒙特利尔
第 22 届 1980 年 苏联·莫斯科
第 23 届 1984 年 美国·洛杉矶
第 24 届 1988 年 韩国·汉城
第 25 届 1992 年 西班牙·巴塞罗那
第 26 届 1996 年 美国·亚特兰大
第 27 届 2000 年 澳大利亚·悉尼
第 28 届 2004 年 希腊·雅典
第 29 届 2008 年 中国·北京
第 30 届 2012 年 英国·伦敦
第 31 届 2016 年 巴西·里约热内卢
第 32 届 2020 年 日本·东京
```

图 5-22　整理完毕的文字素材

④复制整理好的文字素材,将其转换成表格,切换至演示文稿窗口,选择"开始"→"粘贴"→"使用目标样式"命令将其粘贴至幻灯片的表格中。

提示:因为 Word 中的文字本身带有格式,所以在复制文字以后,选中幻灯片上的表格,然后执行"开始"→"粘贴"→"使用目标样式"命令,使用 PowerPoint 中的主题直接修饰;制表符"→"可以作为转换表格的分隔符。

⑤设置字体为宋体、字号为 12 磅,调整表格宽度和高度,使表格适应文字内容,移动表格至恰当位置。默认情况下,表格大小随文字字号变化,调整表格的宽度和高度后,文字能够自动适应单元格。

(3)设置表格格式。

①选中表格中的全部文字,切换至"布局"选项卡,单击"对齐方式"组中的"垂直居中"按钮 ▤ ,选中第一行文字,设置水平居中。

②选中表格,切换至"设计"选项卡,单击"表格样式"组中"边框"按钮右侧的下拉按钮,执行 ▦ 边框 ▾ 命令。

③单击"表格样式"组中"效果"按钮右侧的下箭头,选择"阴影"→"透视"→"右上对角透视"

命令。完成效果如图5-23所示。

历届奥林匹克运动会举办地汇总

届次	年份	国家	城市
第1届	1896年	希腊	雅典
第2届	1900年	法国	巴黎
第3届	1904年	美国	圣路易斯
第4届	1908年	英国	伦敦
第5届	1912年	瑞典	斯德哥尔摩
第6届	1916年	因一战而中断	
第7届	1920年	比利时	安特卫普
第8届	1924年	法国	巴黎
第9届	1928年	荷兰	阿姆斯特丹
第10届	1932年	美国	洛杉矶
第11届	1936年	德国	柏林
第12届	1940年	日本	东京
第13届	1944年	英国	伦敦
第14届	1948年	英国	伦敦
第15届	1952年	芬兰	赫尔辛基
第16届	1956年	澳大利亚	墨尔本
第17届	1960年	意大利	罗马
第18届	1964年	日本	东京
第19届	1968年	墨西哥	墨西哥城
第20届	1972年	德国	慕尼黑
第21届	1976年	加拿大	蒙特利尔
第22届	1980年	苏联	莫斯科
第23届	1984年	美国	洛杉矶
第24届	1988年	韩国	汉城
第25届	1992年	西班牙	巴塞罗那
第26届	1996年	美国	亚特兰大
第27届	2000年	澳大利亚	悉尼
第28届	2004年	希腊	雅典
第29届	2008年	中国	北京
第30届	2012年	英国	伦敦
第31届	2016年	巴西	里约热内卢
第32届	2020年	日本	东京

图5-23　最终完成效果

(4)保存该演示文稿。

小结：

演示文稿中的表格是由一组占位符构成的，每个单元格为一个占位符；若(创建)插入新幻灯片时，选用了带有"表格"的幻灯片版式，则可单击占位符中的"插入表格"按钮，在对话框中设定行、列数，然后单击"确定"按钮创建。

因为演示文稿中的表格与Word中的表格存在区别，所以事先在Word中制作好表格，将表格粘贴至幻灯片上，再设置格式是一种效率较高的做法。值得一提的是，PowerPoint中的表格的主要目的是对观众展示，在使用表格时应尽量保证文字简练，行数和列数较少，可以让观众清楚地看到单元格中的内容。设置表格外观可以通过"设计"选项卡完成。在表格中可以按"Tab"键切换单元格。在将已有Word文档制作成演示文稿的情景下，如果表格十分复杂，粘贴至幻灯片后处理起来非常烦琐，可以采用截图或者链接的形式来处理。

在演示文稿中恰当运用图形和图像插图，可以大大提高对观众的吸引力，突出演示重点。

三、插入编辑图片

要制作的幻灯片如图5-24所示。该幻灯片采用的版式是"图片与标题"版式，插入相关图片。

图 5-24　个性化图形幻灯片示例

操作方法如下：

（1）打开"奥林匹克运动.pptx"文稿，为"发展历史"节、"北京奥运"节、"知识问答"节幻灯片分别插入相关图片。

（2）插入剪贴画。

①单击幻灯片空白处，选择"插入"→"图片"命令。

②在弹出的"图片"任务窗格中根据保存的路径查找到需要的素材，如图 5-25 所示。

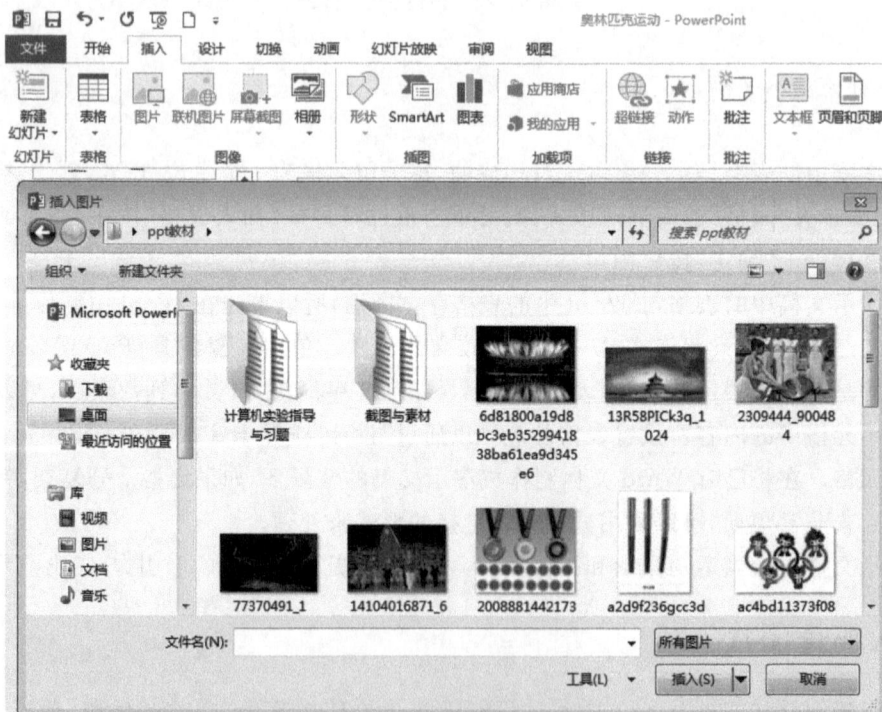

图 5-25　插入图片

（3）根据所插入的图片，自行分别设置其图片效果。既可以为图片添置美观大方的边框，还可以为图片设置不同的格式。图5-26为设置图片格式效果。

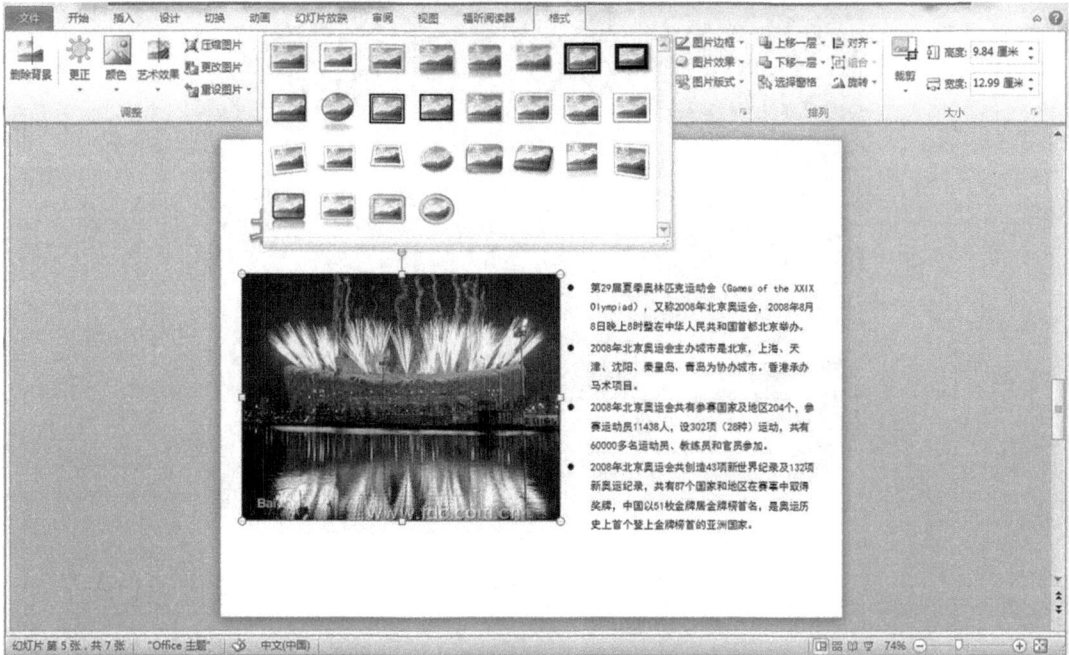

图5-26 设置图片格式效果

（4）单击所需要美化的图片，选择"裁剪"命令剪去对角矩形，可以将图片裁剪成所需的各种形状，如图5-27、图5-28所示。

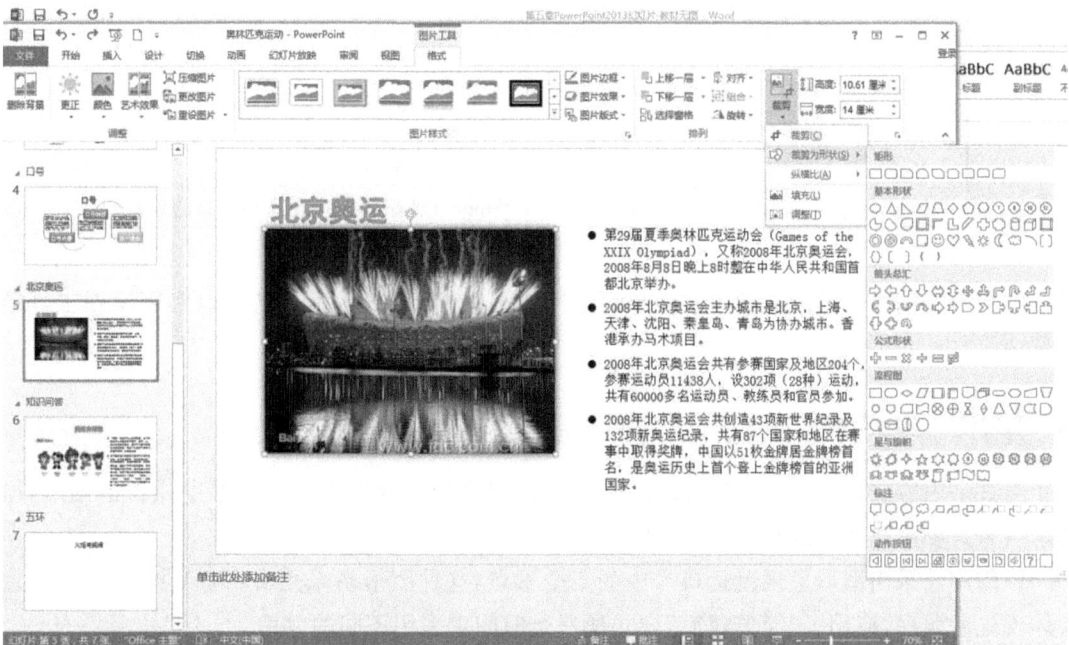

图5-27 裁剪图片

图 5－28　裁剪图片为形状

（7）保存该演示文稿。

PowerPoint 中可以使用的图形类型如表 5－2 所示。

表 5－2　PowerPoint 支持的图形

类型	扩展名	说明
增强型图元文件	．emf	大多为矢量图
图形交换格式	．gif	通常带有动画效果
联合图像专家组	．jpg、．jpeg、．jpe	图片，非矢量图
可移植网络图形	．png	大多为矢量图
Windows 位图	．bmp、．rle、．dib	图片，非矢量图
Windows 图元文件	．wmf	Window 剪贴画大多为这种格式的矢量图

在演示文稿中美观图片的格式效果可以大大提高演示效果，用户还可以利用绘图工具绘制图形。

四、使用 SmartArt

当文字内容较多时，用户可以使用 SmartArt 组件将其制作成与逻辑顺序相符的图形，增强演示效果。要制作的幻灯片如图 5－29 所示。

该幻灯片采用图形呈现奥运口号中的三个重点，这种图形是采用 SmartArt 制作的，通过箭头体现先后顺序，应用了"简单填充"样式使三个时间点采用不同的颜色。

操作方法如下：

（1）打开"奥林匹克运动.pptx"文稿，另存为"奥林匹克运动 SmartArt.pptx"。

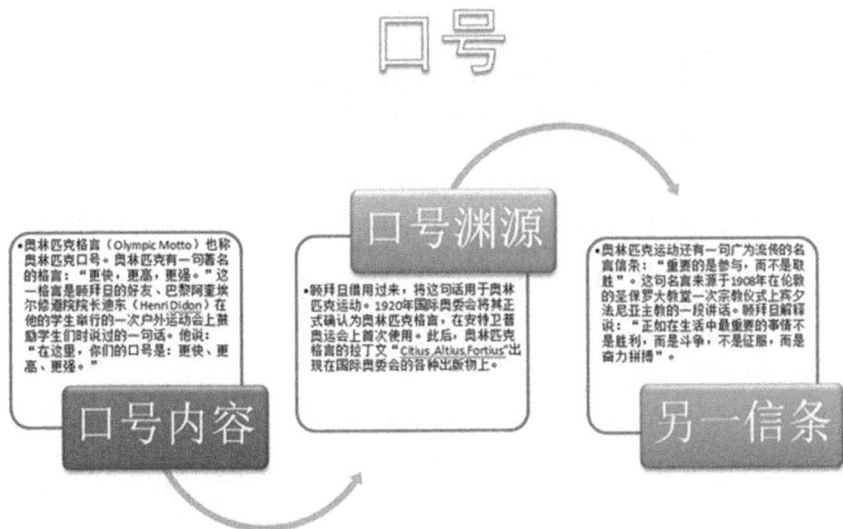

图 5 - 29　SmartArt 图形幻灯片示例

（2）插入 SmartArt 图形。

①在"幻灯片"选项卡中选中"发射背景"幻灯片，单击幻灯片空白处，选择"插入"→"Smart-Art"命令或者单击占位符中的 🖼 按钮。

②在弹出的"选择 SmartArt 图形"对话框中选择"流程"→"交替流"命令，如图 5 - 30 所示。

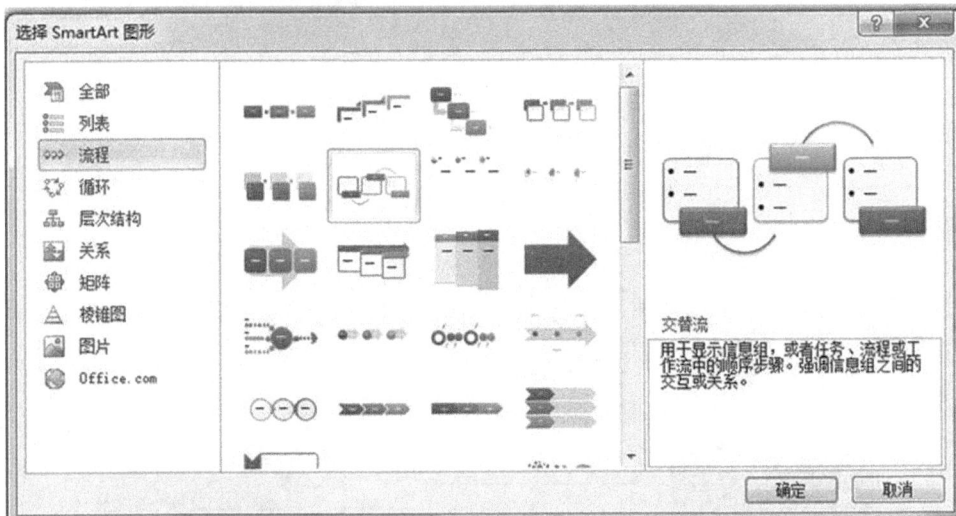

图 5 - 30　选择 SmartArt 图形

③在"在此处键入文字"窗格中，依次输入图形中需要显示的内容，选中项目后右击，在弹出的快捷菜单中选择"升级"和"降级"命令来设置从属关系，选择"上移"和"下移"命令来设置前后顺序，如图 5 - 31 所示。

④SmartArt 图形与表格类似，选中后，功能区中将自动出现"SmartArt 工具"，包括"设计"和"格式"选项卡。

口号内容

奥林匹克格言（Olympic Motto）也称奥林匹克口号。奥林匹克有一句著名的格言："更快，更高，更强。"这一格言是顾拜旦的好友、巴黎阿奎埃尔修道院院长迪东（Henri Didon）在他的学生举行的一次户外运动会上鼓励学生们时说过的一句话。他说："在这里，你们的口号是：更快、更高、更强。"

口号渊源

顾拜旦借用过来，将这句话用于奥林匹克运动。1920 年国际奥委会将其正式确认为奥林匹克格言，在安特卫普奥运会上首次使用。此后，奥林匹克格言的拉丁文 "Citius, Altius, Fortius" 出现在国际奥委会的各种出版物上。

另一信条

奥林匹克运动还有一句广为流传的名言信条："重要的是参与，而不是取胜"。这句名言来源于 1908 年在伦敦的圣保罗大教堂一次宗教仪式上宾夕法尼亚主教的一段讲话。顾拜旦解释说："正如在生活中最重要的事情不是胜利，而是斗争，不是征服，而是奋力拼搏"。

图 5-31 输入 SmartArt 图形中的文字

⑤通过"设计"选项卡，将图形设置为"简单填充"的 SmartArt 样式。

⑥使用图片和文字完成"口号"节的幻灯片内容的编辑，应用"图片形状效果"对插入的图片素材进行处理，选择合适的颜色进行填充，并设置其形状效果为"预设 2"，结果如图 5-32 所示。

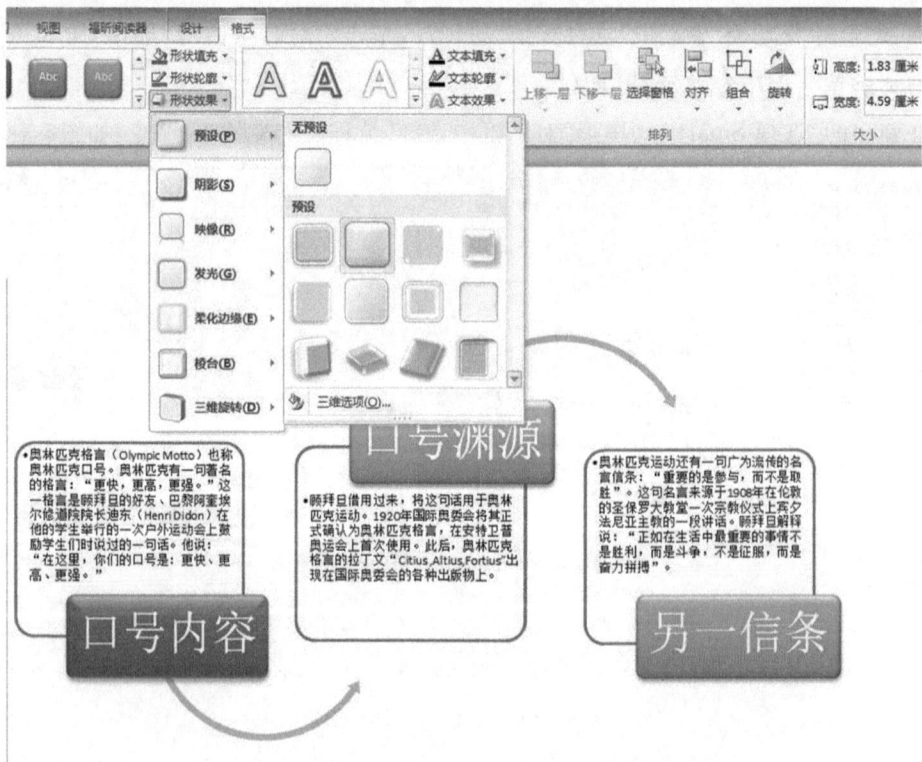

图 5-32 SmartArt 形状效果设置

(3)保存该演示文稿。

小结：

创建 SmartArt 图形时，系统会提示选择类型，如"流程""层次结构"或"关系"。类型类似于 SmartArt 图形的类别，并且每种类型包含几种不同布局。因为 PowerPoint 演示文稿通常包含带有项目符号列表的幻灯片,所以当使用 PowerPoint 时,也可以将幻灯片文本转换为 SmartArt 图形。还可以使用某一种以图片为中心的新 SmartArt 图形布局快速将 PowerPoint 幻灯片中的图片转换为 SmartArt 图形。

SmartArt 图形创建后,可以通过功能区中的选项卡进行修改。此外,还可以通过文本窗格改变图形的顺序和文字的级别。

任务五 多媒体应用

媒体(medium)原有两重含义:一是指存储信息的实体,如磁盘、光盘、磁带、半导体存储器等,中文常译作媒质;二是指传递信息的载体,如数字、文字、声音、图形等,中文译作媒介。从字面上看,多媒体(multimedia)就是由单媒体复合而成的。

一、音频与视频

将声音或影片剪辑对象添加至演示文稿中,是增加幻灯片品质和吸引观众眼球的有效途径。用户可以通过 Microsoft 剪辑管理器从 CD、语音和声音文件中录制声音,或者使用视频文件。记住,声音和影片剪辑文件很大,创建或插入其可能会导致整个演示文稿文件变大。用户能够设置声音和视频持续播放或只播放一次。

一般情况下,PowerPoint 会嵌入声音和视频等对象,也就是说对象成为演示文稿的一部分。如果需要使用较大的视频或声音文件时最好使用链接形式。

选中功能区中的"插入"选项卡,分别单击"音频"或"视频"按钮并进行后续操作可实现对应文件的添加。

二、插入视频剪辑

在"口号"幻灯片后,插入一张新幻灯片,用于播放奥运会开幕的视频,以提升演示效果。参考幻灯片如图 5-33 所示。

图 5-33 插入视频幻灯片示例

将影片和视频剪辑插入至 PowerPoint 与插入图片对象一样,用户可以插入自己的影片文件,也可以从 Microsoft 剪辑管理器中选择剪辑,与声音文件一样,可以为影片或视频剪辑添加动画效果。

应注意到,影片和视频剪辑文件尤其庞大,这些文件默认情况下将被链接至演示文稿中,如果将演示文稿复制至其他计算机上,通过电子邮件发送给其他人或发布为 Web 演示文稿,必须将剪辑文件与演示文稿一起移动。

操作方法如下:

(1)打开"奥林匹克运动.pptx"文稿,另存为"奥林匹克插入视频.pptx"。

(2)搜索并下载素材。利用互联网搜索并下载"奥林匹克开幕式"的视频,与演示文稿保存在同一文件夹下。

提示:下载土豆、优酷等视频网站上的素材,需要提前下载其专门提供的视频插件,有的还需要用相关视频软件进行视频格式的转换。

(3)新建幻灯片。选中"北京奥运会"幻灯片右击,在弹出的快捷菜单中选择"新建幻灯片"命令,如图 5-34 所示。

(4)插入视频文件。单击内容占位符中的 按钮,在弹出的"插入视频文件"对话框中,选中要插入的文件,单击"插入"按钮,如图 5-35 所示。

提示:当视频文件较大时,建议选择"链接到文件",这样视频文件不嵌入在 pptx 文件中,使文件修改起来相对迅速。但是,如果在其他计算机上放映该演示文稿时,视频文件要事先复制到相应路径,否则,视频无法播放。

(5)设置视频文件属性。

选中插入视频文件,功能区中将出现"视频工具"选项

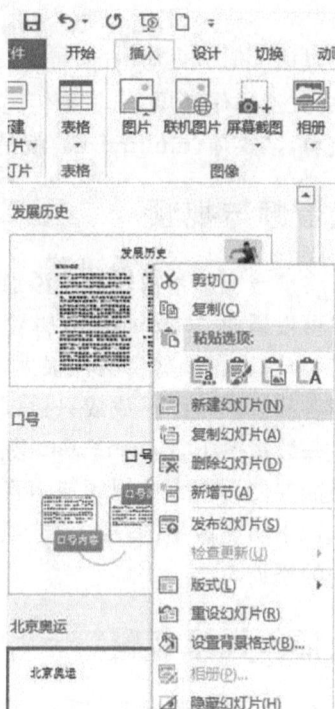

图 5-34　新建幻灯片

组,其中包括"格式"和"播放"两个选项卡。使用"格式"选项卡,可以对视频文件的外观、样式等信息进行调整;"播放"选项卡用来设置视频文件如何播放等信息。

①设置视频文件的"视频效果"为"预设"中的"预设 12"。

②设置"视频选项"为"未播放时隐藏",音量为"中"并自动播放。

③切换至"放映"视图测试。

提示:若要在演示期间显示媒体控件,请执行下列操作:在"幻灯片放映"选项卡上的"设置"组中,选中"显示媒体控件"复选框。在幻灯片上插入视频文件的做法有多种,如选择"插入"→"视频"命令及单击占位符中的"视频"按钮等。

使用搜索引擎提供的"视频"搜索功能可以方便地搜索到视频文件。在视频文件上层放置文本框等占位符,可以增强演示效果、突出演示主题。

图 5-35　插入文件

小结：

声音和视频等多媒体文件可以增强演示效果,使用时要注意播放演示文稿的计算机系统上应安装有播放素材文件的播放器和解码组件,因为 PowerPoint 本身并不包含播放声音和视频的功能,这些功能是其通过调用系统中安装的相关软件实现的。例如,播放 MP3、AVI 和 WMV 文件必须要保证系统中安装有较新版本的 Windows MediaPlayer 等。当视频文件较大时,应采用链接的形式插入,并在移动演示文稿时需连同链接文件一起移动。

三、插入 MP3 文件作为背景音乐

放映幻灯片时同时播放背景音乐可以将观众带入一种意境。MP3 声音文件是网络上较为常见的格式,插入声音文件与插入视频和图片等对象的操作方法类似,声音文件在 PowerPoint 中以"小喇叭"图标的形式可见。

操作方法如下：

（1）打开"奥林匹克运动.pptx"文稿,另存为"奥林匹克运动插入 mp3.pptx"。

（2）利用互联网搜索并下载适合主题的 MP3 文件。

（3）将下载到的文件插入至第一张幻灯片,并设置自动播放,放映时隐藏声音图标。

①选中第一张幻灯片,选择"插入"→"音频"→"文件中的音频"命令。

②在"插入音频"对话框中选中声音文件,单击"插入"按钮。

提示：与视频文件类似，音频文件同样分为两种插入形式，即直接嵌入和链接。当声音文件较大、演示文稿页数较多时，建议选择链接形式插入；音频对象同样具有"格式"和"播放"选项卡，其功能与视频类似，不再赘述。

③选中插入的音频对象，切换至"播放"选项卡，在"音频选项"组中选中"放映时隐藏"复选框，选择"自动播放"选项。

（4）设置声音在视频幻灯片播放前停止。

默认情况下，单击鼠标时自动停止播放声音。要实现在幻灯片切换的过程中始终连续播放同一音频文件，可切换至"播放"选项卡，在"音频选项"组中选择"跨幻灯片播放"选项；如果设置声音在某一页幻灯片播放完毕后停止，则需要对"播放音频"的"效果选项"进行设置。

①选中音频文件，选择"动画"→"动画窗格"命令。

②单击音频文件右侧的下拉按钮，选择"效果选项"命令，弹出"播放音频"对话框，切换至"效果"选项卡。

③在"停止播放"组中，设置在某张幻灯片停止播放音频，如图 5-36 所示。主要选项功能如下：

"从上一位置"：从上一次音频播放停止处继续播放；

"开始时间"：设置从哪一时间开始播放音频对象，例如声音文件的总长度是 5 分钟，可以通过该选项设置从第 3 分钟处开始播放；

"在某张幻灯片后"：循环播放声音，直至指定的数字的幻灯片播放完毕后停止。

提示：在音频文件持续时间不是很长的情况下，可能在演示文稿放映完毕前就没有声音了。如要连续播放音乐，可选中

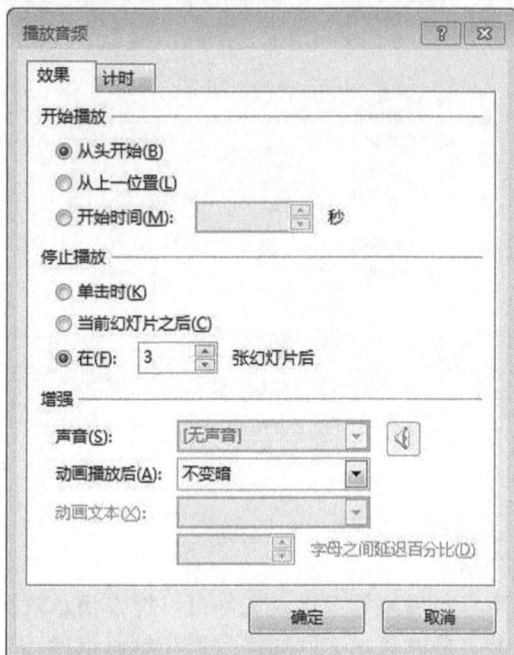

图 5-36　设置声音停止时间

声音对象，在"播放"选项卡下选中"循环播放直到停止"复选框，这一选项的含义是循环播放该声音，直到遇到停止播放声音命令。设置持续播放的背景声音，应将声音对象设置为"循环播放直到停止"，并且在"播放"选项卡下，选择"跨幻灯片播放"。

（5）保存演示文稿，切换至放映视图，观察声音的播放情况。

提示：如果采用链接形式插入音频，在执行插入操作之前，请将音频文件与演示文稿保存在同一文件夹下，在移动演示文稿时同时移动其所链接的声音文件，以保证在其他计算机上播放正常。音频在幻灯片放映视图下才可以按照预先设计的播放和停止时机进行播放。

小结：

音频是演示文稿中的一种特殊对象，采用链接或者嵌入的形式保存在演示文稿中，这种对象同样支持"效果"和"计时"选项，可以通过"动画"→"动画窗格"设置声音对象开始时间和停止时间。

在放映带有声音文件的幻灯片前，要确认放映的计算机上安装有相应的播放器和声卡。

任务六　美化演示文稿

演示文稿的主题、框架和内容设计完毕后，进入美化阶段。应用主题可以方便地提升演示文稿的艺术效果，在进行幻灯片演示时将需要突出的重点设置动画效果，这样可以吸引观众的眼球，从而达到最佳演示目的。

一、主题与动画

主题是颜色、字体和效果三者的组合，可以作为一套独立的选择方案应用于文件中。PowerPoint 功能区中的"设计"选项卡中包括系统预置主题和修改主题中所包含的相关内容的一组按钮。

动画可美化演示文稿，它包括对象动画和幻灯片切换动画两类。对象动画主要是指给幻灯片上的文本或对象添加特殊视觉或声音效果。

(一)对象动画的分类

1. 进入

进入是指为对象或占位符添加进入幻灯片时所采用的动画效果，系统提供了"基本型""细微型""温和型""华丽型"四类动画效果。

2. 强调

当需要利用动画效果强调某些文字或对象时，可以使用强调功能。常见的强调动画效果有放大/缩小、更改字号、改变颜色和渐变等。强调动画效果可以设置成与其他动画同时播放。

3. 退出

设置占位符或对象如何离开幻灯片，如百叶窗、飞出等。

4. 动作路径

动作路径是 PowerPoint 自 2003 版开始提供的功能，其主要作用是为对象添加按照预置路径或自定义路径运动的动画效果。

(二)动画的常用操作

1. 添加动画

选中对象后，单击"动画"选项卡，在"动画"选项组中可以选择系统提供的常用动画效果；单击下拉按钮，可按类别弹出动画效果；选择对话框，可设置动画效果。

单击"高级动画"组中的"添加动画"按钮，可为同一对象添加多种动画效果。

2. 设置动画选项

为带有文字的占位符添加动画效果后，单击"动画"选项组中的"效果选项"按钮，可选择动画播放的形式。单击"动画窗格"按钮可在专门的窗格中设置当前幻灯片上各种动画的播放时机、效果选项、计时和播放顺序等，如图 5-37 所示。

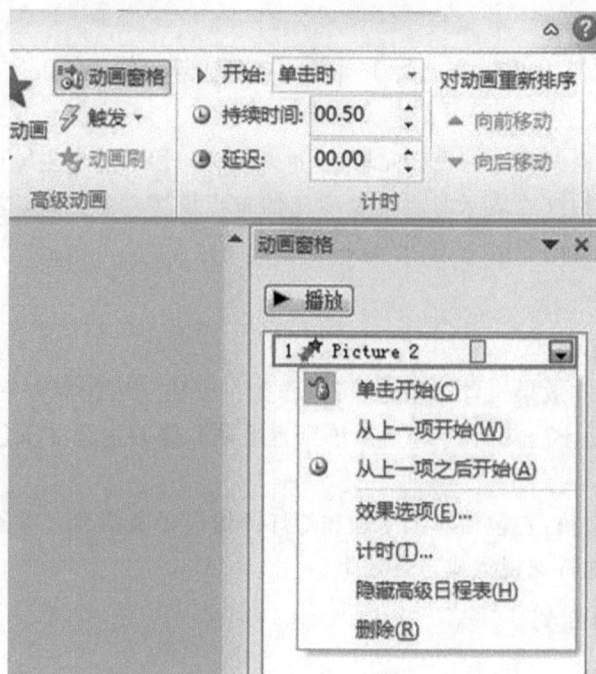

图 5-37 效果选项及动画窗格

(三)幻灯片切换

1.切换效果

单击"切换到此幻灯片"组中的相应效果可设置当前幻灯片出现的动画类别,通过该组中的"效果选项"按钮设置切换动画的细节。切换效果是幻灯片之间的过渡动画,选中幻灯片后,使用功能区中的"切换"选项卡可以设置"细微""华丽"和"动态内容"三类的切换效果。

2.计时

通过调整"计时"组中的选项还可以设置切换时播放声音、时机、应用到演示文稿中全部幻灯片和持续时间等属性。

二、应用主题,美化演示文稿

本小节的主要内容是为"奥林匹克运动"演示文稿应用主题,对演示文摘进行美化。应用主题后的演示文稿的幻灯片效果如图 5-38 所示。

图中的幻灯片应用了"水滴"主题进行修饰,标题和内容文字的字体是黑体,应用主题后,文字颜色发生了相应更改。

操作方法如下:

(1)打开"奥林匹克运动.pptx"文稿,另存为"奥林匹克运动应用主题.pptx"。

(2)选择主题。

①选中功能区上的"设计"选项卡,单击"主题"组中的"其他"按钮,如图 5-39 所示。

②在弹出的列表框中选择"水滴"。

提示:当鼠标指针在主题上移动时,系统将在幻灯片窗格中直接预览主题效果;鼠标指针停

图 5-38 应用主题的演示文稿

图 5-39 选择主题

留在某一主题上时系统将弹出标签显示主题名称。

③单击"字体"按钮右侧的下拉按钮,在弹出的列表中选择"Arial 黑体"。

(3)保存该演示文稿。

小结:

主题可以比喻成演示文稿的衣服,可以快速改变演示文稿的外观,使其更加美观。主题中包括颜色、字体和效果三类选项,用户可以自由组合,以呈现不同效果。除可选择系统预设的大量颜色方案外,还可以单击"颜色"按钮右侧的下拉按钮,选择"新建主题颜色"可实现演示文稿中各种对象颜色的自定义;一般情况下,为使观众可以看清文字,制作过程中应选用较为粗犷的字体,如黑体等,同时,还要注意背景颜色与字体颜色的选择,使其对比相对明显。如果要在一个演示文稿中应用不同的主题,需要在演示文稿中新建母版,有关母版的相关知识将在后续章节介绍。

三、为对象添加动画效果

本小节以"发展历史"幻灯片添加动画效果为例,介绍为对象添加动画效果的方法。

图 5-40、图 5-41 所示的幻灯片采用了进入、强调、动作路径和退出动画效果,而且同一时间中有多种动画效果播放,需要使用"添加动画"按钮为同一对象添加多种动画效果;从"动画窗格"中可看出,"内容占位符"动画先播放,带有文字的占位符按段落播放动画。

操作方法如下:

(1)打开"奥林匹克运动.pptx"文稿,另存为"奥林匹克动画.pptx"。

(2)为图片添加动画效果。

①选中图片,切换至功能区中的"动画"选项卡。

②单击"动画"组中的"淡出"按钮。

③在选中图片的状态下,单击"添加动画"按钮右侧的下拉按钮,选择"其他动作路径"命令,在"添加动作路径"对话框中选择"基本"组中的"圆形扩展";选中路径曲线,对其大小进行调整,旋转一定角度,预览动画,使其围绕幻灯片作椭圆运动。

提示:在路径动画中,绿色箭头表示开始位置,红色箭头表示结束位置。动画过程中,PowerPoint 先将对象移动至中心与箭头重合位置,再按路径运动。

④单击"添加动画"按钮右侧的下拉箭头,选择"退出"动画中的"缩放",如图 5-40 所示。

(3)为带有文字的占位符添加动画。

①选中带有文字的占位符,单击"动画"组中的下拉箭头,选择"强调"动画中的"波浪形"。

②单击"添加动画"按钮右侧的下拉按钮,选择"更多强调效果"命令,在"添加强调效果"对话框中选择"温和型"中的"彩色延伸"。

提示:默认情况下,占位符中的文字以字母为单位运动,如果想以段落或者整体为单位,可以在"动画窗格"中单击该动画效果的下拉按钮,选择"效果选项"命令进行修改。

(4)制作叠加动画效果的文字。

调整动画播放顺序,使文字以段落为单位,在"波浪形"强调的同时,进行"彩色延伸"强调。

①展开"动画窗格"中隐藏的动画项目,按照段落将"彩色延伸"动画拖动至"波浪形"动画之后。

②按住键盘上的"Ctrl"键,依次单击"彩色延伸"动画项目,单击右侧的下拉按钮,选择"从上一项开始"命令,如图 5-41 所示。

提示:"从上一项开始"表示与上一动画同时播放,"从上一项之后开始"表示上一动画播放完毕后开始播放。

(5)添加"图片再次出现,文字同时退出"的动画效果。

①选中图片,添加"轮子"进入动画。

②选中文字占位符,添加"缩放",退出动画,设置为"从前一项开始"。

(6)完成其他幻灯片动画效果的添加。

(7)保存该演示文稿。

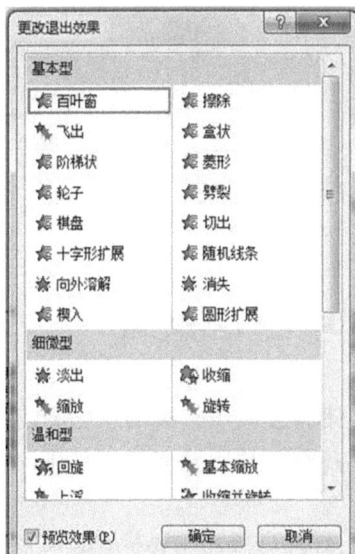

图 5-40 为图片添加退出动画   图 5-41 调整动画顺序及播放选项

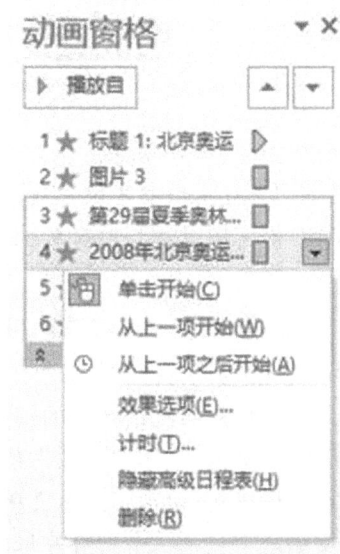

小结：

PowerPoint 中的动画分为"进入""强调""退出""动作路径"四类，用户可以根据需要选择。四类动画可以相互叠加，叠加的关键步骤是选择动画的播放时机。用户可以在"动画窗格"中查看幻灯片上所有动画的列表。"动画窗格"显示有关动画效果的重要信息，如效果的类型、多个动画效果之间的相对顺序、受影响对象的名称以及效果的持续时间。

多数动画都是从文本窗格上显示的顶层项目符号开始向下移动的，应用到 SmartArt 图形的动画与可应用到形状、文本或艺术字的动画有以下不同：①形状之间的连接线通常与第二个形状相关联，且不将其单独制成动画；②如果将一段动画应用于 SmartArt 图形中的形状，动画将按形状出现的顺序进行播放。

四、设置幻灯片切换效果

本小节以标题幻灯片切换效果为例，介绍幻灯片切换效果的添加方法。

为标题幻灯片添加"显示"切换动画，效果为"从左侧淡出"，持续时间为 4s，播放声音为"照相机"。

"显示"动画属于"细微型"动画，持续时间和播放声音可以通过"计时"组设置。

操作方法如下：

(1)打开"奥林匹克运动.pptx"文稿，另存为"奥林匹克运动切换效果.pptx"。

(2)设置幻灯片切换动画类别。选中标题幻灯片，切换至"切换"选项卡，单击"切换到此幻灯片"组中的下拉按钮，在弹出的窗格中选择"显示"。

(3)设置切换选项。单击"效果选项"按钮的下拉箭头，选择"从左侧淡出"。

(4)设置计时选项。设置"声音"选项为"照相机"，"持续时间"为"4.00"，设置完毕的"切换"选项卡如图 5-42 所示。

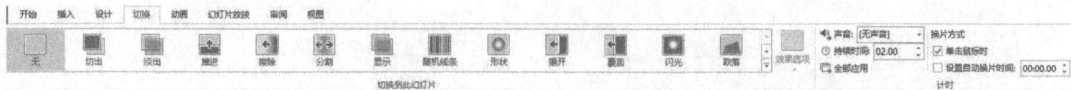

图 5-42　切换选项卡

（5）完成其他幻灯片切换效果设置，使每张的进入效果不同，保存演示文稿。

提示：单击"全部应用"按钮，可将切换效果应用至演示文稿中的所有幻灯片。

任务七　幻灯片母版应用与动作设置

幻灯片母版是幻灯片层次结构中的顶层幻灯片，用于存储有关演示文稿的主题和幻灯片版式的信息，包括背景、颜色、字体、效果、占位符大小和位置。各幻灯片版式派生于母版。母版体现了演示文稿的整体风格，包含了演示文稿中的共有信息。

每个演示文稿至少包含一个幻灯片母版。修改和使用幻灯片母版的主要优点是可以对演示文稿中的每张幻灯片（包括以后添加到演示文稿中的幻灯片）进行统一的样式更改。使用幻灯片母版时，由于无须在多张幻灯片上键入相同的信息，因此节省了时间。如果演示文稿包含的幻灯片页数较多，并且需要对同一版式幻灯片进行统一格式的更改，使用母版将大大提高效率。

动作设置是指单击或移动鼠标时完成的指定动作。在较长的演示文稿中往往使用目录，并在每页幻灯片上增加导航栏来提高逻辑性，这种需求可以通过综合运用动作设置和母版来实现。

一、使用动作设置和链接

使用动作设置和链接可以在同一演示文稿中跳转至不同的幻灯片，或者引入当前演示文稿外的其他文件。

（一）动作设置

PowerPoint 中有两类动作：第一类是单击鼠标时完成指定动作，第二类是移动鼠标时完成指定动作。选中对象后，切换至"插入"选项卡，单击"动作设置"按钮，可以在弹出的"动作设置"对话框中完成动作设置。

（二）动作按钮

PowerPoint 提供了专门用于动作设置的按钮，单击"形状"按钮的下拉按钮，可在列表的底端看到它们。单击相应功能的按钮后，在幻灯片上拖动即可完成按钮的添加，并自动弹出"动作设置"对话框。

（三）超链接

超链接可以实现在幻灯片上单击某一段文字或对象后转向其他文档或网站。选中对象后右击，在弹出的快捷菜单中选择"超链接"命令，弹出"插入超链接"对话框，完成具体选项设置。链接分为链接当前演示文稿中的幻灯片、演示文稿外的其他对象两大类。

二、制作目录幻灯片

PowerPoint 的目录能更明晰地表达主题，使观众能够事先了解清楚演讲内容的框架，对观众了解将要演讲的内容是十分有帮助的。本小节将以"奥林匹克运动会"添加目录幻灯片为例，介绍使用动作设置创建链接的方法。将要制作的幻灯片如图5-43所示。

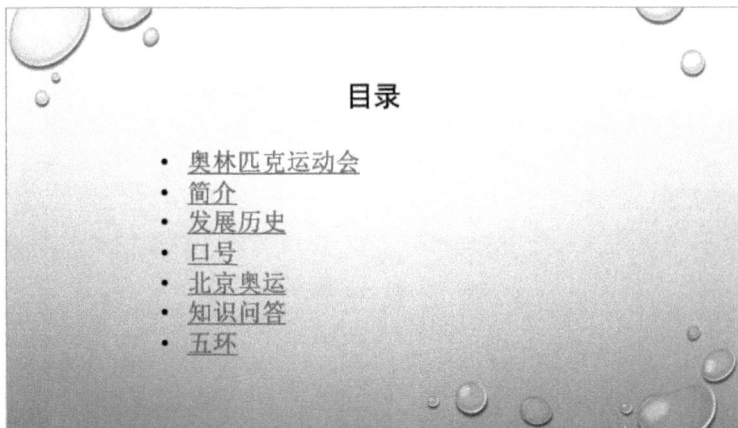

图5-43 目录幻灯片示例

目录幻灯片其实是后续内容标题的列表，一般出现在标题幻灯片之后。PowerPoint自2007版开始不提供自动创建摘要幻灯片的功能，需要用户自己制作目录幻灯片列表。因此，需要在标题幻灯片后插入一张"标题和内容"版式的幻灯片，然后根据设计的内容框架，将后续幻灯片的相关标题粘贴到内容占位符中。

选中目录幻灯片中相应的文字，然后通过"动作设置"或者"超链接"功能，设置链接属性，使之链接到相应的幻灯片，可使展示较为灵活。

操作方法如下：

(1)打开"奥林匹克运动.pptx"文稿，另存为"奥林匹克运动目录.pptx"。

(2)新建幻灯片。

①选中第一张幻灯片即标题幻灯片，切换至"开始"选项卡。

②单击"新建幻灯片"按钮的下拉按钮，选择"标题和内容"版式的幻灯片。

(3)完成目录文字内容。

①在"标题"占位符中输入"目录"。

②根据演示文稿的内容框架，依次将后续幻灯片的一级标题粘贴至内容占位符中。

提示：在"大纲"选项卡下，选中所有内容右击，在弹出的快捷菜单中选择"折叠"→"全部折叠"命令后，复制所有的一级标题，然后粘贴至文本占位符中，对多余内容进行删除可提高操作效率。

(4)选中文字设置链接。

动作设置和超链接都能够实现此要求，这里建议用户使用动作设置功能。动作设置功能操作相对简单，并且避免因绝对和相对路径而产生的问题。

①选中"简介"文字，切换至"插入"选项卡，单击"动作"按钮。

②在"动作设置"对话框中，切换至"单击鼠标"选项卡，选中"超链接到"单选按钮。

③在下拉列表框中选择"幻灯片"选项,如图5-44所示。

在弹出的"超链接到幻灯片"对话框中选中"简介"后,单击"确定"按钮,插入的超链接如图5-45所示。

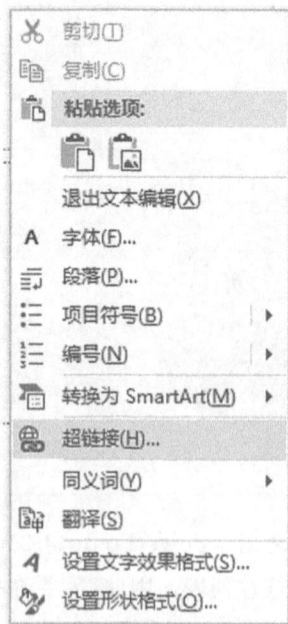

图5-44 设置超链接

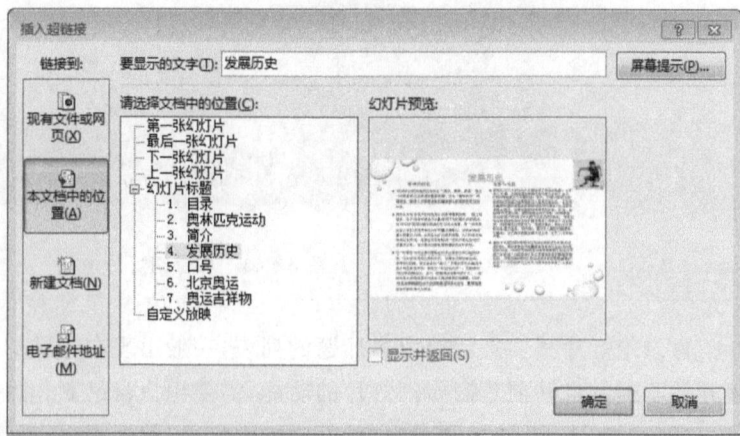

图5-45 选择需要链接到的幻灯片

按上述方法,完成其他文字链接的设置。

提示:当使用"动作设置"或者"超链接"功能链接到其他文件时,建议用户将链接到的文件与演示文稿文件放置在同一文件夹下,以保证转移至其他机器上时运行正常。

小结:

链接是PowerPoint中经常使用的技术,在操作过程中按照先选中、再设置的步骤进行,需要注意链接地址的路径问题,尽量使用相对路径,如果在链接地址中见到类似于"C:\XX\XXX\XX"的内容,则使用的是绝对路径,如果将目标文件更换,位置链接将失效。

三、更改链接颜色

本小节的主要内容是使链接文字显示得更为清晰。

链接颜色属于主题配色中的一种,因此可以通过更改当前主题的颜色实现链接文字颜色改变。

操作方法如下:

(1)接着上面的文件,另存为"更改链接颜色.pptx"。

(2)新建主题颜色。

①切换至"设计"选项卡,单击"颜色"旁的下拉按钮。

②选择"新建主题颜色"命令,在图5-46所示的对话框中更改链接颜色。

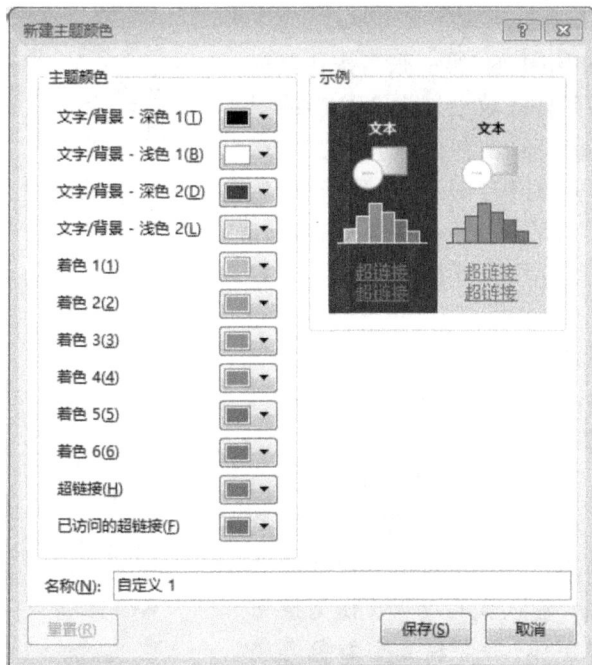

图 5-46 更改链接颜色

(3)将颜色更改妥当后,保存该演示文稿。

小结:

主题包含了演示文稿中各类元素的颜色信息,对于超链接的颜色,只能通过"颜色"修改,在设置配色方案的过程中要兼顾背景、文字和链接颜色,使观众可以看清演示内容。如果在一个演示文稿中应用两种或两种以上的主题颜色,则需要新建母版。

四、使用动作按钮

较长的演示文稿需要添加目录幻灯片提高逻辑性,在内容幻灯片上增加导航工具栏,不但可以使演示者与观众互动时方便切换至话题所在幻灯片,而且方便观众自行浏览幻灯片。导航工具栏一般由"目录""上一页""下一页""最后一页""结束放映"按钮构成。

导航工具栏是一组动作按钮的集合,一般情况下出现在每张内容幻灯片的下方,这些动作按钮均链接到当前演示文稿中。需要为大部分幻灯片增加导航工具栏,而当前演示文稿正文幻灯片大都采用相同的母版,因此,对母版进行编辑是一种事半功倍的方法。本小节中目录幻灯片与内容幻灯片采用相同的母版,可在添加导航工具栏后对目录幻灯片进行单独处理。

操作方法如下:

(1)打开"奥林匹克运动.pptx"文稿,另存为"奥林匹克运动—动作按钮.pptx"。

(2)为除标题幻灯片的所有幻灯片添加导航工具栏。

①选中第一张正文幻灯片,选择"视图"→"幻灯片母版"命令切换至母版视图,选中内容幻灯片母版,选中"页脚区"占位符,按"Delete"键将其删除。

②切换至"插入"选项卡,单击"形状"按钮的下拉按钮,选中"动作按钮"组中的"第一张",按住鼠标左键,在母版幻灯片原页脚区域绘制大小恰当的图形,松开鼠标左键后系统将自动弹出"动作设置"对话框,首先在该对话框中,选中"幻灯片"列表项,然后在"超链接到幻灯片"对话框中选择目录所在幻灯片,依次确定返回母版幻灯片编辑状态,如图5-47所示。

③按上述方法,添加与"第一张"按钮相同大小的"后退或前一项""前进或后一项"和"结束"按钮,并进行相应的动作设置。

④选择"自选图形"→"动作按钮"→"自定义"命令,绘制与前几项相同大小的按钮,设置动作"结束放映";选中"自定义"按钮右击,在弹出的快捷菜单中选择"添加文本"命令,输入大写的"X"作为按钮上显示的文字,并设置字体、字号和文字颜色等属性,使其与其他按钮协调,完成状态如图5-48所示。

单击"视图"选项卡中上的"普通视图"按钮,可发现与目录幻灯片版式不同的幻灯片上未出现导航栏。

⑤再次切换至幻灯片母版视图,将前一步制作的导航栏复制到其他版式母版的页脚区。

⑥放映演示文稿,测试导航工具栏。

(3)去掉目录幻灯片上的导航工具栏。因"目录"幻灯片与其他的内容幻灯片采用相同的母版,故删除该幻灯片上导航工具栏最简单的方法就是为其指定其他母版。

图5-47 添加导航按钮

①选中"目录"幻灯片,切换至"视图"选项卡,单击"幻灯片母版"按钮,在左侧的"母版幻灯片缩略图"窗格中,首先选中当前幻灯片所基于的母版右击,在弹出的快捷菜单中,选择"复制版式"命令,然后在缩略图窗格底部右击,在弹出的快捷菜单中选择"粘贴"命令,删除母版副本上的导航工具栏,如图5-49所示。

②关闭母版视图,返回普通编辑状态,选中"目录"幻灯片,切换至"开始"选项卡,单击"版式"按钮右侧的下拉按钮,设置"目录"幻灯片,使用新版式,如图5-50所示。

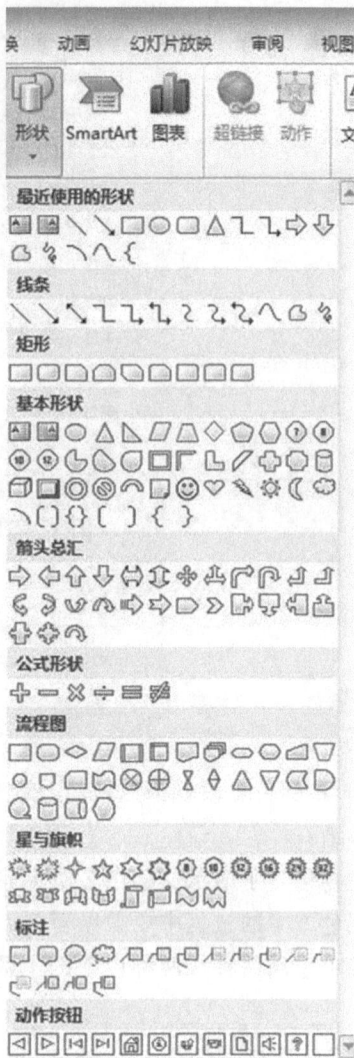

图5-48 完成状态

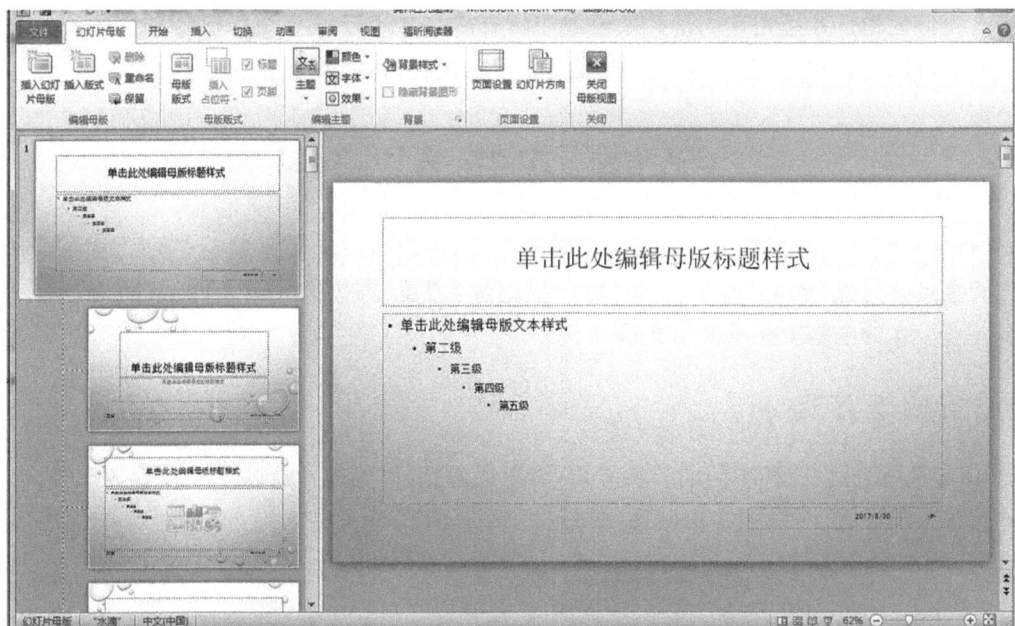

图 5-49 复制母版幻灯片

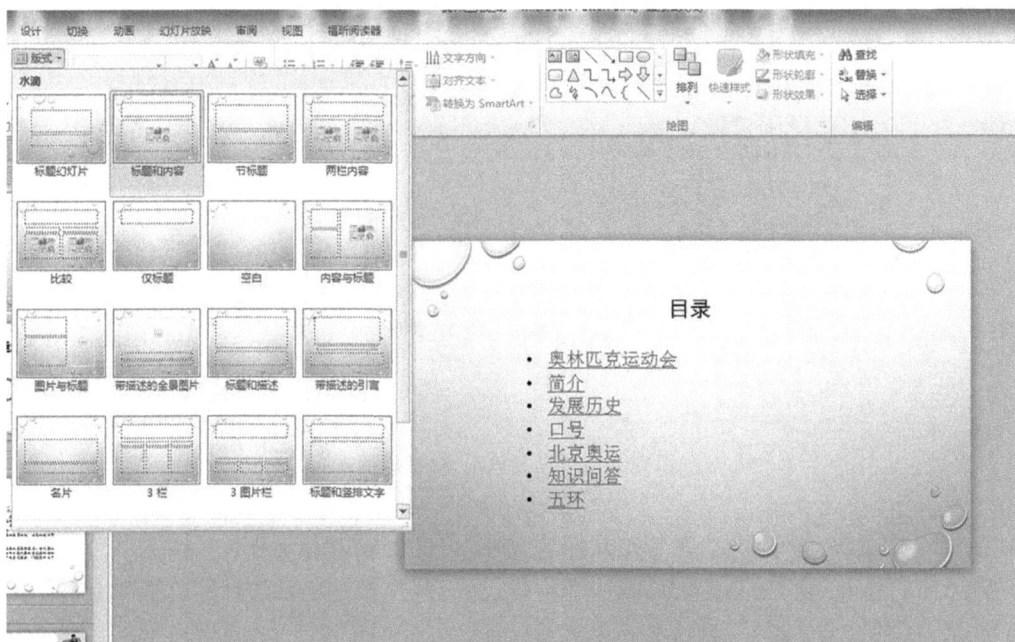

图 5-50 应用修改后的母版

小结：

PowerPoint 自 2003 版本开始支持在同一演示文稿中使用多个母版，一定要区分母版和幻灯片版式。母版是所有幻灯片所具有的共同版式，包括占位符的位置及各占位符中使用的字体、字号颜色等信息。幻灯片母版分为两大类，即标题幻灯片母版和非标题幻灯片母版，当需要在多张类似版式的幻灯片上增加相同的元素时使用。常见的应用情景除了本小节中的导航工具栏外,还有类似的幻灯片采用相同动画效果或在所有幻灯片上添加公司标识等。主题预置了一组信息,一般情况下,一个主题中包含其所基于的母版、颜色和效果等信息。

<h1 align="center">任务八　放映演示文稿</h1>

幻灯片放映显示在屏幕上时不显示菜单和工具,用户可以运用画笔等工具随时在屏幕上标注,强调重点。另外,PowerPoint还提供"广播幻灯片"及"打包成CD"功能,帮助用户在没有安装PowerPoint的电脑上显示演示文稿。

一、设置放映方式

PowerPoint提供三种不同的放映方式,可以通过选择"幻灯片放映"→"设置放映方式"命令打开"设置放映方式"对话框实现设置,如图5-51所示。

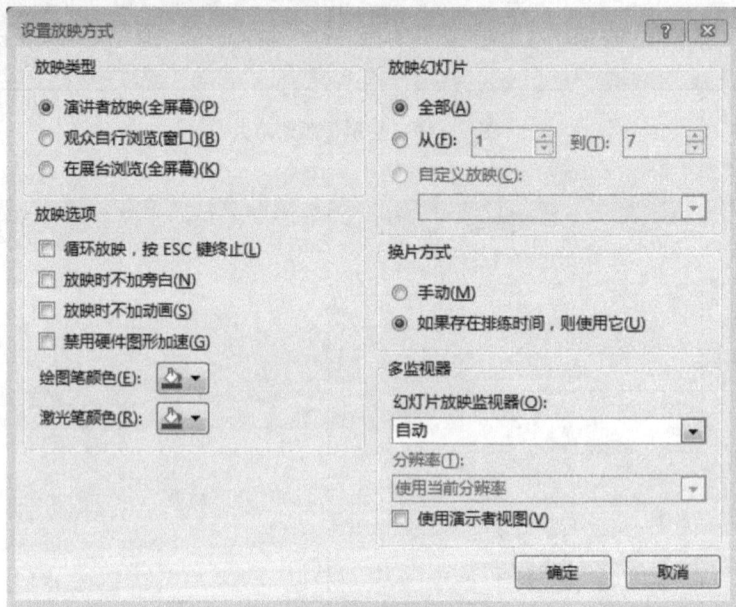

图5-51　"设置放映方式"对话框

"演讲者放映(全屏幕)":为现场观众播放,演示速度由演讲者设置。

"观众自行浏览(窗口)":为网站或内部网络设置,观众通过各自的计算机来观看演示文稿。

"在展台浏览(全屏幕)":自动循环放映幻灯片。

"循环放映,按'Esc'键终止":演示文稿循环放映,直到有人按"Esc"键终止。之后需要重新启动演示文稿。

"放映时不加旁白":如果为演示文稿录制了旁白,可在演示时关闭播放旁白,以节省内存。

"放映时不加动画":放映演示文稿,但不显示任何动画效果,以缩短放映演示文稿的时间。

"绘图笔颜色":选择绘图笔的颜色,演讲者可以在演示过程中用绘图笔来圈定、加下划线或强调某些内容。

"放映幻灯片":选择当前演示文稿要放映的幻灯片数。

"换片方式"：确定幻灯片的换片方式。

"多监视器"：设置演示文稿是否将在多个监视器上播放，如放置在会议室中多个位置的监视器。

"分辨率"：改变用于播放演示文稿的分辨率（像素）。在音频、视频设备不是很先进时，这一选项很方便。

二、自动循环放映演示文稿

在大型展会等宣传活动中，需要使用自动循环播放演示文稿，协助主办方为参加者提供多方位多角度的服务。

这种放映方式属于"展台浏览（全屏幕）"放映类型。自动循环放映需要指定幻灯片切换间隔时间或者排练计时。

操作方法如下：

（1）打开"奥林匹克运动.pptx"文稿，另存为"奥林匹克运动—自动循环放映.pptx"。

（2）让整个演示文稿可以自动循环放映。

演示文稿自动循环放映属于"在展台浏览"放映类型，当演示文稿中包含动画效果时，需要使用排练计时或者直接指定幻灯片自动切换时间。

①设置幻灯片自动切换时间：一般情况下，用户通过单击或者空格键播放动画，在自动放映方式下，可以通过设置幻灯片的切换时间实现自动播放动画和幻灯片切换。

单击"切换"选项卡，在"计时"组中可以设置每张幻灯片的自动切换时间。

②使用排练计时：用户可以使用该项功能，通过预演的形式来自动设置保存幻灯片切换时间，以保证在自动放映方式下达到最佳演示效果。

选择"幻灯片放映"→"排练计时"命令，演示文稿将从第一页幻灯片开始放映，并且显示"预演"工具栏，记录每一动画和幻灯片切换的时间，预演完毕后，用户可选择是否保留排练计时供自动换片时使用。

提示：在"幻灯片浏览"视图下，显示每页幻灯片的缩略图，同时在缩略图下方显示每页幻灯片的播放时间，方便用户从全局角度了解和设置播放选项。

（3）将放映方式设置为"在展台浏览"，放映该演示文稿。

小结：

可以根据放映场合来设置幻灯片的放映类型，排练计时是 PowerPoint 设置幻灯片切换时间间隔的一种方式。

音频和视频文件的相关操作不会被排练计时功能记录，所以需要通过"动画窗格"设置声音和视频文件的播放时间。

在自动放映状态下，如果单击或者按空格等键，自动放映自动取消，切换回手动换片形式。

使用"在展台浏览"放映方式时，演讲者最好在展台附近随时进行讲解，以保证观众能够明确其主要目的和意图。

三、放映幻灯片

开始幻灯片放映之后，放映视图左下角的 ⚪⚪⚪⊘⊡⊗⚫ 工具栏，可用于在演示文稿中导航,或在放映过程中为某一幻灯片添加注释。

"导航"栏本身就设计的不太清楚,在某些背景色下难以辨认,所以在演示之前需要提前练习。

"注释"功能可以在幻灯片放映过程中使用,如同在高射投影上使用记号笔。这些标记只在幻灯片放映过程中显示,而不会添加到幻灯片上。用户可以使用"橡皮擦"工具或按"E"键(橡皮擦)从幻灯片上将这些标记清除。

箭头(即标准鼠标指针)可用于指出某张幻灯片上的某些方面。在演示过程中,箭头可以隐藏,也可以一直显示。有三种注释选择:圆珠笔(细)、毡尖笔(较粗)和荧光笔(更粗、半透明)。用户可以选择使用记号笔或箭头,也可改变记号笔标记的颜色;还可以在开始幻灯片放映之前确定记号笔的颜色;记住要选择一个适合幻灯片背景色的笔色。

在幻灯片播放过程中,激活记号笔之后如果要关闭该功能,有以下方法可供选择:

(1)单击 ✎ 按钮,然后选择"箭头"选项;或者也可以单击另一种记号笔选项。

(2)按"Ctrl+A"组合键关闭记号笔,然后按"Ctrl+P"组合键打开记号笔。

提示:

(1)幻灯片放映技巧。按"F5"键可以从头放映幻灯片;单击窗口左下角的 ☝ 按钮可以从当前幻灯片开始播放;在放映过程中可以使用键盘上的空格键和"PageDown"键代替单击鼠标左键,向后翻页或者播放动画;使用键盘上的"Backspace"键和"PageUp"键可向前翻页或者后退到前一项目;放映过程中按"B"键可以实现黑屏,按"W"键可实现白屏;任何状态下均可按键盘上的"Esc"键结束放映,返回编辑状态。

演讲者可以使用专门的演示工具进行翻页和绘图等操作,这样演讲者可以直接面向观众而不是只面向自己的计算机屏幕。

(2)使用多个显示器。PowerPoint支持多显示器,可以通过计算机操作系统设计在不同显示器上使用不同分辨率,并且能够实现在演讲者使用的计算机上显示备注。

(3)打包成CD。当演讲者不确认演示用机是否安装有专门的演示软件和软件版本时,可以使用打包成CD功能,并将播放器集成在CD中。

(4)幻灯片备注。简单地说,幻灯片备注就是用来对幻灯片中的内容进行解释、说明或补充的材料,便于演讲者讲演或修改。备注中不仅可以输入文本,而且还可以插入多媒体文件。

四、将演示文稿打包成 CD

"打包成CD"功能允许用户将一个或者多个演示文稿放入一张独立的CD中。该CD一般情况下包含一个PowerPoint播放器和支持演示文稿所有文件。这意味着用户可以将多媒体的产品信息发送给客户,或者将培训资料发送给分支机构的员工,即使他们没有安装PowerPoint也可以观看光盘中的演示文稿。

操作方法如下:

(1)打开"奥林匹克运动.pptx"文稿。

(2)使用打包成CD功能将该演示文稿和所属素材整理到一个文件夹中。打包演示文稿的方法是:打开演示文稿,选择"文件"→"导出"→"将演示文稿打包成CD"命令。

演示文稿中加入的元素越多,其容量就越大。当向"包"中添加PowerPoint播放器时,文件的总计大小将会非常大,或者与系统文件联系结构复杂。传输这种演示文稿的一个简单的方法是确认与演示文稿相联系的所有文件,整个演示文稿带有播放器以及容纳播放器和演示文稿的CD至少要650MB。在"打包成CD"对话框中,单击"选项"按钮,弹出"选项"对话框,可设置是否包含播放器和演示文稿所链接的文件等信息,如图5-52所示。

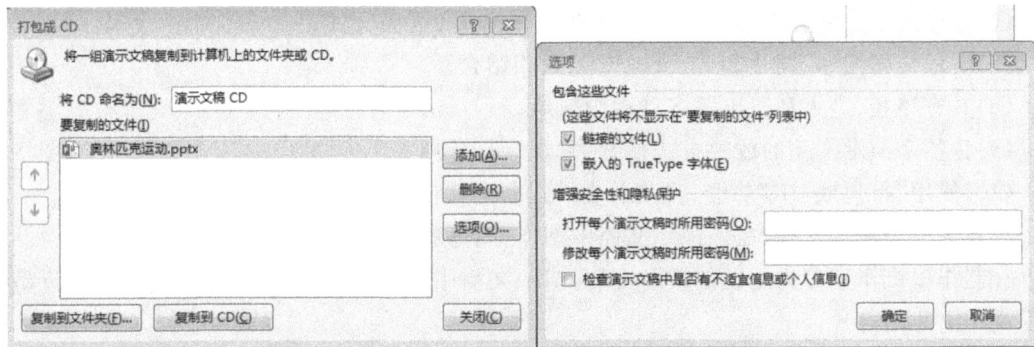

图5-52 "打包成CD"对话框

完成选项设置后,单击"复制到文件夹"按钮可将打包文件存储在指定的文件中,单击"复制到CD"按钮将文件刻录到光盘上。如果演示内容安全级别较高,可选择检测不适宜信息或个人信息及设置密码。

小结:

使用"打包成CD"功能可以将演示文稿连同其附属文件传递给他人,打包过程中可以集成PowerPoint播放器,可以保证在没有安装PowerPoint的机器上播放。目前,移动存储设备的价格越来越低廉,使用其中的打包到文件夹功能将文件夹复制至U盘等移动存储设备上,既能满足需要,又能节约资源。

PowerPoint 2013提供"广播放映幻灯片"功能,演示者可以在任意位置通过Web与任何人共享幻灯片放映。用户要向访问群体发送链接(URL),之后,邀请的每个人都可以在浏览器中观看幻灯片放映的同步视图。单击"幻灯片放映"窗格中的"广播放映幻灯片"按钮,可通过向导实现。

提示:如果使用"广播放映幻灯片"功能,用户需事先申请WindowsLive账号。

由于现在有很多的电脑只安装有PowerPoint 2003之前的较低版本,这样就无法播放使用PowerPoint 2013制作的PPT,用户可以在网上搜索下载并安装"PowerPoint viewer 2013"。这个小软件可以在没有安装PowerPoint 2013的电脑上播放使用PowerPoint 2013制作的PPT,这是一个比打包CD更加简单易行的方法,值得大家一试。

任务九　实践操作

1.利用互联网搜索素材,制作演示文稿,具体要求如下:

(1)选择主题与时俱进,是近期的热点问题。

(2)演示文稿包括标题幻灯片、目录、内容和总结四大部分。

(3)标题幻灯片采用与其他幻灯片不同的背景,并且具有自动循环播放的元素。

(4)目录采用个性化项目符号,并且直接链接至每一部分的幻灯片;主题合理,在一个演示文稿中应用两种以上颜色方案;各种类型的文字都能清晰显示。

(5)内容幻灯片上放置个性化的标志,风格统一,底部放置导航栏,可以方便地转到邻近的幻灯片、返回目录、结束放映。

(6)整个演示文稿具有跨幻灯片播放的背景音乐和视频文件。

(7)演示文稿图形、图片和 SmartArt 插图相结合。

(8)具有路径、进入和退出等多种动画效果。

(9)将整个演示文稿的放映方式设置为"观众自行浏览"。

(10)使用"打包成 CD"功能,将演示文稿复制到文件夹中。

2.新建一个演示文稿,在该演示文稿中制作"闪烁星空"动画效果。

3.制作以汽车宣传为主题的演示文稿,演示文稿中包括标题幻灯片及轮子带有旋转动画效果的汽车图片幻灯片。

项目六

网络技术及应用

📖 **学习目标**

1. 掌握计算机网络的定义、功能和分类
2. 掌握 IP 协议的定义、IP 地址的用法、域名的含义
3. 认识各种网络传输介质
4. 掌握电子邮件的申请、使用方法
5. 认识网络安全的重要性

任务一　计算机网络的定义、功能和分类

一、计算机网络的定义

计算机网络是由传输介质连接在一起的一系列设备(称为网络节点)组成。一个节点可以是一台计算机、打印机或是任何能够发送或接收由网络上其他节点产生数据的设备。设备之间的链路常被称为通信信道,这些设备通过连接实现资源的共享。

二、计算机网络的功能

(一)基本功能

将若干台计算机连接在一起组成一个现代计算机网络,可以实现以下 3 个基本功能。

1. 信息交换

信息交换是计算机网络最基本的功能,主要完成计算机网络中各个节点之间的系统通信。用户可以在网上传送电子邮件,发布新闻消息,进行电子购物、电子贸易和远程电子教育等。

2. 资源共享

所谓资源是指构成系统的所有要素,包括软件、硬件资源,如计算处理能力、大容量磁盘、高速打印机、绘图仪、通信线路、数据库、文件和其他计算机上的有关信息。由于受经济和其他因素的制约,这些资源并非(也不可能)所有用户都能独立拥有,所以网络上的计算机不仅可以使用自身的资源,也可以共享网络上的资源,因而增强了网络上计算机的处理能力,提高了计算机软硬件的利用率。

3. 分布式处理

一项复杂的任务可以划分成许多部分,由网络内各计算机分别协作完成有关部分,使整个系

统的性能大为增强。

(二)普及的网络服务

网络提供的功能常被称为服务,计算机网络正是由于能提供和管理各种服务而变得有价值。在可能的多种网络服务中,以下几种网络服务最为普及:

(1)文件服务:指使用文件服务器提供数据文件、应用和磁盘空间共享的功能。文件服务是网络的最初应用,至今仍是网络的应用基础。

(2)打印服务:增加了对打印机的访问能力,消除了距离限制,处理并发请求以及特殊设备的共享。

(3)网络通信服务:借助于网络通信服务,远程用户可以连接到网络上的任何一个终端。

(4)电子邮件服务:用户借助于电子邮件可以实现组织内外快捷方便的通信。

(5)Internet 服务:包括 WWW 服务器和浏览器、文件传输功能、Internet 编址模式、安全过滤以及直接登录到 Internet 上其他计算机的方法。

(6)网络管理服务:集中管理网络,并简化网络的复杂管理任务。

三、网络的特点

从 20 世纪 80 年代开始,计算机网络技术进入新的发展阶段,它以光纤通信应用于计算机网络、多媒体技术、综合业务数字网络(ISDN)、人工智能网络的出现和发展为主要标志。

20 世纪 90 年代至 21 世纪初是计算机网络高速发展的时期,计算机网络的应用将向更高的层次发展。据预测,今后计算机网络将具有以下特点:

(1)开放式的网络体系结构,使不同软硬件环境、不同网络协议的网络可以相互连接,真正达到数据共享、数据通信和分布处理的目的。

(2)向高性能发展,追求高速度、高可靠性和高安全性,采用多媒体技术,提供文本、声音、图像等综合性服务。

(3)计算机网络的智能化,多方面提高了网络的性能和综合的多功能服务,并更加合理地进行网络各种业务的管理。真正以分布和开放的方式向用户提供服务。

四、网络的组成和分类

不同网络的组成不尽相同,但不论是简单的网络还是复杂的网络,主要都是由计算机、网络连接设备、传输介质以及网络协议和网络软件组成的。

(一)网络的组成

1.计算机

计算机网络是为了连接计算机而产生的。计算机主要完成数据处理任务,为网络内的其他计算机提供共享资源等。现在的计算机网络不仅能连接计算机,还能连接许多其他类型的设备,包括终端、打印机、大容量存储系统、电话机等。

2.网络连接设备

网络连接设备主要用于互联计算机之间的数据通信,它负责控制数据的发送、接收或转发,包括信号转换、格式转换、路径选择、差错检测与恢复、通信管理与控制等。我们熟悉的网络接口卡(NIC)、集线器(concentrator)、中继器(repeater)、网桥(bridge)、路由器(router)、交换机

(switch)等都是网络连接设备。此外,为了实现通信,网络中还经常使用其他一些连接设备,如调制解调器(modem)、多路复用器(multiplexing)等。

3.传输介质

传输介质构成了网络中两台设备之间的物理通信线路,用于传输数据信号。

4.网络协议

网络协议是指通信双方共同遵守的一组语法、语序规则。它是计算机网络工作的基础,一般来说,网络协议一部分由软件实现,另一部分由硬件实现;一部分在主机中实现,另一部分在网络连接设备中实现。

5.网络软件

计算机是在软件的控制下工作的,同样,网络的工作也需要网络软件的控制。网络软件一方面控制网络的工作,控制、分配、管理网络资源,协调用户对网络的访问,帮助用户更容易地使用网络。网络软件要完成网络协议规定的功能。在网络软件中最重要的是网络操作系统,网络的性能和功能往往取决于网络操作系统。

(二)网络的分类

目前,计算机网络的类型很多,根据各种不同的联系原则,可以得到不同类型的计算机网络。因此,对计算机网络的分类方法也各有不同。例如,按照通信距离来划分,计算机网络可以分为局域网和广域网等;按照网络的拓扑结构来划分,可以分为环型网、星型网、总线网等;按照传输介质来划分,可以分为双绞线网、同轴电缆网、光纤网和卫星网等;按照信号频带占用方式来划分,又可以分为基带网和宽带网。

五、网络协议的概念及功能

Internet 之所以能发展到今天,应归功于 TCP/IP 协议。该协议是在 ARPANET 的研制过程中产生的。它与其他的网络协议相比,最大的特点就是可实现不同操作系统计算机之间的信息交换,也就是说它可以独立于任意一个操作系统。因此,无论是在当时还是在现在,TCP/IP 协议都对 Internet 的发展有着极其深远的意义。

那么什么是 TCP/IP 协议呢?首先要明确协议的概念,协议就是指人们为了使计算机之间能够进行通信而规定的一些规则。只有支持相同的协议,计算机之间才能正常地进行通信。TCP/IP(transmission control protocol/Internet protocol)即传输控制协议与网际协议,是国际互联网上的各种网络和计算机之间进行交流的"共同语言",是 Internet 上使用的一组完整的标准网络连接协议。

TCP/IP 协议提供了一种数据传输的统一格式;提供了进行数据错误检查和纠正的方法;提供了接收方和发送方确认收到数据和发送完数据的方法;还提供了一些通信所必需的机制。总之,TCP/IP 是维系 Internet 的基础,若没有该协议,网络间将无法通信。任何一台想连入 Internet 的计算机,无论它使用什么样的操作系统,都必须安装 TCP/IP 协议。

六、计算机网络的体系结构与协议

(一)计算机网络的体系结构

在计算机网络技术中,网络的体系结构指的是通信系统的整体设计,它的目的是为网络硬件、软件、协议、存取控制和拓扑提供标准。它将直接影响总线、接口和网络的性能。现在广泛采用的是开放系统互连 OSI(open system interconnection)的参考模型,它是用物理层、数据链路层、网络层、传送层、对话层、表示层和应用层七个层次描述网络的结构。OSI/RM 中定义的七层如图 6-1 所示。

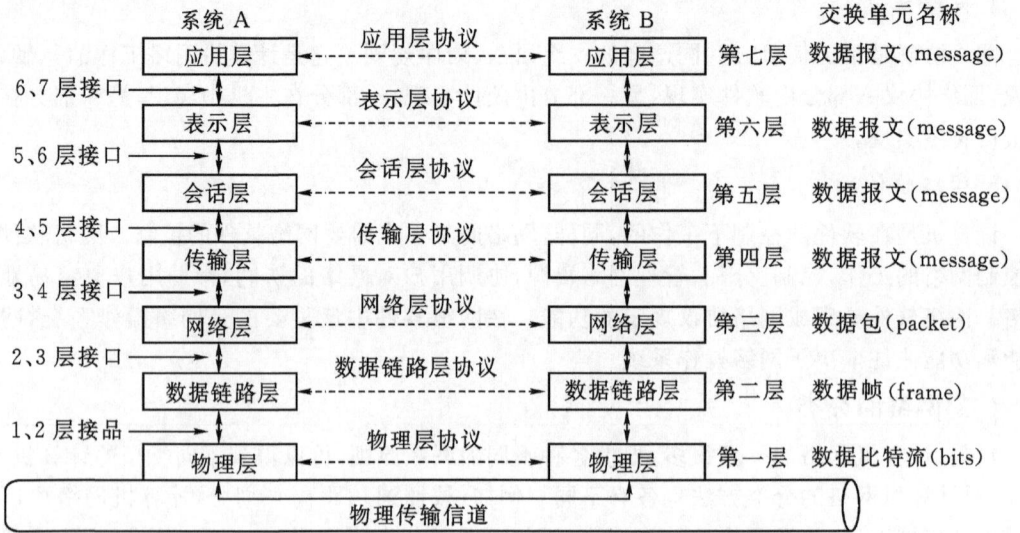

图 6-1　OSI 参考模型

OSI 参考模型各层的主要功能如下:

(1)物理层。物理层的主要功能是利用物理传输介质为数据链路层提供物理连接,以便透明地传送比特流。

(2)数据链路层。在物理层提供比特流传输服务的基础上,在通信的实体之间建立数据链路连接,传送以"帧(frame)"为单位的数据,采用差错控制、流量控制方法,使有差错的物理线路变成无差错的数据链路。

(3)网络层。网络层的主要功能是要完成网络中主机间"分组"(packet)的传输,通过路由算法,为分组通过通信子网选择最适当的路径,网络层还要实现阻塞控制与网络互连等功能。

(4)传输层。传输层的主要任务是向上一层提供可靠的端到端服务,确保"报文段"(segment)无差错、有序、不丢失、无重复地传输。它向高层屏蔽了下层数据通信的细节,是计算机通信体系结构中最关键的一层。

(5)会话层。会话层的功能是建立、组织和协调两个互相通信的应用进程之间的交互。会话层不参与具体的数据传输,但它却对数据的传输进行管理。

(6)表示层。表示层主要用于处理在两个通信系统中交换信息的表示方式,包括数据格式变换、数据加密与解密、数据压缩与解压缩等功能。

(7)应用层。应用层确定进程间通信的性质,以满足用户的需要。应用层不仅要提供应用进程所需要的信息交换和远程操作,而且还要作为应用进程的用户代理来完成一些为进行信息交换所必须的功能,如文件传送访问和管理、虚拟终端、事务处理、远程数据库访问等。

(二)协议

在计算机网络中要做到有条不紊地交换数据,就必须遵守一些事先约定好的规则。这些规则明确规定了所交换的数据的格式以及有关的同步问题。这些为进行网络中的数据交换而建立的规则、标准或约定被称为网络协议。进一步讲,一个网络协议主要由以下三个要素组成:

(1)语法,即数据与控制信息的结构或格式;

(2)语义,即需要发出何种控制信息、完成何种动作以及作出何种应答;

(3)同步,即事件实现顺序的详细说明。

网络协议(protocol)是一种特殊的软件,是计算机网络实现其功能的最基本机制。网络协议的本质是规则,即各种硬件和软件必须遵循的共同守则。网络协议并不是一套单独的软件,它融合于其他所有的软件系统中,因此可以说,协议在网络中无处不在。网络协议遍及 OSI 通信模型的各个层次,从我们非常熟悉的 TCP/IP、HTTP、FTP 协议到 OSPF、IGP 等协议,有上千种之多。对于普通用户而言,不需要关心太多的底层通信协议,只需要了解其通信原理即可。在实际管理中,底层通信协议一般会自动工作,不需要人工干预。但是对于第三层以上的协议,就经常需要人工干预了,比如 TCP/IP 协议就需要人工配置才能正常工作。

局域网常用的三种通信协议分别是 TCP/IP 协议、NetBEUI 协议和 IPX/SPX 协议。TCP/IP 协议毫无疑问是这三大协议中最重要的一种,作为互联网的基础协议,没有它就根本不可能上网,任何和互联网有关的操作都离不开 TCP/IP 协议。不过 TCP/IP 协议也是这三大协议中配置起来最麻烦的一个,单机上网还好,若通过局域网访问互联网,就要详细设置 IP 地址、网关、子网掩码、DNS 服务器等参数。

TCP/IP 协议族中包括上百个互为关联的协议,不同功能的协议分布在不同的协议层。几个常用协议如下:

(1)Telnet(remote login):提供远程登录功能,一台计算机用户可以登录到远程的另一台计算机上,如同在远程主机上直接操作一样。

(2)FTP(file transfer protocol):远程文件传输协议,允许用户将远程主机上的文件拷贝到自己的计算机上。

(3)SMTP(simple mail transfer protocol):简单邮件传输协议,用于传输电子邮件。

(4)HTTP(hyper text transfer protocol):超文本传输协议,用于传输超文本标记语言(hyper text markup language,HTML)写的文件,即网页。

七、IP 地址与域名

(一)IP 地址

Internet 是通过路由器将物理网络连接在一起的虚拟网络,而实际上每台计算机都有一个物理地址(physical address),物理网靠此地址来识别其中每一台计算机。在 Internet 中,为解决不同类型的物理地址的统一问题,采用了一种全网通用的地址格式,为全网中的每一台主机分配一个 Internet 地址,这个地址就叫作 IP 地址。IP 地址由网络号和主机号两部分构成。

按照网络规模的大小,可以将 IP 地址分为五种类型,其中 A、B、C 是三种主要的类型,如表6-1所示。除此之外,还有两种次要类型的网络,一种是多目传送的多目地址 D,另一种是扩展备用地址 E。

表 6 - 1　IP 地址范围

类别	最大网络数	IP 地址范围	最大主机数	私有 IP 地址范围
A	126(2∧7−2)	0.0.0.0−127.255.255.255	16777214	10.0.0.0−10.255.255.255
B	16384(2∧14)	128.0.0.0−191.255.255.255	65534	172.16.0.0−172.31.255.255
C	2097152(2∧21)	192.0.0.0−223.255.255.255	254	192.168.0.0−192.168.255.255

IP 地址是由 32 位二进制数组成,即 4 个字节组成,每个字节由 8 位二进制数组成。为了方便记忆,采用十进制标记法,即将 4 个字节的二进制数值转换为 4 段十进制数,用小数点将 4 段十进制数字分开。例如,有如下一组二进制 IP 地址:

11001010.01101010.10111000.11001000

转换成十进制表示法为:202.106.184.200。

1. A 类地址

一个 A 类 IP 地址是指,在 IP 地址的四段号码中,第一段号码为网络号码,剩下的三段号码为本地计算机的号码。如果用二进制表示 IP 地址的话,A 类 IP 地址就由 1 字节的网络地址和 3 字节主机地址组成,网络地址的最高位必须是"0"。A 类 IP 地址中网络的标识长度为 8 位,主机标识的长度为 24 位,A 类网络地址数量较少,有 126 个网络,每个网络可以容纳主机数达 1600 多万台。

A 类 IP 地址范围:1.0.0.0 到 127.255.255.255。

二进制表示为:

00000001 00000000 00000000 00000000—01111110 11111111 11111111 11111111

最后一个是广播地址。

A 类 IP 地址的子网掩码为 255.0.0.0,每个网络支持的最大主机数为 $256^3 - 2 =$ 16777214 台。

2. B 类地址

一个 B 类 IP 地址是指,在 IP 地址的四段号码中,前两段号码为网络号码。如果用二进制表示 IP 地址的话,B 类 IP 地址就由 2 字节的网络地址和 2 字节主机地址组成,网络地址的最高位必须是"10"。B 类 IP 地址中网络的标识长度为 16 位,主机标识的长度为 16 位,B 类网络地址适用于中等规模的网络,有 16384 个网络,每个网络所能容纳的计算机数为 6 万多台。

B 类 IP 地址范围:128.0.0.0 到 191.255.255.255。

二进制表示为:

10000000 00000000 00000000 00000000—10111111 11111111 11111111 11111111

最后一个是广播地址。

B 类 IP 地址的子网掩码为 255.255.0.0,每个网络支持的最大主机数为 $256^2 - 2 =$ 65534 台。

3. C 类地址

一个 C 类 IP 地址是指,在 IP 地址的四段号码中,前三段号码为网络号码,剩下的一段号码为本地计算机的号码。如果用二进制表示 IP 地址的话,C 类 IP 地址就由 3 字节的网络地址和 1

字节主机地址组成,网络地址的最高位必须是"110"。C类IP地址中网络的标识长度为24位,主机标识的长度为8位,C类网络地址数量较多,有209万余个网络。适用于小规模的局域网络,每个网络最多只能包含254台计算机。

C类IP地址范围:192.0.0.0到223.255.255.255。

二进制表示为:

11000000 00000000 00000000 00000000—11011111 11111111 11111111 11111111

C类IP地址的子网掩码为255.255.255.0,每个网络支持的最大主机数为256−2=254台。

4. D类IP地址

D类IP地址在历史上被叫作多播地址(multicast address),即组播地址。在以太网中,多播地址命名了一组应该在这个网络中应用接收到一个分组的站点。多播地址的最高位必须是"1110",范围从224.0.0.0到239.255.255.255。

5. 特殊的网址

(1)每一个字节都为0的地址("0.0.0.0")对应于当前主机;

(2)IP地址中的每一个字节都为1的IP地址(255.255.255.255)是当前子网的广播地址;

(3)IP地址中凡是以"11110"开头的E类IP地址都保留用于将来和实验使用;

(4)IP地址中不能以十进制"127"作为开头,该类地址中数字127.0.0.1到127.255.255.255用于回路测试,如:127.0.0.1可以代表本机IP地址,用"http://127.0.0.1"就可以测试本机中配置的Web服务器;

(5)网络ID的第一个8位组也不能全置为"0",全"0"表示本地网络。

(二)域名

域名(domain name),是由一串用点分隔的名字组成的Internet上某一台计算机或计算机组的名称,用于在数据传输时标识计算机的电子方位(有时也指地理位置,地理上的域名,指代有行政自主权的一个地方区域)。设置域名的目的是为了便于记忆和沟通的一组服务器的地址(网站、电子邮件、FTP等)。世界上第一个注册的域名是在1985年1月注册的。

1. 域名的组成和标号

以一个常见的域名为例说明。baidu网址是由二部分组成,标号"baidu"是这个域名的主体,而最后的标号"com"则是该域名的后缀,代表这是一个com国际域名,是顶级域名。而前面的"www."是网络名,为www的域名。

DNS规定,域名中的标号都由英文字母和数字组成,每一个标号不超过63个字符,也不区分大小写字母。标号中除连字符(-)外不能使用其他的标点符号。级别最低的域名写在最左边,而级别最高的域名写在最右边。由多个标号组成的完整域名总共不超过255个字符。

一些国家也纷纷开发使用由本民族语言构成的域名,如德语、法语等。中国也开始使用中文域名,但可以预计的是,在中国国内今后相当长的时期内,以英语为基础的域名(即英文域名)仍然是主流。

2. 语法

域名系统是分层的,允许定义子域。域的组成至少有一个字,即标签。如果有多个标签,标签必须用点分开。在一个域名中,最右边的标签,必须选择列表中的名称的顶级域名,也被称为顶级域(中英文顶级域名或 TLD)。前极右翼组成的标签,标签上有一些限制。

3.域名结构

域名由两个或两个以上的词构成,中间由点号分隔开。最右边的那个词称为顶级域名。下面是几个常见的顶级域名及其用法:

.com——用于商业机构。它是最常见的顶级域名。任何人都可以注册".com"形式的域名。

.top——用于所有公司组织、个人。任何人都可以注册".top"形式的域名。

.net——最初是用于网络组织,如因特网服务商和维修商。任何人都可以注册以".net"结尾的域名。

.org——是为各种组织包括非营利组织而定的,任何人都可以注册以".org"结尾的域名。

国家代码是由两个字母组成的顶级域名,如".cn"".uk"".de"和".jp"称为国家代码顶级域名(ccTLDs),其中".cn"是中国专用的顶级域名,其注册归 CNNIC 管理,以".cn"结尾的二级域名我们简称为国内域名。注册国家代码顶级域名下的二级域名的规则和政策与不同的国家的政策有关。用户在注册时应咨询域名注册机构,问清相关的注册条件及与注册相关的条款。某些域名注册商除了提供以".com",".net"和".org"结尾的域名的注册服务之外,还提供国家代码顶级域名的注册。ICANN 并没有特别授权注册商提供国家代码顶级域名的注册服务。

八、网络传输介质

网络传输介质是指在网络中传输信息的载体,常用的传输介质分为有线传输介质和无线传输介质两大类。

(1)有线传输介质是指在两个通信设备之间实现的物理连接部分,它能将信号从一方传输到另一方,有线传输介质主要有双绞线、同轴电缆和光纤。双绞线和同轴电缆传输电信号,光纤传输光信号。

(2)无线传输介质指我们周围的自由空间。我们利用无线电波在自由空间的传播可以实现多种无线通信。在自由空间传输的电磁波根据频谱可将其分为无线电波、微波、红外线、激光等,信息被加载在电磁波上进行传输。

不同的传输介质,其特性也各不相同。它们不同的特性对网络中数据通信质量和通信速度有较大影响。

任何信息传输和共享都需要有传输介质,计算机网络也不例外。对于一般计算机网络用户来说,可能没有必要了解过多的细节,例如计算机之间依靠何种介质、以怎样的编码来传输信息等。但是,对于网络设计人员或网络开发者来说,了解网络底层的结构和工作原理则是必要的,因为他们必须掌握信息在不同介质中传输时的衰减速度和发生传输错误时如何去纠正这些错误。本节主要介绍计算机网络中用到的各种通信介质及其有关的通信特性。

当需要决定使用哪一种传输介质时,必须将连网需求与介质特性进行匹配。这一节描述了与所有数据传输方式有关的特性。稍后,将学习如何选择适合网络的介质。通常说来,选择数据传输介质时必须考虑 5 种特性(根据重要性粗略地列举),即吞吐量和带宽、成本、尺寸和可扩展性、连接器以及抗噪性。当然,每种连网情况都是不同的;对一个机构至关重要的特性对另一个机构来说可能是无关重要的,用户需要判断哪一方面对自己的机构是最重要的。

(一)有线传输介质

1.双绞线

双绞线的英文名字叫"twist-pair",它是综合布线工程中最常用的一种传输介质。双绞线采用了一对互相绝缘的金属导线互相绞合的方式来抵御一部分外界电磁波干扰。把两根绝缘的铜导线按照一定密度互相绞在一起,可以降低信号干扰的程度,每一根导线在传输中辐射的电波会被另一根导线上发出的电波抵消。"双绞线"的名字也是由此而来。

(1)双绞线联网的特点。

双绞线一般用于星型网络的布线,每条双绞线通过两端安装的 RJ－45 连接器(俗称水晶头)与网卡和交换机(或路由器)相连,最大网线长度为 100 米。双绞线的标准接法不是随便规定的,目的是保证线缆接头布局的对称性,这样可以使接头内线缆之间的干扰相互抵消。

(2)双绞线的分类。

双绞线可以分为非屏蔽双绞线(unshielded twisted pair,UTP)和屏蔽双绞线(shielded twisted pair,STP),由于利用双绞线传输信息时,信息要向周围辐射,很容易被窃取,因此要额外加以屏蔽。屏蔽双绞线电缆的外层由铝箔包裹,以减小辐射,但并不能完全消除辐射,屏蔽双绞线价格相对较高,安装时,比非屏蔽双绞线电缆困难,所以目前工程上使用的多为非屏蔽双绞线,如图 6－2 所示。

非屏蔽双绞线具有以下优点:

(1)无屏蔽外套,直径小,节省所占用的空间。

(2)质量小,易弯曲,易安装。

(3)将串扰减至最小或者加以消除。

(4)具有阻燃性。

(5)具有独立性和灵活性,适用于结构化综合布线。

2.光纤

光纤的完整名称叫作光导纤维,是网络传输介质领域中发展最迅速、性能最好、应用最广泛的一种传输介质,如图 6－3 所示。

图 6－2 非屏蔽双绞线

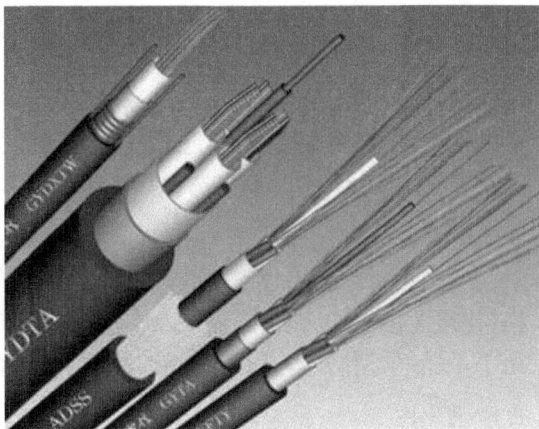

图 6－3 光纤

光纤的优点有传输速率快、距离远、容量大、不受电磁干扰、不怕雷电击、抗化学腐蚀能力强、很难在外部窃听、不导电、在设备之间没有接地的麻烦等。正是由于这些优点,所以光纤在计算机网络布线中得到了广泛的应用。目前,光缆主要用于交换机之间的连接,但随着千兆位局域网应用的不断普及和光纤产品及其设备价格的不断下降,光纤连接到桌面也将成为网络发展的一种趋势。

但是光纤也存在一些缺点,即光纤的切断和将两根光纤精确地连接的技术要求较高;连接器价格昂贵,分路、耦合麻烦,易造成损失等。

(二)无线传输介质

可以在自由空间利用电磁波发送和接收信号进行通信就是无线传输。地球上的大气层为大部分无线传输提供了物理通道,就是常说的无线传输介质。无线传输所使用的频段很广,人们现在已经利用了好几个波段进行通信。紫外线和更高的波段目前还不能用于通信。无线通信的方法有无线电波、微波和红外线。

1.无线电波

无线电波是指在自由空间(包括空气和真空)传播的射频频段的电磁波。无线电技术是通过无线电波传播声音或其他信号的技术。

无线电技术的原理在于,导体中电流强弱的改变会产生无线电波。利用这一现象,通过调制可将信息加载于无线电波之上。当电波通过空间传播到达收信端,电波引起的电磁场变化又会在导体中产生电流。通过解调将信息从电流变化中提取出来,就达到了信息传递的目的。

2.微波通信

微波是指频率为 300MHz~300GHz 的电磁波,是无线电波中一个有限频带的简称,即波长在 1 米(不含 1 米)到 1 毫米之间的电磁波,是分米波、厘米波、毫米波和亚毫米波的统称。微波频率比一般的无线电波频率高,通常也称为"超高频电磁波"。微波作为一种电磁波也具有波粒二象性。微波的基本性质通常呈现为穿透、反射、吸收三个特性。对于玻璃、塑料和瓷器,微波几乎是穿越而不被吸收;对于水和食物等就会吸收微波而使自身发热;而对金属类东西,则会反射微波。

3.红外通信

红外线通信不受电磁干扰和射频干扰的影响。红外无线传输建立在红外光的基础上,采用发光二极管、激活光二极管或光电二极管来进行站点与站点之间的数据交换。红外无线传输既可以进行点到点通信,也可以进行广播式通信。但这种传输技术要求通信节点之间必须在直线视距之内,不能穿越墙壁。红外线传输技术数据传输速率相对较低,在面向一个方向通信时,数据传输率为 16Mbps。如果选择数据向各个方向上传输时,速度将不能超过 1Mbps。

4.蓝牙

蓝牙是一种无线技术标准,可实现固定设备、移动设备和楼宇个人域网之间的短距离数据交换(使用 2.4~2.485GHz 的 ISM 波段的 UHF 无线电波)。蓝牙技术最初由电信巨头爱立信公司于 1994 年创制,当时是作为 RS232 数据线的替代方案。蓝牙可连接多个设备,克服了数据同步的难题。

5.Wi-Fi 无线上网

Wi-Fi 是一种允许电子设备连接到一个无线局域网(WLAN)的技术,通常使用 2.4G UHF 或 5G SHF ISM 射频频段。连接到无线局域网通常是有密码保护的;但也可以是开放的,这样就允许任何在 WLAN 范围内的设备可以连接上。Wi-Fi 是一个无线网络通信技术的品牌,由 Wi-Fi 联盟所持有,目的是改善基于 IEEE 802.11 标准的无线网路产品之间的互通性。有人把使用 IEEE 802.11 系列协议的局域网就称为无线保真。甚至把 Wi-Fi 等同于无线网际网路 (Wi-Fi 是 WLAN 的重要组成部分)。

九、连接 Internet

互联网接入是通过特定的信息采集与共享的传输通道,利用话线拨号接入(PSTN)等传输技术完成用户与 IP 广域网的高带宽、高速度的物理连接。

从信息资源的角度,互联网是一个集各部门、各领域的信息资源为一体的,供网络用户共享的信息资源网。家庭用户或单位用户要接入互联网,可通过某种通信线路连接到 ISP(互联网服务提供商),由 ISP 提供互联网的入网连接和信息服务。互联网接入是通过特定的信息采集与共享的传输通道,利用以下传输技术完成用户与 IP 广域网的高带宽、高速度的物理连接。

连接 Internet 的方式有以下几种:

1. 电话线拨号接入(PSTN)

PSTN 是家庭用户接入互联网的普遍的窄带接入方式。即通过电话线,利用当地运营商提供的接入号码,拨号接入互联网,速率不超过 56Kbps。特点是使用方便,只需有效的电话线及自带调制解调器(MODEM)的 PC 就可完成接入。

运用在一些低速率的网络应用(如网页浏览查询、聊天、E-mail 等),主要适合于临时性接入或无其他宽带接入场所的使用。缺点是速率低,无法实现一些高速率要求的网络服务,其次是费用较高(接入费用由电话通信费和网络使用费组成)。

2. ADSL 接入

在通过本地环路提供数字服务的技术中,最有效的类型之一是数字用户线(digital subscriber line,DSL)技术,是目前运用最广泛的铜线接入方式。ADSL 可直接利用现有的电话线路,通过 ADSLMODEM 后进行数字信息传输。理论速率可达到 8Mbps 的下行和 1Mbps 的上行,传输距离可达 4～5 公里。ADSL2＋速率可达 24Mbps 下行和 1Mbps 上行。另外,最新的 VDSL2 技术可以达到上下行各 100Mbps 的速率。特点是速率稳定、带宽独享、语音数据不干扰等。适用于家庭、个人等用户的大多数网络应用需求,满足一些宽带业务包括 IPTV、视频点播(VOD)、远程教学、可视电话、多媒体检索、LAN 互联、Internet 接入等。

ADSL 技术具有以下一些主要特点:可以充分利用现有的电话线网络,通过在线路两端加装 ADSL 设备便可为用户提供宽带服务;它可以与普通电话线共存于一条电话线上,接听、拨打电话的同时能进行 ADSL 传输,而又互不影响;进行数据传输时不通过电话交换机,这样上网时就不需要缴付额外的电话费,可节省费用;ADSL 的数据传输速率可根据线路的情况进行自动调整,它以"尽力而为"的方式进行数据传输。

3. 光纤宽带接入

光纤宽带接入是指通过光纤接入到小区节点或楼道,再由网线连接到各个共享点上(一般不超过 100 米),提供一定区域的高速互联接入。特点是速率高,抗干扰能力强,适用于家庭、个人或各类企事业团体,可以实现各类高速率的互联网应用(视频服务、高速数据传输、远程交互等),缺点是一次性布线成本较高。

4.无线网络

无线网络是一种有线接入的延伸技术,使用无线射频(RF)技术越空收发数据,减少使用电线连接,因此无线网络系统既可达到建设计算机网络系统的目的,又可让设备自由安排和搬动。在公共开放的场所或者企业内部,无线网络一般会作为已存在有线网络的一个补充方式,装有无线网卡的计算机通过无线手段方便接入互联网。

目前,我国 3G 移动通信有三种技术标准,中国移动、中国电信和中国联通各使用自己的标准及专门的上网卡,网卡之间互不兼容。

十、网页浏览器

网页浏览器是为了显示网页服务器或档案系统内的文件,并让用户与这些文件互动的一种软件,用来显示在万维网或局域网等的文字、影像及其他资讯。这些文字或影像,可以是连接其他网址的超链接,用户可迅速、轻易地浏览各种资讯。网页一般是超文本标记语言(标准通用标记语言下的一个应用)的格式。有些网页需使用特定的浏览器才能正确显示。个人电脑上常见的网页浏览器包括 Internet Explorer、Firefox、Maxthon 和 Chrome。浏览器是最经常使用到的客户端程序。万维网是全球最大的链接文件网络文库。

蒂姆·伯纳斯-李(Tim Berners-Lee)是第一个使用超文本来分享资讯的人。他于 1990 年发明了首个网页浏览器"World Wide Web"。1991 年 3 月,他把这发明介绍给了给他在 CERN 工作的朋友。从那时起,浏览器的发展就和网络的发展联系在了一起。

当时,网页浏览器被视为能够处理 CERN 庞大电话簿的实用工具。在与用户互动的前提下,网页浏览器根据"gopher"和"telnet"协议,允许所有用户能轻易地浏览别人所编写的网站。可是,其后加插图像进入浏览器的举动,使之成为了互联网的"杀手级应用"。

NCSA Mosaic 使互联网得以迅速发展。它最初是一个只在 Unix 运行的图像浏览器,很快便发展到 Apple Macintosh 和 Microsoft Windows 亦能运行。1993 年 9 月发表了 1.0 版本。NCSA 中 Mosaic 项目的负责人 MarcAndreesen 辞职并建立了网景通信公司。

网景通信公司在 1994 年 10 月发布了旗舰产品网景导航者。但第二年 Netscape 的优势就被削弱了。错失了互联网浪潮的微软在这个时候仓促地购入了 Spyglass 公司的技术,改成 Internet Explorer,掀起了软件巨头微软和网景之间的浏览器大战。这同时加快了万维网的发展。

这场战争把网络带到了千百万普通电脑用户面前,但同时显露了互联网商业化如何妨碍统一标准的制定。微软和网景都在其产品中加入了许多互不相容的 HTML 扩展代码,试图以这些特点来取胜。1998 年,网景通信公司承认其市场占有率已无法挽回,这场战争便随之而结束。微软能取胜的其中一个因素是它把浏览器与其操作系统一并出售(OEM,原始设备制造),这亦使它面临反垄断诉讼。

网景通信公司以开放源代码迎战,创造了 Mozilla,但此举未能挽回 Netscape 的市场占有率。在 1998 年底美国线上收购了网景通信公司。在发展初期,Mozilla 计划为吸引开发者而挣扎;但至 2002 年,它已发展成一个稳定而强大的互联网套件。Mozilla 1.0 的出现被视为其里程碑。同年,衍生出 Phoenix(后改名 Firebird,最后又改为 Firefox)。Firefox 1.0 于 2004 年发表。及至 2008 年,Mozilla 及其衍生产品约占 20% 网络交通量。

Opera 是一个灵巧的浏览器,它发布于 1996 年。目前它在手持电脑上十分流行。它在个人电脑网络浏览器市场上的占有率则稍微较小。

2003 年,微软宣布不会再推出独立的 Internet Explorer,但会变成视窗平台的一部分;同时也不会再推出任何 Macintosh 版本的 Internet Explorer。不过,2005 年初,微软却改变了计划,并宣布将会为 Windows XP、Windows Server 2003 和 Windows Vista 操作系统推出 Internet Explorer 7。

市面上的浏览器内核分以下几种:

(1)Trident:Internet Explorer 所使用。

(2)Gecko:Netscape6 以后版本以及 Firefox 所使用。

(3)KHTML:KDE 开发团队所开发,主要由 Konqueror 所使用。

(4)Presto:Opera7 开始采用。

(5)WebCore:苹果电脑修改 KHTML 而来,主要由 Safari 所使用。

不同的浏览器有不同的功能,现在的浏览器和网页有很多功能和技术是以往没有的。如之前提到的,因为浏览器大战的出现,浏览器和万维网得以迅速但混乱地扩展。

任务二 电子邮箱的申请及应用

在网络中,电子邮箱可以自动接收网络任何电子邮箱所发的电子邮件,并能存储规定大小的等多种格式的电子文件。电子邮箱具有单独的网络域名,其电子邮局地址在@后标注,电子邮箱一般格式为:用户名@域名。

利用电子邮箱业务是一种基于计算机和通信网的信息传递业务,是利用电信号传递和存储信息的方式,为用户提供传送电子信函、文件数字传真、图像和数字化语音等各类型的信息。电子邮件可以使人们在任何地方、任何时间收、发信件,解决了时空的限制,大大提高了工作效率。

E-mail 像普通的邮件一样,也需要地址,它与普通邮件的区别在于它是电子地址。所有在Internet 之上有信箱的用户都有自己的一个或几个 E-mail 地址,并且这些 E-mail 地址都是唯一的。邮件服务器就是根据这些地址,将每封电子邮件传送到各个用户的信箱中,E-mail 地址就是用户的信箱地址。就象普通邮件一样,用户能否收到自己的 E-mail,取决于用户是否取得了正确的电子邮件地址。

一个完整的 Internet 邮件地址由以下两个部分组成,格式如下:登录名@主机名.域名。中间用一个表示"在"的符号"@"(读"at")分开,符号的左边是对方的登录名,右边是完整的主机名,它由主机名与域名组成。其中,域名由几部分组成,每一部分称为一个子域(subdomain),各子域之间用圆点"."隔开,每个子域都会告诉用户一些有关这台邮件服务器的信息。

一、申请电子邮箱

现在以两种主流的邮箱为例来学习如何申请电子邮箱,分别是 QQ 邮箱和 163 邮箱。这两种邮箱分别代表了应用客户端注册和网络注册的两种方式,具体方法如下:

1. QQ 邮箱的注册申请

QQ 的邮箱注册非常简单,只要用户已经申请了 QQ 号,首先登录自己的 QQ,然后点击如图6-4 所示的信封小图标即可。

点击小图标后,QQ 就会自动为用户开通电子邮箱服务,而用户的电子邮箱地址就是他的 QQ 号码@qq.com。例如用户的 QQ 号码是 123456,那么他的邮箱地址就是"123456@qq.com"。用户可以将该地址告诉自己需要联系的好友,这样就可以互相通过电子邮件通信了,如图 6-5 所示。

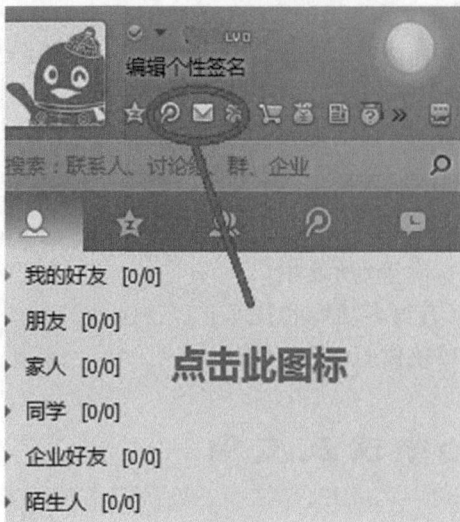

图 6-4　打开 QQ 邮箱

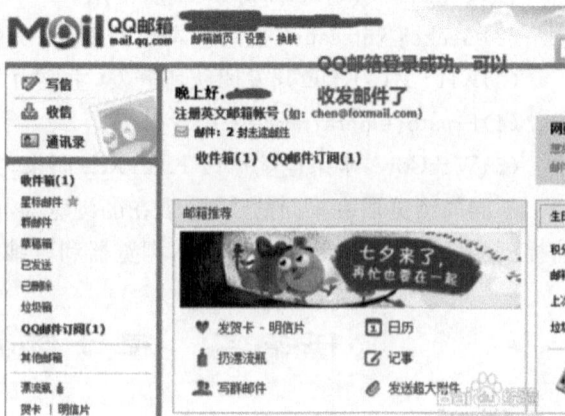

图 6-5　QQ 邮箱界面

2.163 邮箱的申请注册

首先,进入 163 邮箱的主页"mail.163.com",然后点击如图 6-6 所示的"去注册"按钮。

选择三种注册方式里的一种(本例用注册字母邮箱说明),依次填写标记"＊"的部分,然后点击"立即注册"按钮即可以完成注册,如图 6-7 所示。

图 6-6　163 邮箱登录界面

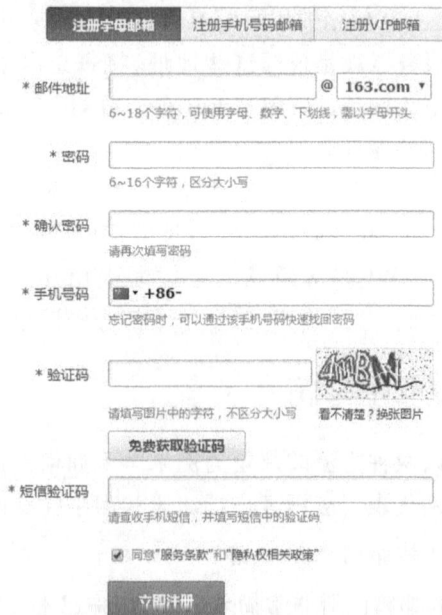

图 6-7　163 邮箱注册界面

其他网站提供的邮箱服务都可以用以上两种方式完成注册使用。

二、使用邮件客户端管理邮箱

邮件客户端通常指使用 IMAP/APOP/POP3/SMTP/ESMTP/协议收发电子邮件。用户不需要登录邮箱就可以收发邮件。

世界上有很多种著名的邮件客户端。主要有：Windows 自带的"Outlook""Mozilla Thunderbird""The Bat!""Becky!"，还有微软 Outlook 的升级版"Windows Live Mail"，国内客户端三剑客"FoxMail""Dreammail""KooMail"等。

下面我们介绍常用的邮件客户端 Outlook 2013 来管理用户的邮箱：

Office 2013 安装后默认不会在桌面生成快捷方式，点击"开始"按钮，选择"所有程序"，再选择"Microsoft Office"，单击"Micosoft Outlook 2013"选项。

打开 Outlook，在"账户信息"里找到"添加账户"选项，点击"打开"，如图 6－8 所示。

图 6－8　OutLook 界面

在"添加账户"菜单里选择"手动设置"，然后点击"下一步"，如图 6－9 所示。

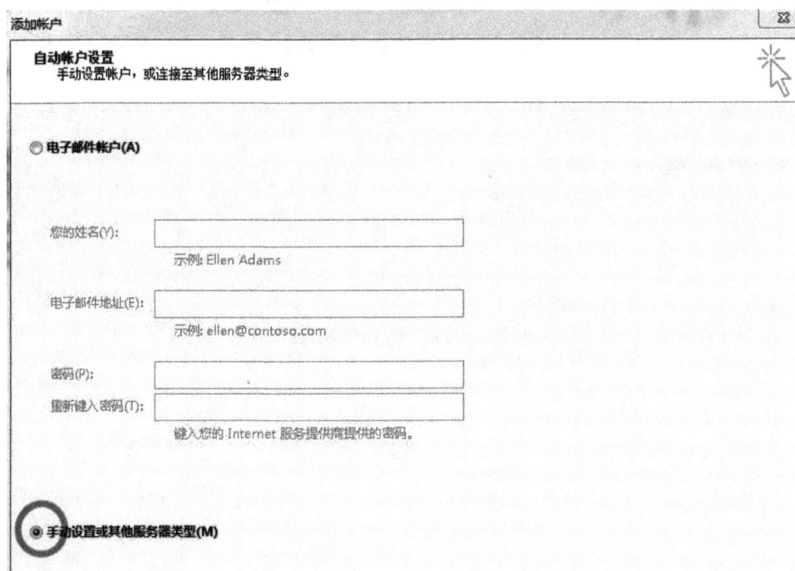

图 6－9　添加账户菜单

手动设置"选择服务",选择最后一项,选择"是",然后点击"下一步",如图 6 - 10 所示。

图 6 - 10　手动设置"选择服务"窗口

在接下来的"服务器信息"中的"账户类型"里面选择"IMAP",如图 6 - 11 所示。

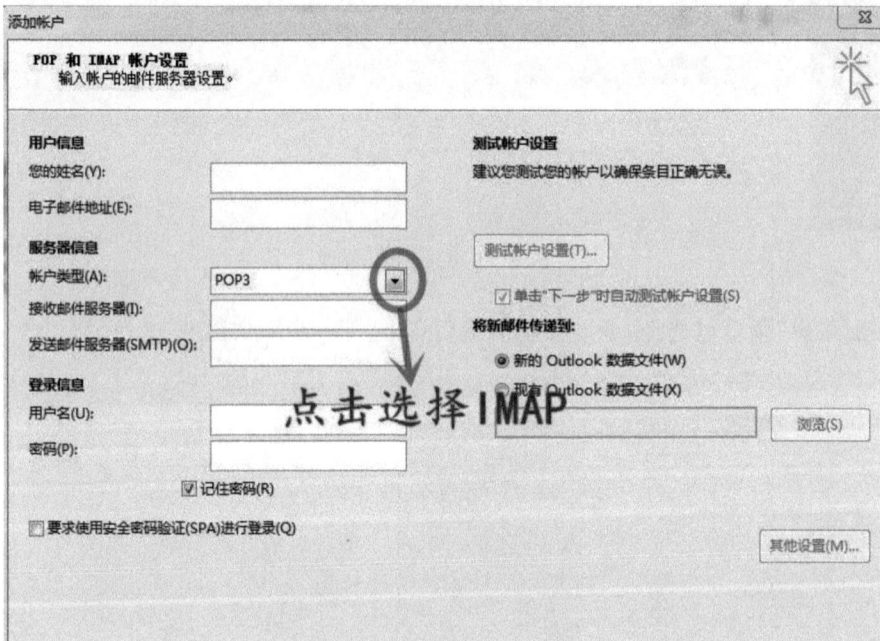

图 6 - 11　选择"IMAP"

在 IMAP 账户设置下依次填写用户信息、服务器信息和登录信息,如图 6-12 所示。

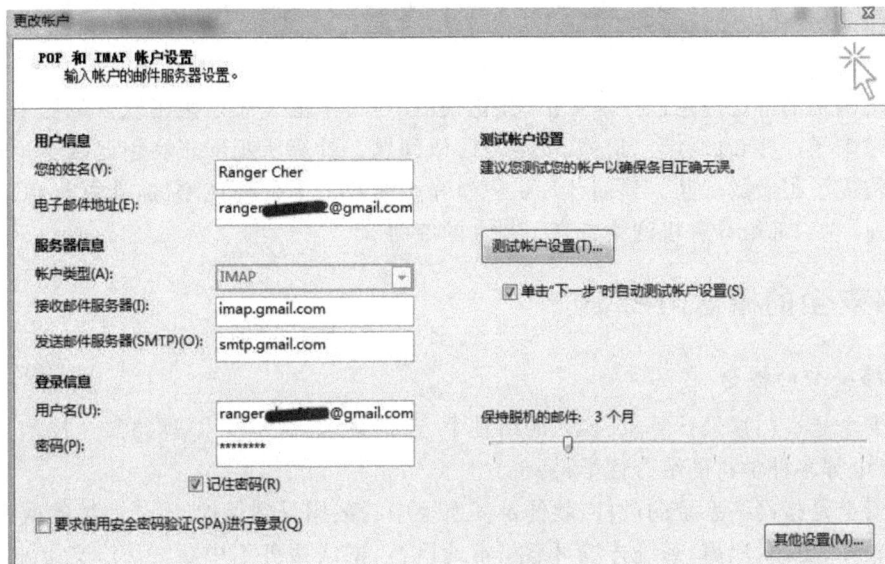

图 6-12 填写用户信息、服务器信息和登录信息

点开"其他设置"后,在弹窗菜单里设置服务器代码和 SSL 安全协议,然后点击"确定",再点击"下一步",等待 outlook 测试账户通过,即表示添加账户已完成,如图 6-13 所示。

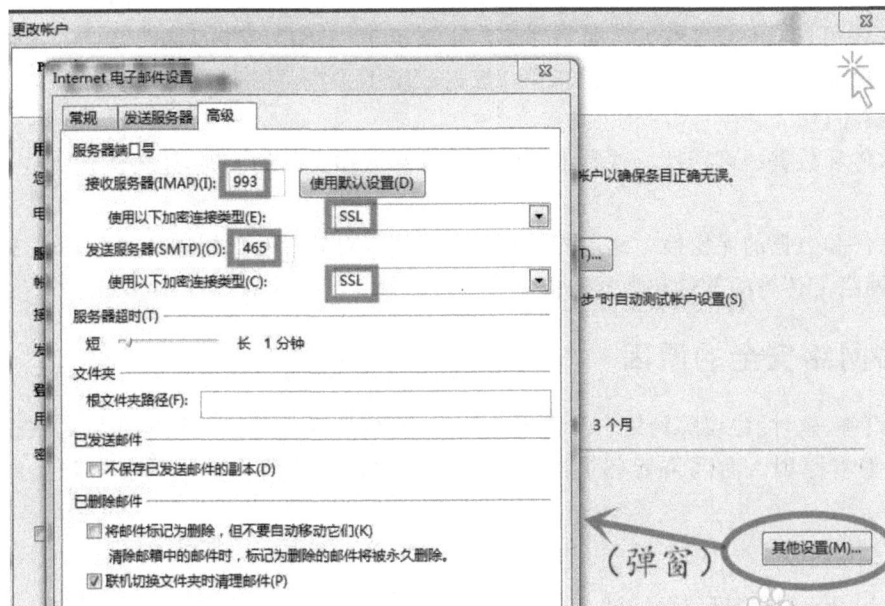

图 6-13 设置服务器代码和 SSL 安全协议

任务三　网络安全概述

　　计算机网络的广泛应用已经对经济、文化、教育与科学的发展产生了重要的影响,同时也不可避免地带来了一些新的社会、道德、政治与法律问题。计算机犯罪正在引起社会的普遍关注,对社会也构成了很大的威胁。目前计算机犯罪和黑客攻击事件高速增加,计算机病毒的增长速度更加迅速,它们都给计算机网络带来了很大的威胁。

一、网络安全的概念与特征

1.网络安全的概念

　　网络安全是一门涉及计算机科学、网络技术、通信技术、密码技术、网络安全技术、应用数学、数论、信息论等多种学科的综合性学科。

　　网络安全是指网络系统的硬件、软件及其系统中的数据受到保护,不受偶然的或者恶意的攻击而遭到破坏、更改、泄露,系统连续可靠正常地运行,网络服务不中断。从广义上来说,凡是涉及网络上信息的保密性、完整性、可用性、真实性和可控性的相关技术和理论都是网络安全的研究领域。

2.网络安全的特征

　　一个安全的计算机网络应该具有如下几个方面的特征:

　　(1)网络系统的可靠性。这是指保证网络系统不因各种因素的影响而中断正常工作。

　　(2)软件和数据的完整性。这是指保护网络系统中存储和传输的软件(程序)与数据不被非法操作,即保证数据不被插入、替换和删除,数据分组不丢失、乱序,数据库中的数据或系统中的程序不被破坏等。

　　(3)软件和数据的可用性。这是指在保证软件和数据完整的同时,还要使其能被正常利用和操作。

　　(4)软件和数据的保密性。这主要是利用密码技术对软件和数据进行加密处理,保证在系统中存储和网络上传输的软件和数据不被无关人员识别。

二、威胁网络安全的原因

　　网络设备、软件、协议等网络自身的安全缺陷,网络的开放性以及黑客恶意的攻击是威胁网络安全的根本原因。而网络管理手段、技术、观念的相对滞后也是导致安全隐患的一个重要因素。

1.黑客攻击

　　黑客(hacker)是指网络的非法入侵者,其起源可追溯到20世纪60年代,目前已经成为一个人数众多的特殊群体。

　　通常黑客是为了获得非法的经济利益或达到某种政治目的而对网络进行入侵,也有单纯出于个人兴趣对网络进行非法入侵,而前者的危害性往往更大。近几年随着网络应用的日益普及,全社会对网络的依赖程度不断提高,而网络的入侵者也已经不仅仅局限于单个黑客或黑客团体,一些政府或军事集团出于信息战的需要,也开始通过入侵对手网络来搜集信息,甚至通过入侵对手网络来直接打击对手。

2. 自然灾难

计算机信息系统仅仅是一个智能的系统,易受自然灾难及环境(温度、湿度、震动、冲击、污染)的影响。目前,不少计算机房并没有防震、防火、防水、避雷、防电磁泄漏或干扰等安全防护措施,接地系统也疏于周到考虑,抵御自然灾难和意外事故的能力较差。

3. 人为的无意失误

如操作员安全配置不当造成的安全漏洞、用户安全意识不强、用户口令选择不慎、用户将自己的账号随意转借他人或与别人共享等都会对网络安全带来威胁。

4. 网络软件的漏洞和"后门"

网络软件不可能是百分之百的无缺陷和无漏洞的,而这些漏洞和缺陷恰恰是黑客进行攻击的首选目标,曾经出现过的黑客攻入网络内部的事件,这些事件的大部分原因是安全措施不完善所造成的。另外,软件的"后门"都是软件公司的设计编程人员为了自便而设置的,一般不为外人所知,但一旦"后门"洞开,其造成的后果将不堪设想。

5. 计算机病毒

20 世纪 90 年代,出现了曾引起世界性恐慌的"计算机病毒",其蔓延范围广、增长速度惊人,损失难以估计。它像灰色的幽灵一样将自己附在其他程序上,在这些程序运行时进入到系统中进行扩散。计算机感染上病毒后,轻则系统工作效率下降,重则造成系统死机或毁坏,使部分文件或全部数据丢失,甚至造成计算机主板等部件的损坏。

三、网络安全威胁分类

计算机网络面临的安全威胁主要有截获、中断、篡改和伪造四种。

(1)截获:从网络上窃听他人的通信内容。

(2)中断:有意中断他人在网络上的通信。

(3)篡改:故意篡改网络上传送的报文。

(4)伪造:伪造信息在网络上传送。

上述四种威胁可划分为两大类,即主动攻击和被动攻击。截获信息的攻击称为被动攻击,而更改信息和拒绝用户使用资源的攻击称为主动攻击。在被动攻击中,攻击者只是观察和分析某一个协议数据单元 PDU(protocol data unit)而不干扰信息流。主动攻击是指攻击者对某个连接中通过的 PDU 进行各种处理。对于主动攻击,可以采取适当措施加以检测。但是对于被动攻击,通常检测不出来。对付被动攻击可以采用各种数据加密技术,而对付主动攻击,则需将加密技术与适当的鉴别技术相结合。

还有一种特殊的主动攻击,即恶意程序的攻击。恶意程序种类繁多,对网络安全威胁较大的主要有以下四种。

(1)计算机病毒。一种会"传染"其他程序的程序,"传染"是通过修改其他程序来把自身或其变种复制进去完成的。

(2)计算机蠕虫。通过网络的通信功能将自身从一个节点发送到另一个节点并启动运行的程序。

(3)特洛伊木马。一种程序,它执行的功能超出所声称的功能。

(4)逻辑炸弹。一种当运行环境满足某种特定条件时执行其他特殊功能的程序。

四、计算机网络安全的内容

1.网络实体安全

网络实体安全如机房的物理条件、物理环境及设施的安全标准,计算机硬件、附属设备及网络传输线路的安装及配置等。

2.软件安全

软件安全如保护网络系统不被非法侵入,系统软件与应用软件不被非法复制、篡改,不受病毒的侵害等。

3.网络数据安全

网络数据安全如保护网络信息的数据安全不被非法存取,保护其完整、一致等。

4.网络安全管理

网络安全管理如运行时突发事件的安全处理等,包括采取计算机安全技术、建立安全管理制度、开展安全审计、进行风险分析等内容。

任务四　　实践操作

1.构建小型局域网。

结合自己宿舍的实际情况,构建小型局域网,实现4~6台电脑同时上网的需求。

准备工作如下:

(1)路由器,有足够的端口连接所有的计算机,同时具有无线功能。

(2)带有有线网卡的计算机和带有无线网卡的计算机。

(3)工具及连接配件,如双绞线、网线钳、RJ-45水晶头等。

2.杀毒软件的应用。

在网上下载一款免费杀毒软件并安装,安装成功之后进行杀毒设置和目标扫描,检测自己使用的电脑是否感染病毒,将查出的病毒删除。

项目七
移动互联网与新一代信息技术

学习目标

1. 了解智能手机的基本概念
2. 了解移动互联网的基本概念
3. 了解物联网的基本概念
4. 了解云计算的基本概念
5. 了解大数据的基本概念
6. 掌握手机版微信与 QQ 的使用
7. 掌握手机版浏览器的使用
8. 掌握二维码的制作和应用
9. 掌握手机安全软件的使用

21 世纪人类进入了互联网时代,21 世纪的第二个十年,随着支持移动互联网的关键设备——智能手机的普及,宣告了移动互联网时代的来临。

数据显示,2012 年中国移动互联网市场产值达 700 亿元,到 2014 年总规模首次突破 2000 亿元大关,达到 2134.8 亿元,2015 年更是超过了 4000 亿。智能手机的发展速度远远超出了专家的预测,2012 年 6 月,我国手机网民首次超过电脑网民,智能手机成为网民的第一大上网终端,已与钥匙、钱包一起成为人们出门必带物品,极大改变了人们的生活、学习和工作方式。

近年来,以物联网、云计算、大数据为特征的第三代信息技术架构蓬勃发展,已成为全球关注重点。新一代信息技术创新异常活跃,技术融合步伐不断加快,催生出一系列新产品、新应用和新模式,极大推动了新兴产业的发展壮大,改变了传统经济发展方式。

任务一　了解智能手机

一、智能手机的基本概念

所谓智能手机(Smartphone),是指"像个人电脑一样,具有独立的操作系统,可以由用户自行安装软件、游戏等第三方服务商提供的程序,通过此类程序来不断对手机的功能进行扩充,并可以通过移动通讯网络来实现无线网络接入的这样一类手机的总称"。简单地说,智能手机,就是一部像电脑一样可以通过下载安装软件来拓展手机出厂的基本功能的手机。

既然是一部"电脑",智能手机也应由硬件、软件两大部分组成。

(一)智能手机的硬件

(1)处理器(CPU):频率有 1G、1.2G、1.5G、1.9G、2.15G 以上。

(2)核心数:有单核、双核、四核等,现在基本是四核和八核。

(3)显示屏:显示屏参数主要有尺寸(英寸)、分辨率、点距(每英寸点数 ppi)、面板和材质等,这些指标决定手机显示画面大小以及清晰度。其中点距决定了清晰度,是否有颗粒感,所谓的"视网膜屏"一般是指点距达到 300ppi 以上,超出人眼分辨能力;面板类型和材质决定了显示亮度、对比度、色彩还原性、视角大小等特性。

(4)RAM:等同于电脑的内存,对手机运行的流畅度、整定性很重要,现在最低是 1G,中档机是 2~4G,高档机 4G 以上的。

(5)ROM:等同于电脑的硬盘(系统盘),容量从 8~256G,此外大部分手机可以通过外插 TF 卡扩展空间。

(6)摄像头:像素、摄像头结构、传感器类型、闪光灯支持、前置摄像头等,决定手机拍照片的优劣。满足基本拍摄功能,具有入门数码相机效果的要达到 500 万像素,中高档的 800 万像素,高档机达到 1600 万像素。小镜头的手机能拍出好照片的原因是背照式结构增加进光量以及 cmos 传感器具有较好的降噪效果。

(7)图像处理核心(GPU):相当于电脑的显卡。

(8)电池:容量及是否可拆卸,各有优缺点。

(二)智能手机的软件

1.手机操作系统

智能手机从问世以来,经历了十几年的发展,操作系统也在不断演化,有的很短时间就淘汰了,有的经历了多年的应用也逐渐被边缘化,也有的在很短时间得到迅速普及。目前,智能手机操作系统主要有安卓、iOS 和 WinPhone 等。

(1)安卓。

安卓是 Google 公司的一款基于 linux 的开源手机操作系统,第一款安卓手机 2008 年生产,由于安卓的开源特性使其得到迅速普及,短短几年占据了智能手机系统的半壁江山,支持安卓的应用软件和软件市场也最多。目前,除了标准版本外,还有很多手机厂商开发了基于安卓的个性化操作系统,它们都支持安卓 apk 应用程序,如小米的 MIUI、华为的 EMUI、联想的 VIBE 等。

(2)iOS。

iOS 作为苹果移动设备 iPhone 和 iPad 的操作系统,在 App Store 的推动之下,成为了世界上引领潮流的操作系统之一。原本这个系统名为"iPhone OS",直到 2010 年 6 月 7 日 WWDC 大会上宣布改名为"iOS"。iOS 为非开源封闭性操作系统,苹果对 iOS 后台管控严格,只有少数类型的应用软件可以在后台运行,系统占用资源少,系统整合、安全性都比较好,运行流畅,用户体验良好。

2.智能手机软件(APP)

所谓智能手机软件就是可以在安装在手机上的软件,完善原始系统的不足与个性化。随着手机软件的发展,现在手机的功能也越来越多,越来越强大,目前发展到足以和电脑相媲美的程度。我们常用的微信、百度地图、手机百度、手机 QQ、淘宝,新浪微博,都是 APP。

智能手机软件与电脑一样,下载智能手机软件时还要考虑你购买这一款手机所安装的系统来决定要下相对应的软件。可以从应用商城下载,分两种版本,一种是安卓版本的,基于 android 系统开发,一种是苹果版本的,针对 iOS 系统开发。

二、智能手机上网方式

(一)通过 Wi-Fi 接入无线局域网

通过 Wi-Fi 接入无线网络，可以简单地理解为无线上网。几乎所有智能手机、平板电脑和笔记本电脑都支持无线上网，是当今使用最广的一种无线网络传输技术。实际上就是把有线网络信号转换成无线信号，使用无线路由器供支持其技术的相关电脑、手机、平板电脑等接收。手机在有 Wi-Fi 无线信号的时候就可以不通过移动、联通的网络上网，省掉了流量费。其特点有：速度快，不直接产生费用，可借助软件与局域网内电脑通信(互传文件、资料备份等)；其不足是：区域限制，有效距离较短。

(二)通过移动通信网络(3G、4G 等)上网

通过移动通信网络上网的特点是：按流量计费，覆盖面广；其不足是：速度慢，稳定性较差，不同网络速度差异较大。

移动通信网络经历了 1G、2G、3G 时代，已经普及了 4G 网络，并在加快研发 5G 技术。

从 1G 到 4G，通信技术的演进发展是革命性的，给人们的日常生活也带来了巨大变化。2G 时代，手机只能打电话；3G 时代，手机可以上网浏览网页、看标清视频、使用智能应用；到了 4G 时代，手机不仅可以流畅地观看高清视频，更成为一个用途广泛的智能终端。

(三)通过 Wi-Fi 接入网络供应商的无线宽带(如天翼宽带)

通过 Wi-Fi 接入网络供应商这种上网方式的优点是：一般是按时间计费，速度较快；其不足是：范围受运营商热点覆盖面限制。

任务二 了解移动互联网

移动互联网(mobile Internet，MI)，是移动通信和互联网二者的结合。

移动通信和互联网已成为当今世界发展最快、市场潜力最大、前景最诱人的两大业务。它是一种通过智能移动终端，采用移动无线通信方式获取业务和服务的新兴业务，包含终端、软件和应用三个层面。终端层包括智能手机、平板电脑、电子书等；软件包括操作系统、中间件、数据库和安全软件等。应用层包括休闲娱乐类、工具媒体类、商务财经类等不同应用与服务。

当前，PC 互联网已日趋饱和，移动互联网却呈现井喷式发展。伴随着移动终端价格的下降及 Wi-Fi 的广泛铺设，移动网民呈现爆发式增长趋势。数据显示，截止 2013 年底，中国手机网民超过 5 亿，占比达 81%，2015 年底，手机超越电脑成为中国网民第一大上网终端。我国手机网民规模达 5.94 亿，同比增长 86.8%，使用手机上网比率相比 PC 多 20.5%。

一、移动通信技术

移动通信经历了 1G、2G、3G 时代，已经普及了 4G 网络，并在加快研发 5G 技术。

(一)1G——模拟信号传输

1986 年，第一套行动通讯系统在美国芝加哥诞生，采用模拟信号传输，模拟式是代表在无线传输采用模拟式的 FM 调制，将介于 $300\sim3400\,Hz$ 的语音转换到高频的载波频率 MHz 上。此外，1G 只能应用在一般语音传输上，且语音品质低、信号不稳定、涵盖范围也不够全面。

(二)2G——数字调制传输

从 1G 跨入 2G 则是从模拟调制进入到数字调制,相比于第一代移动通信,第二代移动通信具备高度的保密性,系统的容量也在增加,同时从这一代开始手机也可以上网了。2G 声音的品质较佳,比 1G 多了数据传输的服务,数据传输速度为每秒 9.6~14.4Kbit。

(三)3G——第三代移动通信标准

3G 分为四种标准制式,分别是 CDMA2000、WCDMA、TD-SCDMA、WiMAX。在 3G 的众多标准之中,CDMA 这个字眼曝光率最高,CDMA 是"code division multiple access"(码分多址)的缩写,是第三代移动通信系统的技术基础。同样是建构在数字数据传输上,3G 最吸引人的地方在于每秒可达 384 Kbit 的高速传输速度,在室内稳定环境下甚至有每秒 2 Mbit 的水准,稳定的联机品质也利于长时间和网络相连结,有了高频宽和稳定的传输,影像电话和大量数据的传送将更为普遍,行动通信有更多样化的应用,因此 3G 被视为是开启行动通信新纪元的重要关键。

(四)4G——无线蜂窝电话协议

第四代移动通信系统是多功能集成的宽带移动通信系统,在业务、功能、频带方面都与第三代系统不同,会在不同的固定和无线平台及跨越不同频带的网络运行中提供无线服务,比第三代移动通信更接近于个人通信。第四代移动通信技术可把上网速度提高到超过第三代移动技术 50 倍,可实现三维图像高质量传输。

对于用户而言,2G、3G、4G 网络最大的区别在于传速速度不同,4G 网络作为最新一代通讯技术,在传输速度上有着非常大的提升,理论上网速度是 3G 的 50 倍,实际体验也都在 10 倍左右,上网速度可以媲美 20M 家庭宽带,因此 4G 网络可以具备非常流畅的速度,观看高清电影、大数据传输速度都非常快,只是资费是一大问题。

(五)5G 通信技术

众所周知,现在云计算、物联网、移动互联网发展迅猛,网络问题也是被很多用户"诟病",随着网络提速,现在 5G 要来了。业内人士认为,在 5G 强大的网络传输速度支撑下,物联网、移动互联网等信息产业的发展空间难以估量。

5G,指的是移动电话系统第五代,也是 4G 之后的延伸。尽管目前 5G 还没有具体标准,但各国已经开始了针对 5G 的角逐。

早在 2009 年,华为就已经展开了相关技术的早期研究,并在之后的几年里向外界展示了 5G 原型机基站。华为在 2013 年 11 月 6 日宣布将在 2018 年前投资 6 亿美元对 5G 的技术进行研发与创新,并预言在 2020 年用户会享受到 20Gbps 的商用 5G 移动网络。

2014 年 5 月 8 日,日本电信营运商 NTT DoCoMo 正式宣布将与 Ericsson,Nokia,Samsung 等六家厂商共同合作,开始测试凌驾现有 4G 网络 1000 倍网络承载能力的高速 5G 网络,传输速度可望提升至 10Gbps。在 2015 年展开户外测试,并期望于 2020 年开始运作。

2015 年 3 月 1 日,英国《每日邮报》报道,英国已成功研制 5G 网络,并进行 100 米内的传送数据测试,每秒数据传输高达 125GB,是 4G 网络的 6.5 万倍,理论上 1 秒钟可下载 30 部电影,并称于 2018 年投入公众测试,2020 年正式投入商用。

我国 5G 技术研发试验在 2016—2018 年进行,分为 5G 关键技术试验、5G 技术方案验证和 5G 系统验证三个阶段实施。

2016 年 3 月,工信部副部长表示:5G 是新一代移动通信技术发展的主要方向,是未来新一代信息基础设施的重要组成部分。与 4G 相比,不仅将进一步提升用户的网络体验,同时还将满足未来万物互联的应用需求。

从用户体验看,5G具有更高的速率、更宽的带宽,预计5G网速将比4G提高10倍左右,只需要几秒即可下载一部高清电影,能够满足消费者对虚拟现实、超高清视频等更高的网络体验需求。

从行业应用看,5G具有更高的可靠性、更低的时延,能够满足智能制造、自动驾驶等行业应用的特定需求,拓宽融合产业的发展空间,支撑经济社会创新发展。

从发展态势看,5G目前还处于技术标准的研究阶段,今后几年4G还将保持主导地位,实现持续高速发展。但5G有望2020年正式商用。

业内人士认为,5G不仅是速度的进步,还包括其他很多方面。具体来说,它可以帮助无处不在的计算成为现实。这也意味着,一旦5G研究取得突破,包括物联网在内的信息产业发展的巨大空间将打开。

二、HTML5

HTML5被公认为下一代的Web语言,它被喻为"终将改变移动互联网世界的幕后推手"。HTML5能够横跨智能手机、功能手机、平板电脑、笔记本电脑、PC、电视甚至汽车等多个领域,将来必然获得更广泛支持,成为引领移动互联网内容与消费又一巨大引擎。

什么是HTML 5?它是继HTML 4.01、XHTML 1.0和DOM2 HTML后的又一个重要版本,旨在消除Internet程序(RIA)对Flash、Silverlight、JavaFX一类浏览器插件的依赖。

HTML5的多媒体特性表现在:视频播放、动画、3D交互图像、Web视频聊天/会议、音频的采样和混合都将是HTML5的重要优点和应用趋势。

HTML 5由于是标准技术,因此,它不仅被PC及智能手机、还很可能被其他大多数设备所采用。这样一来,如果面向HTML 5开发应用程序,那么几乎不费劲就能支持大多数设备。这种技术的改变更贴近我们的生活。

HTML5可以提供大多数现有需要插件和扩展来完成的功能,而且具备了图像增强、Web数据存储和离线数据存储等新功能,这使完整支持HTML5的浏览器具有了更强的本地数据处理能力,用户可以不受各种系统平台和软件插件的限制,只需通过浏览器就可以运行这些应用。

任务三 认识新一代信息技术:物联网

物联网是新一代信息技术的重要组成部分,也是"信息化"时代的重要发展阶段。其英文名称是"Internet of things(IoT)"。顾名思义,物联网就是物物相连的互联网。它有两层意思:其一,物联网的核心和基础仍然是互联网,是在互联网基础上的延伸和扩展的网络;其二,其用户端延伸和扩展到了任何物品与物品之间,彼此间进行信息交换和通信。物联网通过智能感知、识别技术与普适计算等通信感知技术,广泛应用于网络的融合中,也因此被称为继计算机、互联网之后世界信息产业发展的第三次浪潮。

物联网是互联网的应用拓展,与其说物联网是网络,不如说物联网是业务和应用。因此,应用创新是物联网发展的核心,以用户体验为核心的创新2.0是物联网发展的灵魂。

在2016年MWC世界移动通信大会上,5G已经成为热词,而且5G与物联网应用联系到了一起。现在连标准都还没有的5G,却要借物联网,甚至"互联网+"的东风来催化5G,为什么物联网反而成了5G的推手?而过去常提及的物联网,看上去有2G、3G就够用了,现在却也要期盼5G?

5G的强大在于为无线网络提供关键任务型服务的能力。无线连接随处可见,但很多关键任务型的服务仍依托有线连接。5G 的一个应用场景就是在无线网络中实现所需的高可靠性，并在工业和安全方面创造全新的业务。

5G 的速率更快，时延更短，支持接入网络更多，密度更大，可靠性更高，这些特点能为关键任务型的服务提供保障。

科幻电影中的场景，如无人驾驶、远程手术、虚拟现实，都可以在物联网的环境下轻松实现。以"无人驾驶"为例：无须人工操纵，汽车可以自动奔驰在大街小巷，自行选择最优路径，汽车之间转向、减速、加速等任何行为，都可提前预测、告知，并自行处理，有效地避免了堵车、相撞的情况的发生。这种井然有序的交通，需要在 5G 这样的网络状态下，车辆才能具备时延低至毫秒级的反应速度，同时，5G 网络容量大，即便车流量大，也仍然可以承载大的车流量，从而杜绝了交通事故的发生。

任务四　认识新一代信息技术：云计算

无论国内还是国外，云计算替代传统 IT 架构已然是一种趋势。据统计，三到五年内大部分企业会将自己的传统 IT 架构向云架构迁移。从 2016 年开始，云计算进入落地阶段，将迎来它的兴盛时代。云计算有哪些优势呢？

如果要创业，不必花费重金购买 IT 资源。例如想做电商，无需购买服务器、防火墙等昂贵设备，可以在公有云上租几台服务器，按月租或者按小时租，在阿里云上，租用 ECS 服务器，一月仅需几百元。甚至不必自己安装电商软件，可以选择购买已经安装好电商网站软件的服务器，只要将自己的产品宣传放到网站上，就可以招徕客户了。

中小企业如果要上 ERP，实现企业的信息化管理，但一套 ERP 软件花费不菲，运行维护也需要聘请专业人员。企业可以在公有云上租用云 ERP，无需担心软件系统的维护费用问题，按月缴付租用费就可以轻松享受 ERP 的功能，同时可保持 IT 操作简单，赋予员工和管理者更多支配空间，并提高企业灵活性与敏捷性。

IT 即服务，云计算就是通过建设信息电厂的方式为用户提供 IT 服务。云计算通过互联网提供软件、硬件与服务，并由网络浏览器或轻量级终端软件来获取和使用服务，即服务从局域网向 Internet 迁移，终端计算和存储向云端迁移。

云计算好比是从古老的单台发电机模式转向了电厂集中供电的模式。它意味着计算能力也可以作为一种商品进行流通，就像电一样，取用方便，费用低廉。

一、云计算的基本概念

云计算（cloud computing）是基于互联网的相关服务的增加、使用和交付模式，通常涉及通过互联网来提供动态易扩展且经常是虚拟化的资源。

云是网络、互联网的一种比喻说法。过去在图中往往用云来表示电信网，后来也用来表示抽象的互联网和底层基础设施。

狭义云计算指 IT 基础设施的交付和使用模式，指通过网络以按需、易扩展的方式获得所需资源。广义云计算指服务的交付和使用模式，指通过网络以按需、易扩展的方式获得所需服务。这种服务可以是 IT 和软件、互联网相关，也可是其他服务。它意味着计算能力也可作为一种商品通过互联网进行流通。

云计算的资源是动态易扩展而且虚拟化的，通过互联网提供。终端用户不需要了解"云"中基础设施的细节,不必具有相应的专业知识,也无需直接进行控制,只关注自己真正需要什么样的资源以及如何通过网络来得到相应的服务。

二、云计算的关键特征

(1)按需自助服务(on-demand self-service):消费者可以按需部署处理能力,如服务器和网络存储,而不需要与每个服务供应商进行人工交互。

(2)无处不在的网络接入(ubiquitous network access):通过互联网获取各种能力,并可以通过标准方式访问,以通过各种客户端接入使用(如移动电话、笔记本电脑、PDA 等)。

(3)与位置无关的资源池(oocation independent resource pooling):供应商的计算资源被集中,以便通过多用户租用模式给客户提供服务,同时不同的物理和虚拟资源可根据客户需求动态分配。客户一般无法控制或知道资源的确切位置。这些资源包括存储、处理器、内存、网络带宽和虚拟机等。

(4)快速弹性(rapid elastic):可以迅速、弹性地提供能力,能快速扩展,也可以快速释放,实现快速缩小。对客户来说,可以租用的资源看起来似乎是无限的,并且可在任何时间购买任何数量的资源。

(5)按使用付费(pay per user):能力的收费是基于计量的一次一付,或基于广告的收费模式,以促进资源的优化利用。比如计量存储,带宽和计算资源的消耗,按月根据用户实际使用收费。在一个组织内的云可以在部门之间计算费用。

三、云计算部署模式

云计算有三种部署模式,即私有云计算、公有云计算、混合云计算。

1. 私有云计算

私有云计算一般由一个组织来使用,同时由这个组织来运营。公司数据中心属于这种模式,公司自己是运营者,也是它的使用者,也就是说使用者和运营者是一体,这就是私有云。

2. 公有云计算

公有云计算就如共用的交换机一样,电信运营商去运营这个交换机,但是它的用户可能是普通的大众,这就是公有云。对于中小企业而言,租用公有云是个不错的选择,可以极大节省在 IT 的投入,将大部分资产和精力放在自己的主营业务上。

3. 混合云计算

混合云计算强调基础设施是由两种或更多的云来组成的,但对外呈现的是一个完整的实体。企业正常运营时,把重要数据保存在自己的私有云里面(比如财务数据),把不重要的信息放到公有云里,两种云组合形成一个整体,就是混合云。比如说电子商务网站,平时业务量比较稳定,自己购买服务器搭建私有云运营,但到了圣诞节促销的时候,业务量非常大,就从运营商的公有云租用服务器,来分担节日的高负荷;但是可以统一调度这些资源,这样就构成了一个混合云。

四、云计算的商业模式

云计算有三种商业模式,即 Iaas、PaaS、SaaS。具体内容如下:

1. IaaS(infrastructure as a service)

基础设施即服务,指的是把基础设施以服务形式提供给最终用户使用。它包括计算、存储、网络和其他的计算资源,用户能够部署和运行任意软件,包括操作系统和应用程序,如虚拟机出租、网盘等。

2. PaaS(platform as a service)

平台即服务,指的是把二次开发的平台以服务形式提供给最终用户使用,客户不需要管理或控制底层的云计算基础设施,但能控制部署应用程序开发平台,如微软的 Visual Studio 开发平台。

3. SaaS(Software as a service)

软件即服务,提供给消费者的服务是运行在云计算基础设施上的应用程序,如企业办公系统。

任务五 认识新一代信息技术:大数据

大数据的本质就是物理世界在数字世界的映像,比如每年节假日的人流迁移方向,都会在数字世界中记录。

现实世界的现象可以通过大数据分析发现其背后的逻辑关系。比如:当暴雨来临时,可以看到海鸟低飞。通过分析发现,海鸟低飞是由于很多鱼儿浮游到海水表面,海鸟可以方便地捕食;为什么鱼儿要游到海面呢?原来暴雨来临时,水里气压增大,鱼儿浮游到海面可以更方便地呼吸。这些,都可以通过大数据分析得出表象背后的联系。

谷歌曾经做过一个实验:通过谷歌的搜索引擎,获得从某地搜索的词汇量,进而得知用户关注的热点。例如,某地搜索流感症状异常增多,判断该地流感将呈现爆发趋势。

一、大数据定义

对于大数据(big data),研究机构 Gartner 给出了这样的定义:大数据是指需要新处理模式才能具有更强的决策力、洞察发现力和流程优化能力来适应海量、高增长率和多样化的信息资产。

二、大数据的作用

从某种程度上说,大数据是数据分析的前沿技术。简言之,从各种各样类型的数据中,快速获得有价值信息的能力,就是大数据技术,明白这一点至关重要,也正是这一点促使该技术具备走向众多企业的潜力。

三、大数据的 4V 特性

1. **数据容量大**(volume)
大数据的数据容量已从 TB 级别跃升到 PB 级别。

2. **数据类型繁多**(variety)
相对于以往便于存储的以文本为主的结构化数据,非结构化数据越来越多,包括网络日志、音频、视频、图片、地理位置信息等,这些多类型的数据对数据的处理能力提出了更高要求。

3. **商业价值高**(value)
价值密度的高低与数据总量的大小成反比。以视频为例,一部 1 小时的视频,在连续不间断的监控中,有用数据可能仅有一二秒。如何通过强大的机器算法更迅速地完成数据的价值"提纯"成为目前大数据背景下亟待解决的难题。

4.处理速度快(velocity)

这是大数据区分于传统数据挖掘的最显著特征。根据 IDC 的"数字宇宙"的报告,预计到 2020 年,全球数据使用量将达到 35.2ZB。在如此海量的数据面前,处理数据的效率就是企业的生命。

四、大数据的处理

大数据技术的战略意义不在于掌握庞大的数据信息,而在于对这些含有意义的数据进行专业化处理。换而言之,如果把大数据比作一种产业,那么这种产业实现盈利的关键,在于提高对数据的"加工能力",通过"加工"实现数据的"增值"。

从技术上看,大数据与云计算的关系就像一枚硬币的正反面一样密不可分。大数据必然无法用单台的计算机进行处理,必须采用分布式架构。它的特色在于对海量数据进行分布式数据挖掘。但它必须依托云计算的分布式处理、分布式数据库和云存储、虚拟化技术。

大数据需要特殊的技术,适用于大数据的技术,包括大规模并行处理(MPP)数据库、数据挖掘、分布式文件系统、分布式数据库、云计算平台、互联网和可扩展的存储系统。

任务六　常用智能手机应用软件的使用

一、手机版微信与 QQ 的使用

(一)手机版微信的使用

微信(WeChat)是腾讯公司于 2011 年 1 月 21 日推出的一个为智能终端提供即时通讯服务的免费应用程序。截止 2017 年 1 月,微信覆盖全国 95％以上的智能手机,它不仅支持跨通信运营商、跨操作系统平台,还可以通过网络快速发送文字、图片、语音和视频;同时,也可以使用通过共享流媒体内容的资料和基于位置的社交插件,如"摇一摇""朋友圈""公众平台"等。

1.手机版微信的下载和安装

首先,通过微信的官方网站"https://weixin.qq.com/"或在手机应用商店中下载适合手机系统的微信 APP。

安装后,在手机界面中找到微信图标,单击运行程序,输入正确的账号和密码,点击"登录",如图 7-1 所示。

2.手机版微信页面介绍

(1)登录手机微信,默认进入

图 7-1　微信登录界面

"微信"页面。该页面保存着历史聊天记录,单击任意"好友或群",进入即时聊天页面。点击右上角的"＋"号,弹出"发起群聊""添加朋友""扫一扫""收付款""帮助与反馈"等 5 个功能菜单,如图

7-2所示。

"发起群聊"：选择一个或多个朋友聊天。

"添加朋友"：通过朋友的微信号/手机号/QQ号中任意方式，搜索并添加好友。

"扫一扫"：扫描二维码、封面（书、CD、电影海报等）、街景、英文单词翻译。

"收付款"：生成收/付款的二维码。

"帮助与反馈"：微信提供的快捷帮助和意见反馈等功能。

（2）"通讯录"页面。点击页面下方的"通讯录"，进入到"通讯录"页面，如图7-3所示。

图7-2　"微信"页面

图7-3　"通讯录"页面

"新的朋友"：通过查找微信号/QQ号/手机号，添加对方为好友。

"群聊"：查看群聊记录，点击群进入聊天页面。

"标签"：对微信好友进行分类，建立标签，实现更加方便的管理和分组交流，如图7-4所示。

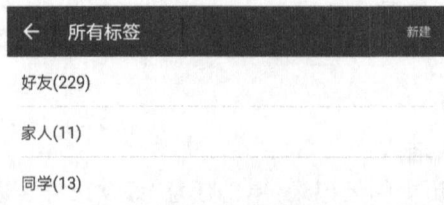

图7-4　标签设置

"公众号"：查看已关注的公众号，单击进入公众号平台。公众账号分为订阅号和服务号两类，前者倾向信息推送，后者侧重功能服务。

微信好友区：位于"公众号"下方，好友按拼音首字母 A－Z 顺序排列。单击相应的好友，进入好友"详细资料"页面，如图 7-5 所示。

（3）"发现"页面。点击页面下方的"发现"，进入到"发现"页面，图 7-6 所示。

图 7-5　好友"详细资料"页面

图 7-6　"发现"页面

"朋友圈"：查看朋友日常生活中的各种见闻趣事，用文字、照片、视频来记录生活状态的一种社交互动平台。

"扫一扫"：扫描二维码、封面（书、CD、电影海报等）、街景、英文单词翻译，获取二维码信息。

"摇一摇"：晃动手机，搜寻世界各地同一时刻摇晃手机的用户详细资料，也可以识别周围听到的声音和电视节目的名称。

"附近的人"：查找附近开启位置信息用户的详细资料。

"购物"：单击进入第三方购物平台（如京东），选购商品。

"游戏"：单击进入微信游戏平台，下载安装游戏 APP。

（4）"我"的个人中心页面。点击页面下方的"我"，进入到"我"的个人中心页面，如图 7-7 所示。

"个人信息"：单击头像，进入"个人信息"页面。设置用户的头像、昵称和微信号（ID 只能修改一次），调出用户的二维码名片，如图 7-8 所示。

图 7-7 "我"的个人中心页面

图 7-8 "个人信息"页面

"相册"：单击"相册"进入我的"相册"，查看和发布个人的朋友圈信息，如图 7-9 所示。

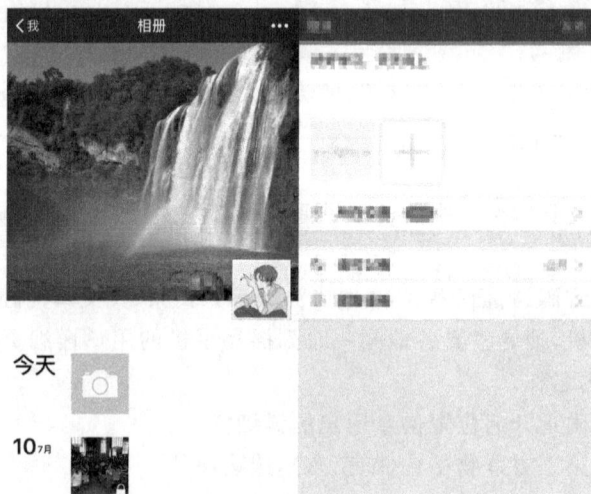

图 7-9 我的"相册"页面

"收藏"：单击"收藏"进入我的收藏夹，收藏夹里存储着文字、语音和视频。

"钱包":生成收付款二维码,微信零钱的充值、提现和理财,以及腾讯和第三方的服务软件,如图7-10所示。

"卡包":查看和使用会员卡、优惠券。

"表情":微信表情图片的下载和管理。

"设置":单击进入微信"设置"页面。设置新消息的提醒、勿扰模式、聊天、隐私、通用、账号与安全、账号的退出和关闭,查看微信功能和版本,用户问题帮助和意见反馈,如图7-11所示。

图7-10 我的"钱包"页面

图7-11 微信"设置"页面

3.常用功能操作

(1)微信群的创建和退出。

①建群方法:在微信页面下,点击右上角的"＋"号→"发起群聊"→选择微信好友→点击"确定"。

②退群方法:打开群聊界面→点击右上角双头像功能键→点击"删除并退出"。

(2)"@"(提醒谁看)在群内的使用。

进入微信群聊天页面,长按一个群成员的头像,直到文字输入框内显示"@"符号和该成员群内昵称,然后在后面输入内容发送。

(3)分享内容到朋友圈。

①发布文字:在"发现"页面下,单击"朋友圈"→长按右上角"相机"按钮→输入文字→点击"发送"。

②发布图片或视频:轻触朋友圈右上角"相机"按钮→选择"拍摄"或"从相册选择"→确定图片或视频→点击"发送"。

③分享音乐：在 QQ 音乐播放器列表中，打开喜欢的音乐→点击右上角"…"功能键→选择"分享"→"朋友圈"。

（4）添加/移除通讯录黑名单。好友进入黑名单，将不再显示好友的聊天记录，对方无法给你发消息，但可以正常接收你发的消息。

①添加黑名单：在"通讯录"页面下，单击需拉黑的好友→轻触右上角"⋮"功能键→选择"加入黑名单"→点击"确定"。

②移除黑名单：在"我"的个人中心页面，选择"设置"→"隐私"→"通讯录黑名单"→选择需要解除黑名单的好友→轻触右上角"⋮"功能键→选择"移出黑名单"。

（5）微信共享实时位置。在与好友聊天框中，轻触右侧的"＋"号→选择"位置"→"共享实时位置"，好友加入后，双方可互查实时位置和语音对讲。

（二）手机版 QQ 的使用

手机版 QQ 是腾讯公司专门为用户打造的一款随时随地聊天的手机即时通讯软件。它不仅可以编写文字、发图片、语音和视频，还引入了传文件、下载铃声、玩游戏、购物、阅读、运动等功能，目前已全面覆盖各大手机平台。

1. 手机版 QQ 的下载和安装

首先，通过 QQ 的官方网站"http://im.qq.com/"或在手机应用商店中下载适合手机系统的 QQ 安装程序。

安装后，在手机界面中找到 QQ 图标，单击运行程序，输入正确的账号和密码，点击"登录"，如图 7-12 所示。

图 7-12　登录界面

2. 手机版 QQ 页面介绍

（1）登录手机 QQ，默认进入"消息"页面，如图 7-13 所示。

消息框：查看当前与好友的历史聊天记录。

电话框：登录电话黄页平台，设置手机通讯录，查找手机 QQ 语音通话记录。

点击"消息"页面右上角"＋"号，弹出"创建群聊""加好友/群""扫一扫""面对面快传""付款""拍摄""面对面红包"等功能菜单，如图 7-14 所示。

图 7-13　"消息"页面

图 7-14　"+"号功能菜单

"创建群聊"：面对面发起多人聊天或创建群/讨论组。

"加好友/群"：通过查找"QQ 号""手机号""群""公众号"，查看添加附近的人和群。

"扫一扫"：手机取景框对准二维码，自动扫描获取信息。

"面对面快传"：不需要网络，不耗流量，传输速度快，现场好友间相互传送文件。

"付款"：在线生成一个付款的二维码，类似于支付宝、微信的付款方式。

"拍摄"：单击拍照，长按生成录像。录像最多不超过 10 秒钟，编辑后存储在手机内，或通过文件形式发送。

"面对面红包"：现场发送随机红包或者普通红包。超过 24 小时未发送或未被领完，将返还回账户。

（2）点击页面下方的"联系人"，进入到"联系人"页面，如图 7-15 所示。

"新朋友"：分为好友通知和手机通讯录好友推荐等功能。

"群聊"：查看已加入的群和讨论组，单击进入群/组的交流页面。

"公众号"：查看已关注的公众号，单击进入公众号平台。QQ 公众账号分为订阅号和服务号两类，这一点与微信没有区别。

"特别关心"：查看已关注的 QQ 好友。该组内好友信息的提示音是个性化提示音。

"常用群聊"：查看已关注的群，该功能在"群资料"页面设置。

"我的好友"：查看已有的分组和 QQ 好友。

"手机通讯录":查看绑定手机通讯录的 QQ 好友。

"我的设备":查看"我的电脑"(无需数据线,可以轻松将手机文件传输到电脑上)和"发现新设备"(搜索附近的设备,用 QQ 轻松连接设备)等功能。

(3)点击页面下方的"动态",进入到"动态"页面,如图 7-16 所示。

图 7-15 "联系人"页面

图 7-16 "动态"页面

"好友动态":集成 QQ 空间的功能,查看好友在 QQ 空间发布的信息。

"附近":查看附件的人、QQ 直播平台和新鲜的事。

"兴趣部落":创建一个有同样兴趣人的论坛帖,类似百度贴吧。

选择"动态"页面右上角的"更多"功能,开启和关闭"游戏、日迹、看点、阅读、动漫、音乐"等更多功能,显示在该页面。

(4)点击主页面左上角 QQ 头像图片,或者向右划屏,调出 QQ 设置界面,如图 7-17 所示。

在设置界面,可查看了解"会员特权""QQ 钱包""个性装扮""我的收藏""我的相册""我的文件"等功能。

"会员特权":QQ 会员是腾讯为用户提供的一项增值服务,涵盖了 QQ 特权、游戏特权、生活特权、装扮特权等 80 余项精彩特权。其中包括等级加速、多彩气泡、超级群、身份铭牌、个性名片等。

"QQ 钱包":包括娱乐购物、资金理财、交通出游、钱包精选,并接入京东购物、美团外卖、滴滴出行等多方平台,操作更加快捷。

  "个性装扮"：装扮聊天的气泡、软件主题、显示字体、头像挂件、QQ名片、QQ来电动画、聊天背景、红包界面、来电铃声等，部分装扮需要QQ会员或超级QQ会员才能设置。点击右上角的单人头像，可查看当前QQ的装扮情况。

  "我的收藏"：存储聊天记录、空间的动态、照片、语音和视频。

  "我的相册"：QQ主人空间的相册。

  "我的文件"：将手机内的文件和照片传到电脑、面对面好友快传（免流量）、备份手机相册的照片到微云等功能。

  (5)点击左下角的"设置"，进入软件的设置页面，如图7-18所示。

图7-17 QQ设置界面

图7-18 "设置"页面

  "账号管理"：添加新的QQ账号，关联可代收新号的好友消息，以及设置QQ状态（在线、隐身）和账号的退出功能。

  "手机号码"：显示和更换QQ已绑定的手机号码，设置启用和关闭手机通讯录、手机号码登陆、设备锁、手机营业厅等功能。

  "QQ达人"：查看手机QQ连续登陆的天数。

  "消息通知"：可设置QQ新消息提醒音，开启或关闭"通知显示消息内容""锁屏显示消息弹框"等功能。

"聊天记录"：开启或关闭聊天记录漫游功能（手机和电脑端同步查看 QQ 聊天记录），能清空"消息"页面的聊天内容和清空 QQ 本地的所有聊天记录。

"空间清理"：扫描 QQ 空间，包括手机存储空间清理和深度清理手机空间两个功能。

"账号、设备安全"：修改 QQ 密码，开启或关闭 QQ 的设备锁、允许手机电脑同步在线、手势密码锁定、手机防盗、手机安全防护、安全登录检查等功能。

"联系人、隐私"：设置 QQ 加好友的验证方式，好友动态权限设置、日迹设置等功能。

"辅助功能"：设置字体大小，开启或关闭非 Wi-Fi 环境下自动接收图片、魔法表情动画等功能。

"关于 QQ 与帮助"：查看手机 QQ 的版本、版本的功能介绍、QQ 印象、新手帮助、用户意见反馈等功能。

二、手机版浏览器的使用

随着智能手机的普及，手机上网的用户日益增多，上网势必不可缺少一款适合自己的浏览器，市场上手机版浏览器主要有 QQ 浏览器、UC 浏览器、搜狗浏览器、百度浏览器等。

下面以手机 QQ 浏览器为例介绍手机版浏览器的使用。

手机 QQ 浏览器是腾讯公司基于手机等移动终端平台推出的一款适合 WAP、WWW 网页浏览的浏览器软件。它是目前国内用户量排名第一的手机版浏览器，不仅速度快，性能稳定，还能节省上网流量和费用，有效屏蔽各种有害网站，保护用户的上网安全和个人隐私。

1.手机 QQ 浏览器的下载和安装

首先，通过 QQ 浏览器的官方网站"http://mb.qq.com/"或在手机应用商店中下载适合手机系统的 APP。

安装后，在手机界面中找到 QQ 浏览器图标，单击运行程序，进入起始页。

2.手机 QQ 浏览器页面功能介绍

(1)软件启动后默认打开起始页（以下简称"首页"），手机 QQ 浏览器的首页有着丰富的内容和站点资源，是用户体验的第一站。用户也可以通过点击底部工具栏的首页图标打开。运行时，首页不可关闭和删除，浏览器首页顶部有搜索框（网址输入框）、二维码扫描、语音输入等功能，如图 7-19 所示。

(2)点击页面底部的菜单键，可以进行添加书签、查看书签/历史记录、文件下载和清理痕迹、页面刷新、浏览器的设置、分享方式、浏览器工具箱、退出软件等操作，单击向下箭头返回浏览器页面，如图 7-20 所示。

(3)点击页面右下角的"①"图标，选择"＋"号，可以新建多个浏览器主页。单击可选中某个窗口，上下滑动浏览窗口，向右侧滑动关闭窗口。

3.常用功能介绍

(1)添加书签的三种方法。

打开手机 QQ 浏览器，进入主页面，打开想要添加书签的网站，点击屏幕下方的"≡"菜单图标→选择"添加书签"，我们可以看到"书签""主页书签""桌面书签"三项。

"书签"：选择"书签"→"保存"，添加成功。在"书签/历史"→"书签"中点击查看保存的网页。

"主页书签"：选择"主页书签"→"保存"，添加成功。重新打开手机 QQ 浏览器，进入首页，在主页书签处可以查看保存的网页书签。

"桌面书签":点击"桌面书签"→"保存",添加成功。退出手机 QQ 浏览器,回到手机桌面上,单击已保存的桌面书签,QQ 浏览器默认打开对应的网页。

图 7-19 起始页

图 7-20 菜单设置

(2)在安全性方面,手机 QQ 浏览器的安全服务主要集中在内容安全和支付安全两个方面。

在内容方面,当用户打开一个网址,若该网址不在白名单内,手机 QQ 浏览器就会弹出一个小黄条提示该网站存在风险,用户可以选择继续浏览或关闭网页。针对数据下载和传输的安全,浏览器会对下载接收的文件和数据进行安全扫描,以确保下载内容安全,绝不给病毒可乘之机。

在支付方面,手机 QQ 浏览器采取安全支付插件的方式,推出财付通安全支付和支付宝安全支付。用户可以通过手机 QQ 浏览器在淘宝、拍拍等网站上购物,既快捷简单,又安全可靠。

三、二维码的制作与应用

(一)二维码简介

二维码是某种特定的几何图形按一定规律,在平面上通过二维方向分布,记录数据符号信息的图形条码。

目前,各大网站、影视娱乐节目、个人名片几乎处处可以看到二维码的影子。在网络时代,二维码满足了人们互联、智能、快速获取信息的需求。手机摄像头对准二维码扫描后,能获取其中所包含的对称信息。

二维码识别的信息密度很大,可以存储各种信息,比如文字、图片、网址等。它的应用场景包括如下方面:

(1)信息获取:名片、地图、Wi-Fi 密码、甚至过年的祝福短信都可以扫码获得。

(2)网页跳转:扫码后,跳转到微博和手机网站。

(3)广告推送:扫码后,直接浏览商家推送的视频或音频广告。

(4)防伪溯源:查看产品生产地,后台也可以获取最终消费地。

(5)优惠促销:扫码后,领取使用商家促销发布的电子券。

(6)会员管理:扫码后,用户获取电子会员卡和相关服务。

(7)手机支付:扫描商品二维码,通过银行或第三方平台提供的手机端通道完成支付。

注意:二维码不会带有病毒,但是二维码引向的地址可能是一些收费软件,扫描时应该注意安全。

(二)如何制作二维码

首先,在百度输入"二维码",单击搜索,如图 7 - 21 所示。

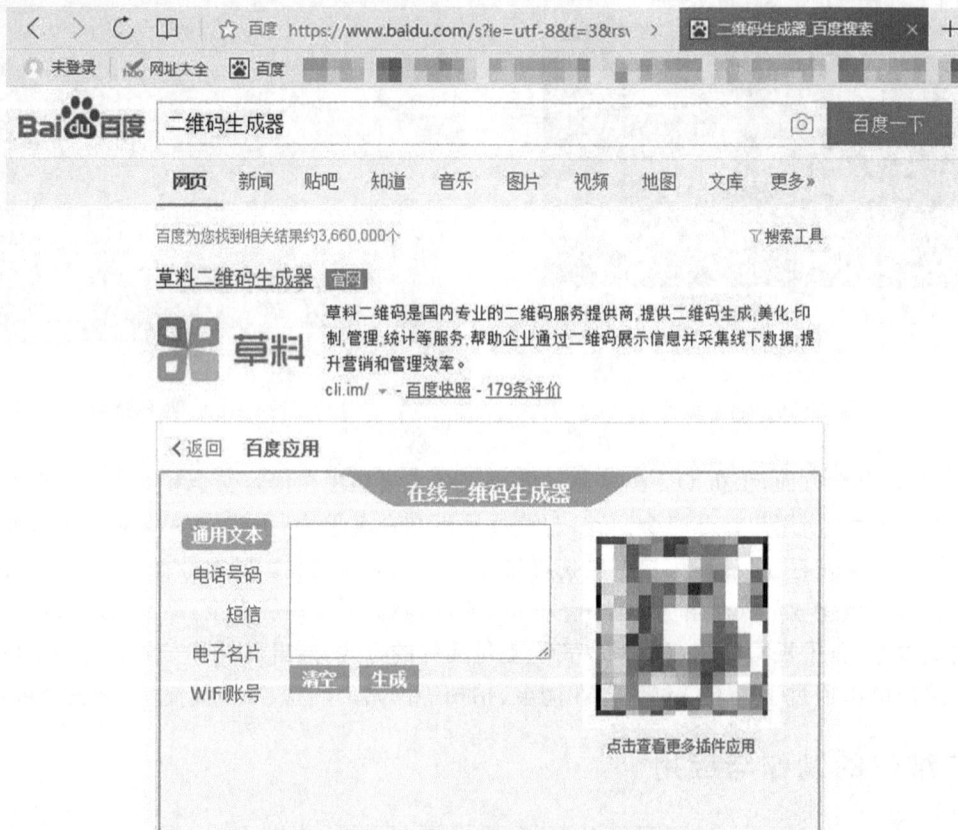

图 7 - 21　百度搜索"二维码"应用

选择左侧的"通用文本"功能,在方框内输入文字,单击"生成"按钮,右侧显示生成的二维码图片,如图 7 - 22 所示。

图 7-22　在线二维码生成器

单击鼠标右键,选择"图片另存为"保存图片,如图 7-23 所示。

上述二维码生成器只能满足基本需求,使用草料二维码等专业的生成器,可以对二维码图片进行美化,如图 7-24 所示。

图 7-23　二维码的保存

图 7-24　在线美化二维码

四、手机安全软件的使用

随着手机智能化和网络化的普及,智能手机的功能和使用效率得到了显著提升,既为手机用户提供了极大的帮助,同时也带来了一些安全隐患。应运而生的手机安全软件开始活跃于市场,手机安装安全软件就相当于为手机安装了防火墙,可以提高手机的安全系数。

手机安全软件在现今已经逐渐发展成一套软件体系。它具有病毒查杀、骚扰拦截、软件权限管理、手机防盗及安全防护、用户流量监控、空间清理、体检加速、软件管理等高端智能化功能,全方位保护用户手机的安全性和稳定性。

目前,市场上的手机安全防护软件太多,有腾讯手机管家、百度手机卫士、猎豹安全大师、360手机卫士等。下面以用户使用较多的腾讯手机管家为例介绍手机版安全软件的使用。

腾讯手机管家是腾讯旗下一款免费的手机安全与管理软件。覆盖了多个智能手机平台,提供系统、通讯、隐私、软件、上网等五大安全体系;提供防病毒、防骚扰、防泄密、防盗号、防扣费等五大防护功能。它界面美观,功能强大,不仅是安全的专家,更是用户的贴心管家,如图 7-25 所示。

"清理加速":集垃圾清理、手机加速、瘦身、自启管理功能与一体。

"安全防护":检查网络和支付环境,搜索系统漏洞,防止病毒木马入侵,确保隐私和账号的安全,以及手机防盗等功能。

"软件管理":安装包管理、软件定时更新、使用权限管理、闲置软件卸载等功能。

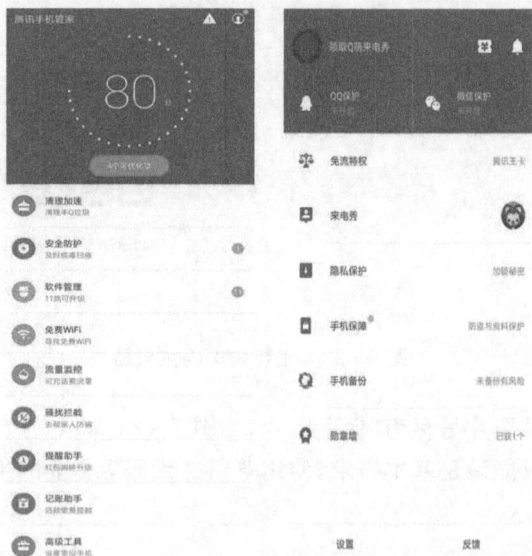

图 7-25　腾讯手机管家相关界面截图

"免费 Wi-Fi"：搜索附近的 Wi-Fi，自动检测已连接 Wi-Fi 的安全性。

"流量监控"：设置手机流量总额度和日上线，防止用户超额使用。

"骚扰拦截"：智能拦截电话、短信，以及设置黑名单拦截。

"提醒助手"：设置红包闹钟、充电加速提醒、短信识别提醒等功能。

"记账助手"：银行卡还款缴费的短信智能提醒。

"高级工具"：开启/关闭腾讯微云、同步助手、桌面整理、电池管理等功能。

腾讯手机管家除了在日常生活中发挥着手机安全护航的作用之外，对丢失的手机进行摄像头采拍、GPS 定位、通讯资料的销毁等的远程管控，也是最常用的防盗方式。

腾讯手机管家在"手机防盗"中提供三大功能，分别为手机锁定、手机定位和清空数据。在用户手机丢失后，登陆腾讯手机管家官网，通过三个功能实现不同的需求，如图 7-26 所示。

图 7-26　腾讯手机管家界面

随着智能手机的功能越来越丰富,用户受到的潜在威胁也越来越多,木马病毒、吸费软件、隐私泄露等,都是近年来比较常见的手机安全问题。因此,使用智能手机的用户,务必要选择一款手机安全软件使用,保障和捍卫手机的安全性。

任务七　实践操作

1.手机微信、QQ、QQ 浏览器的应用。

在网上下载手机版微信、QQ 及手机 QQ 浏览器,体验它们的使用功能。

2.安全软件的应用。

在网上下载一款腾讯手机安全软件并安装,安装成功之后体验其基础功能和安全防护功能。

项目八
常用工具软件

🤓 **学习目标**

1. 掌握常用压缩文件的使用方法
2. 掌握看图软件的使用方法
3. 掌握截图软件的使用方法
4. 掌握电子图书(PDF)浏览软件的使用方法
5. 掌握磁盘分区软件的使用方法
6. 掌握虚拟光驱软件的使用方法
7. 掌握音视频工具的使用方法

用户在使用计算机时,可能经常要使用一些常用的工具软件,如今的软件已非常丰富,熟练应用一些常用工具软件会极大地提高工作效率。

任务一　常用压缩软件

一、常用压缩软件介绍

为了方便上传和下载,网上的很多文件都是经过压缩的,以求最大限度地将文件缩小,节省在网络上传输的时间;压缩文件可以减少占用磁盘空间,也可以把一个或多个文件打包成一个文件(压缩包)。

(一)文件压缩与解压缩

所谓压缩,实际上是把文件中重复的部分用简短的形式描述出来。目前的文件压缩格式很多,常见的格式有 ZIP、CAB、RAR、ACE、ARJ 等,每种格式都代表一种新的压缩编码形式,即一种算法。

解压缩与压缩相反,是把经过压缩的文件还原。文件的压缩与解压缩需要使用专门的软件来进行。

目前常用的有压缩软件有 WinRAR、WinZIP、好压。WinZIP 作为首创且最为流行的、面向 Windows 的压缩软件,几乎支持所有常见的压缩文件格式,文件操作速度较快,用户可以方便地利用它查看压缩包里的文件名和内容,还可以对压缩包里的文件进行编辑;WinRAR 的 RAR 格式一般要比 WinZIP 的 ZIP 格式高出 10%～30% 的压缩率(压缩率是指文件压缩后占用的磁盘空间与原文件的比率),并且属于无损压缩;好压属于国产的免费共享软件。

(二)压缩工具使用方法

在安装压缩工具时,系统自动将程序与各种压缩格式进行了关联,用户只要双击压缩文件,系统自动启动程序,并列表压缩文件内容。

1.压缩

为了节省磁盘上的存储空间,节省文件传输时间和空间,可以把要上传的文件压缩后再发送出去,还可以将多个文件压缩成一个文件。

要制作压缩文件,通常可按如下操作步骤来进行:

(1)选中一个或多个要压缩的文件,单击鼠标右键打开列表,选择"添加到压缩文件",如图8-1所示。

(2)在压缩文件名项更改名称。

(3)选择 ZIP 压缩格式(或其他格式),如图8-2所示。点击"确定"即完成压缩文件创建。

图 8-1 选择"添加到压缩文件"

图 8-2 压缩格式

2.解压缩

解压缩的具体方法如下:

(1)选择要解压的压缩文件,右键点击打开列表,选择"解压到当前文件夹"(解压文件到当前文件夹,意思是压缩包在什么位置,解压开的文件也存什么位置),如图8-3所示。

(2)双击压缩文件,单击工具栏中的"解压到"按钮,此时打开"解压缩"对话框,在该对话框中,用户可以设置"目标路径"保存文件。

3.分卷压缩

分卷压缩可以将一个文件压缩打包成多个压缩文件(一般文件压缩打包为一个压缩文件),通过设置分卷文件大小,可以将大文件分为几个小文件,方便网络传输。如图8-4所示,通过设置分卷大小,即可完成。

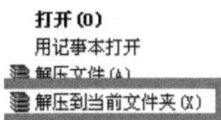

图 8-3 解压缩列表

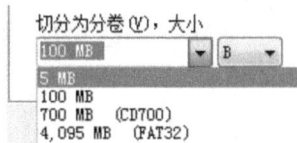

图 8-4 分卷大小的设置

4.密码

给压缩文件设置保护密码,以增加文件的安全性,不过,该项操作只能在新建压缩文件或者向已有压缩文件中增加新文件时才能进行。

在添加到压缩文件过程中,在常规选项卡内,选择"设置密码",输入密码,确定后即完成含密码压缩文件的创建,如图8-5所示。

5.自解压文件

在实际应用中,常遇到电脑没有安装压缩软件、无法打开压缩文件的情况,通过制作自解压文件的功能,可以解决电脑无压缩软件也能解压压缩文件的问题。

在创建压缩文件时,勾选"自解压格式压缩文件",将文件压缩生成可执行文件,可以在没有压缩工具的帮助下,就可以将文件解压出来,如图 8-6 所示。

图 8-5 含密码压缩文件的创建   图 8-6 压缩选项

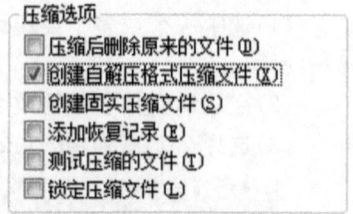

任务二 常用看图软件

获取图片的方式有多种,常用的是直接从数码相机拍摄、手机拍摄、扫描仪扫描转换而来。扫描仪扫描曾经是最主要的图片数码化工具,随着数码相机的普及,数码相机以其方便灵活的特点,已经成为图片的主要获取途径。

常用的图片浏览工具有 Windows 照片查看器、ACDSee 和 XnView。

一、Windows 照片查看器

Windows 照片查看器是 WIN 系统自带的看图工具,这个工具不是以程序的方式存在于系统中,而是以动态链接库的形式存在于 Explorer. exe 程序中,是 Explorer. exe 的一个功能。用户可以点击鼠标右键,在"打开方式"中找到它,如图 8-7 所示。

图 8-7 "打开方式"窗口

二、ACDSee

ACDSee 提供了良好的操作界面、简单的操作方式、优化的快速图形解码,同时支持许多格式,包括图像、声音、压缩文件和影片档案格式,例如 JPEG、GIF、TIFF、MP3、WAV、ZIP、MPEG等。ACDSee 简单实用的图片处理工具可轻松处理数码影像,完成去除红眼、剪切图像、锐化、浮雕特效、曝光调整、旋转、镜像等图片处理,还能够进行批量处理。

ACDSee 有两种版本,即普通版和专业版。普通版面向一般客户,能够满足一般人的相片和图像查看编辑要求,而专业版则是面向摄影师的,在功能上有很大的增强。

三、XnView

XnView 来自法国,是一款图像查看程序,XnView 是一个图像浏览器和多媒体播放器。它能够支持大约 400 种文件格式,此外,XnView 还具有浏览器、幻灯片、屏幕捕捉、缩略图制作、批处理转换、十六进制浏览、拖放、通讯录、扫描输出等功能。该软件支持 43 种语言,XnView 除了一般的查看、浏览、幻灯显示等功能外,还自带多种滤镜,方便编辑修改;可以批量转换文件格式,创建缩略图并生成网页,还可自己制作 GIF,小巧实用。选择安装"资源管理器右键菜单扩展插件",可在资源管理器右键菜单中增加图片预览功能。

XnView 体积小巧、使用简单,相比 ACDSee 使人诟病的启动速度,XnView 的启动速度比 ACDSee 快得多,而它使用起来更比 ACDSee 顺手很多,安装后即可上手,所有的操作都可以瞬间掌握。软件本身就内置了中文简体语言,对于国人来说,更方便。

1.使用 XnView 批量重命名图片

(1)用 XnView 软件打开图片,并选中需要重命名的图片。

(2)在菜单栏中选择"工具",然后选择"批量重命名"。

(3)在弹出的对话框可以看到重命名对话框,可以自定义格式,♯号表示数据位数,一个♯号表示一位,按顺序依次为 $1,2,3,\cdots,n$;

如果是两个♯号,则表示为 $01,02,03,11,12,13,n$;

依次类推。

例如:将图片批量命名为"计算机 01,计算机 02…",则在选中图片后,勾选"名称模板",在下方输入框内输入"计算机♯♯",在开始框输入开头数字"01",约束命名格式,如图 8-8 所示。结果如图 8-9 所示。

图 8-8　图片批量命名　　　　　　　　图 8-9　图片批量命名结果图

2.使用 XnView 批量转换格式

(1)用 XnView 打开需要批量转换的图片,并选中所有需要转换的图片。

（2）在菜单栏中选择"工具"下方的"批量转换"。

（3）在弹出的对话框中，需要设置转换后的文件的目录，同时可以选择是否删除源文件，或者将转换后的文件覆盖源文件。

（4）在转换格式中选择需要转换的格式，可以看到这里的选项非常丰富，可以说几乎所有图片格式都有。点击"转换"即可完成，如图 8-10 所示。

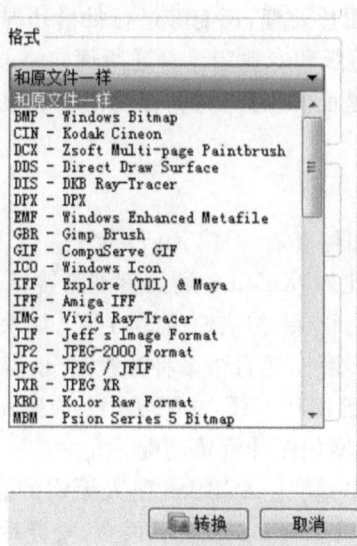

图 8-10　转换格式

任务三　常用截图软件

截屏是使用电脑中最常运用到的功能之一，许多软件产品都重视这一功能。例如视频播放软件上有此功能，浏览器插件有此项，以及大家都熟悉的 QQ 截图命令。

一、系统自带的截图程序

在 Windows 系统附件栏，可以找到截图工具项用于截图，如图 8-11 所示。该截图工具带有红笔、荧光笔、橡皮功能，可以在图片上涂写并保存（另外，键盘上的"Print Screen Sys Rq"键可以截取整个屏幕图像，"Alt＋Print Screen Sys Rq"可以截取窗口图像）。

二、视频截图

以暴风影音举例，在视频播放过程中，点击截图按钮，或者按下 F5 键就可截取播放中的视频。

三、浏览器截图

以 360 浏览器举例，在浏览器上有截图插件项。如图 8-12 所示，点击并操作就可以完成截图。

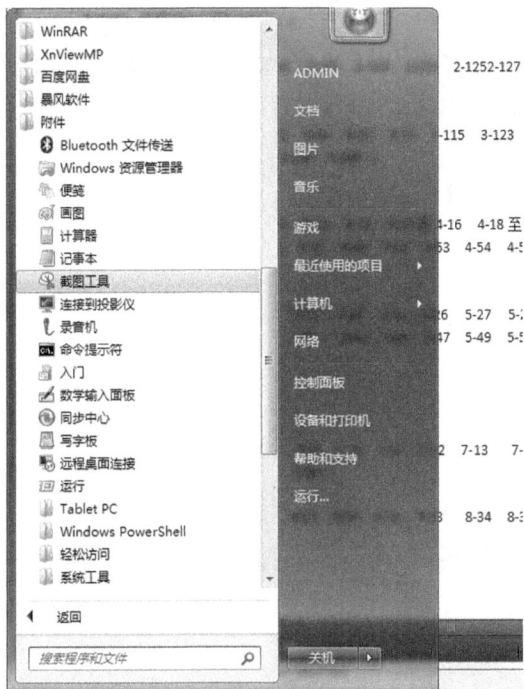

图 8 - 11 Windows 系统附件栏

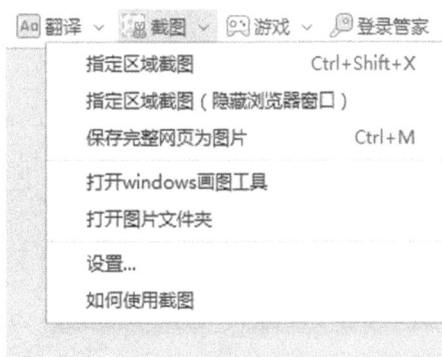

图 8 - 12 360 浏览器截图插件项

四、免费截图和图像编辑软件 PicPick

PicPick 是一款小巧而功能丰富的截屏软件,兼具白板、屏幕标尺、直角坐标或极坐标显示与测量、屏幕取色等功能。

PicPick 内含中文语言包,依次选择"文件"→"选项"→"常规"→"语言"命令,设置为"简体中文",如图 8 - 13 所示。

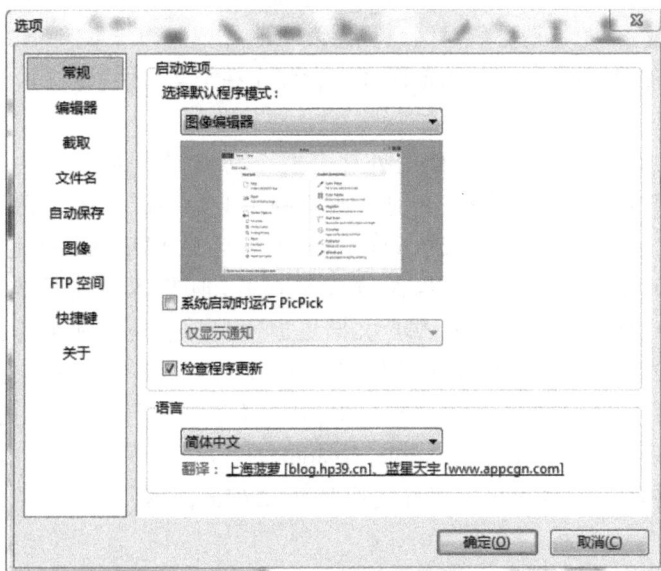

图 8 - 13 PicPick 语言设置

PicPick 截屏功能支持截取全屏、活动窗口、指定区域、固定区域、手绘区域功能，支持滚动截屏，支持双显示器，对截屏后的图像可以进行图像编辑和标注功能，如图 8－14 所示。截图可以保存到剪贴板、自动或手动命名的文件（png/gif/jpg/bmp）中。

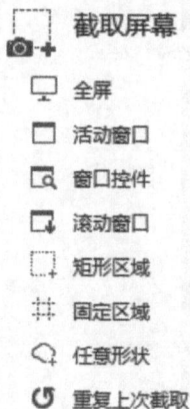

图 8－14　PicPick 支持的截屏功能

任务四　常用电子图书（PDF）浏览软件

PDF 格式是 Internet 上进行电子文档和数字信息化传播的理想文档格式，越来越多的电子图书、产品说明、公司公告、网络资料、电子邮件开始使用 PDF 文件格式，PDF 格式文件目前已成为数字化信息事实上的一个工业标准。

PDF 文档格式标准是由 Adobe 公司提出制定的，这种文件格式与操作系统平台无关，不管在 Windows、UNIX 还是苹果公司的 Macos 操作系统中都是通用的，它支持跨平台上的、多媒体集成的信息出版和发布，尤其是提供对网络信息发布的支持。PDF 文件格式可以将文字、字型、格式、颜色及独立于设备和分辨率的图形图像等封装在一个文件中，该格式文件还可以包含超文本链接、声音和动态。

Adobe 公司推出的针对 PDF 文档的处理有两个功能不同的软件：一个是免费的 Adobe Reader，只能对 PDF 文档进行阅读；一个是要收费的 Adobe Acrobat，它除了能阅读 PDF 文档外，还可以用于生成和编辑 PDF 文档（在 word 等软件中生成 PDF 文档也需要安装 Acrobat）。

使用 Adobe Reader 进行 PDF 文档阅读效果很好，但其体积比较庞大，一款名叫 Foxit Reader（福昕阅读器）的软件使得阅读 PDF 文档更加便利。它是一款小巧、快速且功能丰富的 PDF 阅读器，让用户能够随时打开、浏览及打印任何 PDF 文件。不同于其他免费 PDF 阅读器，它拥有各种简单易用的功能，是一款占用空间小、启动速度快、浏览迅速且内存占用小的应用软件。可以说是目前一款可以完美替代 Adobe Reader 的产品。

另外，还有极速 PDF 阅读器可以很好支持 PDF 文档的阅读。

任务五 常用磁盘管理工具

一、磁盘管理工具概述

磁盘管理工具可以查看计算机所安装磁盘的分区信息,更改分区盘符,还具有设置磁盘分区容量和数量等功能。Winodws 虽然内置了一个磁盘管理工具,但功能过于简单,因此我们在介绍 Windows 内置磁盘管理工具的同时,也会介绍一款第三方磁盘管理工具。

二、Winodws 内置磁盘管理工具

在桌面"此电脑"图标上单击鼠标右键,在弹出的菜单中选择"管理"打开计算机管理窗口,选择窗口左侧列表中的"磁盘管理",即可打开 Windows 内置的磁盘管理工具,如图 8-15 所示。

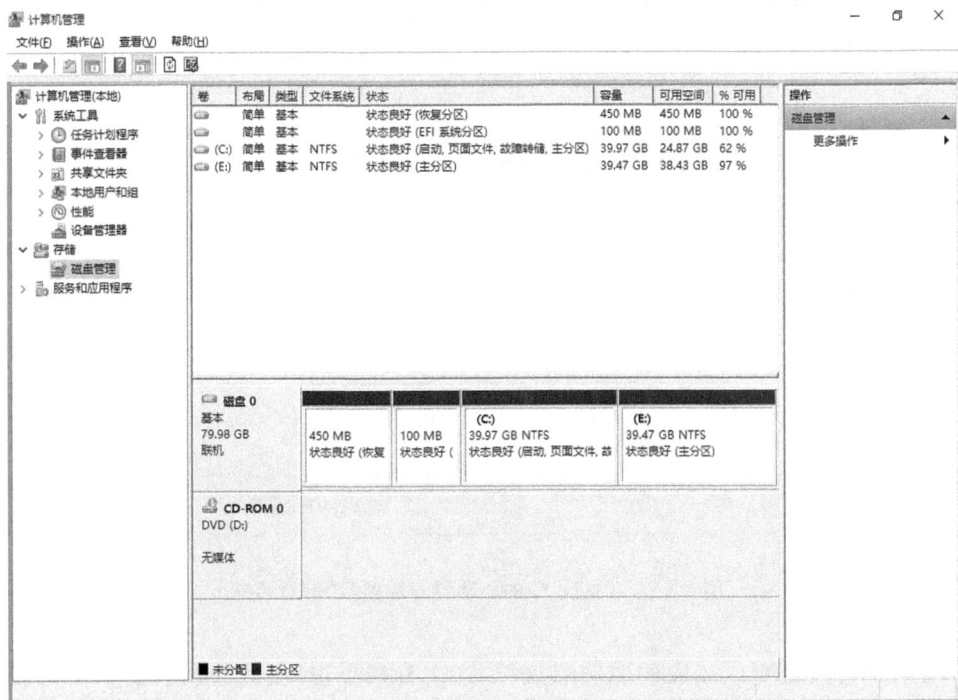

图 8-15 磁盘管理窗口

窗口上半部采用列表方式显示出当前计算机中磁盘的分区状态、容量、可用空间和可用百分比等信息,下半部分则列出了当前计算机安装的所有存储设备及其分区的详细信息。

(一)分区盘符管理

如图 8-15 所示,光驱盘符为 D,而磁盘第二个分区盘符为 E,这样分区盘符为不连续,使用上也十分不便。我们可以使用此工具来对分区盘符进行管理,操作步骤如下:

(1)右击磁盘 0 的第二个分区,在弹出的菜单中选择"更改驱动器号和路径"命令,如图 8-16 所示。

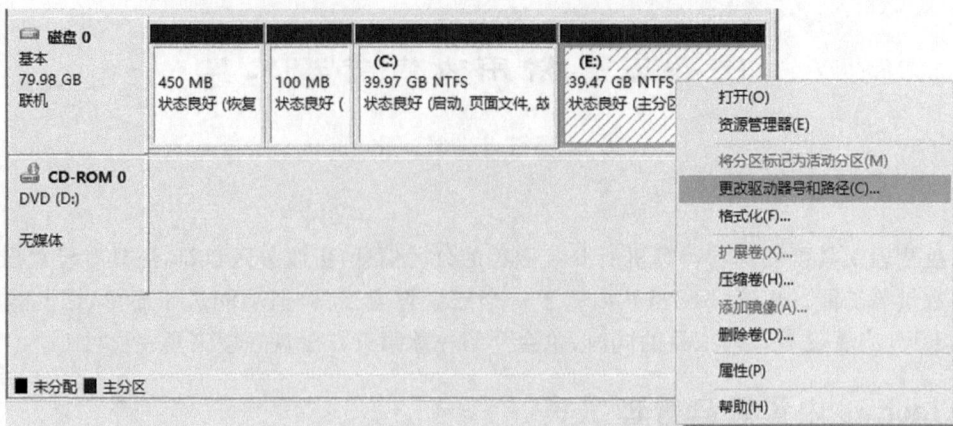

图 8-16 磁盘 0 第二个分区弹出的菜单

（2）在弹出的"更改 E:的驱动器号和路径"对话框中,先点击"删除"按钮,删除此驱动已分配的盘符 E,如图 8-17 所示。

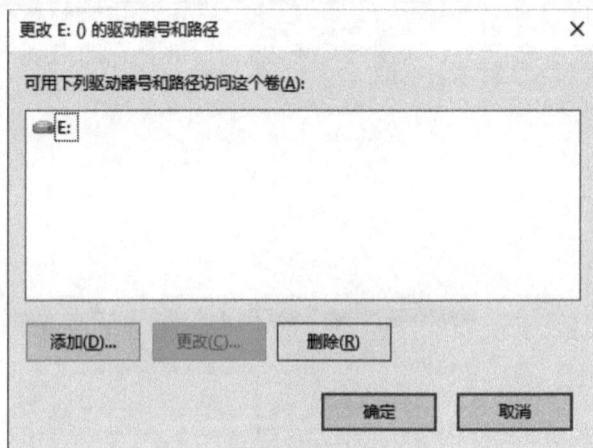

图 8-17 "更改 E:的驱动器号和路径"的对话框

（3）接着同样右键更改光驱的驱动器盘符,这次直接点击"更改"按钮,从下拉列表中选择"E",为光驱的分配盘符 E。

（4）这样盘符 D 就空出来了,接着将盘符 D 分配给硬盘的第二分区,即可让盘符变成连续状态。

（二）压缩卷

压缩卷,顾名思义,即把多余的空间压缩出来,给有需求的分区使用。有的电脑买回来之后只有一个分区,此时就可以使用此方法压缩出来多个分区。具体方法如下:

（1）右键点击空间多余的分区,在弹出的菜单中点击"压缩卷",系统会查询可压缩空间,稍后就会有相关数据弹出,供用户压缩调整,如图 8-18 所示。

（2）在"输入压缩空间量"位置填入需要压缩的空间大小,如 5000,单位为兆字节,需要注意的是填入的值不能超过系统设定的最大值,点击"压缩"按钮,系统开始进行空间压缩。

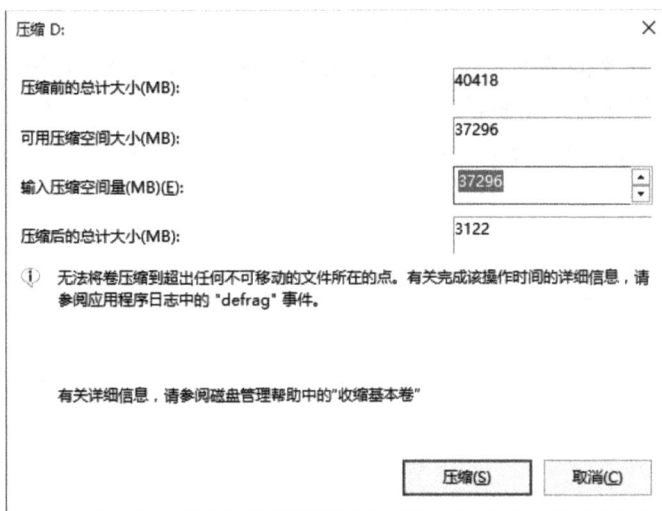

图 8-18　压缩相关数据

（3）完成后磁盘会多出一个容量为 5000MB 的未分配空间，如图 8-19 所示。

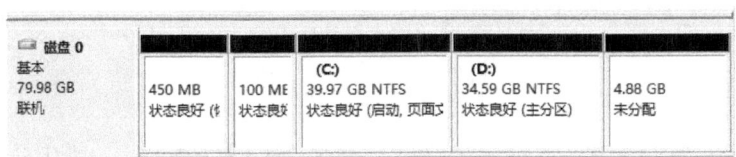

图 8-19　磁盘未分配空间显示

（三）新建简单卷

压缩出来的空间还未作任何设置，此时是不能正常使用的，右键点击这个未分配空间，选择"新建简单卷"，弹出新建简单卷向导，根据向导提示，依次设置卷大小，盘符、格式化类型等即可完成简单卷的新建，如图 8-20 所示。

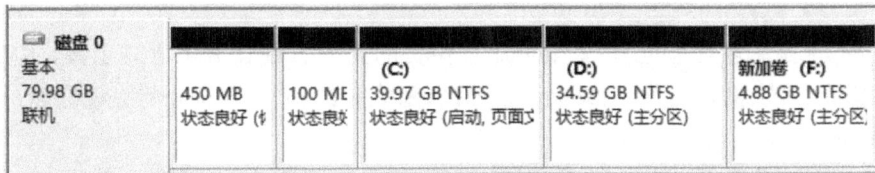

图 8-20　新加卷显示

（四）删除卷

右键单击欲删除的分区，在弹出的菜单中选择"删除卷"，系统弹出提示"删除卷的同时会清除分区上的所有数据"，确认无误后单击"是"即可删除卷。此时该磁盘分区又回复到未分配状态。

(五)扩展卷

扩展卷可以将分区空间扩大,前提是磁盘上临近位置有未分配空间可用。经过之前的操作,磁盘上正好存在 5000MB 未分配空间,且此未分配空间临近分区 D,所以可以对分区 D 进行扩展。

右键点击需要进行扩展的分区 D,在弹出的菜单中点击"扩展卷",弹出扩展卷向导,输入欲扩展的空间量,即可对分区 D 进行扩展,如图 8-21 所示。

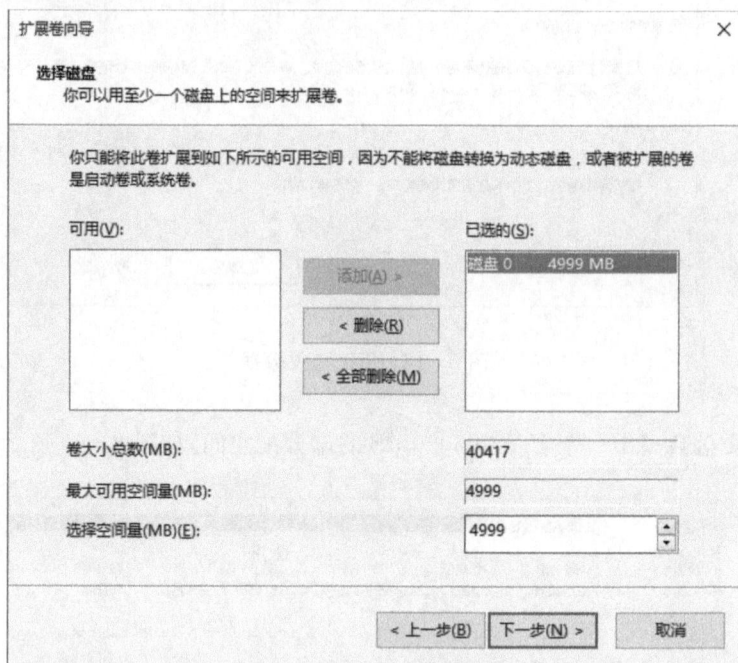

图 8-21　扩展卷向导

综上所述,如果要调整分区空间,需要先腾出空间(压缩卷),然后才能扩展空间(扩展卷)。磁盘操作是一个比较危险的动作,如没必要尽量不要轻易尝试,操作之前注意重要数据的备份,以免数据丢失。

三、DiskGenius 磁盘管理工具

DiskGenius 是一款功能全面、安全可靠且免费的第三方硬盘分区管理工具,主要功能包括创建分区、删除分区、格式化分区、无损调整分区、隐藏分区、分配盘符和删除盘符等,操作界面如图 8-22 所示。

DiskGenius 主界面分为几个部分,从上至下依次为菜单栏,快捷工具栏,硬盘分区结构图图,分区、目录层次图和分区参数图。

其中,硬盘分区结构图用不同的颜色显示了硬盘各个分区的详细情况,分区目录层次图显示了分区的层次及分区内文件夹的树状结构,分区参数图在上方显示了"当前硬盘"各个分区的详细参数。

主界面的三个部分之间具有联动关系,当在任意一个图中点击了一个分区(更改当前分区)后,另外两部分将立即切换到被选中的分区。在分区目录层次图中点击了某个文件夹后,右侧的分区参数图将切换成为文件列表,显示当前文件夹下的文件信息。

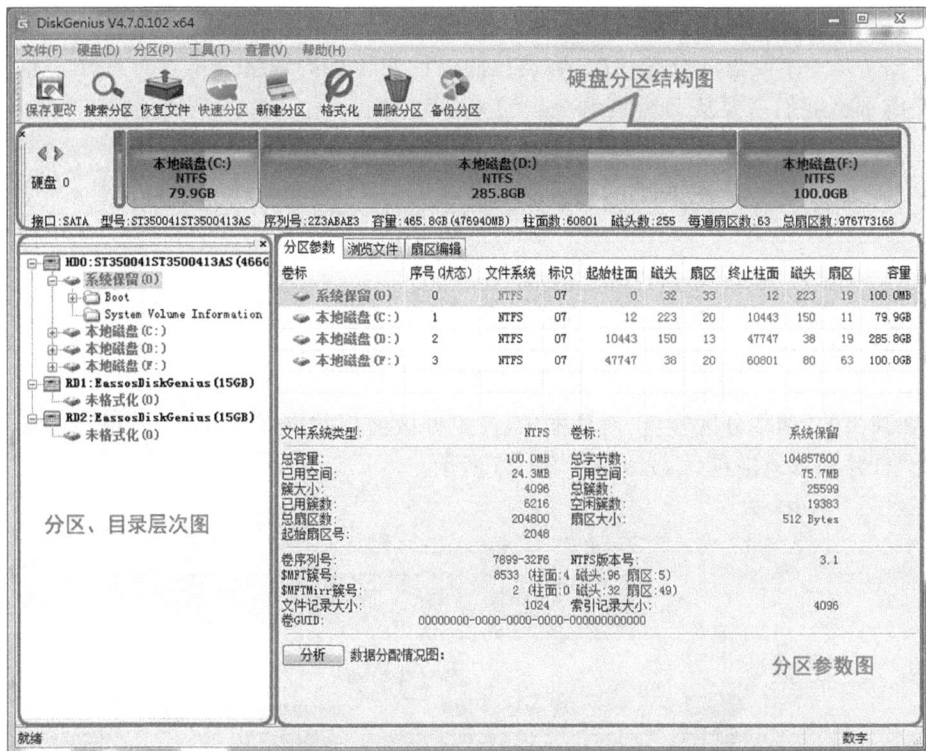

图 8-22 DiskGenius 操作界面

(一)建立新分区

如果要建立新分区,首先在硬盘分区结构图上选择要建立分区的空闲区域,然后点击工具栏"新建分区"按钮,或依次选择"分区"→"建立新分区"菜单项,也可以直接在空闲区域上点击鼠标右键,然后在弹出的菜单中选择"建立新分区"菜单项。程序会弹出"建立新分区"对话框,按需选择分区类型、文件系统类型、分区大小后点击"确定"即可建立分区,如图 8-23 所示。

新分区建立后并不会立即保存到硬盘,仅在内存中建立。需要执行"保存更改"命令后才能在"我的电脑"中看到新分区。这样做可以防止因误操作造成的数据破坏。

图 8-23 "建立新分区"对话框

(二)无损调整分区大小

无损分区大小调整是一个非常重要,也是非常实用的磁盘分区管理功能,要想调整一个分区的大小,选中要调整的分区,点击鼠标右键,在弹出的菜单中,选择"调整分区大小"菜单项。

一般情况下,调整分区大小,通常都涉及两个或两个以上的分区。比如,要想将某分区扩大,通常还要同时将另一个分区的缩小,反之亦然。那么在这两个或两个以上的分区中,应该首先选择哪个分区呢？答案是应该首先选择某个需要被调整小的分区。

图8-24是一个硬盘的分区情况,假设我们想将分区C的调整为45GB,将分区D的大小调整为20GB,那么我们需要从E分区调整出约15GB空间。

图8-24　硬盘分区大小

具体操作如下:

(1)选中E分区,点击鼠标右键,选择"调整分区大小"菜单项。

(2)在弹出的"调整分区容量"对话框中,设置分区前部的空间为5GB,并将其后侧下拉列表项更改为"合并到本地磁盘(C:)",如图8-25所示。

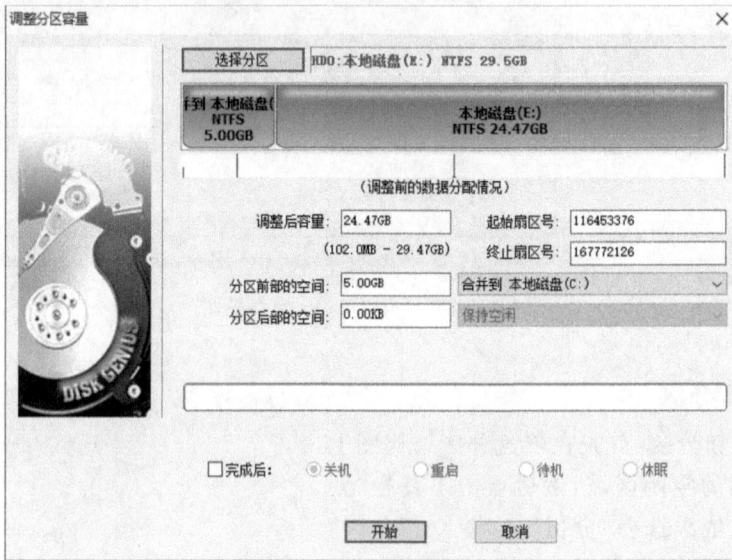

图8-25　"调整分区容量"对话框

(3)点击"开始"按钮,程序会弹出一个提示窗口,显示本次无损分区调整的操作步骤及一些注意事项,如图8-26所示。

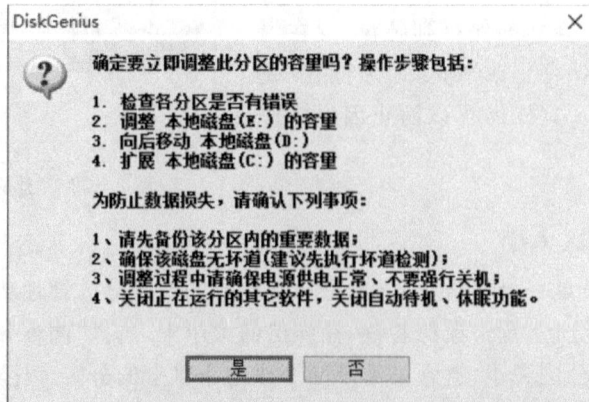

图8-26　分区调整的操作步骤及注意事项提示窗口

(4)点击"是"按钮,程序开始进行分区无损调整操作,结束后点击"完成"按钮,关闭调整分区容量窗口即可。

完成后继续将分区 E 调整出 10GB 分配给分区 D 即可完成调整。

DiskGenius 的功能还有很多,操作也十分简单,这里就不再多作介绍,有兴趣的读者可以自行下载进行研究。

任务六 常用虚拟光驱工具

早期的计算机都配有光驱设备,软件的安装都是通过光盘进行,为了保护光驱和光盘,那时的人们经常将光盘制作成光盘镜像文件,通过虚拟光驱软件进行安装,从而避免光驱和光盘的损耗。ISO 文件称为标准光盘镜像文件,是复制光盘上全部信息而形成的光盘镜像文件,其文件格式为 ISO9660。ISO 文件无法直接使用,需要利用一些工具进行解压或直接虚拟成光驱才能使用。当前出售的计算机通常没有标配光驱设备,因此有些光盘软件的安装只能通过虚拟光驱工具进行。

Windows 10 系统自带了虚拟光盘的功能,因此无需借助第三方软件就能够完成光盘软件的虚拟和安装。

一、装载光盘镜像文件

图 8-27 是一个 DVD 光盘镜像文件"CentOS-7-x86_64-DVD.iso",格式为 ISO。我们想将这个文件虚拟成光驱,只需在此文件上单击鼠标右键,选择弹出菜单中的"装载"即可完成镜像文件的虚拟,如图 8-28 所示。

图 8-27 光盘镜像文件

图 8-28 点击光盘镜像文件弹出的菜单

装载完成后,在资源管理器窗口中会看到虚拟出来的光驱,如所图 8-29 示。这时就可以像使用光盘一样来进行软件的安装了。

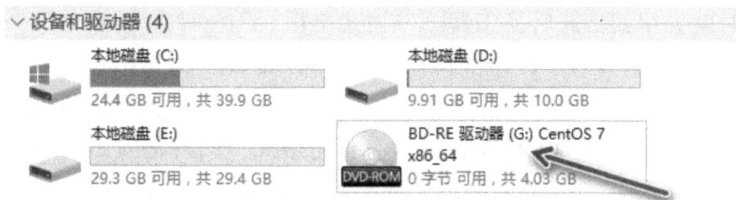

图 8-29 资源管理器窗口中显示的虚拟光驱

需要注意的是,当镜像文件被虚拟成光驱之后,文件将会被锁定,此时文件不能改名、不能移动、不能删除,如果需要进行以上操作,必须先将光驱镜像文件弹出。

二、弹出光盘镜像文件

光驱镜像文件使用完成之后,我们需要像取出光盘一样弹出虚拟成光驱的镜像文件,只需要用鼠标右击虚拟的光驱,在弹出的菜单中选择"弹出"即可,如图 8－30 所示。

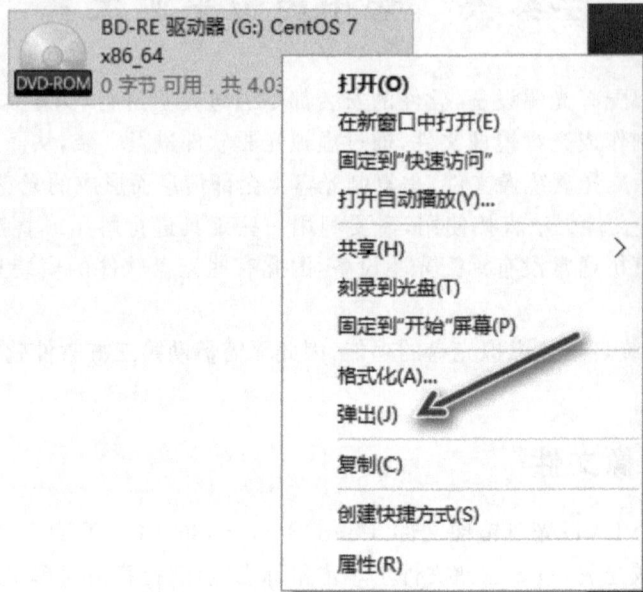

图 8－30 点击虚拟的光驱弹出的菜单

使用 ISO 文件有很多一般光驱无法达到的功能,例如运行时不用光盘,即使没有光驱也可以,这样就不会对光驱和光盘造成损耗。虚拟多个光驱即可同时执行多张光盘软件,并且读取虚拟光驱的速度比读取真实光驱快得多,提升了处理速度。光盘体积较大,不便于携带,而制作成镜像文件后存放在 U 盘中携带就变得容易得多。因此当前光驱已不是计算机的标准配置,而是逐步被其他设备所取代。

任务七　常用音视频工具

信息化社会信息的形式多种多样,信息的载体已不仅仅是文字,越来越多的图片、音频、视频等被用来当作信息的传递载体,为了便于分享或者传输,通常需要将音频或视频文件进行压缩或者格式转换,这时就会用到格式转换工具——格式工厂。

格式工厂是一款全能型的多媒体格式转换工具,界面如图 8－31 所示,它不仅能转换图片文件格式,而且还能转换音频和视频文件格式。格式工厂支持各种类型视频、音频、图片等多种格式,能够非常方便地将多媒体文件转换到用户需要的格式。同时格式工厂也具有音频和视频的合并输出、混流输入等功能,支持将音视频光盘转换为音视频文件。

图 8-31 格式工厂界面

一、音频文件的转换

打开格式工厂选择左侧的音频标签,格式工厂支持多达 14 种音频格式的转换。下面以转换为 MP3 格式为例进行音频格式转换的讲解,操作步骤如下:

(1)点击左侧的"→MP3"按钮,弹出转换为 MP3 窗口,如图 8-32 所示。

图 8-32 MP3 窗口

(2)点击"添加文件"按钮添加需转换格式的音频文件,一次可以添加多个待转换的文件。

(3)选中欲转换的音频文件,点击"截取片断"按钮,可以将源文件进行截取,只取其中的一断进行转换,如图 8-33 所示。

(4)点击"输出配置"按钮可以更改输出文件的配置,主要参数有采样率、比特率等,数值越大,音质越好,转换后输出的文件越大,如图 8-34 所示。

图 8 - 33　音频文件的片断截取窗口

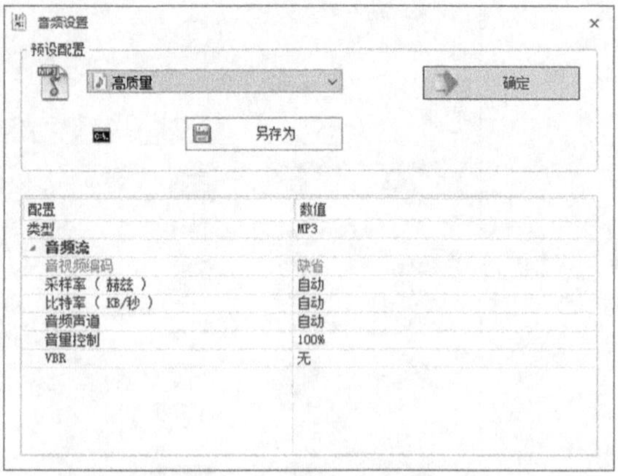

图 8 - 34　音频设置窗口

(5)配置窗口最下方可以更改输出文件的路径,我们可以指定输出文件的位置或直接将文件输出到源文件目录,如图 8 - 35 所示。

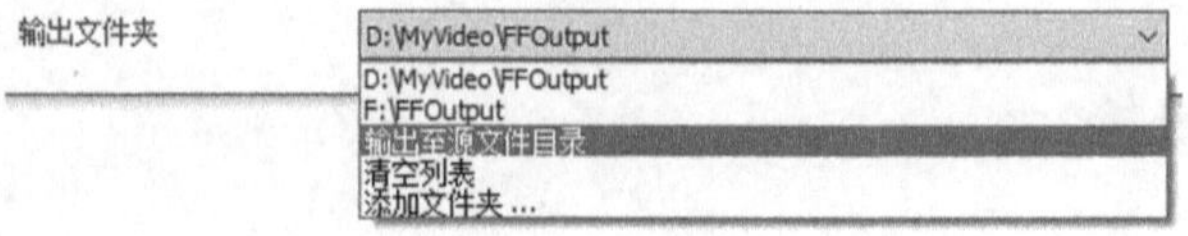

图 8 - 35　输出文件的路径显示

(6)设置完成后点击"确定"按钮回到主界面,点击主界面上的"开始"按钮即可开始格式转换,待转换状态进度条显示"完成"即已完成格式转换工作,如图 8 - 36 所示。

图 8 - 36　转换状态进度显示

二、视频文件的转换

视频文件的转换步骤和音频文件类似,仅仅是在配置参数上和音频文件有所区别,如图 8 - 37所示,视频文件转换可以分别对视频流和音频流进行参数设置,同时还可以为视频文件添加字幕和水印。

格式工厂为方便不熟悉的用户使用,在视频格式转换中提供了傻瓜式的转换视频到移动设备的功能,点击视频标签下的"→移动设备"按钮,在弹出的窗口中可以看到格式工厂提供了多种适合移动设备的视频格式,如 MP4、AVI、3GP、MKV 等,每种格式又根据分辨率和编码方式的不同分成若干种,如图 8 - 38 所示。用户只需要选择合适自己手机或平板电脑的视频格式和分辨率,转换出来的视频文件在手机或平板电脑上播放就完全没有问题了。

配置	数值
视频流	
视频编码	AVC(H264)
屏幕大小	缺省
比特率（KB/秒）	缺省
CRF	关闭
每秒帧数	缺省
宽高比	自动(宽度)
二次编码	否
音频流	
音视频编码	AAC
采样率（赫兹）	48000
比特率（KB/秒）	192
音频声道	2
关闭音效	否
音量控制（+dB）	0 dB
音频流索引	缺省
附加字幕	
类型	自动
附加字幕（srt;ass;ssa;idx）	
字幕字体大小（% 屏幕大小）	缺省
Ansi code-page	936

图 8-37　视频文件的配置参数

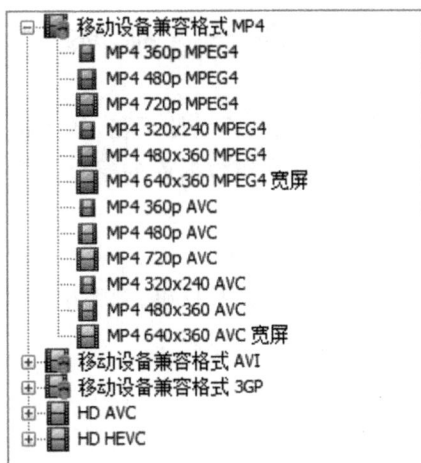

图 8-38　多种适合移动设备的视频格式

任务八　实践操作

1.注册一个免费邮箱,将以下题目完成后压缩,再通过邮箱发送给老师。

2.截取电脑屏幕,将其分别转换为 JPG、PNG、TIF 格式。

3.用手机录制一段音频,用格式工厂转换为 WAV 格式。

项目九

数据库技术基础

📖 **学习目标**

1. 了解什么是数据库、为什么要使用数据库、什么是数据库系统
2. 了解数据库管理系统
3. 了解数据库的体系结构和数据库模型
4. 了解 SQL 语言
5. 了解当前的数据库技术及数据库技术的发展趋势

任务一 概述

数据库是计算机应用系统的核心。数据库无处不在,如手机中的通讯录就是一个数据库应用的例子。本项目以关系数据库为重点,介绍数据库的层次体系结构,数据库的概念、系统和数据库编程语言以及各种数据库技术。

我们面临的是信息时代,产生于报纸、电视、杂志、广播、书籍及网络中的各种信息令人目不暇接。一个极为实际的问题是:如果需要查询某件事,到哪里去找? 数据库也许就是这个问题的答案。

一、什么是数据库

简单地说,数据库(database)就是计算机存储数据记录。数据库本身可以看作一个电子文件柜,即存放计算机所收集的数据的容器。数据库用户可以对这些数据文件进行增加数据、插入数据、修改数据、查询数据、检索数据、删除数据以及删除数据库文件的操作。

数据库系统(database system)在计算机应用软件中非常重要,数据库技术是应用最为广泛而且经久不衰的计算机技术之一。在应用系统中,大型的项目都采用基于服务器的数据库系统。即使如 Windows 这样的系统软件,它的组织管理也使用数据库,典型的例子就是它的注册表。

专业人员在谈到数据库时,多半会联想到一些著名的数据库软件,如 Oracle,Microsoft SQL Server 和 IBM 公司的 DB2 等。实际上它们本身都不是数据库,但我们可以使用它们建立数据库,它们是为建立数据库而设计的商业化软件,真正的名字是"数据库管理系统"。把数据库等同于这些软件,也正好说明讨论数据库就是围绕这些软件进行的。

有关数据库的一个例子就是电话号码簿,它是一个城市或地区的所有电话用户的数据记录。把电话号码和关联的信息(如用户名称、地址)组成电话号码簿,电信运营商编制这个电话号码簿并负责维护,如定期增加或改变用户。电话号码簿具有检索的功能,和计算机数据库相比,电话

号码簿的功能单一。从一个侧面来看,被印刷为硬拷贝的电话号码簿比电子存储的计算机数据库在安全性上要高得多。

我们延伸这个例子,解释计算机数据库的概念。它的定义是:数据库是一个持久数据的结构化集合,是数据的组织和存储。

数据库通常与它的管理软件连在一起,这个软件就是前面说到的 Oracle、SQL Server 及 DB2 等软件系统。

二、为什么要使用数据库

早期的数据管理是通过文件进行的。在一定的意义上说,文件式的数据管理是平面的,而数据库技术则是立体的、多维的。对"为什么要使用数据库"的问题,下面所列的几点就是答案。

1. 传统的管理模式的数据是分散的,数据库实现了数据的集中管理

任何有多个部门的机构,每个部门都拥有自己的独立数据,但这些数据很少是只为部门服务的,因此对整体而言,需要收集和存储各个部门的数据信息,建立公共数据并集中管理,使得数据能够被有效运用。而只有数据库能够做到集中管理,这是数据库技术发展迅速而经久不衰的主要原因。

2. 使用数据库可以保持数据的独立性

数据的独立性表现为对数据的使用不会改变数据的物理表示。我们知道不同的数据之间会存在着一定的关联,很少有单一数据。例如,一个员工的工作部门数据和他的工资数据之间存在着关联,如果他换了工作部门,这个数据和他的工资数据之间的关联也随之消失,这可不是一件什么好事。因此,数据的独立性要求数据模型和它的实现分开。

3. 数据库是计算机信息系统与应用程序的核心技术的重要基础

现在几乎所有的信息系统都是建立在数据库系统上的。使用数据库的一个优点是数据共享,分散的数据几乎就是无效数据。另外,使用数据库还可以减少数据冗余,避免数据的不一致性。关于数据的完整性和一致性一直就是数据库技术致力解决的重要课题。设想一下,如果一个单位或企业不同的部门所掌握的相同的数据采用了不同的格式,对数据的使用将是一种什么样的情形?

4. 数据库支持事务处理,能够保持数据的完整性

如果执行一个事务(例如在一个人事数据库中修改某一个人的数据),事务处理能够认证事务的完整性,也就是说,这个事务(修改过程中)要么全做,要么什么都不做,不会发生只做一部分的情况。

5. 数据库可以存放大量的数据,并能够有效地进行数据的组织和管理

当计算机硬盘存放不下数据时,带来的麻烦是不言而喻的。一个大型企业的数据库能够容纳 TB(1012)级的海量数据,传统的文件管理方法根本无法进行。

6. 数据库可以高速、高效检索数据

要在存放有数以万计的学生成绩的纸质档案中找出某个学生的成绩单,其工作量是可想而知的。但从数据库中查找可能只需要短短几分钟,还能够以事先设计好的格式打印出来。使用数据库可以随意组织所需要的不同信息。

7.数据库的信息可以重组

传统的纸质文件,只能采用一种或者有限的几种方法进行信息的管理。例如在图书馆中管理图书,传统的方法不但费时而且效率很低。而使用数据库,可以随意按照书目、主题、出版社、作者、出版时间等进行分类,进行数据汇总。另一个例子就是银行业的服务,只有集中的大型数据库才可以及时地进行信息的有效组织,提高处理效率,分析业务状况和实施的业务服务。因此信息重组在提供效率方面的作用是巨大的。

8.数据库可以进行各种数据处理

还可以列出更多的优点来回答为什么要使用数据库。其实一个最重要的原因就是,这是信息社会处理庞大、复杂数据的需求所决定的。技术往往产生于需求之中,数据库也是如此。

数据库很少被认为是一种管理学科,术语"学科"意味着需要进行规划并实施这个规划。如果数据库管理能够被当作一种管理学科,那么在机构内对于数据的处理的效率和安全就更有保障。

三、什么是数据库系统

解释什么是数据库,为什么要使用数据库,我们使用了许多新的术语。许多描述数据库的术语来自于传统的文件管理。如果把文字处理看作打字过程,电子表格是办公室的账本,那么数据库就是办公室的文件柜。

可以设想,当办公室中充满各种文件柜时,管理这些文件柜的工作就开始变复杂了。同样,数据库能够容纳各种数据。因此建立这些"文件柜"并有效地管理它们,这就是数据库系统。数据库系统是由数据库及其管理软件组成的系统。

凡是能够被叫作"系统"的,一定是由多个部分组成在一起的。构成数据库系统有四个部分,即数据存储、数据库管理系统、应用软件和用户,它们的结构和关系如图9-1所示。

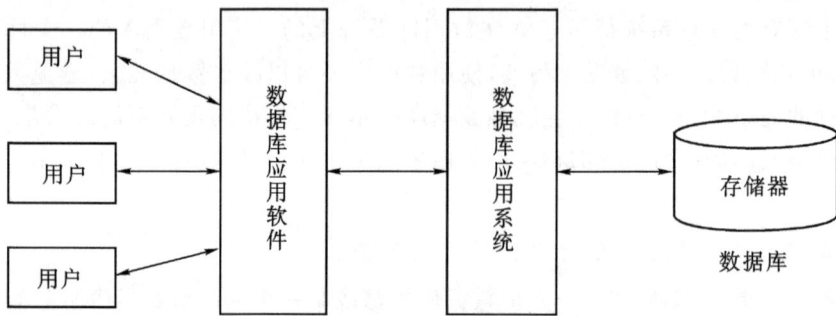

图9-1 数据库系统示意图

数据库系统按照层次结构把四个部分组成为一个整体。这种层次的结构不仅对于设计数据库系统有好处,也便于用户理解它的工作过程。应用层包括用户和应用程序。这个层次并不直接和数据库发生关系,用户通过使用应用程序对数据库进行操作,完成一定的任务。在应用层上,更多的是展示数据库系统的外部特性,应用程序通过填写表格方式与用户交互。

1.数据存储器

在数据库系统中,硬件部分最重要的就是存放数据的存储器系统,大型数据库系统需要海量空间的存储器存放数据,还要有效地对这些存储器实施管理,以保证数据快速、有效、安全地被使用。

2.数据库管理系统

在数据库和应用程序之间的是数据管理系统(data base management system,DBMS),所有对数据库进行的操作都是通过 DBMS 进行的。DBMS 提供的基本功能包括增加数据、修改或删除数据及检索数据等。

使用 DBMS 结构最大的好处就是它为用户屏蔽了数据物理层的技术细节(就像操作系统为用户使用计算机提供了接口,用户不需要知道计算机的细节一样)。DBMS 还提供了实用程序、应用开发工具、设计辅助、报表制作及事务管理器等程序,多半为系统管理所使用。

3.数据库应用软件

在数据库系统中,用户一般通过专门编写的应用软件使用数据库。尽管 DBMS 也为使用数据库提供了许多功能,但在大多数情况下是系统管理人员使用 DBMS 管理数据库。用户程序能够为用户设定访问数据库的权限,指定访问有限的数据和进行数据的操作,确保数据库的安全可靠使用。

4.数据库用户

数据库用户有多种类型,一般在 DBMS 中都规定了不同用户所具有的各种权限。归纳起来,数据库用户有以下三种主要的类型。

(1)应用程序设计员。他们的任务是编写数据库应用程序,例如,使用某种程序设计语言编写访问数据的程序。这些程序是为第二类用户准备的。

(2)用户。他们是数据库的直接使用者。大多数数据库系统都包含至少一种应用程序,如查询语言处理器,提供给用户交互式地访问数据库中的数据。

(3)数据库管理员(data base administrator,DBA)。他们是负责对数据库进行规划、设计、协调、维护及管理的工作人员。

这种层次结构的另外一个好处是,应用软件相对独立于数据库,用户使用数据库与数据库结构没有关系,这样数据库或应用程序的任何变化都不会对另外一个部分产生大的影响。无论数据库设计还是编写数据库应用程序,都不是一项简单的工作,高性能的应用系统需要高水平的 DBA。

任务二　　数据库管理系统

数据库是一个抽象的概念,不管是 DBA 还是用户,几乎都不能直接和"数据库"打交道,建立、使用和管理数据库都是在数据库管理系统下进行的,与用户发生交互作用的是使用数据库的应用程序,而这个应用程序在数据库管理系统的支持下对数据库中的数据进行操作。

一、软件和数据的结合

对复杂的数据管理需要强有力的支撑服务,使得用户能够使用数据库中的数据。首要的是创建数据库,完成这个任务是 DBMS。如果把数据库看作结构化的电子文件柜,而 DBMS 就是管理这些文件柜的职员。DBMS 是软件和数据的结合,是进行数据库创建、管理、维护的软件系统。

DBMS 在数据库系统的位置如图 9-1 所示。它一方面要完成对数据库物理设备(存储器)

的操作,同时也要把数据按照用户能够理解的形式显示出来。因此不加严格区分的话,大多数专业人员和用户都把 DBMS 当作数据库。DBMS 由以下三个部分构成:

1. 物理数据库

数据库数据存放在计算机的外存磁盘上,DBMS 以文件或者其他形式实现数据库数据的存放。

2. 数据库引擎

DBMS 需要在用户和物理数据库之间提供交互,数据库引擎(DB engine)是实现这一任务的软件,它是数据库的核心部分。不同的 DBMS 使用不同的引擎,例如,MS Office 组件中的 Access 数据库系统采用的引擎叫作 Jet;微软的数据库管理系统 SQL Server,使用 ADO(activeX data object)访问数库;而 HSQL 则是开放源代码系统的数据库引擎,被用于网络数据库和嵌入式系统中。

3. 数据库模式

这是 DBMS 中独立于物理数据的逻辑表达,它展示了数据库中各种数据项之间的关系。

从功能上讲,一个 DBMS 应支持下列功能:

(1)数据定义。在数据库中,数据的基本类型就是数值、文本、日期等。现在的大型数据库还支持多媒体数据。数据在数据库中最基本的结构是以表的形式存放的,表的列是数据的属性,表的行是数据记录。一个简单的例子就是学生的名册,可能的列有序号、学号、姓名、性别、籍贯及家庭住址等。

(2)数据操纵。一般是指查询、添加、修改和删除数据库中的数据。

(3)数据控制。设置或者更改数据库用户或角色权限。

(4)系统存储过程。它的目的在于能够方便地从系统表中查询信息,或完成与更新数据表相关的管理任务,包括系统管理任务。

DBMS 还需要实现对数据库的优化,保证数据的完整性和安全性,能够进行数据恢复和执行并发任务。DBMS 还包括数据字典。数据字典本身也是一个数据库,它是数据的数据,也叫作数据库或"元数据"。

二、数据库产品

简而言之,数据库产品就等同于数据库管理系统。目前使用的数据库管理软件很多,根据所能够容纳的数据容量可以分为大型数据库和中小型数据库,也可分为支持网络数据库系统和只支持单用户的数据库系统。大型的数据库软件有 IBM 公司的 DB2、Informix、Oracle 公司的 Oracle、微软公司的 SQL Server,Sybase 公司的 Sybase 等。中小型的数据库软件有瑞典 MySQL AB 公司开发的 MySQL、微软的 Access 等。

1. Oracle

Oracle 公司于 1979 年开发出了它的第一个商用的数据库系统,目前为世界第二大软件公司,多年来一直占据数据库市场的主流地位。2010 年 1 月,Oracle 收购了 Sun 公司。

Oracle 系统是性能好、功能最强大的数据库产品,目前最新的版本为 Oracle 11g。Oracle 支持面向 Internet 计算环境,支持 Web 高级应用所需要的多媒体数据,支持数据仓库应用。

Oracle 有 4 种版本,即企业版、标准版、个人版和移动版。其中企业版为高端应用,如大型企业的数据库;标准版为工作组应用、部门级应用及互联网/内部网应用,适用于从小型企业的单一服务器环境到高度分布式的分支机构环境;个人版为单用户应用环境;移动版提供给使用无线设备的单用户,如手持设备。Oracle 还提供数据库应用开发工具,如 Oracle Developer/2000 等。

2. DB2

DB2 是 IBM 公司开发的数据库管理系统,也是最早的数据库商业化产品,它是基于关系模型的(见任务三)。多年来,IBM 公司数据库的研究和开发一直保持着技术上的优势。

迄今为止,IBM DB2 已形成了一个产品家族,可运行于从小到大的各种计算机平台上,可支持 ALX(UNLX)、VMS、Windows、Linux 等多种操作系统,尤其在大型机的数据库运用中,DB2 占有主流地位。

由于 IBM 公司的特殊地位,特别是超级硬件制造商加上提供一揽子解决方案的软件供应商,同时又是许多国际标准的制定者和积极参与者,因此使得 DB2 产品能充分利用相应平台的硬件和操作系统的功能,在性能上达到最优。

3. Sybase

Sybase 数据库管理系统是 Sybase(system 和 database 缩写)公司的产品。Sybase 公司也是一家世界级的数据库厂商,一直从事数据库技术的开发和应用,其产品在多线程服务、数据安全性、一次性和开发性,以及并发数据处理等方面颇具特色,从而在相关行业得到了广泛的应用。Sybase 数据库产品主要有 ASE(adaptive server enterprise)和 ASA(adaptive server anywhere)两种,前者适用于企业级的大型数据库,后者适用于部门级的中小型数据库、移动商务和分布式应用环境。Sybase 公司还提供通用的数据库应用开发环境和工具 PowerBuilder 和 Power Designer。

Sybase 是一种典型的 UNIX 或 WindowsNT 平台上客户机/服务器环境下的大型数据库系统。Sybase 通常与 SybaseSQLAnywhere 用于客户机/服务器环境,采用该公司研制的 PowerBuilder 为开发工具,在我国大中型系统中具有广泛的应用。

4. SQL Server

SQL Server 是微软公司的数据产品,它最早是从 Sybase 公司购买的核心技术,目前的最新版本是 SQL Server 2016。SQL Server 由一组数据库组件组成,同样有从支持大型应用的企业版到支持手持设备使用的各个版本。SQL Server 有一整套可视化的管理和维护工具,可以完成包括创建、修改、查询数量库等在内的全部操作。

SQL 即结构化查询语言,被作为关系型数据库管理系统的标准语言,主要功能就是同各种数据库建立联系。SQL 语句可以用来执行各种各样的操作,例如更新数据库中的数据,从数据库中提取数据等。

SQL Server 只能在 Windows 系列的操作系统上运行,不支持 UNIX 和 Linux,其中,SQL Sever 企业版和标准版的运行环境为 Windows Server 系统。

为了抢占 Internet 市场,微软公司还推出了支持用户完成从安装到开发 Web 系统任务的免费数据库系统,如 SQL Server 2014 Express。

5. MySQL

MySQL 是一个小型关系型数据库管理系统,开发者为瑞典的 MySQL AB 公司,在 2008 年被 Sun 公司收购。MySQL 被广泛地应用在 Internet 上的中小型网站中。

6. Access

Access 是微软公司开发的小型数据库管理系统，也是 Microsoft Office 套件的组成部分。Access 界面友好而且易学易用，作为 Office 套件的一部分，可以与 Office 集成，实现无缝连接。Access 提供了表（table）、查询（query）、窗体（form）、报表（report）、宏（macro）、模块（module）等建立数据库系统的对象，提供了向导、生成器、模板，把数据存储、数据查询、界面设计、报表生成等操作规范化。Access 主要适用于中小型数据库应用系统，或作为客户机/服务器系统中的客户端数据库系统。

三、各种用户数据库

使用数据管理系统能够构建各种用于满足用户需求的数据库，它们代替了许多传统的信息存储系统，例如公共图书馆中使用的数据库系统就能够帮助用户查找需要的图书。在 Internet 上，输入关键字就能够检索信息，这也是使用数据库。用户数据库有各种类型，简单地将其分为企业数据库、个人数据库、Internet 上的数据库。

1. 企业数据库

这是一个含糊的概念，因为企业可以是有数万员工规模的跨国公司，也可以是在市场内摆摊销售货物的个体户。但是，数据库系统已经是企业的必然选择。当然，公司的规模决定了数据库系统的规模：一个大型企业需要支持数以万计的并行数据库访问，而只需要一台 PC 机就可以支持一个市场摊位的销售服务。

数据库系统已经成为企业竞争力的重要组成部分。将数据库用于员工管理、库存管理，能够提高生产效率，已经是企业界普遍的共识，因此企业资源管理系统（enterprise resource planning，ERP）已经成为现代化企业运行的支撑系统，而 ERP 就是以数据库为基础的。

将数据库技术、网络技术和管理科学结合起来，这已经成为企业管理的核心。建立了数据库系统以后，企业的各种数据，包括成本、销售、材料、设备、人员等，都被纳入数据库中，通过程序对这些数据进行分析处理。这里有两种性质的处理，一种是事务性的，例如将一份加工合同输入数据库，就可以为这个合同的执行建立必要的数据分发，供应部门及时提供加工材料，生产部门按照规定的生产流程按期完成加工任务，而销售部门则按照合同要求发货，财务部门及时回收货款，管理部门可以通过数据库系统掌握整个生产销售过程。另一种是分析处理，可以根据各自数据的分析，找到提高生产效率、降低成本的途径，甚至预测生产和销售走势等。

2. 个人数据库

Access 是一种个人数据库产品，但使用起来并不那么容易。而类似 Outlook Express 这样的用于个人事务处理的软件，虽然大多数用户只是把它当作收发邮件的工具使用，但它实际上是一个 PIM（personal information management）系统，尽管没有给它标记为数据库，但它的许多功能就是建立在数据库技术基础上的。

3. Internet 上的数据库

Internet 上的各种网站（website）都是运行在数据库上的。用户使用 Web 浏览器访问网站，就是从网站的数据库中获取各种信息。例如，一个销售产品的网站，用户看到的各种产品、价格、图片、评论等都是从网站的数据库中提取出来的。

不仅用于商业销售的网站使用数据库，各种其他 Internet 资源，如音乐、视频、图片、新闻、在线阅读等,都是基于数据库的,其中有提供全球地理信息的数据库,也有提供昆虫研究信息的数据库,因此 Internet 本身就可以看作一个巨大无比的数据库。

尽管 Internet 上的各种数据并不是按照数据库技术的要求进行组织和存储的,但是它容纳了各种数据库,并提供了访问这些数据库的方式。即使像 Google、Baidu 这样的提供搜索服务的公司,也需要连续地不断对 Internet 进行扫描以更新其数据库,为用户提供最新的搜索信息。

任务三　数据库的体系结构和数据库模型

数据库的体系结构是建立数据库的框架。这个框架用于解释数据库是如何实现的,也用于描述数据库的概念。而如何组织数据库中的数据,即 DBMS 所采用的数据库模型,是数据库管理系统的核心。为了理解数据模型,先介绍数据库的体系结构。

一、数据库的三级体系结构

根据美国标准化组织 ANSI 为数据库确定的体系结构,数据库具有三个层次,即内层、概念层和外层,如图 9 - 2 所示。

(1)内层决定数据在存储器中的实际位置,在这个层次需要考虑的是数据存取方法。例如,如何在保存数据的外存空间中读取数据到内存中,或者将内存的数据存储到磁盘上。这个层次与操作系统的存储器管理相关。

(2)概念层,也叫公共层。在这个层次上定义数据的逻辑结构,数据库模型在这个层次上定义,DBMS的主要功能集中在这个层次上。DBMS 把数据库内部的数据以用户能够接受的形式提供给外层。

(3)外层,也叫接口层,提供与应用程序或用户的连接。

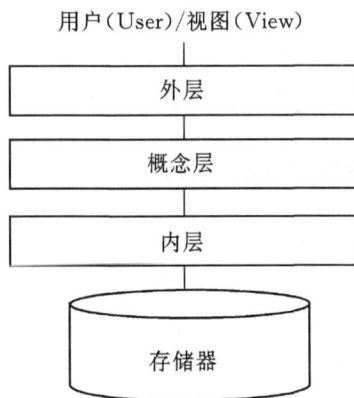

图 9 - 2　数据库体系结构

这个体系结构,和前面图 9 - 1 介绍的层次结构基本一致,不过在绝大多数情况下,图9 - 2所示的体系结构才是为设计 DBMS 规定的。

要解释它们,需要使用更多的专业术语,需要更多的专业知识。这已经不在本书的介绍范围,在数据库原理或数据库技术课程中将有更多的介绍。

二、数据库模型

从体系结构上,数据库模型是在中间层次即概念层上定义的。数据库模型定义了数据的逻辑关系,也给出了不同类型数据之间的关系。数据库模型将数据库的概念操作转化为数据库存储的实际操作的方法。这种设计的一个优点是,在编写数据库应用程序时,可以将数据库看作概念模型而并不需要关心它在计算机存储器系统中的存储模式。

数据库模型的方法实际上是一种抽象化了的操作工具,不同的数据模型有不同类型的数据管理系统。其主要有以下四种:

1. 层次型数据库

层次型数据库采用层次模型，即使用树状结构来表示数据库中的记录及其联系。数据被组织成了一棵倒置的树结构。每一个实体可以有一个或几个子节点，但只有一个父节点。层次模型的最顶端有一个实体为根（Root）。层次模型在早期的数据库中使用。

2. 网状结构数据库

网状结构数据库采用网状模型，它使用有向图（网络）来表示数据库中的记录及其联系。有向图中的实体可以通过多条路径实现访问，它们之间没有层次关系。这个模型也是早期的数据库使用的。

3. 关系型数据库

关系型数据库采用关系模型，简单、易于理解且有完备的关系代数作为其理论基础，所以被广泛使用。

4. 面向对象型数据库

面向对象型数据库采用面向对象数据模型，是面向对象技术与数据库技术相结合的产物。在面向对象数据库中使用了对象、类、实体、方法和继承等概念，具有类的可扩展性、数据抽象能力、抽象数据类型与方法的封装性、存储主动对象及自动进行类型检查等特点。

面向对象型数据库及仍然在研究开发的并行数据库等，都是目前数据库最新发展中的技术。

三、关系型数据库

数据库的关系模型首先由 IBM San Jose Research Lab 的 E. F. Codd 于 1970 年提出的。关系模型由表（table）集合而成，确切地说，是由"关系"集合而成。我们知道，组成一个表的结构有行和列，表的列表示相同类型的数据，而在一行中可以由不同类型的列组成。因此在关系模型中，由表的列来定义表之间的关系。

这里，关系的基本定义是：一个关系是一个没有重复值的集合。

1. 关系

在关系型数据库中，数据库的外部形态就是表。从表面上看，关系就是一个二维的表格。这并不是指数据在数据库中就是以表的形式存储的，如前所述，层次体系结构数据库系统的数据存储（物理的）和数据组织（逻辑的）之间并没有什么关系。表 9 - 1 给出了一个关系数据库中关系（或者叫表）的例子。

表 9 - 1　一个关系数据库的表

ID	CourseName	ClassRoom	Teacher
0001	计算机科学导论	203	唐晓丹
0002	计算机网络技术基础	301	李世明
0003	C 语言程序设计	106	王 薇
0004	数据库设计原理	315	郭力成

（1）名称。在关系数据库模型中，每个关系（或者叫作表）都有唯一的名称。例如，可以给如表 9 - 1 所示的表取名 CourseTable1。

（2）属性。在表或关系中,列叫作属性(property),它表示在这个列中数据的属性,例如在表9-1所示例子中的 CourseName 下面就都是课程的名字,它的属性是字符型数据。而 ID 下面都是课程编号,可以定义为数值型属性,也可以被定义为字符属性。注意,在这个关系中,属性并没有被显式地表示出来,而是在设计这个关系时定义。

（3）度。关系中所有的属性的总和叫作度。在这个例子中,度为 4。通俗地讲,度就是表格中列的数目。

（4）记录。关系中的行叫作记录。记录包括了表中一行的所有列,也把行叫作“元组”。

（5）基数。所有行的数目叫作基数。当表中的记录增加或被删除,基数就随之改变,这就实现了数据库的动态存储。

2.关系的操作

在关系数据库中。可以通过一系列定义了的操作实现对数据库的管理和使用,主要包括插入、删除、更新、选择、连接以及并、交等操作。下面简单介绍这些操作的定义。

（1）插入(insert):这是一元操作,应用于一个关系。它在表中插入一个新的记录。

（2）删除(delete):也是一元操作,应用于一个关系。它从表中删除一个记录。

（3）更新(update):也是一元操作,应用于一个关系。它更新表的记录。

（4）选择(select):作用于单个关系,也是一元操作,根据给定的条件从这个关系中得到一个新关系。例如在一个学校的数据库中选择某一个班级的学生名单。

（5）连接(link):将两个关系组合成一个新关系,这是关系代数中最重要的操作,也是数据库系统中最难实现的操作。

（6）并(union):这是二元操作,并操作成一个新关系,包含被操作的两个关系中所有不同的记录。

（7）交(intersection):这是二元操作,交操作形成一个新关系,包含被操作的两个关系中都有的那些记录。

3.关系型数据库管理系统

在目前应用的数据库系统中,关系型数据库管理系统占据绝对统治地位,早期的层次型和网状结构的数据库都已经退出了市场。

关系模型所确定的目标有三点:第一是数据的独立性;第二是确保数据处理的完整性和完备性,在 Codd 的模型理论中,还提出规范关系化的概念,即不含有重复元组的关系;第三是面向网络的数据库操作语言的发展。

由于现代化计算机技术特别是人机交互方式以 GUI 为主,因此一些非关系型数据库也以关系型的 GUI 出现,而在这个界面下的实际模型是什么就不得而知了。目前已经有完全面向网络的大型数据库系统,而且最新的研究也提出了关系数据库模型的扩展,例如,要求获取数据的更确切的含义、支持面向对象、支持数据整理等。

任务四　SQL 语言

SQL 最早也是 IBM San Jose Research Lab 为其关系数据库管理软件 System R 开发的一种查询语言。目前,大多数关系数据库管理系统都支持 SQL。

一、什么是 SQL 语言

SQL 语言的全称是结构化查询语言(structured query language),已经成为关系型数据库的标准语言。SQL 本质上就是计算机编程语言,唯一的差别就是它是专门针对关系型数据库的。

我们知道,一般的程序设计语言,如 C、Java 等语言,这些语言拥有算法进行描述和表达的能力,但缺乏对数据库的操作。如果使用这些通用的编程语言,嵌入 SQL 语句就可以扩展其对数据库操作的能力。数据库应用设计基本上就是采用这个途径,把这样的通用编程语言叫作宿主语言(host language)。

SQL 语言是简单的,因为它只有有限几种语句,完成数据库查询、插入、删除等操作;SQL 语言又是复杂的,SQL/99 的标准文档超过千页,就它的一个查询语句 Select 而言,其可以使用的参数就有几十个。

无论 Oracle,SQL Serve 这些大型的数据库管理系统,还是 Access 等单机系统,都支持 SQL 语言作为查询语言。SQL 包含以下 4 个部分。

(1)数据查询语言 DQL(date query language):主要就是查询语句 Select。

(2)数据操纵语言 DML(data manipulation language):包括 Insert、Update、Delete 等语句。

(3)数据定义语言 DDL(data definition language):定义和管理数据库以及数据库中的各种对象的 SQL 语句,这些语句包括 Create(创建)、Alter(修改)和 Drop(删除)等语句。

(4)数据控制语言 DCL(data control language):包括 Grant,Deny,Revoke 等语句。在一般情况下,只有被授权的用户或 DBA 才能使用这些语句进行数据控制操作。

一般认为,SQL 语言是一个相对独立的系统,并不是 DBMS 的一部分,但实际上在所有的数据库系统中,都把 SQL 处理器设置为一个内核程序。

1986 年 10 月,美国 ANSI 采用 SQL 作为关系数据库管理系统的标准语言(ANSI X3.135.1986),后被国际化标准化组织(ISO)采纳为国际标准。SQL 是第一个被普遍认可的数据库标准语言,SQL 已经成为数据库系统的一个重要组成部分。SQL 也被其他标准所使用,例如,ISO 的信息资源目录系统(federal information processing standard)标准和远程数据访问标准(remote data access,RDA)等都接受了 SQL 标准。

二、SQL 语言的特点

有意思的是,ISO 所定义 SQL 标准和现在大多数教材及专著中使用的术语不完全一致。例如,对"关系"这个词,ISO 标准中为"表",又如,ISO 使用"行"而不是使用"元组"。而专业术语来自于最早研究并提出关系模型的学者。SQL 具有以下特点:

1.非过程化语言

SQL 是一个非过程化的语言,因为它一次处理一个记录,对数据提供自动导航。SQL 允许用户在高层的数据结构上工作,而不对单个记录进行操作。所有 SQL 语句都接收集合作为输入,SQL 不要求用户指定数据的存放方法,这种特性使用户更易集中精力于要得到的结果。所有 SQL 语句都使用查询优化器,它是关系型 DBMS 的一部分,由它决定对指定数据实现快速存取的手段。从结构意义上,SQL 的非过程特性主要体现在查询功能上,所以也叫作形式表达。

SQL 还有除了查询之外的其他被定义的功能,如进行数据定义、修改数据以及建立确保数据库安全的约束条件等。

2. 统一的语言

SQL 可用于所有用户的 DB 活动模型,包括系统管理员、数据库管理员、应用程序员、决策支持系统人员及许多其他类型的终端用户。基本的 SQL 命令只需要很少时间就能学会,最高级的命令在几天内便可掌握。例如,实现数据查询的语句为 Select,它可以按照查询条件实现对一个数据、一个记录或多个记录、多个表中相关的记录进行查询的功能。SQL 为许多任务提供了命令。

(1)查询数据。查询数据是使用最多的操作,但 SQL 只有一条命令 Select,查询结果被形成一个临时的表格,也就是建立了一个新的关系展现给查询者。形式化的 SQL 语句基于关系集合这样的数学概念,因此重复的记录不会被查询。实际情况却是,删除重复的记录是很烦琐和复杂的,所以 Select 语句也允许在其查询表达式中出现重复。

(2)在表中插入、修改和删除记录。

(3)建立、修改和删除数据对象。

(4)控制数据和数据对象的存取。

(5)保证数据库的一致性和完整性。

以前的数据库管理系统为上述各类操作提供单独的语言,而 SQL 将全部任务统一在一种语言中。

3. 所有关系数据库的公共语言

由于所有主要的关系数据库管理系统都支持 SQL 语言,因此用户可将使用 SQL 的技能从一个关系型 DBMS 转到另一个 DBMS。所有用 SQL 编写的程序都是可以移植的。

三、一个使用 SQL 语言的例子

在大致介绍完 SQL 语言特性后,这里给出使用 SQL 语言的一个例子。假设有一个数据库名为 market,其中有一个表为 title,其中一列为产品类型 type,一列为产品价格 price,现在要将这两列数据按照价格 price 降序排列,使用 SQL 语句编写的程序为:

```
use market
select top 3 type,price
from title order by price desc
```

运行结果为:

```
type price
———————————————————————————————
电视机 1230.00
收音机 130.00
手电筒 7.00
```

在这个例子中,use market 的作用是打开数据库。在 select 语句中,top n 子句指示输出前 n 行记录。from 指定从哪一个数据表中查询,这里是从表 title 中查询。order by 子句的作用是排序操作,按照 price 进行排序,排序规则为降序 desc。

用 SQL 语言编写的程序比较容易理解,即使没有学过 SQL 语言,从字面来理解也差不多可以明白它要做什么,它可以作为"脚本"(script)运行,也可以将被嵌入宿主语言中对数据库进行操作。SQL 和编程语言不同的是，它不需要编写一步步详细的程序，只需要"描述过程"。在上述例子中，只需要告诉数据库从哪个数据表中打开元组（记录），并按照一个什么样的排序规律输出就可以了。

任务五　数据库技术

关系型数据库是目前的主流，但数据库技术还在发展之中，一些重大的发展体现在底层技术方面。面向对象的数据库和并行数据库开始被人们所期待。另外，还有其他发展中的技术，如数据挖掘、多媒体数据库、自然语言数据库等。这里只简单介绍它们的基本概念。

一、面向对象的数据库

面向对象的程序设计语言已经成为软件设计的大方向，因此作为软件系统中非常重要的数据库系统，期待能够将数据库技术纳入一个现存的、已经具有面向对象的类型的程序设计语言系统中是一件很自然的事情。

数据库技术的发展大大拓宽了传统的数据库领域，包括计算机辅助设计、辅助软件过程以及多媒体数据库技术和超文本数据库等，20 世纪 70 年代开始的关系数据设计者不可能预料到今天的技术应用，所以传统的设计思路产生的技术已经不能很好地适应今天的需要。面向对象的数据库也是为了适应这些新应用而发展的。

对象—关系数据库，它的这种模型结构是通过一个具有面向对象的、更加丰富类型的系统实现的，同时将一些成分（如 SQL 语言）加入以处理这些被增加的数据类型。这种扩展试图在面向对象和关系数据库之间进行平衡，保留关系型数据库强大的说明性查询能力。

面向对象数据库的重点是面向对象的模型，它的基础是面向对象的程序设计范例。

传统的面向记录的数据库（也就是关系数据库）的特点是结构统一、数据项小而且一行中的字段（列）都是无结构的。而在对象数据库中，定义对象类型的同时需要确定如何存取它们。例如，一个机构的员工被定义为一个对象，其中的职工类可以有职工姓名、性别、岗位等属性。对人事部门对象可以定义它们对职工类数据进行操纵，还要定义其他部门的对象对职工类数据的关系。面向对象数据库的"对象"的概念和程序设计中的差不多，在建立面向对象的数据模型中包括了对象结构、对象类以及继承和标识、包含等。

要把面向对象的一个非常抽象的概念运用到数据库中，必须表达为设计语言，一种方法是结构化的程序设计语言，例如近年来发展的基于 C++语言的面向对象数据库，将这些面向对象的概念集中到一种操纵数据库的语言中。还有一种方法就是对象—关系数据库的解决途径。

二、分布式数据库

基于网络应用的数据库技术已经从中心数据库服务器朝着分布式数据库发展，但分布式数据库并不是新的数据库模型，而是基于关系模型的。

在分布式数据库系统中，连接在网络上的各个计算机拥有部分或全部的数据库数据，或者说，数据库数据分别存储在网络的每台计算机上或者互相复制数据库。

在分布式数据库中，有两种基本类型。第一种叫作分割式的分布式数据库。在分割式的数据库中，本地使用的数据库全部在本地计算机中（或者在本地的计算机网络的服务器中）。本地机器需要的数据基本上在本地数据库服务器中,如果本地数据库服务器中没有所需要的数据,可以到其他地方去得到它的数据,因此这种设计基于大多数数据库访问是本地的,少数是全局的。

在分割式的分布式数据库中,每一个连接在网络中的机器需要访问数据库数据,被设计为对本地数据库具有全部的控制,也存在对其他异地数据库服务器的访问控制,同样本地的数据库服务器也存在被其他异地访问的控制。这在一个跨国公司的数据库系统中是经常被使用的数据库结构。另外一个例子可以是有许多分支机构的银行等金融机构的服务,它主要面向本地客户的存取,也可以向来自外地的客户提供服务——需要从这个客户的"本地"得到这个客户的数据。

分布式数据库的第二种类型为复制式数据库。在网络中的每个数据库服务器都有相同的数据。这样设计的基本目的是为了安全保证,如果一个地方的数据库出现了问题,可以访问其他地方的数据库数据,另外还可以从异地将本地被破坏的数据通过"复制"予以恢复。复制式数据库的另外一个用处是在 Internet 中的信息服务,例如,一个提供新闻服务的网站公司,如果面向全国或者全世界发布新闻,需要的网络带宽很大,但如果在关键的地区中心城市或者用户特别多的地方单独设置"复制式数据库",那么用户访问这些新闻就从本地服务器或最近的地方得到,不需要全部到一个数据库中去访问。

三、决策支持和数据仓库

决策支持(decision support)的目的是帮助管理者"发现问题、查明原因并进行智能化决策"。这种行为来源于业务研究、管理行为、管理科学以及统计处理和系统控制等。早期的计算机应用系统在这方面的应用叫作"管理决策系统",而现在发展为"管理信息系统"(management information system,MIS),MIS 的基础就是数据库。尽管 MIS 术语比较抽象,实际上建立这个系统的目的就是为了满足管理的需要。

目前的数据库应用大多数是基于查询、搜索以及形成报表一类的基本应用。这类应用在数据库管理系统中叫作"联机事务处理"(on-line transact processing,OLTP)。

另一类数据库处理叫作"联机分析处理"(on-line analytical processing,OLAP),是"关于数据的创建、管理、分析和报表形成的交互处理"。这些 OLAP 数据好像存储在一个多维表中,然后按照多维表达方式进行处理。

使用 SQL 语言在事务处理中,对相同的数据进行不同的查询需要使用不同的存储过程或者批处理。相比之下,联机分析处理能够通过"交叉的表格"实现多个查询结果并使用大量的统计和数学函数,帮助用户使用查询结果。

数据仓库是一种特殊的数据库,这个术语来源于 20 世纪 80 年代,它被定于为"面向主题的、集成的、稳定的、随时间变化的数据存储,用于决策支持"。数据仓库的出现源于决策支持中需要的数据源是单一的、一致的、干净的数据,其稳定的含义是,数据插入后不再改变,但可以被删除。

1990 年,数据仓库开始流行,但后来慢慢发现用户常常只在仓库中某个相对较小的主题下生成报表或者进行数据分析,而且往往在同一个数据子集上进行重复的操作。因此根据用途来裁剪数据,建立一些专用的、有限数据的"仓库"是个好的选择,由此发展了"数据集市"的概念。

数据集市与数据仓库的区别在于:它是特定的和可更新的。特定的意思是它只支持特定的应用数据分析,可更新的意思是用户可以更新数据或者重新创建数据表。

四、数据挖掘

如果期望从现有的数据库中,发现更有价值的信息,它的目标是从数据库中找到感兴趣的

"模式",因此数据挖掘可以被描述为"探测型的数据分析"。

数据挖掘建立在数据库中已经保存有海量数据记录的基础上。大多数挖掘技术建立在统计分析的基础上,还有就是运用人工智能技术。例如,一个大型的销售数据库可以分析不同年龄层次和性别的客户的消费习惯,从而改变销售策略。

数据挖掘是一个很大的研究方向,涉及很多分析技术。例如关联发现技术,使用序列关联技术发现某种有顺序、规律性的数据,使用时间关联技术发现与时间相关的某些数据,然后使用某种处理模型分析这些数据,得出感兴趣的结论。

五、自然语言数据库

计算机技术的发展使得计算机科学家相信,未来的数据库将完全摒弃现在的数据库技术,未来的数据库将采用智能化的技术,用户访问数据库可以使用自然语言。

现在的数据库中已经有一些这种技术的雏形,但是与计算机科学家们描绘的前景还相差很远,例如,在数据库系统或者其他软件中,可以使用简单的单词(中文或者英文)进行查询,一个例子就是网络中的搜索引擎软件,如 Google(谷歌)和 Baidu(百度)。

自然语言数据技术现在看来还远没有达到实用的程度,就如同 Intel 公司前任 CEO 所说的,在计算机领域"只要能够实现,就一定会实现"。

六、构建数据库系统

现代大型数据库系统都是基于网络的服务器结构。数据库管理系统的最终目的是支持开发和执行数据处理应用程序,因此从更高一层来看,数据库系统可以看作由两个简单的部分组成,一个是服务器(Server),也叫作后端;另一个是客户(Client),也叫作前端。这个结构叫作 C/S 模式或 C/S 结构,如图 9-3 所示。

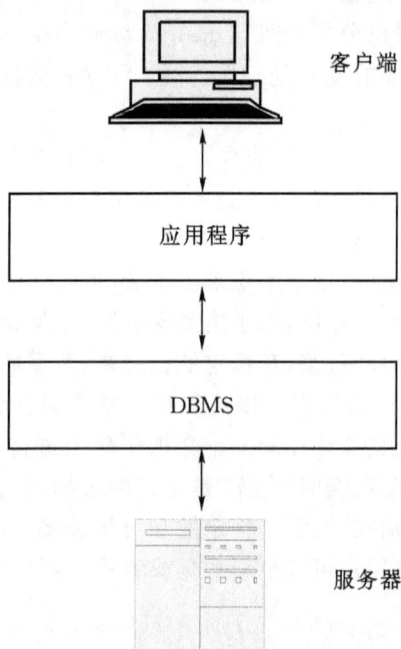

图 9-3   C/S 结构

服务器本身就是 DBMS,或者说 DBMS 是安装在服务器上的,它具有数据定义、操作、控制及存储等功能。在这个结构中,往往不加区分地使用 DBMS 和服务器这两个词。当然我们也能够完全理解,服务器本身还需要其他的软件,如操作系统。如果有多个客户,还需要服务器支持网络访问控制等。

客户端是指在 DBMS 上运行的各种数据库应用程序。这个应用程序可以是客户自己编写的,也可以是委托第三方开发的。对服务器而言,用户编写的程序和它内部的嵌入式程序没有什么不同,它们都使用同样的服务器程序接口访问数据库。

如图 9-3 所示的结构还有不同的形式。如果客户端程序和服务器程序安装在同一台机器上,那么这种结构叫作单用户结构。如果多个用户使用不同的客户端机器访问另一台机器上的数据库服务器,那么这个结构就是分布式结构。

如果将访问数据库服务器的应用程序都集中在一台机器上,所有客户都通过这个应用程序服务器访问数据库服务器,在客户端只进行访问请求和接受访问后的数据结果,就形成了一个客户端应用服务器—数据库服务器的三层结构。

随着网络技术的发展,一些数据库应用直接使用网络软件(如浏览器 IE)进行数据库的访问,用户不需要专门的数据库应用程序,这种结构叫作 B/S(Browse/Server)模式。

数据库技术是非常复杂的,希望能够通过以上介绍和讨论,给读者建立一个数据库的基本概念。从建立一个数据库的角度看,这里只是介绍了目前比较普遍使用的 C/S 结构。并行数据库、分布式数据库都是基于网络的应用,而这些应用还在进一步发展之中。

就数据库本身来说,数据安全、数据备份、灾难恢复等都是其重要的研究内容。在数据库中还有一些应该被提及的话题,如联机分析、对数据库的历史数据进行挖掘处理等。基于数据分析的决策支持是数据库技术发展的一个重要方向,其目标就是发挥数据库的数据作用,为决策提供更多、更有效的信息。在数据挖掘中,需要使用规则表示知识,需要建立这些规则。还有使用数据库建立空间和地理数据库,把传统的平面表示用数据库这个无限"维"的立体技术构成物理环境的模拟,这也是数据库应用的新领域。

任务六　Access 2013

Access 2013 是 Microsoft Office 2013 系列应用软件的关系数据库产品,是目前比较普及的关系数据库管理软件之一。它在继承 Access 2010 所有功能的基础上,增加了更强大的功能,为用户提供了智能化的处理和更为友好的操作界面。Access 2013 提供多种向导和控件,即使没有编程经验的用户也可以进行数据库的管理和操作。

一、Access 2013 的功能

Access 2013 由于与 Microsoft Office 应用程序高度集成,它提供了友好的用户界面和方便快捷的运行环境。Access 2013 不仅继承了 Access 2007 和 Access 2010 的所有功能,还增加了许多新的特性。

1. 完善的数据库管理

Access 2013 数据处理功能强大、能够完善地管理各种数据库对象,具有强大的数据组织、用户管理、安全检查等功能。

2.完善的帮助与向导

Access 2013 提供了完善的帮助功能,它的上下文相关的帮助信息,使得用户在使用过程中遇到困难时,可以通过按"F1"键而立即获得相关主题的帮助信息。

3.兼容各种数据类型

Access 2013 不但能访问早期 Access 版本的数据库,还可以访问 FoxBase、Visual FoxPro 等多种格式的数据库文件,支持 ODBC 标准的 SQL 数据库的数据。这些特性为 Access 与其他系统的数据交换及共享提供了方便。

4."所见即所得"的窗体与报表

窗体与报表有相似的界面,Access 2013 提供了"所见即所得"的设计环境,用户每加入一个控件,在窗体或者报表中就会显示相应的设计结果。一般的数据库系统中,设计窗体与报表都需要编写程序实现,而在 Access 中,用户可通过系统提供的设计环境直接设计,还可以在页面浏览模式下查看自己设计的窗体或者报表的显示结果。

5.具有 DDE 及 OLE 能力

DDE 是指动态数据交换,OLE 是指对象链接与嵌入。通过它们,用户可以将新的对象加入窗体与报表中。用户通过在表格中记录这些对象的链接,可以建立动态的数据库窗体和报表。通过 OLE、Access 可以与其他 Windows 应用程序共享数据。

6.强大的数据库转换功能

Access 2013 能够实现不同版本的 Access 数据共享。Access 2013 不仅可以将低版本的 Access 数据库转换为 Access 2013 的数据库,还可以将 Access 2013 数据库转换为低版本的 Access 数据库。

7.不同格式的文件转换

在 Access 2013 中,可以将 Access 中的数据导出到 Excel、Word 和文本文件中,也可以将 Excel、文本文件和其他数据库文件中的数据导入到 Access 数据库中。

8.面向对象的集成开发环境

Access 2013 提供了编程工具 VBA,通过它可以开发面向对象的数据库应用程序。与其他程序设计语言相比,VBA 更加直观、简便,更加适合一般用户及非专业人员使用。

9.强大的网络数据功能

Access 2013 提供了网络数据库功能,支持 Access 与 SharePoint 网站的数据库共享,使用 Access 2013 可以很容易地将数据发布到 Web 上,为网络用户提供数据库共享带来方便。

二、Access 2013 的启动与退出

1.Access 2013 的启动

要使用 Access 2013,必须先启动它。启动方法和其他 Windows 应用程序的启动方法类似。常用如下方法启动 Access 2013:

(1)从"开始"菜单启动。

选择"开始"→"程序和功能"→"Microsoft Office"→"Microsoft Access 2013"命令。

(2)双击桌面的快捷方式。

如果桌面上有 Access 2013 的快捷方式图标,也可双击它的快捷方式图标启动。

(3)直接打开某个 Access 数据库文件。

在"此电脑"或"文件资源管理器"窗口中找到某个 Access 数据库文件,打开它。

2. Access 2013 的退出

退出 Access 2013 常用以下方法:

(1)执行"文件"选择卡上的"退出"命令。

(2)单击 Access 2013 窗口标题栏上的"关闭"按钮。

(3)按"Alt+F4"快捷键。

三、Access 数据库对象

Access 2013 数据库由 6 种数据库对象组成,分别是表、查询、窗体、报表、宏和模块。所有的 Access 2013 数据库对象都保存在一个扩展名为".accdb"的数据库文件中,每种对象在数据库中的作用和功能是不同的,其中表是数据库的核心与基础,数据库中所有的原始数据都存储在表中。

1. 表

表又叫数据表、基本表或数据基本表,是数据库的基础,用于存储实际数据。数据表是一个二维表结构,或者说是一个关系,由行与列组成。其中一列就是一个字段,一行就是一条记录。

一个 Access 数据库中可以有多个表,当然这些表之间通常应该有一定的关系,通过建立关系,可以将不同表中的数据项联系起来,以方便使用。

2. 查询

查询可以用来从数据库中查找、排序或者检索指定的信息,可以选择或者定义一组满足给定条件的记录。查询可以通过多种方式建立,查询结果也以二维表的形式显示,它随着表中数据的改变而动态变化。

3. 窗体

窗体是数据库中应用最多的对象之一,它可以提供非常方便的输入、编辑和浏览数据记录的用户界面,供用户与数据库进行交互。

4. 报表

报表是为了打印输出的需要而设计的。用户可以在一个或者多个表的基础上创建报表,也可以在查询的基础上创建报表。利用报表可以对记录进行分组并对数据进行汇总。

5. 宏

宏是一系列操作命令的集合,每一个操作都对应 Access 的某一个特定功能。可以将日常大量重复的操作创建成一个宏,使得这些操作自动完成。Access 所有的工具命令中都提供了宏的功能,实际上所有 Office 软件的其他组件也都提供宏的功能。

通过宏,用户可以完成大多数的数据处理任务,甚至可以开发一个具有一定功能的数据库应用系统。

6. 模块

模块是 VBA 编程的主要对象,模块通常与过程联系在一起,也就是说,用户为某个过程编写的程序代码都包含在某个模块之中。数据库中有两种基本类型的模块,即标准模块与窗体/报表模块。

任务七　实践操作

1. 建立数据库。

建立一个名为"学生. accdb"的数据库,其中包含如图 9 - 4 所示的"学生档案""课程""成绩"表。

学生档案

学号	姓名	性别	出生日期	家庭所在地	是否党员
040102001	童振琦	男	1989年6月28日	江苏南京	☐
040102002	周理	男	1988年5月28日	江苏南京	☐
040102003	刘天娇	女	1988年8月8日	江苏镇江	☑
040102004	罗晖晖	男	1987年10月1日	江苏泰州	☐
040102005	陈舒亦	女	1986年11月9日	江苏常州	☐
040102006	王哲	男	1986年1月1日	江苏南通	☑
040202001	史建平	男	1989年1月20日	江苏南京	☑
040202002	王炜	男	1989年9月19日	江苏镇江	☐
040202003	荣金	男	1989年12月24日	江苏苏州	☐
040202005	邹仁霞	女	1987年4月11日	重庆	☐
040202006	惠冰竹	男	1989年5月14日	江苏扬州	☑
040202007	闻闰寅	男	1988年6月14日	江苏南通	☐
040202008	陈洁	女	1988年8月1日	江苏南京	☐
040202009	陈香	女	1989年8月29日	上海	☐
040202010	范燕亮	男	1988年12月24日	江苏苏州	☐
040202021	杨熙	男	1987年2月10日	江西九江	☐
040202022	王思齐	男	1986年3月15日	江苏无锡	☑

(a)"档案"表

课程

课程号	课程名称	课时数	课程类型	学分	必修课
09009A	管理信息系统	60	专业核心课程	3	真
09017A	毕业论文	120	专业核心课程	6	真
09103A	财政学	60	选修课程	3	真
09201A	国际金融	60	选修课程	3	假
09203B	项目评估	40	选修课程	2	真
09502A	财务会计	100	专业核心课程	5	假
09503A	管理会计	80	专业核心课程	4	真
09504A	中级财务管理	80	选修课程	4	假
09601B	电子商务	40	选修课程	2	真
4001	新闻学概论	60	专业核心课程	3	真
4002	外国新闻事业史	40	专业核心课程	2	真

(b)"课程"表

成绩

学号	课程号	成绩
040102006	09502A	71
040202001	09009A	81
040202001	09103A	86
040202002	09103A	74
040202002	09201A	63
040202002	09601B	80
040202002	4001	86
040404004	09009A	88
040404004	09201A	77

(c)"成绩"表

图 9 - 4 "学生"数据库中的三张表

2.表中数据的修改。

(1)在"学生档案"表中添加新记录,记录内容为你的基本情况。

(2)删除"课程"表里的最后一条记录。

(3)将"课程"表中"课程名称"为"毕业论文"改为"毕业实践报告"。

3.修改表结构及字段属性。

(1)修改"课程"表结构:在"学分"字段前增加一个"课程类型"字段,用于存放课程的类型,如"专业核心课程""选修课",字段类型为文本型,字段大小为8。

(2)修改字段属性:当"成绩"表的"成绩"字段没有数字时,则不作显示,即为空白而不显示为0。

(3)设置"成绩"表的"成绩"字段的数据输入的有效性规则为0~100分,并给出有效性文本。

(4)设置"学生档案"表中"出生日期"字段的输入掩码。

4.数据的显示与处理。

(1)浏览"学生档案"表、"课程"表、"成绩"表中的数据。

(2)对"成绩"表中的记录按"成绩"从高到低排序。

(3)对"学生档案"表中的记录进行筛选,筛选出"家庭所在地"为"江苏南京"的学生。

(4)对"学生档案"表中的记录进行筛选,筛选出男生党员的记录。

(5)对"成绩"表中的记录以"学号"为主要关键字、"课程号"为次要关键字排序。

5.建立主键、索引、关联。

(1)为"学生档案"表建立主键,主键为"学号"字段。

(2)为"课程"表建立主键,主键为"课程号"字段。

(3)为"成绩"表的"学号"字段建立索引。

(4)建立三表之间的联系。

(5)查看子表中的数据。

参考文献

[1] 韩桂华,曾涛,金松. 大学计算机应用基础[M]. 长春:东北师范大学出版社,2013.

[2] 韩桂华,曾涛,金松. 大学计算机应用基础实验指导与习题[M]. 长春:东北师范大学出版社,2013.

[3] 樊景博. 大学计算机基础实践指导与习题集[M]. 北京:科学出版社,2011.

[4] 秦光洁. 大学计算机应用基础实验指导与习题集[M]. 北京:清华大学出版社,2011.

[5] 罗二平,舒期梁. 大学计算机基础实践指导与习题[M]. 上海:同济大学出版社,2011.

图书在版编目(CIP)数据

大学计算机应用基础/赵程鹏,谢晖晖,李伟主编. —西安：
西安交通大学出版社,2017.8(2019.7重印)
ISBN 978 - 7 - 5693 - 0037 - 6

Ⅰ.①大…　Ⅱ.①赵…　②谢…　③李…　Ⅲ.①电子计算
机-高等职业教育-教材　Ⅳ.①TP3

中国版本图书馆 CIP 数据核字(2017)第 209522 号

书　　名	大学计算机应用基础	
主　　编	赵程鹏　谢晖晖　李　伟	
责任编辑	李逢国	
出版发行	西安交通大学出版社	
	(西安市兴庆南路 1 号　邮政编码 710048)	
网　　址	http://www.xjtupress.com	
电　　话	(029)82668357　82667874(发行中心)	
	(029)82668315(总编办)	
传　　真	(029)82668280	
印　　刷	西安日报社印务中心	
开　　本	787mm×1092mm　1/16　印张 22.125　字数 547 千字	
版次印次	2018 年 4 月第 1 版　　2019 年 7 月第 2 次印刷	
书　　号	ISBN 978 - 7 - 5693 - 0037 - 6	
定　　价	44.80 元	

读者购书、书店添货,如发现印装质量问题,请与本社发行中心联系、调换。
订购热线:(029)82665248　(029)82665249
投稿热线:(029)82668133
读者信箱:xj_rwjg@126.com